二次供水工程设计手册

赵　锂　章林伟　王　研　姜文源　罗定元　金　雷　主　编

方汝清　刘文镔　陈怀德　主　审

主 编 单 位：格兰富水泵（上海）有限公司

上海熊猫机械（集团）有限公司

副主编单位：上海中韩杜科泵业制造有限公司

上海凯泉泵业（集团）有限公司

中国建筑工业出版社

图书在版编目(CIP)数据

二次供水工程设计手册/赵锂等主编. —北京:中国建筑工业出版社,2018.1
ISBN 978-7-112-21622-2

Ⅰ.①二… Ⅱ.①赵… Ⅲ.①市政工程-给水工程-工程设计-技术手册 Ⅳ.①TU991-62

中国版本图书馆 CIP 数据核字(2017)第 305548 号

本书内容共 15 章,包括我国二次供水技术发展历程;国家有关二次供水方针政策及其解读;二次供水系统类型和基本组成;系统设计;水质保障;水泵—水箱联合供水;气压供水技术;变频调速供水;叠压供水技术;泵房;设备、装置及器材;施工安装与验收;运行、维护管理;二次供水设施改造;相关技术标准。

本书适合于给水排水业内人士参考使用,也可供相关大中专院校学习使用。

责任编辑:张 磊
责任设计:李志立
责任校对:关 健

二次供水工程设计手册

赵 锂 章林伟 王 研 姜文源 罗定元 金 雷 主 编
　　　　　　　　　　方汝清 刘文镔 陈怀德 主 审
主 编 单 位:格兰富水泵(上海)有限公司
　　　　　　　上海熊猫机械(集团)有限公司
副主编单位:上海中韩杜科泵业制造有限公司
　　　　　　　上海凯泉泵业(集团)有限公司

＊

中国建筑工业出版社出版、发行(北京海淀三里河路 9 号)
各地新华书店、建筑书店经销
北京科地亚盟排版公司制版
环球东方(北京)印务有限公司印刷

＊

开本:787×1092 毫米　1/16　印张:30¾　插页:6　字数:785 千字
2018 年 4 月第一版　2018 年 6 月第二次印刷
定价:98.00 元
ISBN 978-7-112-21622-2
(31284)

提升二次供水工程的保障能力，实现从"源头"到"龙头"的安全供水。

赵乐

二次供水工程设计手册出版

上善若水

二零壹捌年三月十五日

姜庆于上海

本书编委会

主　编

赵　锂　章林伟　王　研　姜文源　罗定元　金　雷

主　审

方汝清　刘文镔　陈怀德

副主编

赵世明　徐　扬　刘西宝　栗心国

刘德明　刘　俊　刘杰茹

主　任

赵　锂

副主任

章林伟　陈怀德　王　研　冯旭东　姜文源

方汝清　刘文镔　程宏伟　方玉妹

编　委

（按姓名拼音排序）

曹　彬	柴为民	陈　军	陈　一	陈和苗	陈怀德
陈键明	陈沛中	陈思良	陈卫东	陈英华	程宏伟
池学聪	崔宪文	邓　斌	邓　军	董新森	董兴华
樊雪莲	范正义	方汝清	方玉妹	冯旭东	冯志琴
葛万斌	龚海宁	顾　芳	顾　遥	归谈纯	郭　兵
韩安伟	郝　洁	贺　鹏	胡鸣镝	胡孝恩	黄　靖
季能平	姜浩杰	姜文源	蒋建明	蒋介中	金　雷
孔令红	蓝玉丰	黎　松	李　杨	李承朋	李传志

李广宏　李建业　李茂林　李铁良　李万华　李兴化
李亚涛　李益勤　李云贺　栗心国　梁岩　梁碧华
林维雄　刘华　刘健　刘俊　刘永　刘德明
刘洪令　刘杰茹　刘升华　刘文镔　刘西宝　陆亦飞
吕亚军　罗定元　孟宪虎　潘晓彬　钱江锋　邵旭东
申静　沈月生　水浩然　宋献英　谭红全　汤福南
汤正才　唐致文　涂斌　王研　王竹　王方朋
王国林　王小鹏　王艳姗　王振华　魏占锋　魏忠庆
文长宏　吴海林　席玉兵　咸明哲　徐凤　徐扬
徐冶锋　许圣传　薛伟宏　闫红霞　杨洋　杨伟芳
殷荣强　于敬亮　袁志宇　张超　张军　张磊
张朝臣　张传峰　张海宇　张红斌　张立成　张伟毅
张晓乐　章民　章林伟　赵锂　赵昕　赵伊
赵锦添　赵世明　赵秀英　郑文星　朱洪楚　朱建荣
朱寅春

6

编委信息一览表

（按姓名拼音排序）

姓名	职务/职称	单位
曹彬	总工	上海冠龙阀门机械有限公司
柴为民	总经理/高工	杭州春江阀门有限公司
陈军	科长/高工	天津市供水管理处（二次供水科）
陈一	高工	中国建筑西北设计研究院有限公司
陈和苗	高工	宁波市建筑设计研究院有限公司
陈怀德	顾问总工/教高工	中国建筑西北设计研究院有限公司
陈键明	总裁	广东永泉阀门科技有限公司
陈沛中	总经理/工程师	重庆成峰二次供水设备有限责任公司
陈思良	董事长	沪航科技集团有限公司
陈卫东	总工程师/高工	深圳市雅昌科技股份有限公司
陈英华	供水事业部/总工	上海凯泉泵业（集团）有限公司
程宏伟	总工程师/教高工	福建省建筑设计研究院
池学聪	总经理	上海熊猫机械（集团）有限公司
崔宪文	给排水总工/高工	青岛三和施工图审查有限公司
邓斌	所总工/教高工	中南建筑设计院股份有限公司
邓军	副院长/高工	青岛理工大学建筑设计研究院
董新淼	工程师	中国建筑设计院有限公司
董兴华	研发本部副本部长/高工	荏原机械（中国）有限公司
樊雪莲	董事长/高工	上海万朗水务科技有限公司
范正义	董事长	邦信智慧供水有限公司
方汝清	顾问总工/教高工	四川省建筑设计研究院
方玉妹	院副总工/教高工	江苏省建筑设计研究院有限公司
冯旭东	资深总工/教高工	华东建筑设计研究总院
冯志琴	总经理/高级经济师	绍兴市水联管业有限公司

姓名	职务/职称	单位
葛万斌	所总工/教高工	中国建筑西北设计研究院有限公司
龚海宁	副主任工/高工	同济大学建筑设计研究院（集团）有限公司
顾芳	编辑部主任/执行主编/副编审	《给水排水》杂志社
顾遥	产品经理/高工	赛莱默（中国）有限公司
归谈纯	副总工/教高工	同济大学建筑设计研究院（集团）有限公司
郭兵	副总经理/总工/高工	武汉金牛经济发展有限公司
韩安伟	研发一部总监	浙江盾安智控科技股份有限公司
郝洁	工程师	中国建筑设计院有限公司
贺鹏	工程师	中国建筑西北设计研究院有限公司
胡鸣镝	机电一院总工/教高工	中信建筑设计研究总院有限公司
胡孝恩	总经理	上海上源泵业制造有限公司
黄靖	董事长/高工	株洲南方阀门股份有限公司
李能平	总工	上海上龙供水设备有限公司
姜浩杰	所长/高工	青岛市城市规划设计研究院
姜文源	顾问总工/教高工	悉地国际设计顾问（深圳）有限公司
蒋建明	总经理/高工	上海德士净水管道制造有限公司
蒋介中	总经理	无锡康宇水处理设备有限公司
金雷	总工/高工	深圳市城市空间规划建筑设计有限公司上海分公司
孔令红	副总经理/工程师	山东国泰创新供水技术有限公司
蓝玉丰	给排水专业总工/高工	上海联创建筑设计有限公司青岛分公司
黎松	主任工/教高工	中国建筑设计院有限公司
李杨	总经理	上海青浦环新减振器厂
李承朋	总裁	上海海德隆流体设备制造有限公司
李传志	总院副总工/教高工	中信建筑设计研究总院有限公司
李广宏	总经理	安徽舜禹水务股份有限公司
李建业	工程师	中国建筑设计院有限公司
李茂林	工程师	中国建筑设计院有限公司
李铁良	部长	新兴铸管股份有限公司
李万华	副总工/教高工	中国建筑设计院有限公司

姓名	职务/职称	单位
李兴化	总经理	上海肯特仪表股份有限公司
李亚涛	产品和市场开发总监	德房家（中国）管道系统有限公司
李益勤	常务副总工/教高工	厦门合立道工程设计集团股份有限公司
李云贺	机电总监/高工	华东建筑设计研究总院
栗心国	院副总工/教高工	中南建筑设计院股份有限公司
梁岩	辅助设计人员	中国建筑设计院有限公司
梁碧华	工程设计部经理	武汉大禹阀门股份有限公司
林维雄	总经理/工程师	上海海泉泵业有限公司
刘华	推广部总经理	江苏铭星供水设备有限公司
刘健	总经理/高工	杭州水表有限公司
刘俊	副总工/研究员	东南大学建筑设计研究院有限公司
刘永	总经理	天津市国威给排水设备制造有限公司
刘德明	系主任/教授	福州大学土木工程学院
刘洪令	副总工/研究员	山东省建筑设计研究院
刘杰茹	总工/研究员	青岛市建设工程施工图设计审查中心
刘升华	技术副总	武汉奇力士科技发展有限公司
刘文镔	教高工	北京市建筑设计研究院有限公司
刘西宝	院副总工/教高工	中国建筑西北设计研究院有限公司
陆亦飞	产品研究处处长助理	浙江中财管道科技股份有限公司
吕亚军	总经理	杭州中美埃梯梯泵业有限公司
罗定元	顾问总工/教高工	中元国际（上海）工程设计研究院有限公司
孟宪虎	董事长	江苏众信绿色管业科技有限公司
潘晓彬	董事长/工程师	南京尤孚泵业有限公司
钱江锋	高工	中国建筑设计院有限公司
邵旭东	董事长	上海迪纳声科技股份有限公司
申静	主任工/教高工	中国建筑设计院有限公司
沈月生	市场部部长/工程师	上海中韩杜科泵业制造有限公司
水浩然	顾问总工/教高工	北京首钢国际工程技术有限公司
宋献英	项目总监	上海展业展览有限公司

姓名	职务/职称	单位
谭红全	技术总监	上海熊猫机械（集团）有限公司
汤福南	副总工/教高工	上海建筑设计研究院有限公司
汤正才	华东区经理	广东立丰管道科技有限公司
唐致文	工程师	中国建筑设计院有限公司
涂斌	副总裁	上海熊猫机械（集团）有限公司
王研	总工/教高工	中国建筑西北设计研究院有限公司
王竹	顾问总工/高工	青岛理工大学建筑设计研究院
王方朋	技术科科长/工程师	青岛水务积水科技有限公司
王国林	总经理/工程师	浙江正康实业股份有限公司
王小鹏	销售发展经理	格兰富水泵（上海）有限公司
王艳姗	工程师	中国建筑设计院有限公司
王振华	高级经理/高工	上海中心大厦建设发展有限公司
魏占锋	副总经理	苏州工业园区清源华衍水务有限公司
魏忠庆	总经理/高工	福州城建设计研究院有限公司
文长宏	副总经理/技术总监	成都共同管业集团股份有限公司
吴海林	机电总工/高工	中元国际（上海）工程设计研究院有限公司
席玉兵	副厂长	江苏省如皋市自来水厂
咸明哲	总经理	上海中韩杜科泵业制造有限公司
徐凤	资深总工/教高工	上海建筑设计研究院有限公司
徐扬	院副总工/教高工	华东建筑设计研究总院
徐冶锋	总经理	江苏狼博管道制造有限公司
许圣传	总经理/高工	天津晨天自动化设备工程有限公司
薛伟宏	给排水总工/高工	青岛北洋建筑设计有限公司
闫红霞	市场部长	河北保定太行集团有限责任公司
杨洋	工程师	中国建筑西北设计研究院有限公司
杨伟芳	技术副总/高工	浙江金洲管道科技股份有限公司
殷荣强	副处长/教高工	上海市供水管理处
于敬亮	高工	青岛市建设工程施工图设计审查中心
袁志宇	院设备总工/教高工	武汉理工大设计研究院有限公司

续表

姓名	职务/职称	单位
张超	助工	中国建筑设计院有限公司
张军	所总工/教高工	中国建筑西北设计研究院有限公司
张磊	编辑	中国建筑工业出版社
张朝臣	总经理	安徽皖水水务发展有限公司
张传峰	总经理	安徽省阜阳市供水总公司
张海宇	总工/教高工	上海建工四建集团有限公司建筑设计研究院
张红斌	工程师	新兴铸管股份有限公司
张立成	总工/教高工	沈阳建筑大学建筑设计研究院
张伟毅	供水事业部/副总经理	上海凯泉泵业（集团）有限公司
张晓乐	高级应用工程师	格兰富水泵（上海）有限公司
章民	高工	苏州工业园区清源华衍水务有限公司
章林伟	副司长	住房和城乡建设部城建司
赵锂	副院长/总工/教高工	中国建筑设计院有限公司
赵昕	副总工/教高工	中国建筑设计院有限公司绿色设计研究中心
赵伊	工程师	中国建筑设计院有限公司
赵锦添	总经理	维格斯（上海）流体技术有限公司
赵世明	顾问总工/教高工	中国建筑设计院有限公司
赵秀英	董事长/总经理/工程师	北京华夏源洁水务科技有限公司
郑文星	总工/高工	深圳市建筑设计研究总院有限公司
朱洪楚	给排水专业副总工	南京市建筑设计研究院有限责任公司
朱建荣	总工/教高工	上海建筑设计研究院有限公司
朱寅春	二次供水中心销售发展经理	格兰富水泵（上海）有限公司

序

　　饮用水安全保障是国家公共卫生安全保障体系的重要组成部分，是促进经济社会可持续发展、保障人民群众身体健康和稳定社会秩序的基本条件，也是全面建设小康社会、构建和谐社会的一项重要内容。在党的十八大报告中，将水源地保护与用水总量管理，建设节水城市，建立水的循环利用纳入生态文明的建设中。在党的十九大报告中，将推进资源全面节约和循环利用，实施国家节水行动，加快水污染防治等纳入绿色发展。反映出党中央对水资源在建设有中国特色社会主义工作中的高度关注。

　　随着我国城镇化的发展，城市建设规模不断扩大，可资利用的土地资源日趋减少，高层建筑及超高层建筑已成为城市的地标建筑与主流建筑。我国城镇供水采用低压制系统，市政供水管网的压力及流量难以满足这些建筑的要求，市政供水压力基本可以满足三层及以下的建筑，三层以上的建筑用水都需要设置二次增压设施，二次供水已经逐渐成为城镇市政供水的最主要末端与终端。全国有超过 2.5 亿城镇人口的用水需要通过二次供水设施解决。人口密集型城市的中心城区，二次供水设施的供水量已接近城市总供水量的一半。二次供水设施作为城镇供水系统的"最后一公里"，直接关系到千家万户龙头水的水质、水量和水压。二次供水设施的设计、建设与管理，对城镇居民饮用水安全保障具有重要意义。二次供水技术及管理也越来越受到居民的关注和各级政府的重视。国家出台了一系列的法规及技术性指导文件，颁布了行业标准《二次供水工程技术规程》，从二次供水设施的规划、设计、建设、改造、运行维护、监管等方面做出了详细规定。强调从水源到用户龙头全过程监管饮用水安全，加快供水设施的建设与改造、保障居民饮用水水质。

　　由于二次供水系统末端开口多、管材多样、管道系统复杂、没有完善的水质监测系统、污染控制难度较市政供水大。我国二次供水设施数量巨大，多为屋顶水箱与低位水池合用类型，也有部分低位水池与变频加压供水泵合用的类型。水箱（池）的材料基本为混凝土、瓷砖和钢板材质，少部分为不锈钢。已有建筑使用的二次供水加压供水设施和管材材质已经很难满足对供水水质的要求，加上使用年份长久，腐蚀严重，致使出水水质降低。在二次供水系统中对水质监测工作重视不足，水质监测预警技术发展滞后，水质监测技术管理体系不清晰，加剧了水质污染带来的危害。以二次供水末端水质健康风险控制为核心目标，探索水质安全转化过程、途径、方法与高效技术，构建饮用水质健康风险控制技术系统，构建水量科学保障体系，研发安全输配水设备、管材与系统优化技术，是饮用水质科学与技术领域的重要发展方向，也是当前在不同应用层面上保障我国饮用水质安全的重要技术需求。

　　二次供水工程设计手册的内容既有我国二次供水技术发展的历程的回顾，国家二次供水相关政策及其解读，还有二次供水系统的类型及组成，主要的二次供水方式的技术介绍、二次供水的系统设计、水质保障技术、对泵房的要求及智慧标准泵房的内容、二次供水系统的设备、装置及器材、二次供水设施的施工安装与验收、运行、维护管理、二次供水技术相关的标准规范等。是一本内容丰富、极具实用性的参考资料，本手册的发行，必将对提升我国二次供水工程的质量，实现用水龙头处水质的达标具有推动作用。

前　言

姜文源　金　雷

《二次供水工程设计手册》（以下简称《手册》）2016 年 7 月正式启动，并于 2017 年 11 月初完成编撰。这是一本由中国建筑学会建筑给水排水研究分会组织编写，有北京、陕西、湖北、江苏、福建、山东、上海等七个团队合作分工撰写的一本建筑给水排水领域的工具书。是继《建筑特殊单立管排水系统设计手册》、《〈消防给水及消火栓系统技术规范〉GB 50974—2014 实施指南》之后的第三次集体创作活动。

一、《手册》编撰的重要性和必要性

在建筑给水排水领域，建筑给水是建筑给水排水的重点所在；而二次供水方式和二次供水设备则是建筑给水的重点所在，因此，编撰《二次供水工程设计手册》的重要性和作用不言而喻。

自新中国成立以来，我国城镇供水经历了几个阶段。开始是关注普及率和水量的保证，供水方式以室外集中给水龙头为主。后来进入室内，仍以室内集中给水龙头方式供水为主。20 世纪 50 年代末期给水管道不仅进入室内并且上楼，供水从以水量为主转为水量、水压并重，供水方式以市政给水管网水压直接供水和夜间水箱供水方式为主。随着建筑物建筑层数和建筑高度的提升，我国采用的低压供水模式已不能满足较高楼层供水压力要求。市政供水管网供水楼层以三层为最低界线，建筑物上层供水水压要求已大于市政给水管网最小服务水头，二次供水方式便应运而生，并由此带动了二次供水设备和二次供水工程的发展日新月异。目前，由于国民经济的蓬勃发展，生活水准的大幅提高，供水技术的突飞猛进，二次供水已进入水量、水压、水质三者并重的转折时期，因此，编撰《二次供水工程设计手册》是十分必要、十分迫切，也是十分及时的。

二、《手册》编撰的主要目的

这次组织专家编撰《二次供水工程设计手册》基于以下主要目的：

1. 全力推进"二次供水全变频控制技术"。在全球范围内，水泵耗能约占总能耗的 1/3，因此，对水泵的节能历来备受关注。最早的关注点在水泵本身效率的提高；20 世纪 90 年代，开始转而关注水泵的变频控制技术；当意识到水泵的效率的提高已经竭尽全力时，便开始关注起电机，如同步电机的矢量泵技术。早些年曾引起业内关注的同步电机的矢量泵技术，比起能够降低电机功率配置的异步电机，虽存在一定的节能空间，但还存在以下问题：需增设补偿器，总耗用功率并不减少；各地地球磁场磁力线分布不同，这势必涉及产品标准化问题；同步电机使用若干年后磁力衰减需要充磁，而对大功率点击充磁又有一定技术难度；水泵在运行中会有短暂反转现象进而会影响水泵结构；最后是价格因

14

素，要比异步电机的配套设备贵30％。有鉴于此，近年来行业关注点逐渐转移到全变频控制技术方面。2013年我们从中韩杜科泵业制造有限公司了解到这一技术，该技术既可用于变频调速供水，又可用于叠压供水，重要的是数字集成全变频控制技术的节能潜力。后来又进一步了解到欧盟关于全变频控制技术的推广应用已排出一个时间表，我们便设想：能否通过大家的共同努力也推出一个时间表来，这个计划包括协会标准的制订、国家标准设计图集的编制、全国二次供水全变频控制技术研发中心的组建等。与此计划同步，就是本《手册》的编撰。

2. 二次供水方式中叠压供水设备（业内部分企业也称无负压供水设备）的国家标准和行业标准截至目前已有18种之多，包括罐式、箱式、高位调蓄式、无调节装置型、增压泵型、管中泵型、静音型、射水型、机电一体化型、极瓷化型、矢量泵型、超节能双向型、净化型、全时主动型、直连型……。不同产品有什么特点？有什么区别？如何选用？要有个相对权威的说法，不然设计人员和用户以及供水管理部门都会如坠云雾，难以把握，设想通过本《手册》予以明确。

3. 2013年至2014年，我国二次供水主管部门曾先后出台一批有关二次供水的"红头文件"。这些文件涉及二次供水诸多内容，无论对二次供水设备生产、工程设计、施工安装、运行管理、日常维护、水质保障等许多方面都十分重要。但由于种种原因，文件的内容并不为广大工程设计、生产制造、物业管理、供水主管等部门有关人员等所了解、所熟悉，因此通过《手册》的方式让大家了解就显得十分必要。

4. 二次供水方式和二次供水设备涉及管道、阀门、水泵、水箱、仪表、消毒装置等多种设备、装置及器材，而这些设备、装置及器材在近些年来有飞速发展。如给水减压阀，单级减压比3∶1是业内公认的瓶颈，当有更高减压比要求时就需要设置双级减压阀。目前生产双级减压阀产品的企业有：广东永泉阀门、株洲南方阀门、上海上龙阀门、江苏东一阀门等，尽管企业不同、各自产品名称不同、阀体内部构造各异，但是减压比可大于3∶1是一致的。再如减压型倒流防止器，防回流污染效果好，可适用于高、中、低不同回流污染危害程度的场所，但水头损失值偏高；现在上海航天动力和浙江桐庐春江阀门生产出低阻力的减压型倒流防止器，水头损失可以控制在3m左右。其他如纳米抗菌不锈钢管、自动喷水灭火系统用的PVC—C管等新材料、新产品、新设备不胜枚举。但受限于各种原因，这些新材料、新产品、新设备并不广为人知，实乃一大遗憾。这就更需要通过《手册》这个平台予以引荐，加以推广。

三、我国城镇二次供水方式的演变

《手册》第1章是"我国二次供水技术发展历程"，详细的内容将在该章节展开。简而言之，我国城镇二次供水技术经历了一个较为漫长的发展历程。

二次供水首先采用的是水泵—水箱联合供水模式。即在屋顶上设置一个有足够容积的水箱，在地下设置一个有足够容积的水池，水泵从水池取水，加压后送到水箱，水箱再重力供水至各楼层用水点，水泵按平均小时流量或是按最大小时流量选泵，均可在最高效率区工作，这种供水方式无疑是节能的。但这种供水方式在沿用近三十年后受到了挑战，水龙头由截止阀式改变为瓷片式水龙头（含球阀式和轴筒式）后，屋顶水箱设置高度所提供的压力不能满足瓷片式水龙头的压力要求，也不能满足家用燃气热水器对启动水压的要求。于是在顶层增设管道泵予以增压的措施一时广为盛行，紧随其后代之而起的是气压供水方式。

气压供水方式注定不节能，这是由它的工作原理所决定的。但气压供水设备设置场所灵活，能满足用水点水压要求，这是它的强项，以它来弥补水泵—水箱联合供水方式的不足是历史的必经阶段，气压供水在我国20世纪80年代成为二次供水的主流模式，但它的缺点也注定了它的主流地位不会太过长久。

变频器问世并应用于二次供水领域也是技术发展的必然。城镇居民生活用水量是变化的，若管网供水量也能顺应变化，那当然最理想。变频调速技术采用变频器变频，因此可实现随着用水量的变化，从而调整水泵的转速，使供水量也随之变化。单变频、多变频、全变频，一步一步发展走来，应用范围日益扩大，应用技术也日趋成熟。但变频调速供水技术的一个短板是市政给水管网的水压未得到充分利用，且水池（水箱）存在水质二次污染隐患，而应运而生的叠压供水正好弥补了这两个缺点。

叠压供水方式中水泵直接从市政给水管网吸水，市政给水管网的水压得到充分利用；由于取消了水池（水箱），节省了水池（水箱）的营造费用，节省了水池（水箱）的占地，也消除了水池的水质二次污染隐患。但世界上从来没有一项事物只有优点没有缺点的，叠压供水的缺点是：一是有可能对城市管网造成回流污染，这必须依靠倒流防止器才能解决；二是会因水泵直接从管网吸水造成市政管网局部管段的水压下降，对周边用户供水造成影响。这也就是为何有关方针政策、有关标准规范均特别强调采用叠压供水必须得到当地供水主管部门同意的原因所在。

四、关于叠压供水和无负压供水

现阶段的二次供水技术，最为众人所关注的无疑是叠压供水技术。在20世纪50～60年代，这项技术被称为"水泵直接吸水加压供水"。1964年实施的《室内给水排水和热水供应设计规范》BJG 15—64便已有这项技术的相关条文规定，1988年开始实施的《建筑给水排水设计规范》GB 50015（以下简称《建水规》）对这项技术作了进一步的充实和加强。纵观《建水规》从1964版至2009版的不同规定，可一览叠压供水技术的沉浮演变。

> 1964版《建水规》对此有具体条文规定（因为该给水方式有优点）；

> 1974版《建水规》对此无具体条文规定（因为该给水方式有缺点）；

> 1988版《建水规》对此再作出具体条文规定；

> 1997版《建水规》继续保留该具体条文规定；

> 2003版《建水规》该内容又被删除；

> 2009版《建水规》对此内容再作恢复。

> 现在不仅《建水规》对此有具体条文规定，消防规范也作了相应规定，如《消防给水及消火栓系统技术规范》GB 50974—2014第5.1.14条规定。

1. 1964版、1988版、1997版、2009版《建水规》列入该内容，是因为水泵直接吸水加压供水有如下优点：

1）充分利用室外给水管网的水压，减少水泵扬程，节省电耗；

2）省去储水池、吸水井等构筑物，节省投资，节约用地，简化系统；

3）防止生活饮用水在贮水池等构筑物中的二次污染可能和溢流损失；

4）从室外给水管网直接吸水，便于水泵自动控制；

5）安装简便，维护方便。

2. 1974 版、2003 版《建水规》未对水泵直接吸水加压供水作出规定，原因在于这种供水方式有如下缺点：

1）当时这种供水方式实际工程案例不多；

2）有可能因回流而污染市政生活给水管网；

3）会造成室外给水管网水压局部下降，影响附近用户用水；

4）城市供水主管部门不允许（我国《城市供水条例》条文规定："禁止在城市管网供水管道上直接装泵抽水。"）；

5）当时国内的防回流污染措施不力；

6）有的城市市政供水能力（水量、水压、管径）严重亏缺。

3. 后来技术的发展和应用逐步发生变化，主要表现在以下方面：

1）对水质二次污染严重性认识的深化；

2）倒流防止器的问世（后来又先后有了低阻力非减压型倒流防止器，低阻力减压型倒流防止器）；

3）近年来各地市政管网供水能力和供水条件的逐步改善；

4）对节能日益重视（国家出台"四节一环保"政策）；

5）叠压供水设备的研制开发和应用（青岛三利在国内首推的产品称为"无负压供水设备"）；

6）国外经验的借鉴，如日本琉球群岛首府那霸市的住宅建筑叠压给水方式对福建省推行叠压供水直接产生影响，《叠压供水技术规程》地方工程建设标准最早是在福建省编制完成；再如在改革开放之初，北京市建国宾馆借鉴国外做法采用水泵直接吸水加压给水方式等；

7）叠压供水方式被列为"建设部 2003 年科技成果推广项目"。

20 世纪 50～60 年代的水泵直接吸水加压供水，其产品当时并未定型化和标准化，工程应用是采用多方分头采购，在工地现场组装的方式实施。直到新旧世纪交替之际，产品才逐渐标准化和定型化。当时有关企业将该产品命名为"无负压供水设备"，其理由是水泵运行时，整个系统包括水泵吸水管不会出现负压。但这个名称工程设计人员并不认同，因水泵直接从室外给水管网吸水，处于室外给水管网有压条件下的水泵吸水管，不可能出现负压，故有意见认为还是称为"叠压供水"更为合理。顾名思义，叠压是指介质在原来有压力的基础上再叠加一个压力，叠压有两种情况：一是水泵叠压，另一是管网叠压。水泵叠压习惯称为水泵串联加压，所以管网叠压后来就直接简称为叠压供水。关于无负压还有一种解释是：指将市政供水管网的水压控制不低于最小服务水头。对此，本《手册》观点也并不认同，原因是：在平时运行时，市政供水管网的最小服务水头是不允许突破底线的，但在消防时允许突破最小服务水头的底线。旧版《建筑设计防火规范》GB 50016、旧版《高层民用建筑设计防火规范》GB 50045、现行国家标准《建筑设计防火规范》GB 50016 及《消防给水及消火栓系统技术规范》GB 50974 等消防规范都无一例外地规定："火灾时，市政供水管网的水压从地面算起不得小于 0.10MPa"，这个压力远远低于市政供水管网的最小服务水头。

　　叠压供水与无负压供水两个术语并列，混淆了概念。有的错误理解为只有无负压供水设备才没有负压，而叠压供水设备会出现负压。同时，产品的国家标准和行业标准出现两套标准，一套按叠压供水设备冠名，一套按无负压供水设备冠名。生产供水设备的企业对同一套供水设备要进行两次检测，一次按叠压供水设备送检，一次按无负压供水设备送检，而检测项目、检测内容、检测指标又都是完全一样的。本质上是同一事物，客观上却造成人力、物力、财力的重复投入及浪费。

　　在现行的工程建设标准中，无论是国家标准、行业标准或协会标准，均只有叠压供水一个术语，如《建筑给水排水设计规范》GB 50015、《二次供水技术规程》CJJ 140—2010、《叠压供水技术规程》CECS221；2012 等。关键问题出在产品标准上，目前产品的国家标准、行业标准，有的以叠压供水命名，有的却以无负压供水命名；同一个生产企业负责编写的产品国家标准、行业标准亦存在这本按叠压供水设备命名，另一本又以无负压供水设备命名的现象，这种混乱的格局理应终止并得到统一。

五、《手册》的特点

　　本《手册》与前两本书籍相比，工作难度不同，但总体来看，《手册》编写条件相对而言较成熟，因二次供水技术的发展已日臻完善。当然，工作也存在一定难度，如其一，叠压供水与无负压供水名词尚未能统一，有观点认为两者有区别，也有观点认为两者无区别，本书观点为无区别论。有区别论者的论点一认为：水泵一旦工作，吸水管即为有负压；论点二认为：二次供水当水泵直接从市政给水管网抽水时，不能让市政管网出现负压；论点三认为：无负压是指水泵吸水管和市政给水管网的水压不能低于最小服务水头。其实这些观点是不值一驳的；其二，《手册》涉及较多的设备、装置和器材，而这些产品近年来又发展较快，要全面反映必然会有一定难度；其三，二次供水技术还涉及较多的衍生产品，这些产品至今尚存有一定争议，如箱式叠压供水设备的增压泵式，对增压泵的流量、扬程、工作泵数量和备用泵配置等，国内至今尚无统一规定。

　　吸取前两本书籍的编写经验，《手册》在进行过程中对有些问题作了一些调整和变通。如吸收生产企业参编，因为二次供水技术的发展，二次供水设备的研发，二次供水产品标准的制订不少是生产企业在操作、在推动、在进行。在启动会上我们明确《手册》由业内专家具体编写，这里讲的业内专家既包括政府主管部门、设计科研单位、高等院校的专家，也包括行业协会、供水部门和生产企业的专家。再如《手册》编写的全过程，不只局限于开两个会（启动会、定稿会），该开的会还需开，该调研的仍需调研，该克服的困难也必须竭力克服，没有条件就创造条件。雄关漫道真如铁，而今迈步从头越！

　　《手册》宗旨是以质量为前提，切莫待书籍出版后留有太多的遗憾。《手册》的编撰，是推进二次供水技术发展的重要一环，是对二次供水技术经验总结的一次有益探索。依托《手册》这个平台，全力推广二次供水全变频控制技术，使业内各行业的专业人士充分了解目前的技术和法规，大力引介二次供水新材料、新设备、新工艺、新技术，这既是我们的共同愿望，也是我们共同的努力方向！

目　录

第1章 我国二次供水技术发展历程

随着我国国民经济的快速发展，城镇居民生活饮用水的安全供水问题也越来越引起社会各界的广泛关注。由于我国城镇供水采用的是低压制系统（市政供水管网末梢压力要求不应低于0.14MPa，此压力一般仅可勉强维持市政末端管网区域居住用房2~3层供水），但在城镇人口发展到一定规模后，其建筑物实际高度绝大多数会超过三层，此时一次供水就不能满足城市工业和居民生活的要求，三层及以上楼层的用水就需要增压，这时应运而生的二次供水、局部增压也就成为必然，这也就是二次供水设备在我国能够长盛不衰的根本原因所在，由此也带来了我国城镇二次供水技术的不断发展。

1.1 水箱（水塔）供水技术

我国城镇二次供水技术的发展大体经历了以下几个主要发展阶段：水塔及高位水箱供水、水泵——水箱联合供水、气压供水、变频调速供水、管网叠压供水、数字集成全变频恒压供水。在跨越了半个多世纪的发展进程中，其中的一些技术已被逐步更新，但有一部分仍在继续使用；前始技术应用经验的积累也推动了后来二次供水技术及相关产业的不断进步和持续发展。

我国最早的二次供水方式是屋顶水箱或水塔供水。当城镇供水管网高峰供水量不能满足用户设计秒流量，或不能满足最大小时流量、而只能满足平均小时流量，或稍大于平均小时流量时，由于夜间管网压力一般较高，能直接供水至屋顶水箱或水塔，因而可利用夜间往水箱（水塔）充水。水箱（水塔）一般储存供水区域的全天用水量，白天用水高峰时可由水箱（水塔）重力供水。

水箱一般设在屋顶（见图1-1），水塔则单建（见图1-2~图1-4）。当建筑物层数不多、建筑高度不太高时，利用市政给水管网夜间水压自动进水至水箱（水塔），白天水箱（水塔）储水供用户用水。20世纪80年代以前多采用这种供水方式。

图1-1 多层建筑屋顶水箱

图1-2 20世纪60年代建造的砖砌水塔

图 1-3　20 世纪 70 年代建造的混凝土水塔　　图 1-4　20 世纪 80 年代建造的倒锥壳水塔

它是我国最早的二次供水方式，到现在有很多地方仍在使用。其特点是：供水压力稳定，设备简单，管理方便，具有调蓄能力，可靠性高。缺点是：水塔投资较大，占地面积也大，许多砖砌水塔年久失修外表破旧影响市容，水质易受污染，构筑物抗震性能较差。

后来，由于社会的不断进步与发展，居民用水量的不断增加，城镇供水管网的水压也在逐年发生变化，今年的市政供水压力夜间能进水箱，而到明年就可能进不了，于是就有了水泵——水箱联合供水的方式。

1.2　水泵—水箱联合供水技术

当市政供水管网夜间水压也不能满足水箱（水塔）自动进水时，水箱（水塔）依赖夜间进水的储水方式就不能采用。供水方式随后就演变为水泵——水箱联合供水，即水泵从低位水池吸水，加压后供至屋顶水箱，屋顶水箱再重力供给用户用水。

低位水池和屋顶水箱要有足够容积储存所需水量，设计中通常按最大小时用水量选择水泵（满足水泵在高效区内运行条件）；水箱设在建筑物屋顶，箱底一般高出屋面 0.7～1.0m，故顶层供水压力因受到水箱设置高度的限制而实际偏低；在应用过程中，水箱材质有过多次改进，从砖砌（水泥抹面）到混凝土、钢筋混凝土（也曾采用过竹筋混凝土）、普通钢板（焊接）、玻璃钢（在 20 世纪 80 年代曾风行数年，有矩形、方形、罐形、球型多种）、塑料（聚乙烯、硬聚氯乙烯）、镀锌钢板（也有少量用搪瓷钢板制作）和近十多年来广泛使用的不锈钢板组合拼装，见图 1-5～图 1-8。

图 1-5　钢板屋顶水箱　　　　　　　图 1-6　钢筋混凝土屋顶水箱

图1-7 玻璃钢屋顶水箱

图1-8 组合式不锈钢屋顶水箱

水泵—水箱联合供水方式的优点：水箱有足够容积，供水有保证；水泵始终在高效区运行，节能；重力供水，自动补水，压力稳定，可靠性高。

水泵—水箱联合供水方式的缺点：因屋顶水箱容积较大，增加楼房结构荷载，影响建筑物立面美观；与早期水箱（水塔）供水方式相比日常运行费用相对较高；如果管理不到位，容易导致水箱储水二次污染严重；顶部楼层用户水压偏低，甚至水龙头不出水，需另设管道泵局部增压。

值得一提的是：由于屋顶水箱具有一定的调蓄能力，即使短暂停电仍能保持局部供水，且供水水压稳定可靠，故水泵——水箱联合供水这一方式具有很强的生命力，像上海、武汉等许多城市因高峰时段市政供水仍存有一定缺口，目前还有大量的屋顶水箱没有废弃，仍在继续发挥作用。

1.3 气压供水技术

在二次供水系统中，国内最早尝试气压供水技术的工程项目是20世纪50年代由建工部北京工业建筑设计院设计的北京电影制片厂洗印车间。

20世纪70年代末，为了改善城镇居民的生活条件，各地政府、厂矿企业将大量低矮破旧的居住平房拆除，改建为4～6层的通廊式宿舍（俗称筒子楼）及少部分多层单元住宅。加上从那时开始水龙头的结构型式也逐渐从截止阀式改为瓷片式，水头损失增大，对供水压力提出更高的要求，因此出现了一段时间的气压供水热潮。

较早倡导气压供水技术的是中国建筑西北设计院（其前身为建工部西北工业建筑设计院）。气压供水的基本原理是：设置一个密闭型储罐，储罐的下部储水，上部是空气；利用水不可压缩、而空气可以压缩的原理，二次供水压力来自被压缩的空气；用水泵将水送到罐内，将罐内空气压缩，停泵后，压缩空气将水送至管网；待储罐水位下降至最低水位，水泵启动，由此周而复始。

由于罐内气体和水互相接触，有部分气体会溶解在水中，并会被水带走，这就需要补气。自平衡补气是当时推荐的补气方式，这种储罐称为补气式气压水罐，气压设备则称为补气式气压给水设备。该型气压设备出流的水是气水混合液，乳白色，呈不透明状；水送到建筑物楼层后，空气从水中逸出，并集聚在立管顶端，造成顶层用户水表因空气驱动空转导致水费增加。

为了减少水中气体的溶解量，西北院经过研究做出了相应改进。他们设计了一块浮板，浮板采用塑料或木质材料，置于水面之上，浮板比罐体内径略小，随水面升降而上下浮动。由于浮板并没有把水和空气完全隔开，气还是会溶解在水中，气水混合出流现象和水表空转的问题依然存在，没有彻底解决。但这对后来隔膜式气压水罐的研制和开发带来了有益启示。

1982年，北京市建筑设计院刘建华、李义、吴志棠等在中国首创隔膜式气压水罐供水技术。隔膜形状似帽型，材质为橡胶，被称为帽形隔膜。该隔膜水平放置，将气、水完全隔开，互相不接触，空气不再溶解在水中，设备也无需再补气。隔膜用罐体法兰固定，这就是最初的帽形隔膜式气压水罐。

帽形隔膜的缺点是：隔膜为180°曲挠变形，容易折断损坏，存在漏气现象；隔膜用罐体大法兰固定，耗用钢材较多。改进的方法是采用囊形隔膜技术。

囊形隔膜于1983年由姜文源、蒋丕杰、张延灿、陈耀宗等提出并着手实施，并由河北省建筑设计院、保定太行建筑设备厂共同研制出了囊形隔膜气压水罐。囊形隔膜为伸缩变形，比帽形隔膜构造相对合理，属于第二代隔膜。囊形隔膜用封头小法兰固定，不易漏气，用钢量也大为减少。

后来，在囊形隔膜基础上发展的还有：梨形隔膜、斗形隔膜、核形隔膜、胆囊形隔膜等多种形式。

胆囊形隔膜采用折叠变形，减少了囊形隔膜膨胀时因囊壁减薄可能引起的漏气，1988年由上海市民用建筑设计院和保定太行建筑设备厂共同研制成功胆囊形隔膜气压罐，当时称之为第三代隔膜。

除此之外，气压供水后来还有一种形式是氮气顶压置换。

图1-9是20世纪80年代应用较多的一种隔膜式全自动气压给水设备。

气压供水技术的优点：设置地点相对灵活，不受建筑物高度限制；能满足用户水压要求；相对于以往使用的开式水箱（水塔）而言，密闭系统使水质不易受到污染。在20世纪80年代，当时正值改革开放初期，全国上下百废待兴，各行

图1-9　隔膜式全自动
气压给水设备

各业对新技术的出现翘首期盼。气压供水曾一度被誉为可取代水塔及多层建筑屋顶水箱的宠儿而受到特别青睐。

气压供水技术的缺点：水泵工作带较宽，一天中的大部分时间不在高效区运行，使水泵效率大打折扣，即使系统允许在最低工作压力情况下供水，水泵也要在最高工作压力下工频运行，耗费电能；罐体总容积偏大，而调节容量却又偏小，所以供水的可靠性并不高；设备罐体为压力容器，由于受水压变化的限制，可调节容积较小，就需要增加气压罐的体积，这样就增加了钢材消耗，每吨水的用钢量大大高于其他增压供水方式；设备供水压力变化幅度较大，补气时的灰尘和细菌会对水质造成污染，使用一段时间后在罐内水表面悬浮污物的影响下经常发生溶气现象，使水质污染加剧。

囊式/隔膜式气压供水设备在20世纪80年代虽然曾经风靡一时，但由于隔膜在设备运行过程中无规则的频繁收缩而导致寿命较短，因此也影响了整机的使用寿命。当时，由于我国建材市场监管严重缺失，制假售假现象泛滥，市场上出售的隔膜容积和壁厚严重缩

水，可调节容量小、使用寿命短。

现在，气压供水设备已基本不再在生活给水系统中使用，但在远离城市的偏僻地区工业企业（如油田油井）有用于消防给水系统的，不过数量很少。

1.4 微机控制变频供水技术

由于用户管网一天中的用水量是变化的，设备供水量能否做到按用水量变化而变化，这只有在水泵变频运行工况下才有可能。这就要求配置变频器和 PLC 可编程控制器，这就是微机控制变频调速供水技术。

微机控制变频供水方式中的设备泵组出水不送往水箱，而直接送往用户管网。此种设备是利用了变频器依据系统供水压力信号的反馈应答改变电源的频率以调整水泵的转速，从而使供水水压保持恒定而供水量随时变化的一种供水装置。

20 世纪 90 年代初期，国内变频技术起源于上海海鹰机械厂和天津津东给水设备厂。变频给水水泵机组配置变频器和 PLC 可编程控制器，水泵机组既可变频运行，也可工频运行。当系统用水量大时，水泵按照额定转速工频运行；当用水量小时，水泵则低频低速运行；当电机低于一定频率（小于 25Hz）运行时，水泵则不出水。图 1-10 是 20 世纪 90 年代中期使用较多的微机控制变频调速供水设备（采用铸铁水泵和镀锌钢管配管）。

图 1-10 20 世纪 90 年代中期微机控制变频调速供水设备

当时，一套供水设备通常配置一台变频器（单变频），水泵的启动和停止完全依赖继电器电路进行控制，由于水泵频繁启停，继电器吸合断开频繁动作，设备发生故障的概率较高。其次，设备运行过程中随着系统用水量的增加或减少，水泵在变频——工频转换（即加泵或减泵）时，会引起系统流量和水压的瞬间（36～180s）波动，给用户正常使用带来影响。

后来，有在一套供水设备中根据水泵台数一对一配置通用型变频器（多变频）的，所有水泵均可以实现变频软启动，有利于消除水锤现象；但是，由于一对一配置的变频器相互间不通信，运行参数指令需要逐台设定，整套设备只有一个控制系统，当传感器或 PLC 可编程控制器出现故障时容易导致系统停机。

微机控制变频调速供水方式的优点在于供水压力恒定，能满足用水点水压要求；设备体积较小且占地较少。如泵组选配得当，有一定节能效果，但较难做到。

微机控制变频调速供水方式的缺点是因无任何储水能力而造成电停水断；一天中水泵大多数时段变频运行，不在高效区，不节能或节能有限；变频器当时国内不能生产，进口价格昂贵，设备投资较高。

1.5 管网叠压供水技术

在水泵—水箱联合供水、气压供水和微机控制变频调速增压供水等技术中，水泵都是

5

从低位水池吸水，城镇管网的水压没有被充分利用。水泵如果可以从市政管网直接吸水，则城镇管网的水压就可以得到充分利用，这种供水方式，过去称为水泵直接吸水加压供水，现在称为管网叠压供水。

叠压供水是指利用城镇供水管网压力直接增压或变频增压的二次供水方式。

图1-11　罐式管网叠压供水设备

管网叠压供水的优点：可充分利用市政供水管网的水压，减小水泵扬程，节省电耗；省去储水池、吸水井等构筑物，节省投资，节约用地，简化系统；可防止水在储水池等构筑物中的二次污染和可能的溢流水损失；便于水泵自动控制，安装简便，方便管理维护。图1-11为常见的罐式管网叠压供水设备。

叠压供水的缺点：有可能因回流而污染市政供水管网；在供水可靠性方面也有不足，如供水系统处在高峰时段，有可能出现上游来水量小于供水量，而供水设备本身不具备调节能力，且设备又设置了防负压措施，一旦这种情况发生就必然停机断水，从而影响用户的正常用水；如果设备在使用过程中防负压装置失灵，就有可能导致室外管网水压局部下降，从而影响临近用户的正常供水。

在罐式管网叠压供水设备的基础上，叠压供水方式后来在设备材质、设备外观、水泵选型、电机配置及供水水质等方面作了一些变动，又有了不同的种类，如：箱式管网叠压、管中泵型、射水型、增压泵型、机电一体化型、极瓷化型、静音型、分质供水型、矢量泵型、全时主动式变压变量供水泵、直连式等。这些各具特色的叠压方式有的在得到业内认可后工程中有所应用，有的则在热闹了一阵子后逐渐趋于沉寂。

1.6　数字集成全变频控制供水技术

微机控制变频调速供水设备采用的工作原理是通过一个变频器及PLC可编程控制器等相关电气元器件组成的控制回路，根据系统用水流量的变化实现加泵或减泵，通过工频——变频相互切换的方式达到控制一套泵组的目的。这一控制技术存在的缺点是：在用户低峰、低谷用水时段，机组中的变频泵在低效率区内运行，普遍采用的解决办法是以最低运行频率（≥25Hz）去越过此工况点，使水泵在效率区运行，这就势必造成电能的长时间浪费。

针对上述问题，如何实现在一套变频供水设备中使用两套或两套以上，且相互联动的独立控制系统来提高泵组运行的可靠性、安全性，使系统工况流量无论如何变化，设备水泵始终都能在高效区运行，并且不会出现能耗浪费现象。

随着国际上数字集成电子技术的快速发展，尤其是近十多年来以集成技术为平台的系列变频控制技术的研发成功，因其具有功能强大、智能化程度高、安全可靠、操作便捷、低能耗等诸多显著特点，已被广泛应用于人类生活的各个方面。特别是城镇二次供水领域，世界主流的给水设备制造企业纷纷朝着这个方向发展，并不断推动这项技术的升级和创新。韩国杜科株式会社及丹麦格兰富等国际知名供水设备生产企业经过多年潜心攻关，终于研发成功当今世界最先进的全数字化集成电路水泵专用变频控制器。

始于 20 世纪 70 年代的变频调速控制技术的诞生为供水设备中水泵的高效节能自动化运行带来了广阔的发展空间。现如今，随着人类科技的进步，采用更加安全且智能化程度更高的数字集成全变频控制技术，不仅提高了二次供水设施的安全可靠性，更重要的是拓宽了泵机特性曲线，实现多泵组供水设备的一对一全变频运行和控制，让供水设施更加精准、更加高效与更加节能，并为用户提供更加舒适稳定的用水水压。

采用数字集成全变频控制技术研发成功的水泵专用数字集成变频控制器具有安全可靠、智能化程度高、扩展功能强、自身能耗小、操作便捷等显著特点，将其成功应用于建筑二次供水领域（见图 1-12），是变频调速供水设备控制技术研发进程中的关键突破和重大创举。

图 1-12 数字集成全变频控制
恒压供水设备（标准型）

数字集成变频控制器一般安装固定在设备泵组电机的外壳上，也可集中安装在控制柜里。

数字集成全变频控制给水设备中的每台水泵（含工作泵、备用泵和小流量水泵）均配置有各自独立的变频控制器，并通过总线技术实现相互通信；设备中任意一台水泵故障或检修，其他水泵均可继续正常运行。

数字集成全变频控制恒压供水设备采用等量同步、效率均衡运行模式，多工作泵运行时还可扩大水泵高效区范围，达到更加理想的节能效果。

长期以来，欧盟泵业协会对水泵变频控制技术进行了大量的创新探索和开创性实践，欧盟也力推全变频控制技术，并于 2014 年倡导启动"智能泵机"计划，要求各成员国所有供水设备泵组均采用一对一配置智能数字集成变频控制装置方式，这项计划已于 2017 年 1 月 1 日开始全面实施。

数字集成全变频控制恒压供水设备及其技术诞生至今已经有超过 10 年的时间，相应的技术和产品在我们国内也日臻成熟，并得到了很好的推广应用，在全国各地都有了许多具有示范作用的成功工程案例。

数字集成全变频控制恒压供水设备既可以采用变频调速运行方式，也可以采用管网叠压运行方式。除广泛应用于新建项目的建筑二次供水系统以外，还可用于 20 世纪 90 年代采用早期单变频控制技术的变频调速供水设备老旧泵房的节能改造，以及工业给水、空调循环水、城镇自来水管网末梢局部增压等。

目前，自 2015 年 5 月 1 日起开始实施的中国工程建设协会标准《数字集成全变频控制恒压供水设备应用技术规程》CECS 393：2015 已出版发行。可以预见，数字集成全变频控制方式将成为今后我国二次供水行业发展的主流趋势。

1.7　产品制造技术的发展与水质检测指标的提升

伴随着我国二次供水技术的快速发展，与之协调同步发展的还有水泵、阀门、管材及管路附件制造技术的多次更新换代与不断创新，以及水质检测指标的大幅度提升。

1. 水泵

水泵是二次供水系统的心脏。在 20 世纪 80 年代中期以前，楼宇给水增压大多采用 BA 型单级单吸卧式离心泵（见图 1-13），这是 1959 年底全国水泵行业组织在沈阳成立后联合设计的一个水泵系列产品，使用年代较长，应用范围很广；不过，效率相对较低。

20 世纪 80 年代，我国进入改革开放时期，各行各业积极引进国外先进产品和先进技术，中国水泵制造行业也开始得到快速发展。在第一机械工业部的组织下，为实现工业泵产品的更新换代，全国水泵行业进行了新一轮联合设计。在当时诸多设计成果中，首次根据国际标准 ISO2825 所规定的性能和尺寸设计的 IS 型单级单吸卧式清水离心泵（见图 1-14）是我们最为熟悉的一个水泵系列新产品，与 BA 老型号产品相比，其效率平均提高 3.67%。当时，比较知名的 IS 泵生产企业是福建龙岩水泵厂。

图 1-13　BA 型卧式单级离心泵　　　　图 1-14　IS 型卧式单级离心泵

由于高层建筑在全国各地不断涌现，昔日普遍采用的单级离心泵因其扬程偏低已不能满足市场需求，以上海第一水泵厂 TSWA 系列卧式多级离心泵（见图 1-15）和博山水泵厂 DL 系列立式多级离心泵（见图 1-16）为代表的新型高层楼宇给水泵在 20 世纪 80 年代中后期应运而生。

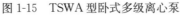

图 1-15　TSWA 型卧式多级离心泵　　　　图 1-16　DL 型立式
多级离心泵

随着改革开放的不断深入及国内市场的逐步放开，国家实行计划经济向市场经济过渡的对外开放、对内搞活方针，国外泵业知名品牌 ITT、威乐、KSB、格兰富、荏原等先后进入中国，与国内大型国有水泵生产企业联姻，寻求技术合作或独资建厂，快速提升了我国水泵行业的整体制造水平和产品内在质量。

进入 20 世纪 90 年代，尤其是 1992 年邓小平"南巡讲话"以后，随着我国市场经济环境逐步宽松，以凯泉泵业为代表的浙江温州、台州民营和个体制泵企业异军突起，一枝独秀，短短十年，在通用水泵领域，无论是产品产量还是市场份额，都毫无例外地占据着国内的半壁江山。

现在，铸铁材质给水泵早已退出居民生活二次供水领域，而代之以更加卫生、更加高效、更加节能的不锈钢多级离心泵（见图1-17）。

图1-17　不锈钢多级离心泵

2. 阀门

由于改革开放，由于市场经济的推动，为适应二次供水技术蓬勃发展的需要，我国阀门及管路附件制造业也得到了快速的发展和进步。1991年，由台商投资的上海冠龙阀门机械有限公司成立，主要研发生产各类水力控制阀、比例式减压阀、可调式减压阀、软密封闸阀、静音止回阀、蝶阀、紧急关闭阀、自动排气阀等性能优异的给水阀门，我国阀门制造水平因此得到大幅提高。上海高桥水暖设备有限公司研发生产的液压水位控制阀很好地解决了水池、水箱进水阀门关不严、打不开的老大难问题；为有效防止城镇给水管网的回流污染，他们在1998年学习借鉴国外先进技术研发制造的减压型倒流防止器（当时的产品样本称之为"防污隔断阀"）填补了国内空白。2005年，上海上龙供水设备有限公司自主研发成功适合我国城镇给水管网低压条件的低阻力倒流防止器，其技术含量达到国际领先水平。其他如广东永泉阀门科技有限公司、株洲南方阀门股份有限公司等也都为我国二次供水系统阀门产品的更新换代和技术提升做出了突出贡献。

3. 管材种类及管路连接方式的多样化

改革开放以前，我国建筑给水系统普遍使用焊接钢管（俗称黑铁管）、冷镀锌钢管（俗称白铁管），DN80以下一般采用螺纹连接，较大口径管材则采用焊接或法兰连接。那时，由于大家还只能顾及温饱，从水龙头放出来黄泥水、铁锈水虽然是常有的事，但却几乎没多少人真正在意或过多理会。

改革开放以后，国家面貌日新月异，国民生活水平逐年提高，水管材质和饮水卫生开始为大家所关注。首先是用热镀锌钢管替代焊接钢管和冷镀锌钢管；从20世纪80年代后期开始又大力推广化学建材，硬聚氯乙烯（PVC-U）给水管、交联聚乙烯（PE）给水管、无规共聚聚丙烯（PP-R）给水管、ABS工程塑料给水管及氯化聚氯乙烯（PVC-C）给水管等琳琅满目；还有塑料复合管、铝塑复合管、钢塑复合管、双金属复合管；90年代初期，各地也曾出现过一段兴建标准较高楼盘和公共建筑的小热潮，一时间争相使用铜管，浙江温州天力管件有限公司因此而顾客盈门、订单爆满；1999年，江苏金羊集团自行开发薄壁不锈钢管及卡压式管件获得成功，随后，薄壁不锈钢管成为绿色给水管材的新宠。

给水管材种类多了，管路连接方式随之也多了起来。除传统螺纹连接、焊接、法兰连接及铜管的承插钎焊连接以外，塑料给水管有胶粘连接、热熔连接、电熔连接、卡套连接及金属、金属复合管的沟槽式卡箍连接，还有薄壁不锈钢管的卡压式连接（单卡压）、环压式连接、双卡压连接、锥螺纹连接、插合自锁卡簧式连接、卡粘式连接等。

4. 水质检测指标的大幅度提升

半个多世纪以来，为了保障人民健康，国家围绕城镇居民生活饮用水水质卫生，先后颁发过6个相关技术法规，其中涉及的水质检测项目逐次增多。

1956年，《饮用水水质标准》（草案），涉及的水质检测项目仅15项；

1959 年，《生活饮用水卫生规程》，涉及的水质检测项目增至 17 项；

1976 年，《生活饮用水卫生标准》TJ 20—76，涉及的水质检测项目共 23 项；

1985 年，《生活饮用水卫生标准》GB 5749—85，涉及的水质检测项目为 35 项；

2001 年，《生活饮用水水质卫生规范》，涉及的水质检测项目上升至 96 项；

2006 年，《生活饮用水卫生标准》GB 5749—2006，涉及的水质检测项目增加到 106 项，基本与国际接轨。

二次供水技术在建筑给水系统中发挥着重要的作用，随着时代的快速发展和技术的不断进步，未来二次供水技术将向着正规化（随着产品技术标准化的实施和市场不断规范，二次供水技术正逐步纳入正规化轨道）、精品化（二次供水技术和设备应该能充分体现产品工艺、材料、性能、质量等级、外观等方面的精益求精和上佳品质的要求）、专用化（针对不同的用水系统、用水性质等需求提供不同的供水技术；如用于居民生活供水系统的必须为卫生、节能和压力稳定的二次供水技术；用于市政给水管网中途加压的应为高性能、多功能控制的专用二次供水技术）、小型化及智能化（可采用一体化结构设计和智能化控制，使整套设备体积紧凑、占地小、重量轻、安装快捷）的方向发展。

第2章 国家有关二次供水方针政策及其解读

2.1 国家有关二次供水的方针政策

2.1.1 国家四部委联合发文作出全面部署

为贯彻落实《国务院关于加强城市基础设施建设的意见》（国发〔2013〕36号），提高城镇居民二次供水设施建设和管理水平，改善供水水质和服务质量，促进节能降耗，加强治安防范，保障城镇居民生活饮用水卫生安全，住房和城乡建设部、国家发展和改革委员会、公安部、国家卫生和计划生育委员会于2015年2月17日联合下发《关于加强和改进城镇居民二次供水设施建设与管理确保水质安全的通知》（以下简称《通知》）（建城〔2015〕31号），就加强和改进我国城镇居民二次供水设施建设与管理工作作出全面部署。

2.1.2 深化二次供水设施建设与管理工作重要性的认识

城镇居民二次供水设施是保障城镇居民用水需求的重要基础设施。

较长时期以来，由于二次供水设施建设和管理多元化，监管职责不明晰，运行维护责任不到位，造成部分设施存在跑冒滴漏严重、供水服务不规范、水质污染风险高、治安隐患多等诸多问题，群众反映强烈。

《通知》强调，各地要充分认识加强和改进城镇居民二次供水设施建设与管理工作的重要性、紧迫性，将保障二次供水安全提升到改善民生和国家反恐战略的高度，进一步创新运营机制，多渠道解决资金来源，落实监管责任，推动形成权责明晰、管理专业、监管到位的二次供水设施建设与管理工作新格局，解决好城镇供水"最后一公里"的水质安全问题。

2.1.3 全面加强和改进二次供水设施建设与管理工作

1. 科学规划建设城镇居民二次供水设施

1）统筹安排，合理建设二次供水设施

城镇供水专项规划应统筹考虑区域内供水管网集中调蓄调压设施布局，确保管网压力平稳均衡。

发挥城镇供水专项规划对二次供水设施建设的调控作用，合理布置二次供水设施，促进节能降耗。

城镇供水管网建设或改造时，设计供水压力要满足居民住宅用水的合理需求，减少因管网水压过低而增建二次供水设施的数量。

要对建设二次供水设施的必要性进行技术论证，在保障水质达标和供水管网运行安全的前提下，经济合理选择二次供水方式。

大力推广使用先进的安防技术，落实防范恶意破坏二次供水的技防、物防措施。

2）全面排查，改造老旧二次供水设施

各地住房城乡建设（城市供水）、卫生计生、公安等部门要尽快对既有居民二次供水设施开展排查，制定切实可行的整改工作计划：

（1）对不符合技术、卫生和安全防范要求的二次供水设施要限期整改。

（2）对老旧落后的二次供水设施要制定改造计划并抓紧逐一落实技术方案，力争用5年时间完成改造任务。

（3）二次供水设施的改造要与抄表到户、"一户一表"改造和安全防范设施建设等统筹实施，加强物防、技防建设，推行封闭管理模式，切实提高安全供水保障能力。

（4）加强管理，保证二次供水设施工程建设质量：

各地住房城乡建设（城市供水）、卫生计生、公安等部门要进一步加强对二次供水设施建设的监督，督促建设单位严格执行相关标准规范，落实技术、卫生和安全防范等要求，确保二次供水设施工程建设质量。

强化供水企业对用水报装的管理，健全供水企业对二次供水设施建设的技术审验制度，在工程设计、竣工验收等环节进行技术把关。

2. 推进二次供水设施运行维护专业化

1）计量到户，明晰二次供水设施运行维护管理边界

（1）推行居民供、用水合同制度，实现供水企业抄表到户、计量到户、服务到户。

（2）居民家庭水表至用户水龙头之间的管道、设备等，由用户自行维护管理。

（3）居民家庭水表（含）至市政供水设施之间的管道、水池、设备等由业主委托或当地人民政府指定的单位负责运行维护。

2）推进实施专业运行维护，改进二次供水服务

积极鼓励供水企业逐步将设施的管理延伸至居民家庭水表，对二次供水设施实施专业运行维护。

（1）对新建的居民二次供水设施，鼓励供水企业负责运行维护。

（2）对既有的居民二次供水设施，鼓励业主自行决定将设施管理委托给供水企业。

（3）物业服务企业可将物业管理区域内的二次供水设施运行维护业务委托给供水企业。

（4）将二次供水设施委托给供水企业运行维护的，业主或原管理单位应将二次供水设施竣工总平面图、结构设备竣工图、地下管网竣工图、设备的安装使用及维护保养等设施档案及图文资料一并移交。

（5）供水企业承接二次供水运行维护业务时，应对二次供水设施、设备进行查验。

（6）受委托承担二次供水设施运行维护的供水企业应与委托方签订二次供水服务合同。合同的内容应包括：二次供水服务具体事项、服务质量、治安防范措施、服务费用、双方的权利义务、二次供水管理用房、合同期限、违约责任等。

3）落实责任，确保二次供水安全

（1）承担二次供水运行维护的单位要严格按照安全运行、卫生管理、治安保卫等有关

法规和标准规范，建立健全设施维护、清洗消毒、水质检测、持证上岗、档案管理、应急和治安防范等制度。

（2）配备专职或兼职安全生产、卫生管理、治安保卫人员，强化日常管理，提供优质服务。

（3）要充分利用物联网技术，建立二次供水远程管理控制网络，提高管理效率和服务水平。

（4）要制定或完善应急处置预案并组织演练，严格落实人防技防物防措施。

2.1.4　充分发挥各级政府的主导作用

1. 完善政策，落实二次供水运行维护和设施改造费用

1）由各地价格主管部门会同住房城乡建设（城市供水）主管部门研究制定二次供水设施运行维护收费办法。按照弥补二次供水正常运行、水质安全保障及设施折旧、大修维修等费用支出的原则确定收费标准。

（1）根据二次供水不同运营主体，确定二次供水运行维护费征收方式。由供水企业负责运行管理的，二次供水设施运行维护费用开支原则上应计入供水企业运营成本，通过城市供水价格统一弥补。

（2）按照国家发改委《关于调整销售电价分类结构有关问题的通知》（发改价格〔2013〕973号文）的要求，二次供水设施运行电价执行居民用电价格。

2）各地要因地制宜研究建立以政府、供水企业投入为主，居民合理分担，多渠道筹集资金的二次供水设施改造费用筹集机制。

（1）对于"无物业、无业主委员会、无管理单位"的老旧居民小区，地方政府要加大改造资金投入力度。

（2）对于国有企业办社会提供供水服务的职工家属区，二次供水设施的改造要根据国家有关剥离国有企业办社会职能的要求落实改造费用。

（3）需要使用小区住宅专项维修资金等业主共有资金或通过其他方式由居民负担的，应当向业主、居民公开二次供水设施改造项目实施计划等信息，并经业主、居民依法表决同意。

2. 加强部门协调，落实二次供水安全保障责任

住房城乡建设（城市供水）、卫生计生、公安、价格等部门要加强协调，按照职责分工做好二次供水设施建设和管理的指导监督工作，切实保障公共利益不受损害。

1）住房城乡建设（城市供水）部门要加强二次供水的日常监管，严把质量关，监督落实二次供水设施设计、建设和运行维护相关制度。

2）卫生计生部门要强化居民二次供水设施的卫生监督，规范二次供水单位卫生管理，依法查处违法行为。

3）价格部门负责建立二次供水设施运行维护收费制度，加强收费监管。

4）公安部门要会同住房城乡建设（城市供水）部门指导监督二次供水运行维护单位严格执行治安保卫有关法律法规和标准规范，落实治安防范主体责任。

《通知》最后要求，各地可根据本通知精神，结合本地区实际情况制定或完善当地城镇居民二次供水管理具体办法，确保城镇居民饮用水水质安全。

2.2　对四部委《通知》的解读

2.2.1　我国二次供水设施现状

高层建筑是城市发展的必然产物。

我国高层建筑起源于 20 世纪 30 年代的上海。

随着城市的发展，人口和资源高度聚集，城市建设规模不断扩大，可资利用的土地资源日趋减少，地价快速上涨，高层建筑已逐渐成为当地城市的地标建筑与主流建筑。

自 20 世纪 80 年代改革开放以来，我国各地高层建筑如雨后春笋，快速发展。特大城市、大城市及沿海发达地区高层建筑的大量增加，又推动了内地中小城市高层建筑的快速兴建。

高层建筑已涉及住宅、旅馆、办公、金融、超大型商业综合体等多种类型，其高度和层数也不断被刷新。据有关部门统计，截至 2017 年年中，全国已建成并投入使用的高层建筑已达 36 万余幢，百米以上超高层建筑 8500 多幢。

由于我国城镇供水采用的是低压制系统（市政供水管网末梢压力要求不应低于 0.14MPa，此压力一般仅可勉强维持市政末端管网区域居住用房 2～3 层供水），为数众多的三层以上多层建筑、建筑高度大于 27m 的中高层住宅建筑以及建筑高度大于 24m 的高层公共建筑，其用水都需要二次增压。为此，享受二次供水的居民人口在不断增长，有超过 2.5 亿城镇人口享受二次供水服务。部分人口密集型城市的中心城区，二次供水设施的供水量已接近城市总供水量的一半。

二次供水设施作为城镇供水系统的"最后一公里"，直接关系千家万户龙头水的水质、水量和水压；因此，也越来越受到各级政府的重视和用户群众的关注。加强二次供水设施的建设与管理，对城镇居民饮用水安全保障具有重要意义。2015 年，国务院印发的《水污染防治行动计划》规定要从水源到水龙头全过程监管饮用水安全；国务院《关于加强城市基础设施建设的意见》（国发〔2013〕36 号）、《中华人民共和国国民经济和社会发展第十三个五年规划纲要》等文件也都对加快供水设施的建设与改造、提高居民饮用水水质提出明确要求。

近年来，为加强二次供水设施管理，提高居民用水安全保障水平，住房和城乡建设部先后印发了《城市供水水质管理规定》（原建设部令第 156 号）、《生活饮用水卫生监督管理办法》（原建设部、原卫生部令第 53 号）等部门规章，颁发了《二次供水工程技术规程》CJJ 140—2010、《城镇供水服务》GB/T 32063—2015 等技术性指导文件。

为进一步规范二次供水设施改造、建设与管理，保障城镇居民饮用水安全，针对二次供水设施建设、运行、管理过程中存在的责任主体不清、费用难落实等问题，住房和城乡建设部会同国家发改委、公安部、卫生计生委于 2015 年 2 月印发了《关于加强和改进城镇居民二次供水设施建设与管理确保水质安全的通知》（建城〔2015〕31 号），从二次供水设施的规划、设计、建设、改造、运行维护、收费、监管等方面做出了详细规定。

2.2.2　我国二次供水设施建设与管理中存在的主要问题

近些年来，二次供水已成为影响城镇居民饮水安全的薄弱环节，城镇居民对二次供水水质、水量、水压反映的问题较为强烈。究其原因，是各地在二次供水设施建设与管理工作推进过程中还存在以下几方面的问题：

1. 城镇供水规划不够科学，二次供水设施布局不够合理

有的地方在城市供水管网规划、设计初期，未充分考虑区域加压设施的整体合理布局，导致二次供水设施多以小区、楼栋为单位建设，普遍存在散、小、乱现象，导致用户供水压力波动大、增压设施能耗大。

同时，在城市供水管网中盲目建设大量二次供水设施，不仅浪费资源，增加用户的经济负担，同时易引起二次供水的水质污染，危及居民身体健康。

2. 建设环节把关不严，设施质量无法保证

新建住宅小区二次供水设施通常由开发商负责建设，且普遍推行"低价中标"采购模式，供水主管部门或供水企业未对选址布局、材料选择、设备配置、施工质量等进行把关，导致二次供水设施无法满足正常运行要求，存在使用寿命短、水质污染等问题。

3. 运维环节不重视，清洗消毒不专业。

部分物业管理单位缺乏二次供水设施的运行维护经验与专业管理人员，水箱（池）清洗、消毒不规范，有的甚至长期不清洗。大多数物业公司不具备应急处理能力，导致用户在出现"停、断水"或"水压不足"等问题时得不到及时有效的解决。

4. 价格调整不及时，运维费用不到位

一方面，用户与物业单位签订的物业服务合同内容往往没有明确包含或不完全包含二次供水设施，导致二次供水设施缺乏必需的日常运行维护费用。另一方面，各地没有将二次供水设施的运行维护费用纳入城市供水成本，在城市供水企业接管后，运行维护费用难以到位。

5. 多方意愿难统一，改造资金不落实

有的地方政府因资金压力大，未将二次供水设施改造提上议事日程；加上我国城镇居民普遍物权意识观念淡薄，多数不愿自己出资对二次供水设施进行更新改造；由于需要得到2/3小区业主表决同意，往往导致难以达成共识而无法使用住宅专项维修资金。

2.2.3 加强和改进二次供水设施建设和管理的重要性、紧迫性

城镇居民对解决二次供水的问题十分期待。国务院《关于加强城市基础设施建设的意见》（国发〔2013〕36号）、《中华人民共和国国民经济和社会发展第十三个五年规划纲要》等文件也都对加快供水设施建设与改造、提高饮用水水质提出明确要求。为此，《通知》要求各地解放思想、转变观念，改革二次供水设施建设运营机制，将二次供水安全提升到改善民生和国家反恐战略的高度，切实保障居民饮用水水质安全。

1. 全面加强和改进二次供水设施建设与管理工作

1）加强二次供水设施建设与改造

《通知》要求各地科学规划、合理布局二次供水设施；对现有二次供水设施进行全面排查，用5年时间完成对不符合卫生、技术和安全防范要求的二次供水设施的改造；在工程设计、竣工验收环节严格把关，确保工程质量。

2）实施二次供水专业运行维护

推进抄表到户、计量到户、服务到户，以居民家庭水表为界，将居民家庭水表至市政

供水设施之间的二次供水设施交给专业单位进行运行维护。

鼓励供水企业通过统建统管、改造后接管、接受物业企业或业主委托等方式，对二次供水设施实施专业运行维护。

要求运行维护单位落实档案管理、清洗消毒、水质检测、安全防范等各项管理制度，确保水质安全。

2. 充分发挥各级政府在加强和改进二次供水设施建设与管理工作中的主导作用

1）落实二次供水设施改造和运行维护费用来源

二次供水设施改造费用应通过政府、供水企业、居民三方合理分担的方式解决，住宅专项维修资金也可用于二次供水设施改造。

二次供水设施运行维护费用标准按照弥补正常运行、水质安全保障及大修维修费用支出的原则来确定。

由供水企业负责运行维护费用随水价一起征收，统建统管的则可由建设单位将运行维护费用一次性交纳。

同时，根据国家发改委《关于调整销售电价分类结构有关问题的通知》（发改价格〔2013〕973号），明确二次供水设施运行电价执行居民用电价格。

2）加强部门协调

《通知》明确，住房城乡建设（城市供水）、卫生、公安、价格等部门对二次供水管理应各司其职，形成工作合力。

2.2.4 具体工作路径

1. 规划建设统筹化

二次供水是城市供水系统中不可分割的一部分，在城市供水专项规划中应该统筹考虑。应根据城市地形地貌、管网铺设等条件，科学设计供水管网运行压力，合理布设区域市政加压设施，从全寿命周期角度规划、设计供水管网系统。对确需建设二次供水设施的，应在保障水质达标和供水管网运行安全的前提下，合理选择二次供水模式。从源头上进行统筹，不仅能为建成后的运行、维护、管理提供便利条件，同时也是规范监管的前提。

2. 改造资金多元化

由于二次供水设施作为业主共有产权的一种特殊存在，制约老旧二次供水设施改造的瓶颈主要是资金。研究建立多渠道筹集资金的二次供水设施改造费用筹集机制，以政府、供水企业投入为主，用户居民合理分担，切实做到民生工程为民。对于"无物业、无业主委员会、无管理单位"的老旧居民小区，地方政府应该加大投入力度。

3. 责任主体明确化

在二次供水设施管理过程中，需要首先明确二次供水设施的产权人、养管人、受益人、监管人等各类责任主体，尤其是负责二次供水设施运行维护的养管人。

随着一户一表制度的推进，供水企业作为向城镇居民提供供水服务的主体，已逐渐与城镇居民建立了一对一的合同用水服务关系。

政府鼓励供水企业从源头到龙头的全过程服务和管理，避免公共供水与二次供水的人为分割，有利于责任落实。

4. 运营维护专业化

二次供水设施的运营维护管理涉及安全操作、日常巡检、清洗消毒、水质检测、定期维护和应急处置等，需要电气、自动化、给水排水等专业工作人员的参与才可完成。

城市供水企业具备配置专业工作人员的有利条件，在设施的运行、维护、管理方面能够起到积极的作用；同时，也有利于城市供水企业利用物联网、大数据、云计算等现代技术对城市供水实施智慧管理，提高城市供水精细化管理水平。

5. 运维收费标准化

二次供水设施的日常运行、维护、清洗消毒等需要发生一定的电费、药剂费等日常运行费用，此外还有工作人员工资等支出，因此，只有建立能覆盖正常支出成本的运维收费标准，才能有效维持运维单位与受益人之间的正常服务关系，保证二次供水设施得到及时的维护、清洗消毒等。

最理想的做法是将二次供水设施运行维护费用纳入公共供水成本，由物价部门核定后全城统一执行，真正做到自来水"同城同质同价"。

6. 监督管理规范化

规范二次供水设施监督管理依赖当地城市供水、发改委、公安、卫生计生等各相关主管部门的共同努力。

加强二次供水设施的设计、建设、运行维护管理，需要政府强有力的监督监管。

落实政府职责，各有关部门协同共管，分别承担相应的义务、责任，制定相应的监督管理制度，全面推行二次供水设施规范化管理。

2.3　各地政府及水务部门积极响应，快速行动

2.3.1　上海市二次供水设施现状与改造实践

1. 上海市二次供水设施现状

1）二次供水设施概况

根据《上海市生活饮用水卫生监督白皮书（2015 年）》，全市目前使用二次供水的居民小区约有 7033 个，二次供水设施 121632 套，二次供水设施管理单位 1730 个，仅中心城区就有约 15 万个生活水箱、生活水池在继续使用。

2）二次供水水质监测情况

（1）2016 年第一季度上海市二次供水水质监测（用户水龙头）合格率见表 2-1。

上海市 2016 年第一季度二次供水水质监测（用户水龙头）合格率　　　　表 2-1

序号	辖区	检测点数（个）	监测指标数（项次）	监测指标综合合格率（%）
1	黄浦区	17	578	100
2	徐汇区	14	476	100
3	长宁区	14	462	100
4	静安区	26	884	100
5	普陀区	16	544	100
6	虹口区	15	510	100

续表

序号	辖区	检测点数（个）	监测指标数（项次）	监测指标综合合格率（%）
7	杨浦区	16	560	100
8	崇明县	6	216	100
9	闵行区	28	52	100
10	宝山区	19	608	100
11	嘉定区	13	442	100
12	浦东新区	22	704	100
13	金山区	16	544	99.82
14	松江区	16	544	100
15	青浦区	8	256	100
16	奉贤区	13	442	100
	总计	259	8722	99.99

注：1. 本表数据信息来源于上海市疾病预防控制中心；
　　2. 水质指标的检验和结果评价按照国家现行《生活饮用水卫生标准》GB 5749—2006、《生活饮用水标准检验方法》GB/T 5750—2006 执行；
　　3. 表中，金山区有 1 个监测点氨氮超标，随后复检结果合格。

（2）有媒体报道：居民家中自来水发现红线虫

① 2016 年 8 月 11 日《新闻晨报》报道：本市新村路 285 弄小区近 50 户居民家中自来水发现红线虫。

② 原因分析：

a. 红线虫为摇蚊产卵时生成的幼虫

根据媒体报道和实地现场情况查看，居民区生活水箱（池）人孔尽管加盖锁闭，但打开后看到水面有摇蚊尸体漂浮。分析认为可能是屋顶水箱或地下水池人孔盖板存有缝隙，有摇蚊进入箱（池）内，孳生虫卵。

b. 从新村路小区用水情况看，水箱容积偏大，而居民日用水量偏小，以致造成水箱储水停留时间过长（一般为 2～3 天，规范规定不应超过 24h），期间摇蚊虫卵容易孵化为幼虫。

c. 水中红线虫需在很高的余氯浓度下才能被杀死，而自来水正常的余氯含量不足以杀死红线虫。所以，红线虫一旦滋生，就会一直存活在水箱或地下水池中，也有可能存活于供水管道内壁和水表部件缝隙中。

3）本市现有二次供水设施存在的主要问题

（1）储水箱设计不够合理，存在死水区，致使水中杂质累积沉淀，繁衍微生物。

（2）储水箱容积过大，储水量超过用户正常需水量，水箱储水滞留时间过长，导致余氯耗尽，微生物孳生。

（3）水箱及管道内壁腐蚀、结垢，沉积物造成水质污染。

（4）管材内壁防腐涂层的卫生性能不符合要求，防腐衬里渗出物溶出，涂层脱落，致使某些物质成分含量升高。

（5）系统设计、安装不尽合理，容易产生回流，使水质受到二次污染。

（6）日常维护管理不善，水箱、水池未定期清洗消毒，人孔无盖或密闭不严。

2. 二次供水污染防控对策措施

1）改善存在死水区的储水设施的蓄水活性。

2）将容积偏大的生活用水储水设施合理分隔。

3）对老旧水箱、水池采用卫生级防腐内衬。

4）改造储水设施配套管道。

5）健全二次供水设施日常运行与维护管理制度，规范二次供水水质监测。

3. 先后启动两次规模较大的全市范围二次供水设施改造实践

1）二次供水设施改造的出发点和宗旨

提升居民龙头水水质，改善"最后一公里"供水服务。

2）二次供水设施改造两阶段战役

（1）2010 年 4 月，上海世博会前，全市共完成 6000 万 m^2 住宅二次供水设施改造。

（2）自 2014 年起，全市启动新一轮二次供水设施改造并在改造后由供水企业接管。

3）二次供水设施改造的背景

（1）根据调查摸底，截至 2005 年年底，上海中心城区约有 2 亿 m^2 的居民住宅存在供水设施材质较低或年久老化现象（见图 2-1），易造成对生活用水水质的二次污染。

图 2-1 部分居民住宅供水设施亟待整改

（a）住宅供水干管锈蚀严重；（b）增压泵房水泵锈蚀、效率降低；（c）水池进水浮球阀浮球脱落

（2）2014 年 6 月 5 日，上海市人民政府办公厅下发"沪府办〔2014〕53 号"文件，转发市水务局等六部门"关于继续推进本市中心城区居民住宅二次供水设施改造和理顺管理体制工作实施意见的通知"。强调：二次供水设施改造是解决人民群众最关心、最直接、最现实问题的有效措施，是提高供水水质、提升供水安全保障的有力手段。

4）二次供水设施改造的指导思想

（1）政府推动、市区联手、居民自愿。

（2）统一规划、分工负责、共同推进。

（3）管水到表、完善服务、行业监管。

（4）市级补贴、居民补充、区级补足。

5）改造的总体目标

到 2020 年，基本完成中心城区居民住宅二次供水设施改造任务，并逐步实现供水企业管水到表。通过改造和加强管理，使居民住宅水质与出厂水水质基本保持同一水平。

6）改造工作职责分工

（1）由市建设管理委员会负责总体政策研究、综合协调推进；

（2）由市卫生计生委负责组织涉及居民二次供水设施建设项目的预防性卫生审核；

（3）由市水务局负责二次供水设施改造和接管工作的组织推进：

① 组织编制改造工作的年度计划，并协调推进落实；

② 制定二次供水设施改造的有关技术标准和规范，会同相关部门修订居民住宅二次供水设施管理移交办法和二次供水设施运行维护暂行规定。

a. 组织制订《上海市居民住宅二次供水设施改造工程技术标准（修订）》（沪水务〔2014〕973 号）。

b. 组织制订《上海市居民住宅二次供水设施改造工程管理办法（试行）》（沪水务〔2014〕974 号）。

c. 组织制订《上海市居民住宅二次供水设施改造工程技术标准　防冻保温细则》（沪水务〔2016〕687 号）。

（4）由市住房保障管理局配合推进二次供水设施改造和移交接管工作：

① 提供需改造的小区用户清单，对实施老旧住房综合改造的小区优先安排二次供水设施改造计划，做好具体协调推进工作；

② 指导相关区做好居民意见征询、设施移交等工作，督促物业服务企业做好移交前的二次供水设施日常运行维护。

（5）由城投水务集团负责做好改造项目的具体实施和全面统一接管养护等工作：

① 参与二次供水设施年度改造计划的编制；

② 项目改造方案的审定；

③ 改造项目施工监管；

④ 改造项目工程验收。

（6）改造项目所在地区政府是二次供水设施改造项目改造和管理工作的责任主体：

① 落实除市级补贴与供水企业自筹外的二次供水设施改造项目资金；

② 配合推进二次供水设施改造项目的改造和移交接管工作；

③ 做好居民意见征询工作；

④ 编制二次供水设施改造项目年度改造计划；

⑤ 组织二次供水设施改造项目的具体实施，配合设备管养移交工作。

（7）二次供水设施改造的基本原则

① 居民住宅二次供水设施的原有（建成当初）供水方式应保持不变。如确实存在用水安全隐患需优化供水方式，必须征得供水企业同意；

② 供水企业与各区主管部门在对接工作中应建立二次供水设施改造、审图、监管和验收的工作方案，严格执行相关标准；

③ 供水企业应为各区二次供水设施改造项目提供全过程服务，推行"一个部门受理、一个执行标准、一个操作流程、一个对接专员"的"四个一"工作模式；

④ 在二次供水设施项目改造过程中，供水企业应与各区主管部门建立例会制度，在改造工作中通过例会交流平台做到"规范统一、标准统一、材料统一"。

4. 二次供水设施改造初见成效

截至 2016 年底累计完成改造 1.35 亿 m^3，水表外移 150 万只，改造水箱（池）9 万只，惠及居民约 200 万户。改造后的加压泵房焕然一新，住宅楼道供水干管便于维护管理，住户水表箱安装规范，屋顶钢筋混凝土生活水箱加装防腐衬里。

1）改造后的水泵房、控制柜见图2-2。

（a）　　　　　　　　　　　　　（b）

图2-2　改造后的二次供水泵房

（a）二次供水泵房；（b）泵房变频控制柜

2）改造后楼宇管道、阀门、水表箱见图2-3。

（a）　　　　　　　（b）　　　　　　　（c）

图2-3　改造后楼宇管道、阀门、水表箱

（a）住宅楼道供水干管；（b）供水干管减压阀组；（c）住宅水表箱

3）改造后的屋顶水箱、水箱进水浮球阀见图2-4。

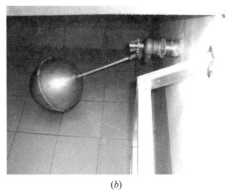

（a）　　　　　　　　　　　　　　（b）

图2-4　改造后的屋顶水箱、水箱进水浮球阀

（a）改造后的屋顶混凝土水箱；（b）改造后的水箱进水浮球阀

5. 二次供水设施改造，便民利民

1）确保居民用水安全

立管和水表共同外移后，管道和水表设置在楼道公共部位，养护人员在日常巡查中能快速察觉漏水故障并得到及时修理；避免了以往居民家中无人时发生管道漏水，养护人员不易察觉或者察觉后无法及时处置而导致居民财产受损的风险。

2）有利于保障居民居家安全

立管和水表共同外移后，相关的管道、表务日常养护工作将无需进入居民家中即可实施。不仅有利于保护居民的居家隐私，而且避免了少数不法分子借机实施违法行为。

3）有利于提高二次供水设施项目改造质量

立管和水表共同外移后，施工人员将有比较充裕的时间进行排管施工、水压试验、系统冲洗等作业，有利于保障二次供水设施项目改造施工质量。

4）大幅提高服务效率

立管和水表共同外移后，在今后的日常维护工作中，养护人员无需为此要求居民特意留在家里等候，可以随时进行操作，从而大大缩短维护施工对居民正常用水的影响。

5）有利于减少邻里用水纠纷

以往立管在居民家里，维修时需要楼上楼下居民共同配合，这对没有发生损坏或者没有受到损坏影响的居民用户是一种额外负担，当其不愿配合时则极易引发邻里纠纷。现在立管和水表共同外移则可避免此类情况发生。

6）大大减少扰民影响

立管和水表共同外移后，将可大大缩短改造施工影响居民生活的时间。对于厨房或卫生间紧邻公共部位的居民，改造工程对居民的内装修几乎可以不造成损坏；由于在接通内管时，新旧两根立管同时在供水，断水影响将被控制在最小的范围和最短的时间。

7）有利于减少表务纠纷

立管和水表共同外移后，可大大提高水表抄见率，减少因抄表员估表或居民自抄出错带来的水费结算纠纷。

2.3.2　天津市二次供水设施建设与管理经验

1. 市人大在 2006 年颁布《天津市城市供水用水条例》

2004 年，市人大经过深入调查，反复研究，着手起草了《天津市城市供水用水条例》。《条例》中就二次供水专门设了一章，共 7 条 14 款，主要对二次供水的定义、二次供水的起始点、二次供水设施建设、二次供水设施的管理主体、二次供水设施日常管理、二次供水设施清洗消毒单位的管理等方面作出了明确规定，这在全国还是比较超前的。

1）明确二次供水设施管理主体

单位用户（公建）二次供水设施的管理由单位用户自己负责，也可以委托供水企业管理；新建居民住宅二次供水设施将产权移交供水企业，由供水企业统一管理；原有居民二次供水设施其产权移交和管理执行政府有关规定。

现在看来，这一条的观念比较前卫，符合全国的发展趋势，对于推行二次供水的专业化管理，确保安全稳定供水很有好处。

2）规范二次供水设施管理单位的职责

二次供水设施管理单位应对设施进行日常维护，确保正常运行，并每半年对水箱（池）进行清洗消毒和水质检测等。

3）对二次供水设施清洗消毒单位实施备案管理

加强对清洗消毒队伍管理，保障清洗消毒队伍人员素质，保证清洗消毒质量。

4）规范二次供水水质检测

二次供水设施管理单位应委托市供水管理部门指定的专业检测单位进行水质检测，检测结果应向用户居民或业主单位公布，保证水质监测的公正、准确。

2. 制定二次供水相关技术标准

1）2003 年，开始组织编制《天津市二次供水工程技术标准》DB 29—69—2004，由市建委在 2004 年颁布实施，并在 2008 年、2016 年对这一《标准》进行过两次修订。这是全国第一个二次供水工程的地方标准，填补了国内空白。

2）2007 年，编制了《天津市管网叠压供水技术规程》DB/T 29—173—2007，2014 年对该标准进行了修订。这是全国第二个相关地方标准，和福建省出台的第一个地方标准相差仅几个月。

3）2008 年，受住房和城乡建设部委托，由市供水管理处承担主编《二次供水工程技术规程》行业标准，这一标准由住房和城乡建设部于 2010 年 4 月 17 日颁布，同年 10 月 1 日开始实施。

3. 制订、颁布与《城市供水用水条例》相配套的政策性指导文件

1）制订《天津市二次供水设施管理规定》，加强对二次供水设施管理单位的管理。

2）制订《天津市二次供水设施清洗消毒单位管理规定》，对二次供水设施清洗消毒单位实施备案管理。对符合清洗消毒条件的，由市供水管理处发放《天津市二次供水设施清洗消毒单位备案证书》，并上网公示。

3）制订《天津市清洗消毒管理规定》，明确由市、区两级管理，加强清洗消毒管理工作。

4）制订《天津市二次供水设施清洗消毒操作规程》，规范二次供水设施清洗行为。并于 2006 年和 2009 年两次组织修订，并切实抓好贯彻落实工作。

5）与市卫生局卫生执法监督处共同下发《关于认定二次供水水质检测单位的通知》，明确具备二次供水水质检测资质的单位。

4. 加强对二次供水设施运行及水箱（池）清洗消毒情况的执法检查

一方面，对二次供水设施清洗消毒情况进行不定期巡查。另一方面，对清洗消毒单位的设备存放、药剂保存、人员配备、人员健康状况及是否遵守《清洗消毒操作规程》进行检查，对存在问题的单位下发《限期整改通知书》。

5. 分期分批对居民小区老旧二次供水设施进行改造

这一工作已连续几年列入市政府的民心工程。主要解决生活用水和消防用水混用、水箱材质不合格、二次供水设施老化损毁、供水管道锈蚀漏水及管理不完善等问题。

6. 具体做法规定

1）新建工程项目用水最低工作压力超过 0.20MPa（武清区、宝坻区、静海县、宁河县超过 0.18MPa）时，必须设置二次供水设施。

这条对天津市很重要。过去一些房屋开发商为省钱，建 6、7 层，甚至 8 层住宅，打擦边球，不建设二次供水设施，建成后当时用户有水，但过了几年以后，由于所处区域供水需求量增加，供水管网负荷加大，6 层以上就出现了用水困难，有的需要增设加压泵，解决起来难度很大。《条例》从根本上解决了这一问题。

2）充分利用市政给水管网压力供水，二次供水设施应优先选用管网叠压供水方式。

当采用管网叠压供水方式时，所处区域的城镇供水管网压力值应符合下列规定：

（1）中心城区压力值不应低于 0.22MPa；

（2）近郊地区压力值不应低于 0.20MPa。

3）依据城镇供水管网条件，综合考虑小区或建筑物类别、高度、使用标准等因素，经技术经济比较合理选择二次供水系统，并宜按下列顺序确定：

（1）增压设备和高位水箱联合供水；

（2）管网叠压供水；

（3）变频调速供水；

（4）气压供水。

4）建筑高度不超过 100m 时，宜采用竖向分区并联供水或分区减压供水系统；建筑高度超过 100m 时，宜采用竖向分区分区串联、叠压串联或接力供水系统。

5）二次供水各分区最低卫生器具配水点处的静水压力不宜大于 0.45MPa，且分区内低层部分应设减压设施，保证各用水点处供水压力不大于 0.2MPa。

6）二次供水不得采用城镇给水管网直接向高位水箱补水的供水方式。

7）二次供水系统应设置水量计量装置，并应符合现行国家标准《民用建筑节水设计标准》GB 50555 及现行地方标准《天津市民用建筑能耗监测系统设计标准》DB 29—216 的要求。

8）水泵

（1）应按现行国家标准《清水离心泵能效限定值及节能评价值》GB 19762 选用节能型水泵。

（2）居住建筑二次供水设施选用的水泵噪声应符合现行国家标准《泵的噪声测量与评价方法》GB/T 29529—2013 中的 B 级；水泵振动应符合现行国家标准《泵的振动测量与评价方法》GB/T 29531—2013 中的 B 级。

（3）公共建筑二次供水设施选用的水泵噪声应符合现行国家标准《泵的噪声测量与评价方法》GB/T 29529—2013 中的 C 级；水泵振动应符合现行国家标准《泵的振动测量与评价方法》GB/T 29531—2013 中的 C 级。

（4）应采用自灌式吸水。

（5）电机功率在 11kW 以下的水泵，宜采用成套设备机组。

（6）水泵宜采用数字集成全变频控制或每台单独设置变频器。

9）水箱、压力水容器及过流部件应选用不低于 06Cr19Ni10（S30408）的不锈钢材料，焊接材料应与水箱同材质，不锈钢焊缝应进行酸洗钝化等抗氧化处理；也可使用 SMC 玻璃钢、聚乙烯、钢板搪瓷衬里等材料。

10）管道与阀门

（1）埋地给水管道宜优先选用金属复合管、有内衬的球墨铸铁管和有可靠内外防腐的金属管道。

（2）建筑物内给水管道宜优先选用铜管、不锈钢管、金属复合管、塑料管。二次供水泵房内的管道及建筑高度超过 50m 的供水主干管，不应采用非金属管。

（3）宜优先选用铜、不锈钢或阀体为球墨铸铁、阀杆与阀芯为不锈钢或铜材质的阀门，阀板宜为软橡胶密封。

（4）应选用水头损失不大于 0.03MPa、体积尺寸相对较小、具有自动排水功能、维修简便、耐用的空气隔断型倒流防止器。当倒流防止器排水口持续排水超过 1min 时，设备应能报警。

（5）水箱进水管应安装具有机械和电气双重控制功能的水位控制阀。

11）消毒与水质检测

（1）当二次供水设施设置有常压水容器时，应设置消毒设备。

（2）二次供水消毒设备宜优先选用紫外线消毒器、臭氧发生器和水箱自洁消毒器。

（3）二次供水的水质检测应包括色度、浑浊度、臭和味、肉眼可见物、pH 值、耐热大肠菌群、菌落总数、余氯、铁、总大肠菌群、耗氧量等指标。特殊情况下可加检其他指标。

12）二次供水安全防范措施

（1）二次供水设施必须独立设置，并应有建筑围护结构；围护结构的出入口应设置入侵报警系统；

（2）应有防冻、防暴晒、防雷击等防护措施；

（3）二次供水泵房应配备门禁、摄像等安全防范设施；

（4）二次供水储水装置应有安全防范措施。

2.3.3 福建省二次供水设施建设与管理的有关规定

1. 制订、颁布相关政策法规

1）组织制订《福建省城市供水条例》；

2）制订《福建省城市生活饮用水二次供水管理办法》；

3）组织编制《福建省二次供水工程技术规程》；

4）组织编制《二次供水不锈钢水池（箱）应用技术规程》。

2. 具体做法规定

1）新建住宅二次供水设施在投入使用的同时，建设单位应当向属地供水企业办理二次供水设施移交接收手续，签订移交协议。移交后，二次供水设施由供水企业负责维护管理。

2）原有住宅二次供水设施，用户需要委托供水企业维护管理的，经查验合格，供水企业应当接受委托以加收二次供水服务费方式提供有偿服务。不合格的二次供水设施，用户应组织改造，改造完成并查验合格后，可以委托供水企业维护管理。

3）二次供水设施维护管理单位应当制定和实施二次供水管理制度，配备专（兼）职管理人员，负责二次供水的给水增压、水质监测、安全管理及供水设施的清洗消毒、维修维护工作，并做好工作记录，建立档案。

4）二次供水设施的维护管理应遵守下列规定：

（1）定期巡检，及时维修养护储水设施、水泵、管线等二次供水设施，并采取必要的安全防范措施，确保二次供水设施安全、不间断运行；

（2）每半年进行不少于一次的清洗、消毒储水设施工作；

（3）每半年进行不少于一次的水质检测工作。水质检测应当委托有资质的水质检测机构进行，并于收到水质检测报告后三日内向用户公示；

（4）每半年进行不少于一次的水压检测工作，保证水压符合国家有关标准；

（5）由于二次供水设施工程施工、设备维护保养等原因需要停水或降压供水的，应提前24h告知用户。确因紧急抢修等特殊原因无法提前通知的，应当在抢修的同时通知用户。超过24h不能恢复供水的，维护管理单位应当采取应急供水措施，解决居民基本生活用水；

（6）二次供水设施达到使用年限或因国家标准提高需进行更换、改造的，应当及时通知产权人或其委托单位进行更换、改造，相关费用由产权人承担。

5）二次供水系统可采用下列供水方式：

（1）增压设备和高位水池（箱）联合供水；

（2）变频调速供水；

（3）叠压供水；

（4）气压供水。

6）消毒设备配置：

（1）二次供水设施的水池（箱）应设置消毒设备。

（2）消毒设备可选择臭氧发生器、紫外线消毒器和水箱自洁消毒器等，其设计、安装和使用应符合国家现行有关标准的规定。

（3）臭氧发生器应设置尾气消除装置。

（4）紫外线消毒器应具备对紫外线照射强度的在线检测，并宜有自动清洗功能。

（5）水箱自洁消毒器宜外置。

7）泵房宜采用远程监控系统。

8）不锈钢水箱材质应不低于奥氏体不锈钢S30408。

3. 福州市关于"一户一表、水表出户"的具体做法规定

1）新建、改建、扩建建设项目，应当按照"一户一表、水表出户"的要求设计、建设二次供水设施。

2）水表设置要求

（1）水表应按一户一表，水表出户，集中抄表设置；

（2）多层（九层及以下）住宅水表应集中落地安装；

（3）高层（九层以上）住宅抄表装置应设在建筑首层，水表分层集中设置在相应层的管道井内；

（4）小区内所有水表（包含但不限于消防、绿化、公建、店面、测流等各种用途的水表）均应安装远传抄表装置且数据应能准确传输至福州市自来水有限公司远传数据平台。为了便于日后维护管理，同一个小区的大口径水表和户表远传系统需使用同一个远传厂家的产品。

2.3.4 苏州工业园区二次供水设施建设、改造与运行管理经验

1. 园区基本情况及园区内住宅二次供水设施概况

苏州工业园区占地面积278（km）^{2}，常住人口112万（其中户籍人口41.3万）。自

1994 年 5 月开工建设，为我国首个国家级经济技术开发区，入驻企业达 5000 余家，2015年园区生产总值（GDP）2070 亿元。

园区供水系统相对独立。建有太湖、阳澄湖两个水源地和星港街、阳澄湖 2 座水厂（其中星港街水厂日产水能力 45 万 m^3，阳澄湖水厂日产水能力 20 万 m^3），园区内大于等于 $DN75$ 的室外埋地输配水管线 1028km。

园区共有居民总户数 32.5 万户，住宅二次供水增压泵房 289 个。

园区水务的经营与管理企业为清源华衍水务有限公司，承担园区内工业企业与居民生活供水及园区生活污水处理，日供水量 60 万 m^3，日处理生活污水 35 万 m^3。

2010 年，为进一步加强园区住宅供水设施的建设，切实保障居民用水的卫生安全，逐步理顺园区住宅供水设施的建设、维护和运行管理体制，实现园区住宅供水的一体化管理，根据国务院《城市供水条例》、《物业管理条例》等关于住宅供水管理的有关规定，结合园区实际，园区规划建设局组织制定并颁发了《苏州工业园区住宅供水技术指导意见》（苏园规〔2010〕10 号）和《苏州工业园区住宅供水管理及改造办法》（苏园规〔2010〕11 号）两个政策性文件，并在园区住宅供水设施的建设、管理和改造中付诸实施。通过几年的实践，园区住宅供水设施的建设、管理和改造逐步走上正轨，步入良性循环，成效凸显。

自 2011 年开始，根据园区管委会指示及园区规划建设局文件精神，逐渐加大了对园区早期建设的住宅二次供水增压泵房及供水设施的整改力度，具备条件的由清源华衍水务有限公司接收，实施专业化运维管理。截止到 2017 年 5 月，已有 219 个住宅二次供水增压泵房签约清源华衍水务，使园区 30 万家居民住户二次供水享受到专业化的规范服务。另外，还有 20 个住宅小区的二次供水增压泵房正在改造，等待验收接管；还有 20 几个建园初期建设的 5～6 层多层住宅、别墅直供小区需要增加改造 10 多个二次供水增压泵房，已列入整改计划。

2. 园区住宅供水相关政策文件

1）《苏州工业园区住宅供水技术指导意见》（苏园规〔2010〕10 号）要点摘录

（1）技术要求

① 住宅二次供水方式

超出城市供水管网服务压力范围的住宅，宜采用配有适当容量的水池（箱）的变频叠压技术进行增压的供水方式。

② 水池（箱）

a）为保障用户的连续安全供水，应配置适当容量的水池（箱）。生活水池（箱）与消防水池应分设。

b）水池（箱）应采用具有良好防腐性和耐久性的食品卫生级材质的材料，不宜使用易产生结污结垢、滋生细菌的混凝土水池（箱）；水池（箱）宜设置成两格，水池（箱）内应设置导流板或采用多点进水方式。水池（箱）宜设置在维护方便、通风良好、不结冰的室内，不宜设置地埋或半地埋式水池（箱）。

c）水池（箱）须设置消毒装置或留有连接消毒设备的接口。

③ 电器和设备

电器、设备应选用效率高、性能可靠、运行稳定、环境适应性好、使用耐久的产品，能提供自动控制接口，满足自动运行以及远传远控各项要求。设备应配备具有故障报警及自动保护功能的自动控制系统，对可恢复的故障应能自动或手动消除、恢复正常运行。设备的工作泵出现故障时，其他泵应能自动投入运行。自控系统应具有数字采集、传输及远程监测监控功能。

（2）安全保障

① 水池（箱）

水池（箱）应设置在安保视频监控范围内。水池（箱）人孔处应加锁。水池（箱）通气管口、溢流管口应设微孔过滤装置。

② 泵房

泵房应设门禁或加锁，避免非工作人员误操作影响供水安全。

③ 水质

水池（箱）内的蓄水应在供水设备运行时同步更换，并辅以定时更换、消毒、放空等措施确保水质。

④ 水压

住宅小区的水压应满足用户的用水水压要求。为保障市政管网的水压及周边用户的供水，应设置市政管网压力保护装置。

2）《苏州工业园区住宅供水管理及改造办法》（苏园规〔2010〕11号）要点摘录

（1）住宅供水设施的设计、建设应由具备相应资质的单位承担，与住宅主体同步设计、同步施工、同步验收。

（2）住宅供水工程的设计方案及所选设备应与供水单位商讨确认后进行施工图设计，报施工图审查机构审查。

（3）开发建设单位按住宅总建筑面积（不含地下室部分）和物价部门核定的标准（见表2-2），向供水单位交清运行维护费用，由供水单位负责住宅供水设施的运行维护和管理。运行维护费用可列入开发建设成本。

住宅供水设施运行维护费用标准   表2-2

项目	A类	B类	C类
	建筑高度≤18m	18m<建筑高度≤54m	54m<建筑高度≤100m
运行维护费（元/m²）	19.2	23.3	29.1

注：1. 建筑高度大于100m的住宅，由物价部门另行核定运行维护费标准；
    2. 住宅供水设施的运行维护费按住宅总建筑面积（不含地下室部分）核收，如住宅总建筑面积低于2万m²，按2万m²核计相关费用；
    3. 上述费用不包含泵房运行电费；
    4. 运行维护费按10年计算。

（4）本办法施行后新拍卖出让的住宅用地，其开发建设单位应在开发建设前与供水单位签署《住宅供水设施委托运行、维护管理协议》，并按住宅规划容积率面积和物价部门核定的标准，一次性向供水单位预交运行维护费用。

（5）本办法施行时在建及已拍未建的住宅供水设施，开发建设单位应严格按国家相关标准规范并参照《技术指导意见》进行建设，验收合格后移交给供水单位。开发建设单位应在办理竣工验收前，按住宅总建筑面积（不含地下室部分）和物价部门核定的标准一次性向供水单位交纳运行维护费用。

（6）本办法施行前已通过竣工验收的住宅，其供水设施按国家相关标准和《技术指导意见》进行改造，改造费用分担如下：

① 2008 年 1 月 1 日以前，社会开发单位开发建设的住宅小区：

a）小区维修资金承担改造费用的 25%（但小区动用住宅维修资金后，其最低余额不得低于改造费用的 25%）；

b）社会开发单位承担 25%；

c）园区（乡镇）政府承担 50%（没有维修资金或维修资金余额不足 25% 的小区，园区（乡镇）政府承担 75%）；

d）如开发建设单位已在园区注销，上报园区政府另案处理。

② 2008 年 1 月 1 日以前，国有开发单位（包括镇政府）开发建设的住宅小区：

a）小区维修资金承担改造费用的 25%（但小区动用住宅维修资金后，其最低余额不得低于改造费用的 25%）；

b）国有开发单位承担 75%（没有维修资金或维修资金余额不足 25% 的小区，国有开发单位全额承担）。

③ 2008 年 1 月 1 日以后通过工程质量竣工验收的各类小区，改造费用由清源华衍水务有限公司全额承担。

（7）本办法施行前已通过竣工验收的住宅，运行维护费用分担如下：

① 国有及社会开发单位开发的小区：

a）通过工程质量竣工验收 10 年以上的，运行维护费用由园区政府承担；

b）通过工程质量竣工验收不足 10 年的，以 10 年期为标准平均计算，由开发建设单位承担剩余年数的运行维护费用，差额年份的运行维护费用由园区政府承担。

② 乡镇动迁房及镇政府开发小区的运行维护费用，不按竣工年限划分，统一由乡镇政府承担 25%，园区政府承担 75%。

③ 如原开发建设单位已在园区注销，上报园区政府另案处理。

（8）住宅供水改造按照自愿改造和"先急后缓、先主后次、逐步改造"的原则进行。改造工程由物业管理区域内业主履行法定程序后授权业主委员会或物业服务企业向苏州工业园区住宅供水一体化工作领导小组办公室提出申请，经批准后实施。

供水改造由原开发建设单位自行改造或委托供水单位改造。改造标准按照国家相关标准规范并参照《技术指导意见》执行。

（9）居民到户水价按物价部门核定的居民用水价格计收，不得向居民用户收取额外费用。

（10）由供水单位接收的住宅供水设施，其维护和运行管理的责任包括：

① 泵房设施、水池、水泵和附属设施的维修、保养；

② 水泵的运行管理；

③ 水池（箱）的清洗、消毒；

④ 水质的日常监测、检验；

⑤ 管线的维修、保养；

⑥ 居民用户分表抄表、收费；

⑦ 供水设施管理、服务质量问题投诉的处理。

（11）相关部门职责：

园区住宅供水一体化工作领导小组，全面负责供水改造工程的指导、协调与推进落实等工作；领导小组下设办公室，负责领导小组的日常工作，办公室设在规划建设局。

规划建设局负责工程的组织推进、督促协调工作，负责住宅供水设施的工程质量监督管理工作。经济贸易发展局负责运行维护费用的核准制定工作。

国土房产局负责土地拍卖条件的确定、专项维修资金申请列支的审核以及房地产开发企业、物业服务企业的督促协调工作。

（12）建筑高度大于100m的住宅，参照本办法执行。

（13）政府有关部门和其他有关部门的工作人员玩忽职守、滥用职权、徇私舞弊的，由其所在单位或者上级机关给予行政处分；构成犯罪的，依法追究刑事责任。

3. 加快园区住宅二次供水设施改造，由供水企业实施专业化、规范化管理

1）住宅二次供水老旧泵房改造

园区住宅二次供水设施改造，主要针对早期建设的二次供水增压泵房。为此，清源华衍水务专门编制了《苏州工业园区二次供水泵房建设及验收标准》（V2.0），主要内容包括（摘录）：

（1）改造目标：努力打造高标准泵房，保障"最后一公里"水质安全。

（2）泵房建设与改造标准：

① 泵房建筑

a. 生活给水泵房应与其他公共设施用墙体隔开。

b. 住宅二次供水泵房平面尺寸推荐指标见表2-3。

二次供水泵房平面尺寸（长×宽）推荐指标　　　　　　　　　　　　表2-3

小区住宅建筑高度及层数	小区户数（户）					
	<200	$200\sim500$	$500\sim1000$	$1000\sim2000$	$2000\sim3000$	>3000
$H\leqslant54m$，$\leqslant18$层	8m×10m	11m×10m	18m×10m	20m×14m	24m×18m	每超过3000户，增加1座泵房
$54m<H<100m$，19层～33层	8m×12m	11m×14m	18m×13m	20m×16m	24m×20m	

注：泵房层高不得小于3.3m。

c. 泵房内墙面及顶板面用白色环保涂料整体涂刷；内墙四周自地面至2m高度范围，用300mm×150mm淡黄色墙砖满铺；内墙上不得有多余的裸露在外的导线、接线盒和穿线管。

d. 泵房地面采用绿色环氧地坪或600×600淡黄色防滑地砖满铺。

e. 泵房集水坑应铺设格栅盖板。

f. 泵房门口应设置0.5m高度的可拆卸式挡鼠板（10mm厚度铝塑复合板）。

② 泵房设备

a. 储水箱高度宜为2m，且最高不应大于3m。无论容积大小，储水箱必须分隔为大小基本相等的两格，并能独立工作。

b. 所有增压水泵都必须独立配置变频控制器，采用一控一变频调速控制模式。

c. 水泵电机防护等级应不低于IP55。

d. 泵房管道、管件、法兰、螺栓连接件、气压罐及其他配件，其材质不应低于

SUS30408；泵房内所有不锈钢管路表面应进行亚光处理。

e. 泵房应配置紫外线消毒器或其他型式消毒装置。

f. 地面泵房应出具环境噪声检测报告，泵房室外噪声测量值应不高于 45dB（A）。

③ 泵房监测仪表

泵房应配置电磁流量计、压力变送器、静压液位变送器；宜配置低量程在线浊度仪、在线余氯分析仪等水质在线监测设备。

④ 泵房供电、照明

a. 宜采用双电源或双回路供电方式。

b. 泵房应设置可贸易结算的独立用电计量装置。

c. 泵房上级电源不得安装漏电保护开关。

d. 泵房宜选用节能型 LED 照明灯具；发现非法侵入时，照明系统应能自动点亮局部照明，中控室应能远程点亮局部照明。

⑤ 泵房数据采集

泵组控制系统应能完成泵组各项运行参数以及其他设备工作状态数据的采集功能，并将数据存入 PLC 专用数据缓冲区内提供给远程控制系统和其他控制单元调用。

⑥ 泵房对外通信

泵组自控系统应预留有远程监控通信接口；现场控制系统和远程监控系统之间应采用以太网通信协议进行数据通信，满足泵站无人值守、自动运行、远程控制及远程数据传输等要求。

⑦ 泵房远程监控

泵组控制系统应能满足远程监控需要，可通过相应通信接口、通信协议及远程监控系统进行数据通信，可以实时远程监控泵组设备的运行情况、压力变化、故障报警、历史数据记录等；同时满足远程控制的功能要求。

⑧ 泵房视频监控

为保证二次供水系统的安全运行，防止无关人员非法进入，应在泵房设置视频监控系统。摄像图像现场保存，也可远程监视。

⑨ 泵房门禁系统

为了控制和管理泵站内的人员进入情况，泵站应设置门禁系统。系统应支持远程控制，支持电子地图、中文界面，支持报警联动。

（3）老旧泵房改造案例

嘉怡苑小区二次供水泵站 2016 年 3 月开始实施改造，历时 8 个月完成，同年底接收，服务小区居民 562 户。改造后泵站见图 2-5。

① 采用全新的施工标准，工厂化预制不锈钢管道，管道间采用法兰连接；选用 L 形紫外线消毒器，改变传统的 U 形连接、节省现场安装空间；成套水泵机组，工厂化预制进出水总管，不锈钢水泵机组底板，全不锈钢管道支架。

② 推行智能化、标准化、集成化、模块化泵房建设模式，有利于缩短现场施工周期，保证工程质量。

③ 根据需要在泵房配置低量程在线浊度仪、在线余氯分析仪等水质在线监测设备。见图 2-6。

(a)　　　　　　　　　　　　　　　　(b)

图 2-5　嘉怡苑小区二次供水泵站

（a）改造前；（b）改造后

图 2-6　改造后泵房设置的低量程在线浊度仪、在线余氯分析仪

2）建立规范化、标准化住宅二次供水系统运维模式，开创园区安全供水新局面

（1）清源华衍水务住宅二次供水泵站运维架构见图 2-7。

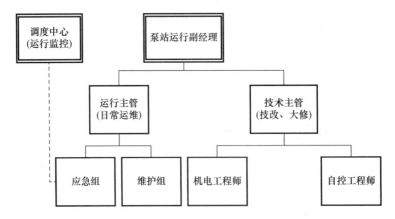

图 2-7　住宅二次供水泵站运维架构图

① 清源华衍水务住宅二次供水泵站运维人员配置：17 人。

② 运维人员工作分工

a. 二次供水运行维护

（a）水箱清洗；（b）水样送检；（c）药剂更换；（d）年度保养；（e）泵房维修。

b. 二次供水设施改造

（a）新接收泵房验收；（b）新建及改造泵房调试；（c）中控平台制作及维护。

③ 二次供水运行维护工作职责

a. 日常巡检：自来水水源、各电气控制柜电源、水箱水位、水泵运行情况等。

b. 水质检测：定期检测，泵房内留有水质监测报告复印件。

c. 水箱清洗标准作业：每年需对水箱清洗二次。清洗后，由专业清洗单位取水样送检化验，确保水质符合国家标准。泵房内留有水箱清洗记录。

d. 设备保养、检修：制定年度维修保养计划，在设备维修保养期间进行现场监护，并做好维修保养记录。

（2）清源华衍水务住宅二次供水泵站运维管理网络架构

① 清源华衍水务住宅二次供水泵站运维管理网络架构见图 2-8。

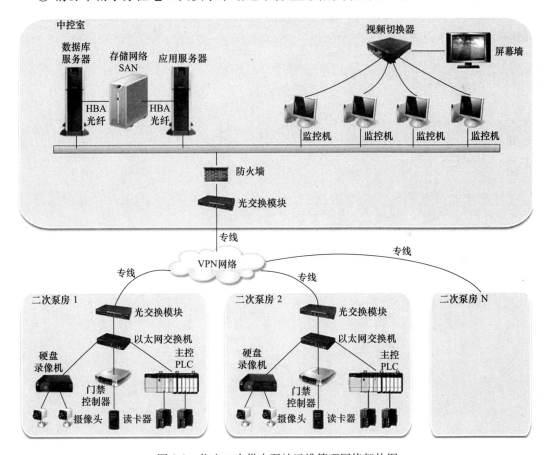

图 2-8　住宅二次供水泵站运维管理网络架构图

② 整个系统均采用以太网通信。

③ 泵房内所有数据都通过一个交换机交换。

④ 所有数据都通过网络运营商的光纤交换机进行传输。

⑤ 通过专用的 VPN（虚拟专用网络）传送到中控平台，上行和下行均采用 4M 带宽。

⑥ 每个泵房均采用相同的配置，运营商为每个泵房分配 5～12 个 IP 地址。

第3章 二次供水系统类型和基本组成

二次供水是指"当民用与工业建筑生活饮用水对水压、水量的要求超过城镇公共供水或自建设施供水管网能力时，通过储存、加压等设施经管道供给用户或自用的供水方式"。

依储存、加压及控制方式的不同，二次供水可分为水泵——水箱联合供水、气压供水、变频调速供水和管网叠压供水等几种基本类型。

其中：变频调速供水依电气自动控制方式的不同又可分为微机控制变频调速供水和数字集成全变频控制供水两种形式；管网叠压供水则是在变频调速供水的基础上又充分利用了前端管网的供水压力。

3.1 水泵—水箱联合供水

水泵—水箱联合供水是由低位水池（箱）、水泵、管路、高位水箱（池）、液位传感器、电控系统、阀门、仪表等配套附件组成的给水增压系统，见图3-1。用户用水设施由高位水箱（池）重力供水。

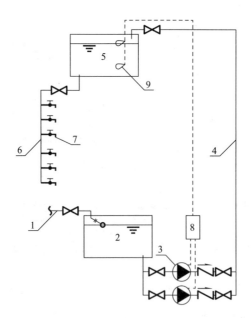

图3-1 水泵—水箱联合供水系统基本组成示意图

1—低位水箱（池）进水管；2—低位水箱（池）；3—水泵；4—二次增压供水管；5—高位水箱（池）；
6—高位水箱（池）重力供水管；7—用水设施；8—电气控制柜（箱）；9—液位传感器

水泵—水箱联合供水方式的优缺点见第1章1.2节。水泵—水箱联合供水详细介绍及系统控制方式见第6章。

3.2　气压供水

气压供水系统由低位水箱（池）、水泵、气压水罐、管路、电控系统、阀门仪表等配套附件组成，见图 3-2。

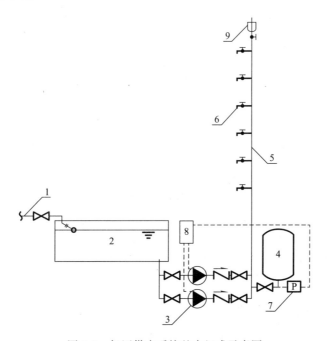

图 3-2　气压供水系统基本组成示意图

1—低位水箱（池）进水管；2—低位水箱（池）；3—水泵；4—气压水罐；

5—二次增压供水管网；6—用水设施；7—压力传感器；8—电气控制柜（箱）；9—自动排气阀

依据设备中的气压水罐是否需要经常补气，气压供水设备又可分为隔膜式和补气式两种形式。

自 20 世纪 90 年代中期开始，随着变频调速恒压供水技术的出现及推广应用，气压供水设备已基本不再在生活供水系统中使用；仅偏远地区工业与民用建筑仍有用于消防给水的，不过数量很少。

气压供水方式的优缺点见第 1 章 1.3 节。气压供水详细介绍及系统控制方式见第 7 章。

3.3　变频调速供水

3.3.1　微机控制变频调速供水

微机控制变频调速供水系统中的给水增压设施以单片机、可编程控制器等微型计算机为主控单元进行自动控制，由水泵从水池、水箱、水井等调节装置中取水，通过变频器改变供电频率控制水泵电机转速，使水泵转速和流量可调节。设备主要由水泵、控制柜（含变频器）、压力检测仪表、管路、阀门等组成，见图 3-3。

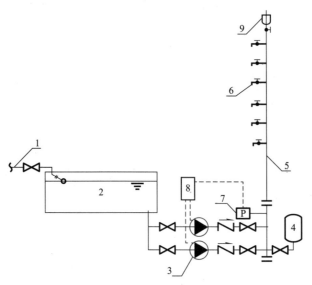

图 3-3 微机控制变频调速供水系统基本组成示意图

1—低位水箱（池）进水管；2—低位水箱（池）；3—变频调速水泵；4—气压水罐；

5—二次增压供水管网；6—用水设施；7—压力传感器；8—电气控制柜（箱）；9—自动排气阀

微机控制变频调速供水系统的概述及优缺点介绍见第1章1.4节。微机控制变频调速供水详细介绍及系统控制方式详见第8章8.1节。

3.3.2 数字集成全变频控制供水

在数字集成全变频控制供水设备中，每台水泵均独立配置一台数字集成变频器或数字集成变频控制器，各变频器或变频控制器通过集中控制柜或总线技术实现相互通信、联动控制、协调工作，并可通过显示屏进行人机对话实现泵组运行参数的设定与调整，使泵组实现智能化全变频控制运行。

数字集成全变频控制标准型恒压供水设备主要由不锈钢水泵、数字集成水泵专用变频控制器、气压罐、压力传感器、液晶显示屏、阀门、管路、底座等组成。系统由水箱（池）吸水向用水点全变频增压供水。图3-4为配置有数字集成变频控制器的全变频控制恒压供水设备基本组成及控制原理示意图。

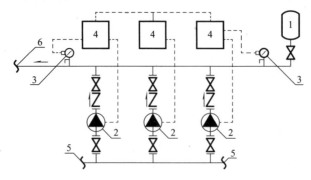

图 3-4 配置有数字集成变频控制器的全变频控制恒压供水设备基本组成及控制原理图

1—气压水罐；2—水泵；3—压力传感器；4—数字集成变频控制器；5—接自进水管；6—接至用户管网

数字集成全变频控制供水详细介绍及系统控制方式详见第8章8.2节。

3.4 管网叠压供水

管网叠压供水是指利用城镇供水管网压力直接增压或变频增压的二次供水方式，本《手册》管网叠压供水设备相关章节主要介绍变频增压叠压供水，其控制方式包括微机控制变频调速与数字集成全变频控制。

管网叠压供水的优缺点见第1章1.5节。

3.4.1 罐式管网叠压供水

罐式管网叠压供水系统的成套增压设备通常由倒流防止器阀组、真空抑制器（防负压装置）、不锈钢稳流罐、水泵、气压水罐、通用变频器或数字集成变频控制器、压力传感器、液位传感器、控制柜（或集中控制显示屏）、管路、阀门、仪表等配套附件组成。

图3-5为微机控制变频调速罐式管网叠压供水设备基本组成及控制原理示意图。

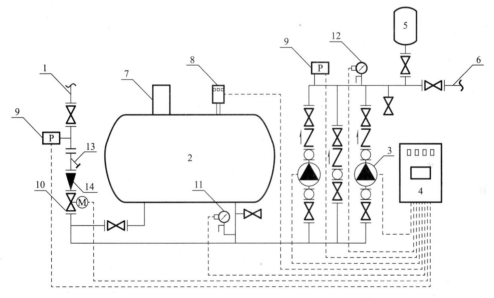

图3-5 微机控制变频调速罐式管网叠压供水设备基本组成及控制原理示意图
1—设备进水管；2—稳流补偿罐；3—水泵机组；4—电气控制柜（箱）；5—气压水罐；
6—设备出水管；7—真空抑制器；8—液位控制器；9—压力传感器；10—强制关闭装置；
11—压力开关；12—超压保护装置；13—过滤器；14—倒流防止器

图3-6为配置有数字集成变频控制器的全变频控制罐式管网叠压供水设备基本组成及控制原理示意图。

3.4.2 箱式管网叠压供水

箱式管网叠压供水系统的成套增压设备通常由倒流防止器阀组、叠压进水管、不锈钢储水箱、水泵、通用变频器或数字集成变频控制器、气压水罐、压力传感器、液位传感器、控制柜（或集中控制显示屏）、水箱自洁消毒装置、管路、阀门、仪表等配套附件组成。

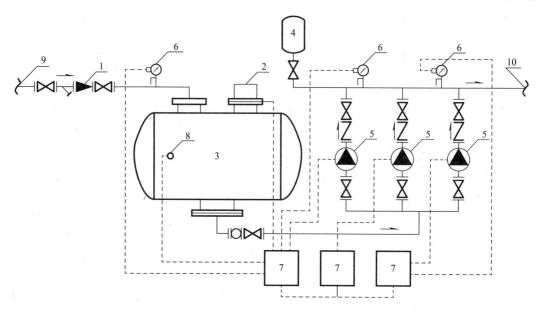

图3-6　配置有数字集成变频控制器的全变频控制罐式管网叠压供水设备基本组成及控制原理示意图
1—倒流防止器；2—真空抑制器；3—不锈钢稳流罐；4—气压水罐；5—水泵；6—传感器；
7—数字集成变频控制器；8—低水位传感器；9—接自市政管网；10—接至用户管网

图3-7为微机控制变频调速箱式管网叠压供水设备基本组成及控制原理示意图。

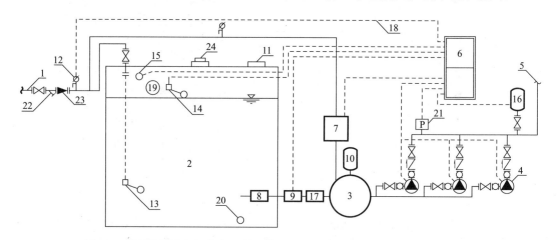

图3-7　微机控制变频调速箱式管网叠压供水设备基本组成及控制原理示意图
1—设备进水管；2—密闭水箱；3—稳流罐；4—水泵机组；5—设备出水管；
6—变频控制柜（箱）；7—无负压流量控制器；8—引水装置；9—增压装置；10—保压装置；
11—空气过滤装置；12—检测压力表；13—低水位传感装置；14—高水位传感装置；
15—溢流水位报警装置；16—气压水罐；17—消毒器（可选）；18—导线；19—密闭溢流装置；
20—泄水口；21—压力变送器；22—过滤器；23—倒流防止器；24—法兰式人孔

　　图3-8配置有数字集成变频控制器的全变频控制箱式管网叠压供水设备基本组成及控制原理示意图。

　　管网叠压供水详细介绍及系统控制方式详见第9章。微机控制变频调速技术与数字集成全变频控制技术详细介绍见第8章8.1及8.2节。

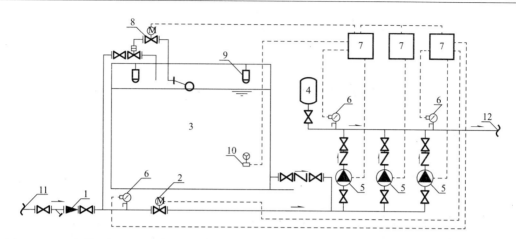

图 3-8　配置有数字集成变频控制器的全变频控制箱式管网叠压供水设备基本组成及控制原理示意图
1—流防止器阀组；2—叠压进水管制装置；3—不锈钢储水箱；4—气压水罐；5—水泵；
6—压力传感器；7—数字集成变频控制器；8—液压水位控制阀；9—水箱自动清洗装置；
10—液位传感器；11—接自进水管网；12—接至用户管网

第4章 系统设计

4.1 用水定额和水压

用水定额旧称用水量标准，是用水对象在单位时间内所需用水量的规定值。用水定额系在各类用水对象实际耗水量实测基础上，经研究分析并考虑国家经济状况及发展趋势而制定。除特别注明者外，用水定额一般指最高日用水定额。最高日用水定额可用于计算用水部位最高日、最高日最大时、最高日平均时的用水量。

用水定额是确定系统设计用水量的主要依据，应根据当地国民经济和社会发展状况、水资源充沛程度、用水习惯，结合城市总体规划和给水专业规划，本着节约用水的原则，综合分析确定。用水定额随社会、科技的进步和国民经济的发展而逐渐变化，工业用水和农业用水定额因科技不断进步而逐渐降低，而生活用水定额随生活水平的不断提高会逐渐增大至一个峰值，然后随着节水意识、节水措施的深入普及而会有所下降。

4.1.1 生活用水

依据现行国家标准《建筑给水排水设计规范》GB 50015，建筑给水系统生活用水设计用水量应根据下列各项确定：

1）居民生活用水量；

2）公共建筑、工业建筑生活用水量；

3）绿化用水量；

4）水景、娱乐设施用水量；

5）道路、广场用水量；

6）公用设施用水量；

7）未预见用水量及管网漏失水量；

8）消防用水量。

注：消防用水量仅用于校核管网计算，不计入正常用水量。

1. 居民生活用水量

居民生活用水量应按住宅的居住人数和表 4-1 规定的生活用水定额经计算确定。

2. 公共建筑生活用水量

宿舍、旅馆等公共建筑的生活用水定额及小时变化系数，根据卫生器具完善程度和区域条件，可按表 4-2 确定。

住宅生活用水定额及小时变化系数　　　　　　表 4-1

住宅类别		卫生器具设置标准	最高日用水定额 [L/(人·d)]	平均日用水定额 [L/(人·d)]	小时变化系数 K_h
普通住宅	Ⅰ	有大便器、洗涤盆	85～150	45～140	3.0～2.5
	Ⅱ	有大便器、洗脸盆、洗涤盆、洗衣机、热水器和沐浴设备	130～300	50～200	2.8～2.3
	Ⅲ	有大便器、洗脸盆、洗涤盆、洗衣机、集中热水供应（或家用热水机组）和沐浴设备	180～320	60～230	2.5～2.0
别墅		有大便器、洗脸盆、洗涤盆、洗衣机、洒水栓，家用热水机组和沐浴设备	200～350	70～250	2.3～1.8

注：1. 当地主管部门对住宅生活用水定额有具体规定时，应按当地规定执行。
　　2. 别墅用水定额中含庭院绿化用水和汽车擦车用水，不含游泳池补充水。
　　3. 住宅生活用水定额与气候条件、水资源状况、经济环境、生活习惯、住宅类别和建设标准等因素有关，设计选用时应综合考虑。
　　4. 本表中平均日用水定额按现行国家标准《民用建筑节水设计标准》GB 50555 的有关数据整理，可用于计算平均日及年用水量。
　　5. 本表中用水量为全部用水量。当采用分质供水，在计算生活给水的用水量时，有直饮水系统的，除由小区供水为水源外，应扣除直饮水用水定额；有杂用水系统的，应扣除杂用水定额。
　　6. 用水设施与别墅相同或相近的住宅可按别墅的标准设计。

公共建筑生活用水定额及小时变化系数　　　　　　表 4-2

序号	建筑物名称	单位	生活用水定额（L）		使用时数 (h)	最高日小时变化系数 K_h
			最高日	平均日		
1	宿舍 　居室内设卫生间 　设公用盥洗卫生间	每人每日 每人每日	150～200 100～150	130～160 90～120	24	3.0～2.5 6.0～3.0
2	招待所、培训中心、普通旅馆 　公用卫生间、盥洗室 　设公用卫生间、盥洗室、淋浴室 　设公用卫生间、盥洗室、淋浴室、洗衣室 　设单独卫生间、公用洗衣室	每人每日 每人每日 每人每日 每人每日	50～100 80～130 100～150 120～200	40～80 70～100 90～120 110～160	24	3.0～2.5
3	酒店式公寓	每人每日	200～300	180～240	24	2.5～2.0
4	宾馆客房 　旅客 　员工	每床位每日 每人每日	250～400 80～100	220～320 70～80	24 8～10	2.5～2.0 2.5～2.0
5	医院住院部 　设公用卫生间、盥洗室 　设公用卫生间、盥洗室、淋浴室 　设单独卫生间 　医务人员 门诊部、诊疗所 　病人 　医务人员 　疗养院、休养所住房部	每床位每日 每床位每日 每床位每日 每人每班 每病人每次 每人每次 每床位每日	100～200 150～250 250～400 150～250 10～15 80～100 200～300	90～160 130～200 220～320 130～200 6～12 60～80 180～240	24 24 24 8 8～12 8 24	2.5～2.0 2.5～2.0 2.5～2.0 2.0～1.5 1.5～1.2 2.5～2.0 2.0～1.5

续表

序号	建筑物名称	单位	生活用水定额（L）		使用时数（h）	最高日小时变化系数 K_h
			最高日	平均日		
6	养老院、托老所 　全托 　日托	每人每日 每人每日	100～150 50～80	90～120 40～60	24 10	2.5～2.0 2.0
7	幼儿园、托儿所 　有住宿 　住宿	每儿童人每日 每儿童人每日	50～100 30～50	40～80 25～40	24 10	3.0～2.5 2.0
8	公共浴室 　淋浴 　浴盆、淋浴 　桑拿浴（淋浴、按摩池）	每顾客每次 每顾客每次 每顾客每次	100 120～150 150～200	70～90 120～150 130～160	12 12 12	2.0～1.5
9	理发室、美容院	每顾客每次	40～100	35～80	12	2.0～1.5
10	洗衣房	每 kg 干衣	40～80	40～80	8	1.5～1.2
11	餐饮业 　中餐酒楼 　快餐店、职工及学生食堂 　酒吧、咖啡馆、茶座、卡拉OK房	每顾客每次 每顾客每次 每顾客每次	40～60 20～25 5～15	35～50 15～20 5～10	10～12 12～16 8～18	1.5～1.2 1.5～1.2 1.5～1.2
12	商场 　员工及顾客	每 m² 营业厅面积每日	5～8	4～6	12	1.5～1.2
13	办公 　坐班制办公 　公寓式办公 　酒店式办公	每人每班 每人每班 每人每班	30～50 130～300 250～400	25～40 120～250 220～320	8～10 10～24 24	1.5～1.2 2.5～1.8 2.0
14	科研楼 　化学 　生物 　物理 　药剂调制	每工作人员每日 每工作人员每日 每工作人员每日 每工作人员每日	460 310 125 310	370 250 100 250	8～10 8～10 8～10 8～10	2.0～1.5 2.0～1.5 2.0～1.5 2.0～1.5
15	图书馆 　阅览者 　员工	每座位每日 每人每日	20～30 50	15～25 40	8～10 8～10	1.5～1.2 1.5～1.2
16	书店 　顾客 　员工	每 m² 营业厅面积每月 每人每班	3～6 30～50	3～5 27～40	8～12 8～12	1.5～1.2 1.5～1.2
17	教学、实验楼 　中小学校 　高等院校	每学生每日 每学生每日	20～40 40～50	15～35 35～40	8～9 8～9	1.5～1.2 1.5～1.2
18	电影院、剧院 　观众 　演职员	每观众每场 每人每场	3～5 40	3～5 35	3 4～6	1.5～1.2 2.5～2.0
19	健身中心	每人每次	30～50	25～40	8～12	1.5～1.2

序号	建筑物名称	单位	生活用水定额（L）		使用时数（h）	最高日小时变化系数 K_h
			最高日	平均日		
20	体育场（馆） 　运动员淋浴 　观众	每人每次 每人每场	30～40 3	25～40 3	4	3.0～2.0 1.2
21	会议厅	每座位每日	6～8	6～8	4	1.5～1.2
22	会展中心（展览馆、博物馆） 　观众 　员工	每 m² 展厅每日 每人每班	3～6 30～50	3～5 27～40	8～16	1.5～1.2
23	航站楼、客运站旅客	每人次	3～6	3～6	8～16	1.5～1.2
24	菜市场地面冲洗及保鲜用水	每 m² 每日	10～20	8～15	8～10	2.5～2.0
25	停车库地面冲洗水	每 m² 展厅每次	2～3	2～3	6～8	1.0

注：1. 中学、兵营等宿舍设置公用卫生间和盥洗室，当用水时段集中时，最高日小时变化系数 K_h 宜取 6.0～4.0；其他类型宿舍设置公用卫生间和盥洗室时，最高日小时变化系数 K_h 宜取 3.5～3.0。

2. 除注明外，均不含员工生活用水，员工最高日用水定额为每人每班 40～60L，平均日用水定额为每人每班 30～45L。

3. 大型超市的生鲜食品区按菜市场用水。

4. 医疗建筑用水中已含医疗用水。

5. 表中用水量包括热水用量及直饮水用量。

6. 空调用水应另计。

7. 餐饮业定额包括餐具洗涤、食材加工等，还含顾客生活用水量。当由社会机构提供器具洗涤服务或提供净菜时，可酌情减少用水量。

8. 表中最高日用水定额可用于计算用水部位最高日、最高日最大时、最高日平均时的用水量，平均日用水定额可用于计算用水部位的平均日及年用水量。

9. 目前我国旅馆、医院等大多委托专业洗衣房洗衣，故本条中旅馆、医院的用水定额未包含洗衣用水量。如果实际设计项目中仍有洗衣房，还应考虑洗衣用水量。

10. 表中没有的建筑物可参照建筑类型、使用功能相近的建筑物，如音乐厅可参照剧院，美术馆可参照博物馆，公寓式酒店可参照酒店，西餐厅可参照中餐下限值考虑。

11. 办公楼的人数一般应由甲方或建筑专业提供。当无法获得确切人数时，可按（15～20m²）/人建筑面积计算。

12. 餐饮业的顾客人数，一般应由甲方或建筑专业提供。当无法获得确切人数时，中餐酒楼可按 0.85～1.3m²（餐厅有效面积）/位计算。餐厅有效面积可按 80% 的餐厅建筑面积估算。用餐次数可按 2.5～4.0 次计。餐饮业服务人员按 20% 席位数计，其用水量应另计。海鲜酒楼还应加海鲜养殖水量。

13. 门诊部和诊疗所的就诊人数一般应由甲方或建筑专业提供，当无法获得确切人数时可参照下式估算：

$$n_d = n_s \cdot n_a / 365$$

式中　n_d——每日门诊人数；

　　　n_s——门诊部、诊疗所服务居民数；

　　　n_a——每一位居民一年平均门诊次数，城镇按 7～10 次计，农村按 3～5 次计；

　　　365——每年工作日数。医院住院部、门诊部等，无需考虑陪侍人员的用水量。

14. 洗衣房的每日洗衣量可按下式计算：

$$G = \sum (m_i \cdot G_i) / D$$

式中　G——每日洗衣总量（kg/d）；

　　　m_i——各种建筑的计算单位数（人、床、席等）；

　　　G_i——每一计算单位每月水洗衣服的数量［kg/(人·月)］或［kg/(床·月)］等；

　　　D——洗衣房每月的工作日数。

3. 工业建筑生活用水量

工业建筑管理人员的最高日用水定额可取 30～50L/(人·班)，车间工人的生活用水定额应根据车间、工段性质以及生产类别、环境条件、劳动强度等综合确定，宜采用 30～50L/(人·班)，热加工车间取上限，冷加工车间取下限。用水时间宜取 8h，小时变化系数宜取 2.5～1.5。

工业企业建筑淋浴用水定额，应根据现行国家标准《工业企业设计卫生标准》GB Z1 中的车间的卫生特征分级确定，可采用 40～60L/（人·次），有毒有害物质、粉尘、废气等对人体健康影响较大的重污染作业以及高温作业、井下作业的取上限，轻度污染或无污染的仪表、冷加工等取下限，延续供水时间取 1h。

4. 汽车冲洗用水量

各类建筑的汽车冲洗用水定额应根据冲洗方式，以及车辆用途、道路路面等级和沾污程度等确定，可按表 4-3 计算。

汽车冲洗用水量定额 [L/（辆·次）] 表 4-3

冲洗方式	高压水枪冲洗	循环用水冲洗补水	擦车、微水冲洗	蒸汽冲洗
轿车	40～60	20～30	10～15	3～5
公共汽车 载重汽车	80～120	40～60	15～30	—

注：1. 汽车冲洗台自动冲洗设备用水量定额有特殊要求时，其值应按产品要求确定。
2. 在水泥和沥青路面行驶的汽车，宜选用下限值；路面等级较低时，宜选用上限值。
3. 吉普车、小型面包车可参考轿车。
4. 循环用水冲洗所耗水量为补充新鲜水量。
5. 按每 25～50 辆车一个洗车台考虑。
6. 不超过 25 辆车时可按全部车辆日洗一次考虑，超过 25 辆车时按全部车辆的 70%～90%，但不少于 25 辆考虑。

传统的洗车方法用清水冲洗后，污水直接排入排水管道，既增加了洗车成本，又大量浪费水资源。近年来，随着我国汽车工业的蓬勃发展和车辆的家用普及，以及各地政府加强节约用水管理，一些既节水又环保的洗车方式纷纷出现。推荐采用微水冲洗、蒸汽冲洗等节水型冲洗方式，逐渐减少采用消耗水量大的软管冲洗方式。

冲洗的汽车数量，可根据洗车位的数量确定，每辆车的冲洗时间可按 10min 计算。

5. 绿化用水量

绿化浇灌用水定额应根据气候条件、植物种类、土壤理化性状、浇灌方式和管理制度等因素综合确定。当无相关资料时，小区绿化浇洒最高日用水定额可按浇洒面积以 1.0～3.0L/（m² · d）计算。干旱地区可酌情增加。

确定绿化浇灌用水定额涉及的因素较多，应充分利用当地降水，采用节水浇灌技术是绿化浇灌节水的重要措施。

6. 道路、广场浇洒用水量

浇洒小区道路、广场的最高日用水定额可按浇洒面积 2.0～3.0L/（m² · d）计算。

7. 水景、娱乐设施用水量

水景用水宜循环使用。

采用循环系统的水景补充水量应根据蒸发、飘失、渗漏、排污等损失确定。室内工程宜取循环水流量的 1%～3%；室外工程宜取循环水流量的 3%～5%。

对于非循环式供水的静水景观，建议每月排空放水 1～2 次。

游泳池和水上游乐池的初次充水时间，应根据使用性质、城镇给水条件等确定。游泳池不宜超过 48h，水上游乐池不宜超过 72h。

游泳池和水上游乐池的补充水量应根据游泳池的类型和特征计算确定，每日补充水量占池水容积的比例可按表4-4确定。

游泳池和水上游乐池的补充水量　　　　　　　表4-4

序号	池的类型和特征		每日补充水量占池水容积的百分数（%）
1	比赛池、训练池、跳水池	室内	3～5
		室外	5～10
2	公共游泳池、水上游乐池	室内	5～10
		室外	10～15
3	儿童游泳池、幼儿戏水池	室内	≥15
		室外	≥20
4	家庭游泳池	室内	3
		室外	5

注：游泳池和水上游乐池的最小补充水量应保证一个月内池水全部更新一次。

8. 公用设施用水量

公用设施用水量，应由该设施的管理部门提供用水量计算参数。

9. 各类建筑的采暖空调系统用水量

（1）采暖、空调循环水系统的补水量

换热器产生的被加热水、采暖热水、空调冷热水的循环水系统的小时泄漏量，宜按系统水容量的1‰计算。系统水容量应经计算确定，供冷和采用空调器供热的空调水系统可按表4-5估算，室外管线较长时应取较大值。

空调水系统的管线单位水容量　　　　　　　表4-5

空调方式	全空气系统	水—空气系统
单位水容量（L/m²）	0.40～0.55	0.70～1.30

（2）锅炉房所需给水总流量可按式（4-1）计算：

$$G = k \cdot (G_1 + G_2) \tag{4-1}$$

式中　G——锅炉房所需给水总流量（m³/h）；

G_1——所有运行锅炉在额定蒸发量时所需的给水量（含连续排污耗水量）（m³/h）；

G_2——锅炉房减温器、蓄热器等其他设备所需给水量（m³/h）；

k——裕量系数，一般取 $k=1.10$。

（3）冷却塔补充水量计算

① 敞开式循环冷却水系统的水量损失应根据蒸发、风吹和排污等各项损失水量确定。在冷却水温降5℃时，其补水率 P_{bc} 可近似取系统循环水量的 1.2%～1.5%。

②冷却塔的蒸发损失水量占进入冷却塔循环水量的百分数可按式（4-2）计算：

$$P_1 = K \cdot \Delta t \tag{4-2}$$

式中　P_1——蒸发损失率（%）；

Δt——冷却塔进水与出水温度差（℃）；

K——系数（1/℃），可按表4-6采用（中间值采用内插法计算）。

系数 K						表 4-6
进塔气温干球温度（℃）	−10	0	10	20	30	40
K（1/℃）	0.08	0.10	0.12	0.14	0.15	0.16

③ 冷却塔的风吹损失率 P_2，对设有收水器的机械通风冷却塔，可按 0.1% 计算。

④ 冷却水系统的排污损失率 P_3 与循环冷却水质及处理方法、补充水水质和循环水的浓缩倍数有关，估算时可取 0.3%。在给定的水质条件下，排污损失（含漏损）率可按式（4-3）计算：

$$P_3 = P_1/(N-1) - P_2 \qquad (4\text{-}3)$$

⑤ 冷却塔补充水率可按式（4-4）计算：

$$P_{bc} = P_1 + P_2 + P_3 = P_1 \cdot N/(N-1) \qquad (4\text{-}4)$$

式中　P_{bc}——补充水率（%）；

P_1——蒸发损失率（%）；

P_2——风吹损失率（%）；

P_3——排污损失率（%）；

N——浓缩倍数。设计浓缩倍数不应小于 3.0；当采用再生水作为补充水时，不应低于 2.5。

从式（4-4）可见，增大浓缩倍数，可降低排污损失。

假定冷却塔进、出水温差为 5℃，则蒸发损失率 P_1 为 0.75%，若风吹损失率 P_2 取 0.1%，计算得表 4-7。

不同浓缩倍数的排污损失率和补充水率									表 4-7
浓缩倍数 N	1.2	1.3	1.4	1.5	2.0①	2.5②	3.0③	4.0④	5.0⑤
排污损失率 P_3（%）	3.65	2.4	1.775	1.4	0.65	0.4	0.275	0.15	0.0875
补充水率 P_{bc}（%）	4.5	3.25	2.625	2.25	1.5	1.25	1.125	1.0	0.9375

① 上海市地方标准 DB 31/204—1997 规定的浓缩倍数；
② 《全国民用建筑工程设计技术措施-给水排水》规定值；
③ 《工业循环冷却水处理设计规范》GB 50050 规定值；
④ 国家发改委、科技部、水利部、建设部、农业部《中国节水政策大纲》要求值；
⑤ 按《绿色建筑评价标准》GB/T 50378，冷却塔的蒸发耗水量占冷却塔补水量的比例不低于 80%，可得 10 分；相当于 $N=5$。

从表 4-7 可见，在冷却塔进、出水温差 5℃ 前提下，提高浓缩倍数，可相应减少补充水量。浓缩倍数由 1.2 提高到 1.5，其补充水量减少 50%；提高到 2.0 时，其补充水量减少 67%；提高到 3.0 时，其补充水量减少 75%；提高到 5.0 时，其补充水量减少 79%；节水效果非常明显。但当浓缩倍数超过 5.0 以后，补充水量降低的速率越来越小。故浓缩倍数 N 值一般多采用 2~5，不应超过 5。

我国中小型冷却塔平均浓缩倍数一般仅为 1.2~1.3，由此可见节水潜力很大。

⑥ 冷却塔初次充水时间应根据所服务建筑物的功能性质，由工程具体情况设计确定，一般宜采用 4~6h。

10. 未预见用水量及管网漏失水量

小区管网漏失水量和未预见水量之和可按最高日用水量的 8%~12% 计算。

11. 卫生器具的给水定额

卫生器具的给水额定流量、当量、连接管公称管径和工作压力应按表 4-8 确定。

卫生器具的给水额定流量、当量、连接管公称管径和工作压力 表 4-8

序号	给水配件名称	额定流量 （L/s）	当量	连接管公称 管径（mm）	最低工作 压力（MPa）
1	洗涤盆、拖布盆、盥洗槽 　单阀水嘴 　单阀水嘴 　混合水嘴	0.15～0.20 0.30～0.40 0.15～0.20（0.14）	0.75～1.00 1.5～2.00 0.75～1.00（0.70）	15 20 15	0.050
2	洗脸盆 　单阀水嘴 　混合水嘴	0.15 0.15（0.10）	0.75 0.75（0.50）	15 15	0.050
3	洗手盆 　感应水嘴 　混合水嘴	0.10 0.15（0.10）	0.50 0.75（0.5）	15 15	0.050
4	浴盆 　单阀水嘴 　混合水嘴（含带淋浴 　转换器）	0.20 0.24（0.20）	1.00 1.2（1.0）	15 15	0.050 0.050～0.070
5	淋浴器 　混合阀	0.15（0.10）	0.75（0.50）	15	0.050～0.100
6	大便器 　冲洗水箱浮球阀 　延时自闭式冲洗阀	0.10 1.20	0.50 6.00	15 25	0.020 0.100～0.150
7	小便器 　手动或自动自闭式 　冲洗阀 　自动冲洗水	0.10 0.10	0.50 0.50	15 15	0.050 0.020
8	小便槽穿孔冲洗管 （每 m 长）	0.05	0.25	15～20	0.015
9	净身盆冲洗水嘴	0.10（0.07）	0.50（0.35）	15	0.050
10	医院倒便器	0.20	1.00	15	0.050
11	实验室化验水嘴（鹅颈） 　单联 　双联 　三联	0.07 0.15 0.20	0.35 0.75 1.00	15 15 15	0.020
12	饮水器喷嘴	0.05	0.25	15	0.050
13	洒水栓 　庭院 　街道	0.40 0.70	2.00 3.50	20 25	0.050～0.100 0.050～0.100
14	室内地面冲洗水嘴	0.20	1.00	15	0.050

续表

序号	给水配件名称	额定流量（L/S）	当量	连接管公称管径（mm）	最低工作压力（MPa）
15	家用洗衣机水嘴	0.20	1.00	15	0.050
16	器皿洗涤机	0.20	1.00	按产品要求	
17	土豆剥皮机	0.20	1.00	15	按产品要求
18	土豆清洗机	0.20	1.00	15	按产品要求
19	蒸锅及煮锅	0.20	1.00	按产品要求	

注：1. 表中括弧内的数值系在有热水供应时，单独计算冷水或热水时使用。
2. 当浴盆上附设淋浴器时，或混合水嘴有淋浴器转换开关时，其额定流量和当量只计水嘴，不计淋浴器。但水压应按淋浴器计。
3. 如为充气水嘴，其额定流量为表中同类配件额定流量的0.7倍。
4. 家用燃气热水器，所需水压按产品要求和热水供应系统最不利配水点所需工作压力确定。
5. 绿地的自动喷灌应按产品要求设计。
6. 卫生器具给水配件所需额定流量和最低工作压力及所需管径有特殊要求时，其值应按产品要求确定。
7. "最低工作压力"是指保证给水额定流量的前提下为克服给水配件内摩阻、冲击及流速变化等阻力，在控制出流的启闭阀前所需的水压，而不是出口处的水头值。淋浴器所需的最低工作压力系指阀门前、而非莲蓬头处。带温控阀的淋浴器所需的工作压力稍高，按产品要求而定。
8. 卫生器具和配件应符合国家现行有关标准的节水型生活用水器具的规定。国家现行有关节水型生活用水器具的标准有：《节水型生活用水器具》CJ/T 164、《节水型产品通用技术条件》GB/T 18870、《水嘴用水效率限定值及用水效率等级》GB 25501、《坐便器用水效率限定值及用水效率等级》GB 25502、《小便器用水效率限定值及用水效率等级》GB 28377、《淋浴器用水效率限定值及用水效率等级》GB 28378、《便器冲洗阀用水效率限定值及用水效率等级》GB 28379等。生活用水器具所允许的最大流量（坐便器为用水量）应符合产品的用水效率限定值，节水型用水器具按选用的用水效率等级确定产品的最大流量（坐便器为用水量）。当进行绿色建筑设计时，应按国家标准《绿色建筑评价标准》的要求确定用水器具的用水效率等级。

国际上对于最不利点处卫生器具所需的压力规定不完全一致，一般在 0.05~0.15MPa 之间，最高可达 0.20MPa。美国《洲际旅馆卫生工程（Engineering-Plumbing for Inter-Continental Hotels & Resorts）》（2000 年版）中规定最不利点卫生器具处的服务压力应经常维持在 0.15MPa ± 0.05MPa。工程设计中如果没有特殊要求，建议采用 0.10~0.15MPa。

12. 卫生器具的一次和 1h 用水量

卫生器具的一次和 1h 用水量与器具种类、规格型号、设置场所、使用人员有关，可参考表 4-9 采用。

卫生器具的一次和 1h 用水量　　　　　　　　　表 4-9

序号	卫生器具名称	一次用水量（L）	1h 用水量（L）	
			住宅建筑	公共建筑
1	拖布盆（池）	15~25	—	45~360
2	洗涤盆（池）	—	180	60~300
3	洗脸盆、盥洗槽水龙头	3~5	30	50~150
4	洗手盆	—	—	15~25
5	浴盆 带淋浴器 无淋浴器	150 125	300 250	300 250

续表

序号	卫生器具名称	一次用水量（L）	1h用水量（L）	
			住宅建筑	公共建筑
6	淋浴器 　　双管手动开关 　　双管脚踏开关 　　单管手动开关 　　单管脚踏开关	 70～150 50～130 55～120 40～115	 140～200 100～160 110～160 80～130	 210～540 150～400 170～450 120～390
7	大便器 　　高水箱 　　低水箱 　　自闭式冲洗阀	 6～10 3～6 6～12	 18～30 18～36 18～36	 18～120 18～192 18～144
8	小便槽 　　手动冲洗阀 　　自闭式冲洗阀 　　自动冲洗水箱	 2～6 2～6 15～30	 — 	 20～120 20～120 150～600
9	小便槽（每1m长） 　　多孔冲洗管 　　自动冲洗水箱	 3.8	 — 	 100 180
10	化验盆 　　单联化验龙头 　　双联化验龙头 　　三联化验龙头	 — — —		 40～60 60～80 80～120
11	净身盆	10～15	—	120～180
12	洒水栓 　　DN15 　　DN20 　　DN25	 60～720 120～1440 210～2520	 — 	 60～720 120～1440 210～2520

13. 各类建筑物分项给水的百分率

各类建筑物分项给水的百分率按表4-10确定。

各类建筑物分项给水百分率（%）　　　　　　表4-10

项目	住宅	宾馆、饭店	办公楼、教学楼	公共浴室	餐饮业、营业餐厅	宿舍
冲厕	21	10～14	60～66	2～5	6.7～5	30
厨房	20～19	12.5～14	—	—	93.3～95	—
沐浴	29.3～32	50～40	—	98～95	—	40～42
盥洗	6.7～6.0	12.5～14	40～34	—	—	12.5～14
洗衣	22.7～22	15～18	—	—	—	17.5～14
总计	100	100	100	100	100	100

14. 主要建筑物的年运行时间和每天的工作小时数

主要建筑物的年运行时间和每天的工作小时数，可参见表4-11。

主要建筑物的年运行时间和每天的工作小时数　　　　　表 4-11

建筑物性质	年运行天数（d）	每天工作小时数（h）
住宅、公寓	365	24
餐厅	365	10～12
办公	250	8～12
商业	365	12～14
体育场（馆）	250～365	10～12
剧场	250～365	8～10
医院	365	20～24（不含门诊）
高等院校	295	10～12
中小学校	191	8～10
幼儿园	250	8～10
展览馆、博物馆	250～365	10～12
社区服务	250～365	8～10
汽车库	365	18～22
设备机房	365	12～14
车间每年工作小时数（h）	一班制	1860
	二班制	3720
	三班制	5580

注：社区服务、体育馆、剧场应依据实际情况确定年运行天数。

4.1.2　生产用水

本《手册》所说的生产用水，主要是指工业企业的生产用水。生产用水包括：原料用水、制剂用水、水力输送用水、浸泡用水、稀释用水、清洗用水、降温冷却用水、净化除尘用水等。

由于工业企业生产门类众多、规模大小互不相同，各行业、各领域工业企业生产用水差异很大，生产用水定额和生产用水量应由各行业、各领域工业企业相关工种设计人员提供。

4.1.3　节水用水定额

平均日用水定额中的节水用水定额是采用节水型生活用水器具后的平均日用水量，可用于计算用水部位的平均日及年用水、节水用水量。在现行国家标准《建筑给水排水设计规范》GB 50015 中，直接摘录现行国家标准《民用建筑节水设计标准》GB 50555 的平均日用水定额作为该《规范》的平均日用水定额。

各类建筑平均日用水定额详见以下诸表（均引自现行国家标准《民用建筑节水设计标准》GB 50555）。

1. 住宅平均日生活用水的节水用水定额

住宅平均日生活用水的节水用水定额，可根据住宅类型、卫生器具设置标准和区域条件因素按表 4-12 的规定确定。

住宅平均日生活用水节水用水定额 q_z 表 4-12

住宅类型		卫生器具设置标准	节水用水定额 q_z（L/人·d）								
			一区			二区			三区		
			特大城市	大城市	中、小城市	特大城市	大城市	中、小城市	特大城市	大城市	中、小城市
普通住宅	Ⅰ	有大便器、洗涤盆	100～140	90～110	80～100	70～110	60～80	50～70	60～100	50～70	45～65
	Ⅱ	有大便器、洗脸盆、洗涤盆和洗衣机、热水器和沐浴设备	120～200	100～150	90～140	80～140	70～110	60～100	70～120	60～90	50～80
	Ⅲ	有大便器、洗脸盆、洗涤盆、洗衣机、集中供应或家用热水机组和沐浴设备	140～230	130～180	100～160	90～170	80～130	70～120	80～140	70～100	60～90
别墅		有大便器、洗脸盆、洗涤盆、洗衣机及其他设备（净身器等）、家用热水机组或集中热水供应和沐浴设备、洒水栓	150～250	140～200	110～180	100～190	90～150	80～140	90～160	80～110	70～100

注：1. 特大城市指市区和近郊区非农业人口 100 万及以上的城市；大城市指市区和近郊区非农业人口 50 万及以上，不满 100 万的城市；中、小城市指市区和近郊区非农业人口不满 50 万的城市。

2. 一区包括：湖北、湖南、江西、浙江、福建、广东、广西、海南、上海、江苏、安徽、重庆；

二区包括：四川、贵州、云南、黑龙江、吉林、辽宁、北京、天津、河北、山西、河南、山东、宁夏、陕西、内蒙古河套以东和甘肃黄河以东的地区；

三区包括：新疆、青海、西藏、内蒙古河套以西和甘肃黄河以西的地区。

3. 当地主管部门对住宅生活用水节水用水标准有规定的，按当地规定执行。

4. 别墅用水定额中含庭院绿化用水，汽车擦车水。

5. 表中用水量为全部用水量，当采用分质供水时，有直饮水系统的，应扣除直饮水用水定额；有杂用水系统的，应扣除杂用水定额。

2. 宿舍、旅馆和其他公共建筑的平均日生活用水的节水用水定额

宿舍、旅馆和其他公共建筑的平均日生活用水的节水用水定额，可根据建筑物类型和卫生器具设置标准按表 4-13 的规定确定。

宿舍、旅馆和其他公共建筑的平均日生活用水节水用水定额 q_g 表 4-13

序号	建筑物类型及卫生器设置标准	节水用水定额 q_g	单位
1	宿舍 Ⅰ类、Ⅱ类 Ⅲ类、Ⅳ类	130～160 90～120	L/人·d L/人·d
2	招待所、培训中心、普通旅馆 设公用厕所、盥洗室 设公用厕所、盥洗室和淋浴室 设公用厕所、盥洗室、淋浴室、洗衣室 设单独卫生间、公用洗衣室	40～80 70～100 90～120 110～160	L/人·d L/人·d L/人·d L/人·d
3	酒店式公寓	180～240	L/人·d

序号	建筑物类型及卫生器设置标准		节水用水定额 q_g	单位
4	宾馆客房			
		旅客	220～320	L/床位·d
		员工	70～80	L/人·d
5	医院住院部			
		设公用厕所、盥洗室	90～160	L/床位·d
		设公用厕所、盥洗室和淋浴室	130～200	L/床位·d
		病房设单独卫生间	220～320	L/床位·d
		医务人员	130～200	L/人·班
		门诊部、诊疗所	6～12	L/人·次
		疗养院、休养所住院部	180～240	L/床位·d
6	养老院托老所			
		全托	90～120	L/人·d
		日托	40～60	L/人·d
7	幼儿园、托儿所			
		有住宿	40～80	L/儿童·d
		无住宿	25～40	L/儿童·d
8	公共浴室			
		淋浴	70～90	L/人·次
		淋浴、浴盆	120～150	L/人·次
		桑拿浴（淋浴、按摩池）	130～160	L/人·次
9	理发室、美容院		35～80	L/人·次
10	洗衣房		40～80	L/kg 干衣
11	餐饮业			
		中餐酒楼	35～50	L/人·次
		快餐店、职工及学生食堂	15～20	L/人·次
		酒吧、咖啡厅、茶座、卡拉OK房	5～10	L/人·次
12	商场　员工及顾客		4～6	L/m² 营业厅面积·d
13	图书馆		5～8	L/人·次
14	书店			
		员工	27～40	L/人·班
		营业厅	3～5	L/m² 营业厅面积·d
15	办公楼		25～40	L/人·班
16	教学实验楼			
		中小学校	15～35	L/学生·d
		高等学校	35～40	L/学生·d
17	电影院、剧院		3～5	L/观众·场
18	会展中心（博物馆、展览馆）			
		员工	27～40	L/人·班
		展厅	3～5	L/m² 展厅面积·d
19	健身中心		25～40	L/人·次
20	体育场、体育馆			
		运动员淋浴	25～40	L/人·次
		观众	3	L/人·场

序号	建筑物类型及卫生器设置标准	节水用水定额 q_g	单位
21	会议厅	6～8	L/座位·次
22	客运站旅客、展览中心观众	3～6	L/人·次
23	菜市场冲洗地面及保鲜用水	8～15	L/m²·d
24	停车库地面冲洗用水	2～3	L/m²·次

注：1. 除养老院、托儿所、幼儿园的用水定额中含食堂用水，其他均不含食堂用水。
　　2. 除注明外均不含员工用水，员工用水定额每人每班 30～45L。
　　3. 医疗建筑用水中不含医疗用水。
　　4. 表中用水量包括热水用量在内，空调用水应另计。
　　5. 选择用水定额时，可依据当地气候条件、水资源状况等确定，缺水地区应选择低值。
　　6. 用水人数或单位数应以年平均值计算。
　　7. 每年用水天数应根据使用情况确定。

3. 汽车冲洗平均日节水用水定额

汽车冲洗平均日节水用水定额可根据冲洗方式按表 4-14 的下限采用，附设在民用建筑停车库中的汽车擦车用水可按 10%～15% 轿车用水量计。

汽车冲洗平均日节水用水定额 [L/(辆·次)]　　　　　表 4-14

冲洗方式	高压水枪冲洗	循环用水冲洗补水	擦车
轿车	40～60	20～30	10～15
公共汽车、载重汽车	80～120	40～60	15～30

注：1. 同时冲洗汽车数量按洗车位数量确定。
　　2. 冲洗一辆车可按 10min 考虑。
　　3. 软管冲洗方式耗水量大，不推荐采用。

4. 浇洒道路节水用水定额

浇洒道路节水用水定额可根据路面性质按表 4-15 的规定选用，并应考虑气象条件因素后综合确定。

浇洒道路节水用水定额 [L/(m²·次)]　　　　　表 4-15

路面性质	用水定额
碎石路面	0.40～0.70
土路面	1.00～1.50
水泥或沥青路面	0.20～0.50

注：1. 广场、汽车库地面浇洒平均日用水定额可参照本表选用。
　　2. 每年浇洒天数按当地情况确定。一般浇洒道路可按每日早晚各 1 次计；浇洒汽车库地面可按每年 30 次计。

5. 浇洒草坪、绿地年均用水定额

浇洒草坪、绿地年均用水定额可按表 4-16 的规定确定。

浇洒草坪、绿地年均用水定额 [m³/(m²·a)]　　　　　表 4-16

草坪种类	灌水定额		
	特级养护	一级养护	二级养护
冷季型	0.66	0.50	0.28
暖季型	—	0.28	0.12

6. 住宅和公共建筑的生活热水平均日节水用水定额

住宅和公共建筑的生活热水平均日节水用水定额可按表4-17采用，并根据水温、卫生设备完善程度、热水供应时间、当地气候条件、生活习惯和水资源情况综合确定。

生活热水平均日节水用水定额 q_r 表4-17

序号	建筑物名称	节水用水定额 q_r	单位
1	住宅 　有自备热水供应和淋浴设备 　有集中热水供应和淋浴设备	20～60 25～70	L/人·d L/人·d
2	别墅	30～80	L/人·d
3	酒店式公寓	60～80	L/人·d
4	宿舍 　Ⅰ类、Ⅱ类 　Ⅲ类、Ⅳ类	40～55 35～45	L/人·d L/人·d
5	招待所、培训中心、普通旅馆 　设公用厕所、盥洗室 　设公用厕所、盥洗室和淋浴室 　设公用厕所、盥洗室、淋浴室、洗衣室 　设单独卫生间、公用洗衣室	20～30 35～45 45～55 50～70	L/人·d L/人·d L/人·d L/人·d
6	宾馆客房 　旅客 　员工	110～140 35～40	L/床位·d L/人·d
7	医院住院部 　设公用厕所、盥洗室 　设公用厕所、盥洗室和淋浴室 　病房设单独卫生间 医务人员 门诊部、诊疗所 疗养院、休养所住院部	45～70 65～90 110～140 65～90 3～5 90～110	L/床位·d L/床位·d L/床位·d L/人·班 L/人·次 L/床位·d
8	养老院、托老所 　全托 　日托	45～55 15～20	L/床位·d L/人·d
9	幼儿园、托儿所 　有住宿 　无住宿	20～40 15～20	L/儿童·d L/儿童·d
10	公共浴室 　淋浴 　淋浴、浴盆 　桑拿浴（淋浴、按摩池）	35～40 55～70 60～70	L/人·次 L/人·次 L/人·次
11	理发室、美容院	20～35	L/人·次
12	洗衣房	15～30	L/kg 干衣
13	餐饮业 　中餐酒楼 　快餐店、职工及学生食堂 　酒吧、咖啡厅、茶座、卡拉OK房	15～25 7～10 3～5	L/人·次 L/人·次 L/人·次

序号	建筑物名称	节水用水定额 q_r	单位
14	办公楼	5～10	L/人·班
15	健身中心	10～20	L/人·次
16	体育场、体育馆 　运动员淋浴 　观众	15～20 1～2	L/人·次 L/人·场
17	会议厅	2	L/座位·次

注: 1. 热水温度按60℃计。
　　2. 本表中所列节水用水定额均已包括在表4-13和表4-14的用水定额中。
　　3. 选用居住建筑热水节水用水定额时, 应参照表4-13中相应地区、城市规模以及住宅类型的生活用水节水用水定额取值, 即三区中小城市宜取低值, 一区特大城市宜取高值。

7. 民用建筑的中水节水用水定额

民用建筑的中水节水用水定额可按本节第1条、第2条和表4-10所规定的各类建筑物分项给水百分率确定。

8. 生活用水年节水用水量

生活用水年节水用水量的计算应符合下列规定:

1) 住宅的生活用水年节水用水量应按式 (4-5) 计算:

$$Q_{za} = \frac{q_z n_z D_z}{1000} \tag{4-5}$$

式中　Q_{za}——住宅生活用水年节水用水量 (m³/a);

　　　q_z——节水用水定额, 按表4-12的规定选用 [L/(人·d)];

　　　n_z——居住人数, 按3～5人/户, 入住率60%～80%计算;

　　　D_z——年用水天数 (d/a), 可取 $D_z=365$d/a。

2) 宿舍、旅馆等公共建筑的生活用水年节水用水量应按式 (4-6) 计算:

$$Q_{ga} = \sum \frac{q_g n_g D_g}{1000} \tag{4-6}$$

式中: Q_{ga}——宿舍、旅馆等公共建筑的生活用水年节水用水量 (m³/a);

　　　q_g——节水用水定额, 按表4-12的规定选用 [L/(人·d) 或 L/(单位数·d)], 表中未直接给出定额者, 可通过人、次/d等进行换算;

　　　n_g——使用人数或单位数, 以年平均值计算;

　　　D_g——年用水天数 (d/a), 根据使用情况确定。

3) 洗车场洗车用水可按表4-14的规定和日均洗车数量及年洗车数量计算确定。

4) 冷却塔补水的日均补水量 W_{td} 和年补水用水量 W_{ta} 应分别按式 (4-7)、式 (4-8) 计算:

$$W_{td} = (0.5～0.6)q_q T \tag{4-7}$$

$$W_{ta} = W_{td} \times D_t \tag{4-8}$$

式中　W_{td}——冷却塔日均补水量 (m³/d);

　　　q_q——补水定额 (m³/h), 可按冷却循环水量的1%～2%计算, 使用雨水时宜取高限;

　　　T——冷却塔每天运行时间 (h/d);

D_t——冷却塔每年运行天数（d/a）；

W_{ta}——冷却塔补水年用水量（m³/a）。

5）冲洗道路、地面等用水量应按表 4-15 的规定确定，年浇洒次数可按 30 次计。

6）浇洒草坪、绿地的年用水量应按表 4-16 的规定确定，平均日浇洒用水量 W_{ld} 应按式（4-9）计算：

$$W_{ld} = 0.001 q_l F_l \tag{4-9}$$

式中　W_{ld}——日喷灌水量（m³/d）；

q_l——浇水定额［L/(m²·d)］，可取 2L/m²·d；

F_l——绿地面积（m²）。

7）生活热水年节水用水量应按式（4-10）计算：

$$Q_{ra} = \sum \frac{q_r n_r D_r}{1000} \tag{4-10}$$

式中　Q_{ra}——生活热水年节水用水量（m³/a）；

q_r——热水节水用水定额，按表 4-17 的规定选用［L/(人·d 或 L)/(单位数·d)］，表中未直接给出定额者，可通过人、次/d 等进行换算；

n_r——使用人数或单位数，以年平均值计算，住宅可按式（4-5）中的 n_z 计算；

D_r——年用水天数（d/a），根据使用情况确定。

8）冲厕用水年节水用水量应按式（4-11）计算：

$$W_{ca} = \frac{q_c n_c D_c}{1000} \tag{4-11}$$

式中　W_{ca}——年冲厕节水用水量（m³/a）；

q_c——日均用水定额，可按表 4-18 的规定采用［L/(人·d)］；

n_c——年平均使用人数（人）。对于酒店客房，应考虑年入住率；对于住宅，应按式（4-5）中的 n_z 值计算；

D_c——年平均使用天数（d/a）。

9. 工业企业的节水用水定额

工业企业的节水用水定额应根据相关行业、相关领域的有关规定采用。

4.1.4　水压

1. 生活给水水压

城镇给水系统在按建筑物层数确定给水管网水压时，是按用户接管处的最小服务水头确定的：一层为 10m，二层为 12m，二层以上每增加一层增加 4m。此估算一般适用于建筑层高不超过 3.5m 的建筑物。

上述一层 10m、二层 12m、二层以上每增加一层增加 4m 的最小服务水头，是《室外给水设计规范》的数据；这个数据是依据室内水龙头为截止阀式龙头、水头损失为 1～1.5m，及在小区给水引入管上未设置倒流防止器时的数据。当水龙头改为瓷片式结构（或为轴筒式龙头、球阀式龙头）、在小区给水引入管上设置有倒流防止器后，再加上水表、阀门等管路附件的水头损失，这个压力实际上是不够的。

各类建筑物内卫生器具及给水配件的最低服务（或工作）压力见表 4-9。从表中可以看出，大便器自闭式冲洗阀所需的最低服务压力为 0.10～0.15MPa，远大于其他给水配件所需的压力。工程中为降低管网系统的工作压力，可把最不利楼层的大便器自闭式冲洗阀改为冲洗水箱。

根据现行国家标准《住宅设计规范》GB 50096，住宅入户管的供水压力不应大于 0.35MPa；住宅套内用水点的供水压力不宜大于 0.20MPa，且不应小于用水器具要求的最低压力。

从节水、噪声控制和用水使用舒适考虑，当住宅入户管的水压超过 0.35MPa 时，应设减压或调压装置。要求住户用水器具处的供水压力不大于 0.20MPa，是为了避免无效出流造成水的浪费；如超过此压力限值，则要采取系统分区、支管减压等措施。当用户用水点卫生器具对供水压力有特殊要求时，则应满足卫生器具供水压力的要求，但一般不应大于 0.35MPa。

给水系统中管道、配件和管路附件所承受的水压，均不得大于产品的允许工作压力；为不致损坏用户给水配件，卫生器具配水点处的静水压力不得大于 0.6MPa。

按《规范》要求，建筑给水系统各分区最低卫生器具配水点处的静水压力不宜大于 0.45MPa，静水压力大于 0.35MPa 的入户管（或配水横支管）宜设减压或调压装置，建筑给水系统一般可按下列要求进行竖向分区：

1）居住建筑入户管的给水压力不应大于 0.35MPa；

2）旅馆、医院等夜间有人住宿或有环境安静要求的建筑，其最低卫生器具处的静水压力宜为 0.3～0.35MPa；

3）办公楼、教学楼、商业楼等夜间无人住宿或无环境安静要求的建筑，其最低卫生器具处的静水压力可为 0.35～0.45MPa。

采取防止用水点处的超压出流措施，可以有效减少用水量的隐形浪费。

为尽可能防止超压出流，当配水点处的供水压力大于所需的最低工作压力（见表 4-9）时，可分层、分户或在配水点处采取局部减压措施（如节流孔板、支管减压阀、调节阀、节流塞、局部缩小管径、采用有减压功能的给水龙头等），使用水装置或卫生器具的流出水头接近或等于其额定流量时的流出水头值。

2. 工业给水水压

同各行业、各领域工业企业用水量存在很大差异一样，各行业、各领域工业企业甚至同一个企业的不同生产工序用水的供水压力也都不尽相同，因此，工业企业生产用水的供水压力也应由各行业、各领域工业企业相关工种的设计人员根据工艺需要提供。

4.2 系统选择

建筑二次给水系统选择的合理与否将对整个工程的造价、供水安全可靠性、日常运行费用、施工难易和维护管理工作产生重大影响。建筑二次给水系统的选择包括水源和给水方式的选择、加压泵站与贮水池规模和设置位置的选择、给水管道走向的选择等。在建筑二次给水系统的选择中要综合考虑城市规划、水源条件、地形及地质条件、已有供水设施情况、用水需求、环境影响、施工技术、管理水平、工程规模、工期要求、建设资金等因素，在进行技术经济比较后确定合理的给水系统方案。

4.2.1 系统给水方式

二次供水系统给水方式的确定，应符合以下原则：

建筑生活给水系统应尽量利用市政给水管网的水压直接供水。

在建筑生活给水系统中，最不利卫生器具处的静水压力不得大于0.60MPa；各分区最低卫生器具配水点处的静水压力不宜大于0.35MPa，特殊情况下不宜大于0.55MPa；供水压力大于0.35MPa的入户管或配水横支管宜设置减压或调压设施；并保证给水系统中最不利配水点的出流要求。

建筑二次给水方式：

1）二次增压供水方式

常用的二次增压供水方式有水泵--水箱联合供水、气压供水、变频调速供水和管网叠压供水。

建筑二次给水系统应根据运行可靠、卫生安全、经济节能的原则选用贮水调节设施和二次增压供水方式。

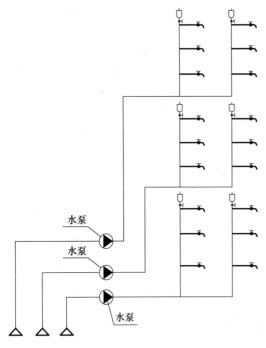

图4-1 变频调速水泵并联分区给水方式

2）高层建筑分区给水

在高层建筑中，常见的竖向分区给水方式有水泵并联分区给水、水泵串联分区给水和减压阀分区给水。

（1）水泵并联分区给水方式

在高层建筑各竖向给水分区分别设置水泵提升装置，各分区水泵采用并联方式供水。图4-1为变频调速水泵并联分区给水方式，其优点是供水可靠、设备布置集中，便于维护管理，减少水箱占用面积，运行能耗较少；缺点是水泵数量较多且扬程各不相同。

（2）水泵串联分区给水方式

在高层建筑各竖向给水分区分别设置水泵提升装置，各分区水泵采用串联方式供水。图4-2为变频调速水泵串联分区给水方式，其优点是供水可靠，上部楼层分区无水箱占用面积，运行能耗较少；缺点是水泵数量多，设备布置不集中，维护、管理相对不

便。在运行时，水泵启动顺序为自下而上，停止顺序则相反；各分区水泵的供水能力应相互匹配。

（3）减压阀分区给水方式

在高层建筑下部竖向给水分区设置减压阀减压的分区给水方式，其优点是供水可靠、设备布置集中、投资较节省；缺点是低区水压损失较大，能量消耗较多。

高层建筑减压阀分区给水可分为有高位水箱和无高位水箱两种型式。图4-3为无高位水箱型式。

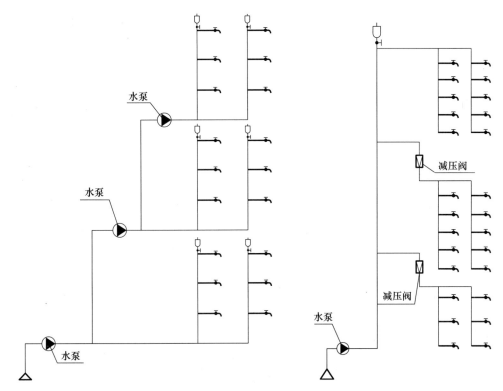

图 4-2　变频调速水泵串联叠压分区给水方式　　图 4-3　无高位水箱减压阀分区给水方式

4.2.2　给水图式及适用条件

常见的二次供水图式及适用条件见表 4-18、表 4-19。

4.2.3　水锤防止技术

在压力供水管路中，由于流速、流向剧烈变化而引起一系列急剧的压力交替升降的水力撞击现象，即为水锤。

1. 水锤机理

1）水锤的成因

（1）流速剧变。水锤现象主要发生在水泵启停、阀门启闭的瞬间；在水流速度发生急剧变化的情况下，迅速操作管路阀门等附件时情况尤为突出。

（2）事故停泵。运行中的水泵机组因突然缺电、机械故障、误操作或其他原因等，导致运行中的水泵动力突然中断。

2）水锤的分类

（1）按产生水锤的原因可分为关（开）阀水锤、启泵水锤和停泵水锤。

（2）按产生水锤时管道水流状态可分为不出现水柱中断与出现水柱中断两类。

3）水锤的危害

（1）水锤压力过高，引起水泵、阀门和管道损毁；或水锤压力过低，导致管道因失稳而破坏。

表 4-18

给水图式（Ⅰ）（无高位水箱）

分类	无高位水箱			减压阀分区供水	气压供水
	不分区供水	分区并联供水	分区串联供水		
图示	(A型) (B型)	(A型) (B型)	(A型) (B型)	(A型) (B型)	(A型) (B型)
供水方式	由水泵直接从外网抽水（A型）或通过调节水池（B型）抽水，增压供水	分区供水，各区设水泵直接从外网抽水（A型）或通过调节水池（B型）抽水，增压供水	分区供水，用水泵直接从外网抽水（A型）或通过调节水池（B型）抽水，各区自成系统，每一区的各级提升泵应匹配，并联锁，使用时应先启动下一区水泵，后启动上一区水泵，各区应配有小气压罐利小流量泵	用水泵直接从外网抽水（A型）或通过调节水池（B型）抽水，高低区采用减压阀减压供水	由水泵直接从外网抽水（A型）或通过调节水池（B型）抽水。平时由气压罐维持管网压力，并供水点用水，当供水最小工作压力时下降至最小工作压力时动供水，并向气压罐内充水，至最大工作压力时停泵
适用范围	一般适用于多层建筑	一般适用于建筑高度不足100m的高层建筑	一般适用于超过100m的高层建筑中有设置泵房的可能，并有较强的维护管理能力	一般适用于高度不超过100m的高层建筑，并有较强的维护管理能力	仅适用于多层建筑
备注	—	高区水泵扬程较高，输水管的材质、管材要求也较高。事故时只涉及一个分区，不会造成全楼停水	事故时只涉及一个分区，不会造成全楼停水。水泵、管材、管材数量多，中间楼层设泵房，有较高的防振要求。自动控制要求较高	由于采用减压阀分区，减压阀必须有备用。当水管网超压时，阀出现故障报警时，应有报警措施。材质及接口要求较高，当水泵出现故障时，则造成全楼停水	由于能耗高，用钢量大。一般不宜用于供水规模大的场所。变压式供水压力变化大，所以要注意在最高工作压力时不会损伤给水配件。在最低压力下时最低用水点的压力满足最高用水点的压力能满足使用要求

给水图式（Ⅱ）（有高位水箱）   表 4-19

分类	不分区供水	设高位水箱				
		分区并联单管供水	分区并联多管供水	分区、串联供水	分区、水箱减压供水	分区、减压阀减压供水
图示	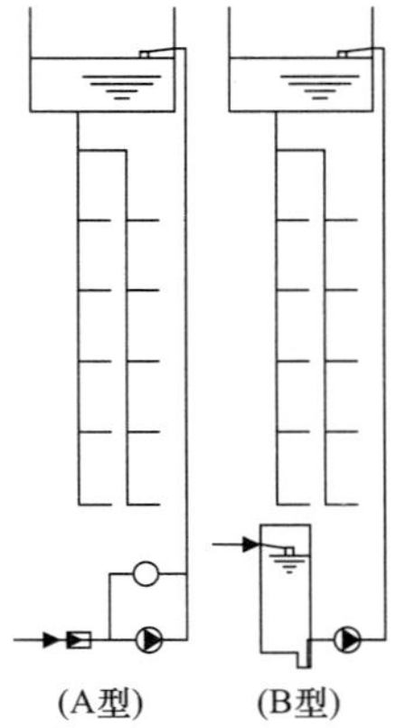 （A型）（B型）	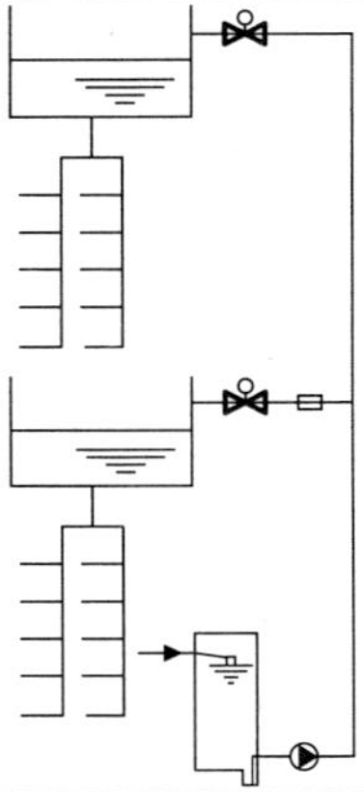	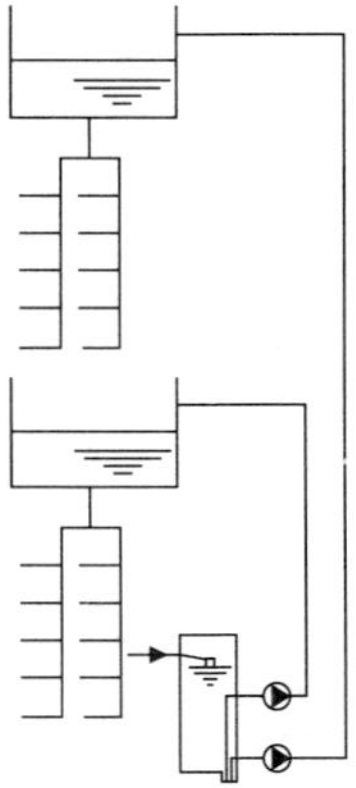	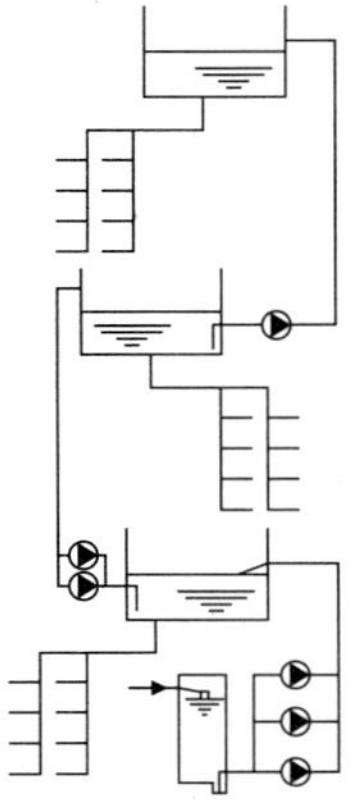	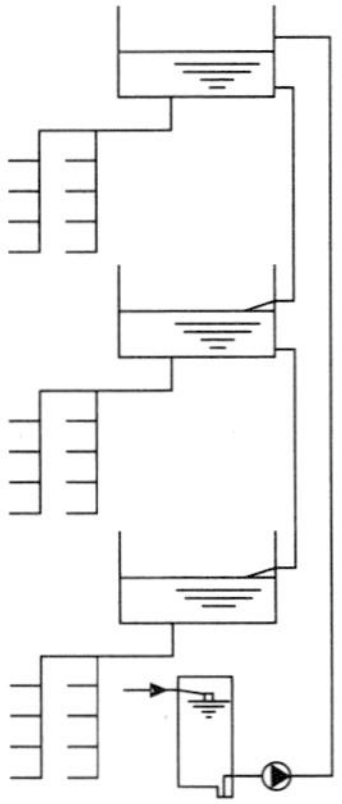	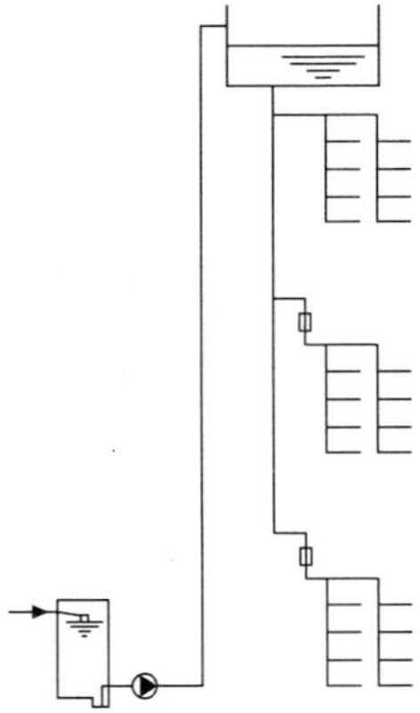
供水方式	由水泵直接从外网抽水（A型）或通过调节水池（或吸水井）抽水增压供水（B型）。A型当某一时段外网压力足够时可直供	分区设置高位水箱，用水泵增压单管输水至各分区水箱。由水泵重力供水；水泵与电动阀启闭由水箱水位自动控制	各分区设置高位水箱，各分区自设输水泵与输水管，通过水箱重力供水	各分区设置高位水箱，且在各自下部设置水泵。各分区压力和自身及上部分区流量需要的转输提升泵；各分区水箱除满足本分区用水需要，还应贮存下部供上部各分区水泵的启泵水量	各分区设置高位水箱，全部用水由最上部分区水泵增压送至最高位高位水箱，再依次流至下一区水箱	水泵集中增压，仅在顶层设置高位水箱，下部分区利用减压阀减压供水
适用范围	外网水量也经常不足，所供水量也不能满足设计流量，允许直接从外网吸水，则采用A型；不允许直接吸水，则采用B型。一般用于多层建筑	地下室泵房占用面积较小。一般用于高度不大、竖向分区较少的高层建筑	不允许全楼一起停水。一般用于高度不大于100m的高层建筑	一般用于大于100m的高层建筑，中间楼层有设置水泵房的条件	地下泵房占用面积不大，一般用于分区不高，竖向分区较少的高层建筑	中间楼层无条件设置水箱。当地水价不高，一般用于分区较少的高层建筑
备注	—	下部分区宜设减压阀，防止进水阀和配件损坏	—	水泵设置数量较多，泵房占用面积较大，自动控制要求较高，中间楼层有防振要求设泵房	—	分区减压阀阀应有备用，当减压阀出现故障、管网超压时，应有报警措施

61

（2）水泵反转速度过高或与水泵机组的临界转速相重合，以及突然停止反转过程或电机再启动，从而引起电机转子的永久变形、水泵机组的剧烈振动或联结轴的断裂。

（3）水泵倒流量过大，引起下游管网压力急剧下降，水量减小，影响正常供水。

2. 水锤计算

水锤的计算较为复杂，国际上多采用式（4-12）、（4-13）计算水锤：

$$\Delta_P = \rho c v \tag{4-12}$$

式中　Δ_P——水锤最大压力，MPa；

c——水击波的传播速度，m/s；

v——管道水流速度，m/s。

ρ——水的密度（kg/m³）；

$$c = \frac{c_0}{\sqrt{1 + \dfrac{K d_i}{E \delta}}} \tag{4-13}$$

式中　c_0——水中声波的传播速度，宜取 $c_0 = 1435$m/s（压强 $0.10 \sim 2.50$MPa，水温 10℃）；

K——水的体积弹性模量，宜取 $K = 2.1 \times 10^9$ Pa；

E——管道的材料弹性模量，钢管 $E = 20.6 \times 10^{10}$ Pa，铸铁管 $E = 9.8 \times 10^{10}$ Pa，钢丝网骨架塑料（PE）复合管 $E = 6.5 \times 10^{10}$ Pa；

d_i——管道的公称直径（mm）；

δ——管道壁厚（mm）。

3. 水锤防止措施

1）关（开）阀水锤

（1）适当延长关（开）阀时间，可以避免发生直接水锤。

（2）在减小水泵出口阀门开度后停泵

对于离心泵、混流泵，不应在阀门全关时停泵，宜将阀门关至15％～30％时停泵联锁关阀。这样可以降低水泵出口压力，防止水泵振动，延长阀门的使用寿命。

（3）在水泵出水管上设置速闭或缓闭止回阀。

2）启泵水锤

（1）防止启泵水锤的有效方法，是排除管道中的空气使管道充满水；打开除水泵出口处阀门外的所有阀门，最后再启泵。因此，需在出水管道的隆起处设置自动排气阀或充水设施。

（2）如水泵必须在空管时启动，为防止启泵水锤，可采用分阶段开阀启泵方式，但对于离心泵应校核电动机启动功率。

① 水泵出水阀门打开15％～30％（蝶阀可先开 15°～30°），但管道上其余阀门应全开启动水泵。

② 待管道充满水后再将阀门全开或打开至所需开度。

3）停泵水锤

（1）补气（注气）稳压，防止产生水柱分离或升压过高的断流水锤。属于这类防治措施有：双向调压塔、单向调压塔、空气罐等。

（2）泄水降压，避免压力陡升。属于这类防治措施有：取消止回阀倒流泄水；在水泵出水管上装设下开式水锤消除器、自闭式水锤消除器、缓闭止回阀、速闭止回阀（消音止回阀）、泄压管、泄压阀、多功能水泵控制阀、安全阀等。

（3）其他措施。在工程中对管路合理布置、扩管减速等。

对停泵水锤，建筑给水排水一般着重在泄水降压上采取措施。

4）消除水锤的设备，常用的有以下三种类型：

（1）压力外泄型：包括下开式、自闭式水锤消除器，爆破膜等。

（2）分阶段关闭型：包括各种缓闭、双速、调速启闭的止回阀、蝶阀等。

（3）蓄能型：如飞轮、气水接触式空气罐、气囊式空气罐等。

4.3 设计流量

在二次供水工程系统设计中，常用的几种用水量概念包括：

平均日用水量，即规划年限内用水量最多的一年的总用水量除以用水天数。该值一般作为二次供水工程水资源规划的依据。

最高日用水量，即规划年限内用水量最多的一年内，用水量最多的一天的总用水量。该值一般作为二次供水工程规划和设计的依据。

最大时用水量，即在用水量最高日的 24h 中，用水量最大 1h 的总用水量。该值一般作为二次供水工程管网规划与设计的依据。

设计秒流量，是在二次供水工程管道系统设计时，按其承担的供水的卫生器具给水当量、使用人数及用水规律等，高峰用水时段的最大瞬时给水流量称为给水设计秒流量，其计量单位通常以 L/s 表示。

4.3.1 用水量计算

1. 平均日用水量

根据本《手册》第 4.1.2 节的平均日用水定额和每年的运行天数，可求得规划年限内用水量最多一年的用水量。规划年限内用水量最多一年的总用水量除以用水天数，即为平均日用水量。

平均日用水量记为 Q_p。

平均日用水量的观察时段为一年。

2. 最高日用水量

最高日用水量按式（4-14）计算：

$$Q_d = \sum Q_{di} = \sum m_i \cdot q_{di}/1000 \tag{4-14}$$

式中　Q_d——最高日生活用水量（m^3/d）；

$\quad\quad Q_{di}$——各类用水的最高日用水量（m^3/d）；

$\quad\quad m_i$——各类用水单位数（人、床、病床、m^2 等）；

$\quad\quad q_{di}$——各类用水定额，L/（人·d）、L/（床·d）、L/（m^2·d）等。

3. 平均时用水量

最高日平均时用水量简称平均时用水量，为最高日用水量在给水使用时间内以小时计的平均值。若以昼夜计，为最高日用水量的 1/24。

建筑物的平均时用水量按式（4-15）计算：

$$Q_j = \sum Q_{di}/T_i = \sum m_i \cdot q_{di}/(T_i \cdot 1000) \tag{4-15}$$

式中：Q_j——平均时用水量（m^3/h）；

　　　T_i——各类用水的持续时长（h）。

平均时用水量的观察时段为一日。

因不同的用水项目使用时间不同，故在计算平均时用水量时，不同的用水类别应采用与其相对应的使用时间。

4. 最大时用水量

最大时用水量为用水使用时间内最大一小时的用水量。最大时用水量按式（4-16）计算：

$$Q_h = \sum K_{hi} \cdot Q_j = \sum K_{hi} \cdot Q_{di}/T_i \tag{4-16}$$

式中　Q_h——最大时用水量（m^3/h）；

　　　K_{hi}——各类用水的时变化系数。

因不同的用水项目其 K_{hi} 值不同，故应按不同的用水项目采用其对应的 K_{hi}。

在一天中，最大时用水量与平均时用水量的比值，即为时变化系数 K_{hi}。

最大时用水量的观察时段为一日。

计算出各项用水的最大时用水量后，一般可叠加计算出小区或建筑物的最大时用水量，但应考虑各用水项目的最大用水时段是否重叠。当多种功能的最大时用水量不同时发生时，应按某一功能的最大时用水量与其他功能的平均时用水量之和作为小区或建筑物的最大时用水量。

5. 平均秒流量

把以 m^3/h 为单位的最大时用水量，换算成以 L/s 为单位的用水量，即为平均秒流量。平均秒流量按式（4-17）计算：

$$Q_s = Q_h \cdot 1000/3600 = Q_h/3.6 \tag{4-17}$$

6. 设计秒流量

设计秒流量是反映给水系统瞬时高峰用水规律的系统设计流量，以 L/s 计。用于确定给水管管径、计算给水管道系统的水头损失以及选用水泵等。在建筑给水系统设计时，按其服务范围的卫生器具给水当量、使用人数、用水定额、用水时间等因素，计算在高峰用水时段的最大瞬时给水流量作为给水设计秒流量。

4.3.2　设计秒流量计算

1949 年以前，我国没有自己的工程建设标准，仅上海等几个大城市在市政工务所制定的简单法则中有抄录自租界国卫生器具的设置及安装要求。

新中国成立后，苏联在 20 世纪 50 年代援建我国 156 项重点建设项目，采用的是苏联的工程建设标准。

1958 年～1962 年，当时的建工部直属市政工程研究所曾涉足过室内给水设计秒流量计算这一课题研究，首次接触了美国的亨脱理论、亨脱曲线及亨脱的概率测定和工程应用。

1962 年，为适应我国大规模经济建设的需要，国家有关部门下达了编制工程建设通用设计标准的任务。我国第一本建筑给水排水专业标准《室内给水排水和热水供应设计规范》下达给建工部北京工业建筑设计院，由八个部派员 13 人成立规范编制组。当时规范编制的一个重要原则是"以苏联规范为蓝本"，同时也参考了英、美、日等国的有关文献资料，并根据我国国情和相关科研成果调整了有关设计参数。规范条文内容从总体上看处于当时国外同等水平，为我国建筑给水排水专业的标准化建设奠定了基础。

《室内给水排水和热水供应设计规范》于 1964 年批准实施，标准编号为 BJG 15—64，该规范中的给水设计秒流量计算采用苏联规范的平方根法。苏联平方根法来源于德国平方根法，但作了些调整以示国情区别，如改平方根为 2.14～2.17 次方根。

1970 年，《室内给水排水和热水供应设计规范》（以下简称《规范》）确定修订。由于原主编单位北京工业院已在 1969 年迁出北京并随后撤销，任务下达到上海市，由上海市民用建筑设计院接手主编单位。《规范》修订工作于 1972 年正式启动，1974 年批准实施，标准编号改为 TJ 15—74。1974 版《规范》的给水设计秒流量计算公式继续维持平方根法。

改革开放以后，国民经济的快速发展极大地推动了我国相关工程建设标准的制订与修订工作。修订工作的主要任务是从苏联模式改变为中国模式，1988 版《规范》的名称随之更改为《建筑给水排水设计规范》（以下简称《建水规》），标准编号也同时改为 GBJ15—88。

1988 版《建水规》修改了 TJ 15—74 中的给水秒流量计算公式，开启了给水设计秒流量计算公式的中国化进程。但由于受当时各方面条件所限，尽管是从概率论的思路切入，而公式的表现形式仍然是平方根法。

20 世纪 90 年代，规范组曾将给水设计秒流量计算方法作为《建水规》修订第一重点，全面探讨并深入研究了美国的概率计算法、日本的概率计算法以及苏联的概率计算法。在 1997 年《建水规》局部修订版给水设计秒流量计算条文中采用了经综合后的美国和日本概率计算方法，但却遭中途夭折，仍沿用了 1988 版《建水规》的给水设计秒流量计算公式。

进入 21 世纪，2003 版《建筑给水排水设计规范》GB 50015—2003 终于有了历史性突破，第一次在我国的《建水规》中规定了给水设计秒流量概率计算方法。不足的是，2003 版《建水规》及随后的 2009 局部修订版《建水规》采用的是苏联的概率计算法，根据这一方法确立的给水设计秒流量计算公式"也是以平方根法公式为原型、加以概率修正的公式"。

按现行《建水规》中的公式计算给水设计秒流量介绍如下：

1)《建筑给水排水设计规范》GB 50015—2003（2009 年版）关于生活给水管道设计秒流量计算按用水特点分为两种类型：一种为用水分散型，如住宅、宿舍（Ⅰ、Ⅱ类）、旅馆、酒店式公寓、医院、幼儿园、办公楼等，其特点是用水时间长、用水设备使用不集中、卫生器具的同时出流百分数（出流率）随卫生器具的增加而减少；另一种是用水密集型，如宿舍（Ⅲ、Ⅳ类）、工业企业生活间、公共浴室、洗衣房、公共食堂、实验室、影剧院、体育场等，采用同时给水百分数计算方法。《规范》对用水分散型中的住宅的设计秒流量计算方法，采用了以概率法为基础的计算方法；而对公建部分，则仍采用原《规范》中的平方根法计算。

（1）住宅建筑的生活给水管道设计秒流量，应按下列步骤和方法计算：

① 根据住宅配置的卫生器具给水当量、使用人数、用水定额、使用时数及小时变化系数，按式（4-18）计算出最大时卫生器具给水当量的平均出流概率：

$$u_o = \frac{q_o m K_h}{0.2 \cdot N_g \cdot T \cdot 3600} \tag{4-18}$$

式中　u_o——生活给水管道最大时卫生器具给水当量的平均出流概率；

　　　q_o——最高日用水定额，按本《手册》表 4-2 采用；

　　　m——每户用水人数；

　　　K_h——小时变化系数，按本《手册》表 4-2 采用；

　　　N_g——每户设置的卫生器具给水当量数；

　　　T——用水时数（h）；

　　　0.2——一个卫生器具给水当量的额定流量（L/s）。

② 根据计算管段上的卫生器具给水当量总数，按式（4-19）计算出该管段卫生器具给水当量的同时出流概率：

$$u = \frac{1 + \alpha_c (N_g - 1)^{0.49}}{\sqrt{N_g}} \tag{4-19}$$

式中　u——计算管段的卫生器具给水当量同时出流概率；

　　　α_c——对应于不同 u_o 的系数，查现行《建筑给水排水设计规范》GB 50015—2003（2009 年版）附录 C 中表 C；

　　　N_g——计算管段的卫生器具给水当量总数。

③ 根据计算管段上的卫生器具给水当量同时出流概率，按公式 4-20 计算该管段的设计秒流量：

$$q_g = 0.2 \cdot U \cdot N_g \tag{4-20}$$

式中　q_g——计算管段的设计秒流量（L/s）。

注：1. 为了计算快速、方便，在计算出 u_o 后，即可根据计算管段的 N_g 值从现行《建筑给水排水设计规范》GB 50015—2003（2009 年版）附录 E 的计算表中直接查得给水设计秒流量 q_g。该表可用内插法。

　　2. 当计算管段的卫生器具给水当量总数超过现行《建筑给水排水设计规范》GB 50015—2003（2009 年版）附录 E 表中的最大值时，其设计流量应取最大时用水量。

④ 当给水干管有两条或两条以上具有不同最大用水时卫生器具给水当量平均出流概率的给水支管时，该管段的最大用水时卫生器具给水当量平均出流概率应按式（4-21）计算：

$$u_o = \frac{\sum u_{oi} n_{gi}}{\sum N_{gi}} \tag{4-21}$$

式中　u_o——给水干管的卫生器具给水当量平均出流概率；

　　　u_{oi}——支管的最大用水时卫生器具给水当量平均出流概率；

　　　N_{gi}——相应支管的卫生器具给水当量总数。

【例 4-1】《建筑给水排水设计规范》管理组在 2009 年发行的宣贯光盘第 2 盘第 44 分钟，有一算例，要求按该《规范》计算四幢多层住宅（其中三幢每幢 $N_g = 160$，$U_0 = 3.5\%$；另一幢 $N_g = 80$，$U_0 = 2.5\%$）的各管段流量。

【解】

1. 三幢住宅（每幢 $N_g = 160$，$U_0 = 3.5\%$）总的设计秒流量：

三幢总计的 $N_g = 160 \times 3 = 480$

1）计算法

按公式 4-19 计算 u：

$$u = \frac{1 + \alpha_c (N_g - 1)^{0.49}}{\sqrt{N_g}} = \frac{1 + 0.02374(480 - 1)^{0.49}}{\sqrt{480}} = 0.0679$$

按公式 4-20 计算设计秒流量 q_g：

$$q_g = 0.2 \cdot U \cdot N_g = 0.2 \times 0.0679 \times 480 = 6.52(\text{L/s})$$

2）查表法

查《建筑给水排水设计规范》GB 50015—2003（2009 年版）附录 E，查得 $N_g = 480$，$U_0 = 3.5\%$ 时的设计秒流量为 6.52L/s。

2. 四幢住宅总的设计秒流量：

四幢总计的 $N_g = 160 \times 3 + 80 = 560$

1）计算法：

第一步：按公式 4-21 计算 $\bar{u}_o$：

$$\bar{u}_o = \frac{\sum u_{oi} N_{gi}}{\sum N_{gi}} = \frac{3.5 \times 480 + 2.5 \times 80}{480 + 80} = 3.357\%$$

第二步：用内插法求得 α_c：

$$\alpha_c = 0.01939 + (0.02374 - 0.01939) \times (3.357 - 3.0)/(3.5 - 3.0) = 0.0225$$

第三步：按公式 4-19 计算 u：

$$u = \frac{1 + \alpha_c (N_g - 1)^{0.49}}{\sqrt{N_g}} = \frac{1 + 0.0225(560 - 1)^{0.49}}{\sqrt{560}} = 0.06336$$

第四步：按公式 4-20 计算量 q_g：

$$q_g = 0.2 \cdot U \cdot N_g = 0.2 \times 0.06336 \times 560 = 7.1(\text{L/s})$$

2）查表法

查《建筑给水排水设计规范》GB 50015—2003（2009 年版）附录 E，内插法查得 $N_g = 560$，$U_0 = 3.357\%$ 时的设计秒流量为 7.1L/s。

2）宿舍（Ⅰ、Ⅱ类）、旅馆、宾馆、酒店式公寓、医院、疗养院、幼儿园、养老院、办公楼、商场、图书馆、书店、客运站、航站楼、会展中心、中小学教学楼、公共厕所等建筑的生活给水设计秒流量，应按式（4-22）计算：

$$q_g = 0.2\alpha \sqrt{N_g} \tag{4-22}$$

式中 q_g——计算管段的给水设计秒流量（L/s）；

N_g——计算管段的卫生器具给水当量总数；

α——根据建筑物用途而定的系数，应按表 4-20 采用。

注：1. 如计算值小于该管段上一个最大卫生器具给水额定流量时，应采用一个最大的卫生器具给水额定流量作为设计秒流量；

2. 如计算值大于该管段上按卫生器具给水额定流量累加所得流量值时，应按卫生器具给水额定流量累加所得流量值采用；

3. 有大便器延时自闭冲洗阀的给水管段，大便器延时自闭冲洗阀的给水当量均以 0.5 计，计算得到的 q_g 附加 1.10L/s 的流量后，为该管段的给水设计秒流量；

4. 综合楼建筑的 α 值应按加权平均法计算。

根据建筑物用途而定的系数值（α值）

表 4-20

建筑物名称	α 值
幼儿园、托儿所、养老院	1.2
门诊部、诊疗所	1.4
办公楼、商场	1.5
图书馆	1.6
书店	1.7
学校	1.8
医院、疗养院、休养所	2.0
酒店式公寓	2.2
宿舍（Ⅰ、Ⅱ类）、旅馆、招待所、宾馆	2.5
客运站、航站楼、会展中心、公共厕所	3.0

【例 4-2】 100 间、200 床的宾馆，用水定额 400L/（人·d）。每间设置坐便器 $N_g=0.5$、洗脸盆 $N_g=0.75$、大流量淋浴盆 $N_g=2$ 各一件，每间 $N_g=3.25$，$K_h=2.5$。

【解】
$$q_g = 0.2 \times 2.5 \times \sqrt{3.25 \times 100} = 9.0 \text{L/s}$$

3）宿舍（Ⅲ、Ⅳ类）、工业企业的生活间、公共浴室、职工食堂或营业餐馆的厨房、体育场馆、剧院、普通理化实验室等建筑的生活给水管道的设计秒流量，应按式（4-23）计算：

$$q_g = \sum q_o N_o b \tag{4-23}$$

式中　q_g——计算管段的给水设计秒流量（L/s）；

　　　q_o——同类型的一个卫生器具给水额定流量（L/s）；

　　　N_o——同类型卫生器具数；

　　　b——卫生器具的同时给水百分数，按本《手册》表 4-21～表 4-23 采用。

注：1. 如计算值小于该管段上一个最大卫生器具给水额定流量时，应采用一个最大的卫生器具给水额定流量作为设计秒流量；

　　2. 大便器自闭式冲洗阀应单列计算，当单列计算值小于 1.2L/s 时，以 1.2L/s 计；大于 1.2L/s 时，以计算值计。

宿舍（Ⅲ、Ⅳ类）、工业企业生活间、公共浴室、剧院、体育场馆等卫生器具同时给水百分数（%）

表 4-21

卫生器具名称	宿舍（Ⅲ、Ⅳ类）	工业企业生活间	公共浴室	影剧院	体育场馆
洗涤盆（池）	—	33	15	15	15
洗手盆	—	50	50	50	70（50）
洗脸盆、盥洗槽水嘴	5～100	60～100	60～100	50	80
浴盆	—	—	50	—	—
无间隔淋浴器	20～100	100	100	—	100
有间隔淋浴器	5～80	80	60～80	（60～80）	（60～100）
大便器冲洗水箱	5～70	30	20	50（20）	70（20）
大便槽自动冲洗水箱	100	100	—	100	100

续表

卫生器具名称	宿舍（Ⅲ、Ⅳ类）	工业企业生活间	公共浴室	影剧院	体育场馆
大便器自闭式冲洗阀	1～2	2	2	10（2）	15（2）
小便器自闭式冲洗阀	2～10	10	10	50（10）	70（10）
小便器（槽）自动冲洗水箱	—	100	100	100	100
净身盆	—	33	—	—	—
饮水器	—	30～60	30	30	30
小卖部洗涤盆	—	—	50	50	50

注：1. 表中括号内的数值系电影院、剧院的化妆间，体育场馆的运动员休息室使用；
2. 健身中心的卫生间，可采用本表体育场馆运动员休息室的同时给水百分率。

职工食堂、营业餐馆厨房设备同时给水百分数（％） 表 4-22

厨房设备名称	同时给水百分数
洗涤盆（池）	70
煮锅	60
生产性洗涤机	40
器皿洗涤机	90
开水器	50
蒸汽发生器	100
灶台水嘴	30

注：职工或学生饭堂的洗碗台水嘴，按100％同时给水，但不与厨房用水叠加。

实验室化验水嘴同时给水百分数（％） 表 4-23

化验水嘴名称	同时给水百分数	
	科研教学实验室	生产实验室
单联化验水嘴	20	30
双联或三联化验水嘴	30	50

4.4 管道水力计算

4.4.1 给水管道水力计算步骤

建筑给水系统水力计算的目的，在于求得管道通过设计流量时的水头损失，进而确定给水管网各管段的管径；并为二次供水系统选用加压设备提供依据。

水力计算步骤如下：

1）根据建筑物类别与用水性质，正确选用生活给水设计秒流量计算公式，并按公式计算生活给水设计秒流量。

2）以生活给水设计秒流量和其他需另行计算的最大时用水量（空调用水、实验用水等）之和，确定设计秒流量。

3）经过技术经济比较选取合理的供水方案和管材。

4）绘制给水系统计算原理图。根据流量变化的节点对计算管路进行编号，并标明各计算管路的长度。

5）根据设计秒流量、市政给水管网能保证的水压和建筑物内给水管网最不利配水点所需的水压按式（4-24）计算给水管管径：

$$q_{\mathrm{g}} = F \cdot V \tag{4-24}$$
$$F = \pi d_{\mathrm{j}}^2 / 4$$
$$d_{\mathrm{j}} = 2\sqrt{q_{\mathrm{g}}/(\pi \cdot V)}$$

式中　d_{j}——管道的计算内径（m）；

$\quad\quad q_{\mathrm{g}}$——设计秒流量（$m^3/s$）；

$\quad\quad V$——水流速度（m/s）；

$\quad\quad F$——管道的过水面积（m^2）。

管道水力计算时应以管道的净空内直径作为计算管径。不锈钢管、铜管、塑料管等，管道锈蚀和沉垢对计算内径的影响可忽略。对于采用水泥砂浆内衬的金属管道、高分子材料内衬内涂的小口径管道，应考虑内衬厚度的影响。

6）管道设计流速见本《手册》第 4.4.1 节中"生活给水管道设计流速"。

7）根据已经确定的管径，计算出相应的水头损失。

8）进行水力计算，计算各管段的管径和水头损失，计算水表、过滤器、止回阀等管路附件、阀件的水头损失。

9）计算二次供水设施所需的供水压力：一般要选择管网中若干个较不利的配水点进行水力计算，经比较后确定最不利配水点，以保证所有配水点的水压要求。

二次供水设施所需的供水压力按公式 4-25 计算：

$$H = H_2 + H_3 + 0.01(H_1 + H_4) \tag{4-25}$$

式中　H——二次供水设施的供水压力（MPa）；

$\quad\quad H_1$——最不利配水点与二次供水设施储水箱水位的标高差（m）；

$\quad\quad H_2$——管网内沿程和局部水头损失之和（MPa）；

$\quad\quad H_3$——管路附件、阀件的水头损失（MPa）；

$\quad\quad H_4$——最不利配水点所需流出水头（m），见本《手册》第 4.2 节"用水定额和水压"。

另外，还应考虑一定的富裕水头，一般可按 0.01～0.03MPa 计。

4.4.2　生活给水管道设计流速

生活给水管道的设计水流速度，可按表 4-24 中的数值采用。

生活给水管道的水流速度　　　　　　　　　　　　　　表 4-24

公称直径（mm）	15～20	25～40	50～70	≥80
水流速度（m/s）	<1.0	<1.2	<1.5	<1.8

注：1. 当环境安静要求较高时，生活给水管道的水流速度可适当降低 1～2 档。
　　2. 水泵吸水管的流速宜采用 1.0～1.2m/s。

当管道水流速度大于 1.5m/s 时易产生噪声，大于 2.5m/s 时管道会产生冲刷，特别是当管内水流有颗粒物时会因撞击而使管道内壁产生腐蚀和侵蚀。而当流速达到 7～10m/s 时会产生汽蚀，虽然给水系统一般不会达到该流速，但遇管道局部减压或流量调节装置时，系统局部管段有可能达到该流速；设计中应采取措施避免此种现象发生。

建筑物内部分场所的管道水流速度与噪声的关系见表 4-25。

部分场所的管道流速与噪声相互关系 表 4-25

场所	噪声（dB）	金属管道流速（m/s）	塑料管道流速（m/s）
供水管、立管、管道井和工业厂房	50	2.0	2.5
相对封闭的空间、吊顶内	40	1.5	1.5
人员流通区域、走廊	35	1.5	1.5
有座位的区域，教室/会议室	30	1.25	1.25
卧室	25	1.0	1.0
剧院、电影院	20	0.75	0.75
录音棚或广播室	<20	0.5	0.5

在给水管道系统设计中，当流速较高时，选用的管径较小，管道系统的造价较低。但管道系统的水头损失较大，供水设备所需压力较高，其经常性运行费用也会较高。

在二次供水工程设计中，一般采用经验流速来取代经计算求得的经济流速。因采用较低的管内流速，水头损失较小，随之可降低噪声，可减小水锤压力，可为管网系统的发展留有余地。

当管网系统距离较长时，干管宜选用比表 4-28 中更小的流速，以保障与供水泵房不同距离的用户之间的水压差异较小。

设计秒流量是系统最高日最大时的 5min 平均秒流量，此 5min 与一天 24h 或一年的 365 天相比，时间极其短暂，因而能使系统有极高的保证率。

4.4.3 变频调速供水设备的压力设定

变频调速供水设备按其供水方式可分为：恒压变流量供水——设备出口按一个设定的恒定压力变流量供水；变压变流量供水——设备出口根据系统管网的供水压力与供水流量之间的变化变压变流量供水。

变频调速恒压供水设备，按其恒压设定点的不同，可分为出口恒压设定的供水设备和最不利点恒压设定的供水设备。

因系统最不利点一般处在距离设备最远、最高的管网末端，且随用户用水情况的不同而随时变化导致难以确定，所以供水设备生产企业通常多采用出口恒压设定方式。

变压变流量供水设备跟踪给水管网的 $H\sim Q$ 特性曲线运行，能够获得更好的节能效果（图 4-4、图 4-5）和供水性能，但其控制信号的采集和传感系统的控制相当复杂，现场调试工作量也非常巨大。若为简化系统，当流量随时间变化的规律较清楚时，亦可设计为分时段恒压的变压变流量运行方式；当存在多台水泵运行时，还可根据水泵的运行台数，设定不同的恒压值。

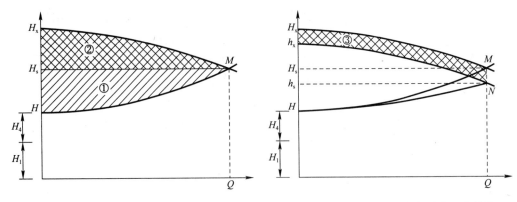

图 4-4　压力设定方式与对应的水泵节能范围　　图 4-5　选用较小流速时水泵进一步节能

4.4.4　生活给水管道沿程阻力计算

1. 海澄—威廉公式

用海澄—威廉（Hazen-Williams）公式计算生活给水管道的沿程水头损失可按式（4-26）：

$$i = 105C_h^{-1.85} d_j^{-4.87} q_g^{1.85} \tag{4-26}$$

式中　i——管道单位长度的水头（即压力）损失，kPa/m；

　　　d_j——管道的计算内径，m；

　　　q_g——设计秒流量，m^3/s；

　　　C_h——海澄—威廉系数。

海澄—威廉系数的取值：各种塑料管、内衬（涂）塑管 $C_h=140$；铜管、不锈钢管 $C_h=130$；内衬水泥、树脂的铸铁管 $C_h=130$；普通钢管、铸铁管 $C_h=100$。

近年来，薄壁不锈钢管、复合管、塑料管的使用日趋普遍。多种管材的使用，分别采用各自的水力计算公式很不方便，采用海澄—威廉公式可统一各类不同管材的计算公式。通过大量的试算工作，计算结果为：

$C_h=140$ 时，海澄—威廉公式计算值与 10℃时塑料管计算公式计算值吻合。

$C_h=130$ 时，海澄—威廉公式计算值与石棉水泥管计算公式计算值吻合。

$C_h=90$ 时，海澄—威廉公式计算值与舍维列夫计算公式计算值吻合。

国外资料将使用寿命为 20 年的普通钢管、铸铁管的海澄—威廉系数定为 90，将使用寿命为 15 年的普通钢管、铸铁管和使用寿命为 20 年的采用一定防腐处理的钢管、铸铁管的海澄—威廉系数定为 100。

海澄—威廉公式适用于较大口径（$d_j \geqslant 50mm$）、中等流速（$v \leqslant 3m/s$）的水流，适用范围为光滑区至部分粗糙度区，对应雷诺数 R_e 范围介于 $10^4 \sim 2 \times 10^6$；C_h 系数的范围为：从非常光滑（新管）的直管的 140 到无内衬旧管的 90 或 80，平均值是 100；它不是流动状况（如雷诺数）的函数。在应用海澄—威廉公式时的主要限制因素是需要考虑黏滞系数和水流温度，图 4-6 可以用来求解海澄—威廉公式中的各个参数。

【例 4-3】　在 20℃下，一段长度为 $L=300m$、直径为 $d=150mm$ 的新铸铁管材质管道，输送水量为 $Q=0.03m^3/s$，利用海澄—威廉公式计算其水头损失？

【解】　对于新铸铁管材质的管道，海澄—威廉系数等于 130，可由式（4-26）求得：

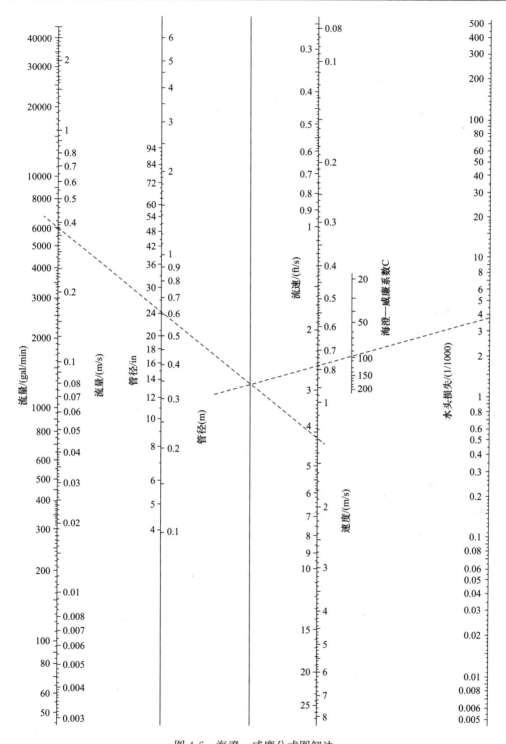

图 4-6　海澄—威廉公式图解法

$$i = 105C_h^{-1.85} d_j^{-4.87} q_g^{1.85} = 105C_h^{-1.85} d_j^{-4.87} q_g^{1.85} = 105 \times 130^{-1.85} \times 0.15^{-4.87} \times 0.03^{1.85} = 0.202$$

因此，管道的水头损失计算值为：

$$h_f = i \cdot L = 0.202 \times 300 = 60\text{kPa} = 6\text{m}$$

2. 舍维列夫公式

舍维列夫根据他对旧铸铁管和旧钢管的水力实验（水温 10℃），提出了计算紊流过渡区的经验式（4-27）、（4-28）：

1）当流速≥1.2m/s,

$$i = 0.00107 \frac{V^2}{d_j^{1.3}} \qquad (4-27)$$

2）当流速<1.2m/s,

$$i = 0.000912 \frac{V^2}{d_j^{1.3}} \left(1 + \frac{0.867}{V}\right)^{0.3} \qquad (4-28)$$

式中　i——水力坡度，管道单位长度的水头（即压力）损失，m/m;

　　　V——水流在管道中的流速，m/s;

　　　d_j——管道的计算内径（m）。

舍维列夫公式适用于旧钢管、旧铸铁管的水力计算。过去，我国建筑给水管道多使用镀锌钢管和铸铁管，因此其水力计算采用以旧钢管、旧铸铁管为研究对象建立的舍维列夫公式。舍维列夫公式的导出条件是水温 10℃，运动黏度 $1.3 \times 10^{-6} \text{m}^2/\text{s}$，紊流过渡区及粗糙度区。

3. 谢才公式

舍维列夫公式由谢才公式简化而来。谢才公式见公式（4-29）：

$$i = 4^{4/3} \cdot n^2 \frac{V^2}{d_j^{4/3}} \qquad (4-29)$$

式中　i——水力坡度，管道单位长度的水头（即压力）损失，m/m;

　　　n——管材粗糙系数：镀锌管 $n = 0.013$;

　　　V——水流在管道中的流速，m/s;

　　　d_j——管道的计算内径（m）。

把 $n = 0.013$，4 的幂指数取 4/3，而管径 d_j 的幂指数取 1.3 代入谢才公式，即可得到舍维列夫公式。

4. 达西公式

达西（Darcy-Weisbach）公式（1845 年），达西—魏斯巴赫公式，简称达西公式，化工专业又称范宁公式。达西公式为管道流中最常使用的公式，是均匀流沿程水头损失的普遍计算式，对层流、紊流均适用，见式（4-30）：

$$i = \lambda \cdot \frac{1}{d_j} \cdot \frac{V^2}{2g} \qquad (4-30)$$

式中　i——水力坡度，管道单位长度的水头（即压力）损失，m/m;

　　　λ——摩擦系数，无量纲;

　　　g——重力加速度;

　　　V——水流在管道中的流速，m/s;

　　　d_j——管道的计算内径（m）。

【例 4-4】　用流量 q_g 计算代替流速 V，改写达西公式。

【解】　按式（4-24），在圆管中，$F = \pi d_j^2 / 4$,

则　$V = q_g / F = 4 q_g / (\pi d_j^2)$

把 V 代入式（4-35），可得式（4-31）：

$$i = \lambda \cdot \frac{1}{d_j^5} \cdot \frac{8q_g^2}{\pi^2 g} \tag{4-31}$$

在达西公式中，沿程阻力系数 λ 值的确定是水头损失计算的关键，一般采用经验公式计算得出，也可以由各种型号和等级的管道雷诺数 R_e-λ 的莫迪图表得到。图 4-7 为水温（60℉，15.6℃）的莫迪图。

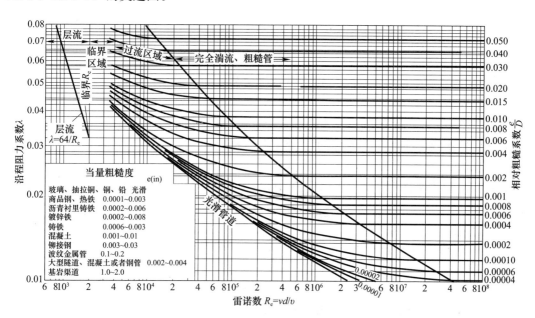

图 4-7　莫迪图（60℉）

【例 4-5】　在 20℃下，一段长度为 $L=300$m、直径为 $d=150$mm 的新铸铁管材质管道，输送水量为 $Q=0.03$m³/s，利用达西公式计算其水头损失？

【解】　流速为 $v=Q/A=0.03/(\pi \cdot 0.15^2/4)=1.7$m/s

在 20℃下，$v=1.00 \times 10^{-6}$m²/s

雷诺数计算为 $R_e = v \cdot d/v = 1.7 \times 0.15/(1.00 \times 10^{-6}) = 2.55 \times 10^5$

相对粗糙度为 $e/d=0.0002444/0.15=0.0016$。由莫迪图，$\lambda=0.023$。

因此，管道的水头损失计算值为：

$$h_f = i \cdot L = \lambda \cdot \frac{L}{d_j} \cdot \frac{v^2}{2g} = 0.023 \cdot \frac{300}{0.15} \cdot \frac{1.7^2}{2.981} = 6.78\text{m}$$

5. 柯尔勃洛克-怀特公式

把下述 λ 代入达西公式，即为柯尔勃洛克-怀特（Colebrook-White）公式（4-32）：

$$\frac{1}{\sqrt{\lambda}} = -2 \lg\left(\frac{2.51}{R_e\sqrt{\lambda}} + \frac{k}{3.71d_j}\right) \tag{4-32}$$

式中　R_e——雷诺数；

　　　k——当量管道粗糙度，m。

　　　λ——摩擦系数，无量纲；

　　　g——重力加速度；

　　　d_j——管道的计算内径，m。

柯尔勃洛克—怀特公式适用范围为 $4000 < R_e < 10^8$。大量的试验结果表明柯列勃洛克公式与实际商用圆管的阻力试验结果吻合良好，不仅包含了光滑管区和完全粗糙管区，而且覆盖了整个过渡粗糙区，该公式计算精度很高，在国外得到极为广泛的应用。

6. 布拉修斯公式

把下述 λ 代入达西公式，即为布拉修斯（P. Blasius）式（4-33）：

$$\lambda = \frac{0.3164}{R_e^{0.25}} \tag{4-33}$$

该公式形式简单，计算方便。

7. 水温的修正

达西公式、柯尔勃洛克-怀特公式、布拉修斯公式中 λ 取值，考虑了液体黏滞性，即考虑了水温对摩阻的影响。

海澄—威廉公式与舍维列夫公式均没有考虑水温对摩阻的影响，是因为两个公式仅适用于冷水。冷水温度在 $10 \sim 25℃$ 之间，水温对系统影响较小，故可忽略温度对管道系统水流阻力的影响。

采用海澄—威廉公式计算水头损失的温度折减系数，见表4-26。

管道水头损失的温度折减系数　　　　　　　　表4-26

管材/温度	10	20	30	40	50	60	70	80	90	95
聚乙烯管	1.061	1	0.949	0.908	—	—	—	—	—	—
交联聚乙烯管	1.23	1.18	1.12	1.08	1.03	1	0.98	0.96	0.93	0.90
内涂塑管、不锈钢管	1	0.94	0.90	0.86	0.82	0.79	0.77	0.75	0.73	0.72

8. 有关《规范》推荐采用的水力计算公式

有关《规范》推荐采用的水力计算公式对比见表4-27：

有关《规范》推荐采用的水力计算公式对比　　　　　　　　表4-27

序号	推荐公式	参数（计算公式参数）	适用管道	适用《规范》名称
1	达西公式	λ（舍维列夫公式）	旧钢管，旧铸铁管	《室外给水设计规范》GB J13—87，已废止
2	谢才公式	C（曼宁公式，巴普洛夫斯基公式）	混凝土管和钢筋混凝土管	
3	达西公式	λ	塑料管	《室外给水设计规范》GB 50013
4	谢才公式	C（曼宁公式，巴普洛夫斯基公式）	混凝土管渠及采用砂浆内衬的金属管	
5	海澄—威廉公式	C_h	输配水管道及配水管网水力平差	
6	达西公式	λ（修正的布拉修斯公式）	硬聚氯乙烯给水管	《埋地硬聚氯乙烯给水管道工程技术规程》CECS 17
7	达西公式	λ（柯列勃罗克公式）	PE管	《埋地聚乙烯给水埋地管道工程技术规程》CJJ 101《消防给水及消火栓系统技术规范》GB 50974
8	海澄—威廉公式	C_h	各种管材	《建筑给水排水设计规范》GB 50015
9	达西公式	λ	液相流的各种管道	《工业金属管道设计规范》GB 50316

4.4.5 生活给水管道局部阻力计算

1. 我国《规范》计算方法

1）管（配）件及管路阀门的阻力损失

生活给水管道中管（配）件的阻力损失，宜按管道的连接方式，采用管（配）件当量长度法计算。目前许多新型管材的管件无当量长度，因此当管道的管（配）件当量长度资料不足时，可按下列管件的连接方式，按管网的沿程水头损失的百分数取值作为配水管道的局部水头损失。

（1）管（配）件内径与管道内径一致，采用三通分流时，取 25％～30％；采用分水器分流时，取 15％～20％。

（2）管（配）件内径略大于管道内径，采用三通分流时，取 50％～60％；采用分水器分流时，取 30％～35％。

（3）管（配）件内径略小于管道内径，管（配）件的插口插入管口内连接，采用三通分流时，取 70％～80％；采用分水器分流时，取 35％～40％。

给水管道中管（配）件的局部阻力损失，当管件的内径与管道的内径在接口处一致时，水流在接口处流线平滑无突变，其局部阻力损失最小；当管件的内径大于或小于管道内径时，水流在接口处的流线产生突然放大和突然缩小的突变，其局部阻力损失约为内径无突变的光滑连接的 2 倍。上述局部阻力损失与沿程阻力损失的比值，按连接条件区分，而不按管材区分；且只适用于配水管，不适用于给水干管。配水管采用分水器集中配水，既可减少接口数量、减小局部水头损失，又可有效削减卫生器具用水时的相互干扰，获得较稳定的出口水压。

现行国家标准《建筑给水排水设计规范》GB 50015—2003（2009 年版）中阀门和螺纹管件的摩阻损失的折算补偿长度，见表 4-28。

阀门和螺纹管件的摩阻损失的折算补偿长度 表 4-28

管件内径（mm）	各种管件的折算管道长度（m）						
	90°标准弯头	45°标准弯头	标准三通90°转角流	三通直向流	闸板阀	球阀	角阀
9.5	0.3	0.2	0.5	0.1	0.1	2.4	1.2
12.7	0.6	0.4	0.9	0.2	0.1	4.6	2.4
19.1	0.8	0.5	1.2	0.2	0.2	6.1	3.6
25.4	0.9	0.5	1.5	0.3	0.2	7.6	4.6
31.8	1.2	0.7	1.8	0.4	0.2	10.6	5.5
38.1	1.5	0.9	2.1	0.5	0.3	13.7	6.7
50.8	2.1	1.2	3	0.6	0.4	16.7	8.5
63.5	2.4	1.5	3.6	0.8	0.5	19.8	10.3
76.2	3	1.8	4.6	0.9	0.6	24.3	12.2
101.6	4.3	2.4	6.4	1.2	0.8	38	16.7
127	5.2	3	7.6	1.5	1	42.6	21.3
152.4	6.1	3.6	9.1	1.8	1.2	50.2	24.3

注：本表的螺纹接口是指管件无凹口的螺纹，即管件与管道在连接点内径有突变，管件内径大于管道内径。当管件为凹口螺纹，或管件与管道为等径焊接时，其折算补偿长度取本表值的 1/2。

2）水表的阻力损失

水表分为容积式水表和速度水表。容积式水表是采用碗式，由一些被逐次充满和排放水的已知容积的计量室"一碗一碗地"量取水量，比较准确；速度水表可分为螺翼式和旋翼式，以测量管道的流速来计量。

在现行国家标准《封闭管道中水流量的测量饮用冷水水表和热水水表　第 1 部分》GB/T 778.1—2007 定义了水表的特性流量：

过载流量 Q_4：短时间内超出额定流量范围允许运行的最大流量。在此流量下，水表示值误差在最大允许误差内；当恢复在额定工作条件下工作时，水表计量特性不变。短时间参考定义为：一天内不超过 1h，一年内不超过 200h。

常用流量 Q_3：额定工作条件下的最大流量。在此流量下，水表正常工作且示值误差在最大允许误差内，$Q_4/Q_3 = 1.25$。

分界流量 Q_2：介于常用流量 Q_3 和最小流量 Q_1 之间、把水表流量范围分为高区和低区的流量。高区和低区各有相应的最大允许误差。

最小流量 Q_1：要求水表符合最大允许误差的最低流量。

水表在常用流量 Q_3 时的最大阻力损失应不超过 0.063MPa，其中包括作为水表部件的过滤器或滤网。可以依据式（4-34）计算在设计流量为 Q 时的水头损失：

$$h_f = 10 \cdot \frac{Q^2}{Q_3^2} \tag{4-34}$$

用水量均匀的生活给水系统的水表应以给水设计流量选定水表的常用流量；用水量不均匀的生活给水系统的水表应以给水设计流量选定水表的过载流量。消防时除生活用水外尚需通过消防流量的水表，应以生活用水的设计流量叠加消防流量进行校核，校核流量不应大于水表的过载流量。

对于用水量在计算时段相对均匀、用水密集的给水系统，如用水量相对集中的工业企业生活间、公共浴室、洗衣房、公共食堂、体育场等建筑物，其设计秒流量与最大小时平均流量折算成秒流量相差不大，应以设计秒流量来选用水表的常用流量。而对于住宅、旅馆、医院等用水分散型的建筑物，其设计秒流量系最大日最大时中某几分钟高峰用水时段的平均秒流量，如按此选用水表的常用流量，则水表很多时段均在比常用流量小或小得很多的情况下运行；为此，这类建筑宜按给水系统的设计秒流量选用水表的过载流量较为合理。对于居住小区，由于人数多、规模大，虽然按设计秒流量计算，但已接近最大用水时的平均秒流量，宜以此流量来选择小区引入管水表的常用流量。如小区引入管为 2 条或 2 条以上时，则应平均分摊流量；该生活给水设计流量还应按消防《规范》的要求叠加小区内一起火灾的最大消防流量校核，且不应大于水表的过载流量；小区引入管水表规格还应满足当地水务主管部门的要求。

住宅入户管上的水表的水头损失宜取 0.01MPa，建筑物或小区引入管上的水表，在生活用水工况时宜取 0.03MPa，在校核消防工况时宜取 0.05MPa。

3）减压阀的阻力损失

减压阀的阻力损失通常较大，设计时应根据产品资料确定。当设计没有选定产品时，其阻力损失可按 0.10MPa 计。对于比例式减压阀的阻力损失，阀后的动水压宜按阀后静水压的 80%～90% 采用，具体可见本《手册》"减压阀"章节有关内容。

4）管道过滤器的局部阻力损失

管道过滤器的局部阻力损失应根据滤网孔径的大小（即目数）确定，一般应根据产品的实测数据确定，当无资料时可取 0.01MPa。

5）倒流防止器的局部阻力损失

倒流防止器的局部阻力损失应根据产品的型式确定。通常减压型倒流防止器的阻力损失为 0.04～0.10MPa，双止回阀型倒流防止器的阻力损失为 0.01～0.04MPa，低阻力倒流防止器的阻力损失宜取 0.025～0.04MPa。

2. 英国相关标准计算方法

1）英国管件等效长度

按英国标准 ［BS6700：2006］，铜管、塑料管、不锈钢管配件及阀门的阻力损失等效长度（Equivalent pipe lengths），按表 4-29 确定。

铜管、塑料管、不锈钢管配件及阀门的阻力损失等效长度 表 4-29

序号	管道内径（mm）	等效长度（m）			
		弯头	三通	截止阀	止回阀
1	12	0.5	0.6	4.0	2.5
2	20	0.8	1.0	7.0	4.3
3	25	1.0	1.5	10.0	5.6
4	32	1.4	2.0	13.0	6.0
5	40	1.7	2.5	16.0	7.9
6	50	2.3	3.5	22.0	11.5
7	65	3.0	4.5	—	—
8	73	3.4	5.8	34.0	—

注：1. 表中三通的等效长度为转角流向，直向流可忽略不计。
　　2. 直通式闸阀（Gate valve）的阻力损失可忽略不计。

2）英国低阻力水龙头的阻力损失和等效长度

按英国标准 ［BS6700：2006］，低阻力水龙头（Low resistance taps）的阻力损失和等效长度，按表 4-30 确定。

低阻力水龙头的阻力损失和等效长度 表 4-30

DN（mm）	流量（L/s）	阻力损失（m）	等效长度（m）
10	0.15	0.5	3.7
15	0.2	0.8	3.7
20	0.3	0.8	11.8
25	0.6	1.5	22.0

注：不同制造商的技术参数各不相同，表中数据只是典型参数。

3）英国截止阀和浮球阀的阻力损失

按英国标准 ［BS6700：2006］，截止阀（Stop valves）和浮球阀（Float-operated valves）的阻力损失可按图 4-8 和图 4-9 确定。

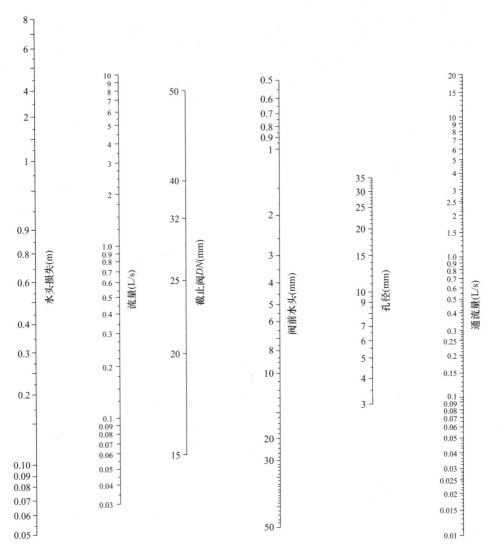

图 4-8　截止阀阻力损失　　　　　图 4-9　浮球阀的阻力损失

4.5　管道布置和敷设

给水干管的布置应尽量靠近大用水户，使供水干管短而直，以期达到最佳水力条件。小区室外管道应尽可能敷设在人行道或绿地下面。室内给水管道应尽量沿墙、梁、柱直线敷设；对美观要求较高的建筑物，其管道可在管槽、管井、管沟及吊顶内暗敷。

管道布置不得妨碍生产操作、交通运输，应避开有可能发生燃烧、爆炸或腐蚀性的物品。

埋地给水管应避开易受重物压坏处；当管道必须穿越结构基础、设备基础或其他构筑物时，应与有关专业协商处理，确保管道不受破坏。

4.5.1　小区室外管道

大型建筑小区或住宅小区的给水干管宜布置成环状或与城镇给水管道连成环状管网，

小区给水支管和接户管可布置成枝状。小区干管宜沿用水量较大的区域布置，以最短管线距离向大用水户供水。小区供水支管一般不宜布置在住户的庭院内。

小区内给水管道宜沿小区道路、平行建筑物布置，管道外壁距建筑物外墙的净距不宜小于 1m，且不得影响建筑物基础。

小区各类管道布置时应根据其用途、性能等统筹安排。如生活给水管应尽量远离污水管，减少生活用水被污染的可能性；金属管不宜靠近电力电缆。

居住小区管道平面排列时，应按从建筑物向道路和由浅至深的顺序布置。自建筑物外墙开始，一般常用的管道排列顺序如下：

1) 通信电缆或电力电缆；

2) 煤气、天然气管道；

3) 污水管道；

4) 给水管道；

5) 热力管沟；

6) 雨水管道。

小区室外给水管道的埋设深度，应根据土壤冰冻线、地面荷载、管材强度及管道交叉等因素确定。一般应保证管道不被强烈振动或压坏、管内水流不被冰冻或增高温度。

当埋设在非冰冻地区，若在机动车道路下，金属管道覆土厚度一般不小于 0.7m，非金属管道覆土厚度不小于 1.0m；若在非机动车道路下或人行道路面下，金属管覆土厚度不宜小于 0.3m，塑料管覆土厚度不宜小于 0.7m。

当埋设在冰冻地区，管道应敷设在土壤冰冻线以下。其管底埋深距土壤冰冻线下的距离：管径≤300mm 的管道为 $D+200$mm；管顶最小覆土深度不得小于土壤冰冻线以下 0.15m。

小区给水管道一般宜直接敷设在未经扰动的原状土层上。若小区地基土质较差或地基为岩石，管底宜铺设砂垫层，金属管道砂垫层厚度不小于 100mm，塑料管砂垫层厚度不小于 150mm，并应铺平、夯实；若小区地基土质松软，则应浇筑混凝土垫层；如果有流沙或淤泥，则应在采取相应的加固措施后再浇筑混凝土条形基础。

室外埋地给水管道在垂直或水平方向转弯处是否设置支墩，应根据管径、转弯角度、试压要求及管道接口摩擦力等因素通过计算确定。当管径≤300mm 的承插管且试验压力不大于 1.0MPa 时，在一般土壤条件地区的弯头、三通处可不设置支墩；如遇松软土壤则需经计算确定。支墩不应修筑在松土上，支墩材料一般为 C10 混凝土。刚性接口给水承插铸铁管道支墩做法参见 03S504 国标图集；柔性接口给水铸铁管管道支墩做法参见 03SS505 国标图集。

在室外露天敷设的给水管道应有调节管道伸缩和防止接口脱开、被撞坏的设施，并应避免受阳光直接照射。在结冻地区，则不应露天设置。

敷设在管沟内的给水管道与各种管道之间的净距，应满足安装及维修操作的需要且不宜小于 0.3m。给水管道应在热水、热力管道的下方以及冷冻管、排水管的上方（管沟内的冷冻管、热水管、蒸汽管等热力管道必须保温）。生活给水管不宜与输送易燃、可燃或有害的液体或气体的管道同廊（沟）敷设。管沟应有检修人孔，做防水并有坡度和排水措施。

小区室外给水管道上的阀门，宜设置阀门井或阀门套筒。

4.5.2 建筑室内给水管道

1）建筑生活给水管道宜采用枝状布置，单向供水。

室内给水管道可明设或暗敷，应根据建筑及室内布置要求、管道材质的不同确定。

当给水引入管需穿越承重墙或基础时，应预留洞口，管顶上部净空高度不得小于建筑物的沉降量，一般不小于 0.1m，并充填不透水的弹性材料。穿越地下室外墙处应预埋柔性或刚性防水套管，套管与管外壁之间应采取可靠的防渗填堵措施。当建筑物的沉降量较大或抗震要求较高而又采用刚性防水套管时，在外墙两侧的管道上应设柔性接头。

给水管道不宜穿越伸缩缝、沉降缝和抗震缝，当必须穿越时应采取有效措施。常见的措施有：

（1）螺纹弯头法。建筑物的沉降可由螺纹弯头的旋转补偿，适用于小管径管道。

（2）柔性接头法。用橡胶软接头或金属波纹管连接沉降缝、伸缩缝两边的管道。

（3）活动支架法。将沉降缝两侧的支架做成使管道能垂直位移而不能水平位移，以适应沉降伸缩之应力。

2）建筑物内给水管道的布置，应根据建筑物性质、使用要求和用水设备种类等因素确定，一般应符合下列要求：

（1）充分利用市政管网压力。

（2）不影响建筑的使用和美观；管道宜沿墙、梁、柱布置，但不能有碍于生活、工作、通行；一般可设置在管井、吊顶内或沿墙边。

（3）管道宜布置在用水设备、器具较集中处、方便维护管理及检修。

3）给水管道不得布置在建筑物的下列房间或部位：

（1）不得穿越变、配电间、电梯机房、通信机房，大中型计算机房、计算机网络中心、有屏蔽要求的 X 光、CT 室、档案室、书库、音像库房等遇水会损坏设备和引发事故的房间。

（2）不宜穿越卧室、书房及储藏间。

（3）不得布置在遇水能引起爆炸、燃烧或损坏的原料、产品或设备上面，并避免在生产设备的上方通过。

（4）不得敷设在烟道、风道、电梯井、排水沟内；不得穿过大、小便槽（给水立管距大、小便槽端部不得小于 0.5m）。

（5）不宜穿越橱窗、壁柜；如不可避免时，应采取隔离和防护措施。

（6）不宜穿越伸缩缝、抗震缝和沉降缝；当必须穿越时，应设置补偿管道伸缩和剪切变形的装置，一般可采取下列措施：

① 在墙体两侧采取柔性连接；

② 在管道或保温层外壁上、下留有不小于 150mm 的净空；

③ 在穿墙处设置方形补偿器，水平安装。

（7）给水管应避免穿越人防地下室，当必须穿越时应按现行国家标准《人民防空地下室设计规范》GB 50038 的要求采取设置防护阀门等措施。

（8）需要泄空的给水管道，宜设有 0.002～0.005 的坡度坡向泄水装置。

4.5.3 生活水池、屋顶水箱给水管道的布置和敷设

水池（或水箱、水塔）进水管宜采用耐腐蚀金属管材或内外涂塑焊接钢管、复合钢管及管件；水池（或水箱、水塔）的出水管及泄水管宜采用内外壁涂塑钢管、复合管或球墨铸铁管（一般用于水塔）。当采用塑料进水管时，其安装杠杆式进水浮球阀端部的管段应采用耐腐蚀金属管及管件过渡，浮球阀等进水设备的重量不得作用在管道上。

水池的进水管和利用外网压力直接进水的水箱进水管上装设与进水管径相同的液位自动控制阀［包括杠杆式浮球阀（一般适用于 $DN \leqslant 50mm$）］或液压水位控制阀。当采用水泵加压进水时，水箱进水管不得设置自动液位控制阀，应设置由水箱液位自动控制水泵启、停装置；当一组水泵供给多个水箱进水时，应在水箱进水管上装设电动控制阀，由水位监测装置自动控制。生活给水出水管的管内底应高出水池（箱）底 0.1~0.15m；对于用水量大且用水时间集中的用水点（如冷却塔补水、加热设备供水、洗衣房用水等）应单设出水管。

水池（箱）进、出水管的布置应注意避免水流短路，必要时应在水池（箱）内增设导流墙、导流板。

水池（箱）溢流管的管径应按能排泄最大入流量确定，一般应比进水管大一级；溢流管宜采用水平喇叭口集水，喇叭口下的垂直管段不宜小于 4 倍溢流管管径，溢水口应高出最高水位不小于 0.1m，在溢流管上不得装设阀门。

水池（箱）的泄水管上应设置阀门。泄水阀门后管段可与溢水管相连接，并应采用间接排水方式。水池（箱）泄水管一般宜从池（箱）底接出，若因条件不许可，泄水管必须从侧壁接出时，其管内底应和池（箱）底最低处相平。当贮水池的泄水管不可能自流泄空或无法设置泄水管时，应设置移动或固定的提升装置；当采用移动水泵抽吸泄水时，在水池附近应有供电电源；并在池底最低处的上方池顶板上设置带盖密封开口（可与检修人孔合用）。

4.6 管材和附件

4.6.1 常用管材

二次供水管材应根据供水压力、敷设场所、成本控制等因素确定。

生活给水系统管材种类繁多，分为金属管、非金属管、复合管等。20 世纪 90 年代以前，镀锌钢管曾因其自身强度高、管件品种规格齐全、安装连接方便而得到广泛、普遍使用；后来由于管内壁容易锈蚀导致水质二次污染而被限制，不得在生活给水系统中使用。现在，常用的金属管有给水球墨铸铁管、薄壁不锈钢管、不锈钢管、铜管等；常用的非金属管有无规共聚聚丙烯（PP-R）给水管、聚乙烯（PE）给水管、交联聚乙烯（PEX）给水管、硬聚氯乙烯（PVC-U）给水管、氯化聚氯乙烯（PVC-C）给水管、聚丁烯（PB）给水管等；常用的复合给水管有衬塑钢管、涂塑钢管、内衬内覆不锈钢复合钢管、PSP 钢塑复合管、铝塑复合管等。

工程中应根据建筑物标准高低、造价、耐压要求、敷设场所等选用合适的管材。对于住宅、别墅等居住建筑给水系统，宜选用金属管、非金属管或复合给水管；高层建筑的供水立管宜选用 PSP 钢塑复合管、内衬不锈钢复合钢管等强度高、变形小的管材；直饮水

系统对水质要求更高，宜选用不锈钢管、铜管等优质管材。

1. 镀锌钢管

镀锌钢管分为冷镀锌钢管和热镀锌钢管。冷镀锌钢管由于镀锌层容易脱落，已于 2000 年被禁用；热镀锌钢管分为热镀锌焊接钢管和热镀锌无缝钢管，热镀锌钢管的镀锌层虽然短时间不容易脱落，但镀锌层是防锈层，而不是防腐层，管内壁容易锈蚀，越来越多的省市已经限制使用热镀锌钢管（有内衬的除外）作为生活给水管。

2. 给水球墨铸铁管

给水球墨铸铁管常用 HPT200 或 HT250 灰铸铁离心浇铸，材质致密，防腐能力强，承压能力高，管内外表面光滑。

当供水压力≤0.75MPa 时，宜采用普通型给水球墨铸铁管；当供水压力＞0.75MPa 而＜1.6MPa 时，应采用高压型给水球墨铸铁管。给水球墨铸铁管不能用于管内压力超过 1.6MPa 的场所。

给水球墨铸铁管一般采用橡胶圈柔性承插连接，与阀门等管路附件连接处采用法兰连接。采用橡胶圈柔性承插连接时，$DN≤300mm$ 宜采用推入式梯形胶圈接口，$DN＞300mm$ 时宜采用推入式楔形胶圈接口。

给水球墨铸铁管常作为室外埋地给水管。为了防止水对管壁的侵蚀，多采用内壁涂衬水泥砂浆或环氧树脂防腐。

给水球墨铸铁管化学性质比较稳定，很难锈蚀，材料老化也非常缓慢，适合在室外埋地敷设。

3. 薄壁不锈钢管和铜管

1）薄壁不锈钢管和铜管

薄壁不锈钢管和铜管是二次供水系统中比较高档的管材，两种管材供水卫生安全、使用寿命长，且便于安装。从应用角度考虑，两种管材的耐压能力、使用寿命有较多相近相似之处。

薄壁不锈钢管壁厚一般为 0.6~3mm，管材公称尺寸为 $DN15~DN200$。制造工艺不同，壁厚不同，耐压强度也不同；其耐压等级一般为 1.6MPa，也有稍厚一点的耐压等级达到 2.5MPa。如果需要更高的承压能力，则不能采用薄壁不锈钢管，而应采用不锈钢管。不锈钢管的压力等级可达 14MPa，甚至更高。

铜管根据不同制造工艺、不同管径、不同耐压等级，也有不同壁厚。铜管壁厚一般为 1.26~6mm，公称尺寸 $DN15~DN200$；常见的耐压等级有 1.0MPa、1.6MPa、2.5MPa 三种。

薄壁不锈钢管常用的连接方式有卡压式连接、卡套式连接、压缩式连接、锥螺纹连接、焊接连接等。在引入管、进户管、支管接出部位，以及与阀门、水表、水龙头等连接处，应采用螺纹或法兰等可拆卸连接方式。

铜管常用的连接方式有钎焊连接、卡套连接、封压连接等。在引入管、进户管、支管接出部位，以及与阀门、水表、水龙头等连接处，应采用卡套或法兰等可拆卸连接方式。

考虑到电化学浸蚀影响，薄壁不锈钢管、铜管不宜与其他金属材质的管材、管件、附件相连接；当必须连接时，应采用转换接头等防电化学腐蚀的连接措施。

薄壁不锈钢管、铜管嵌墙敷设时，宜采用覆塑措施。如受条件限制不便覆塑，可在薄壁不锈钢管或铜管外表面涂刷 1~2 层环氧树脂，防止混凝土浸蚀管道。

2）覆塑铜管、覆塑不锈钢管

在铜管、不锈钢管外壁涂覆聚乙烯塑料层，可起防腐、保温的作用。其连接方式与铜管、薄壁不锈钢相同。

4. 内衬不锈钢复合钢管

内衬不锈钢复合钢管是不锈钢管与碳钢管的复合管材。该管材以碳钢管作为基管，通过旋压、缩径、冷扩、爆燃或钎焊等复合工艺，将薄壁不锈钢内衬管放入基管，并与基管复合而成。

内衬不锈钢复合钢管兼有不锈钢管卫生条件好、水流阻力小，以及碳钢管强度高、价格低的优点，又克服了镀锌钢管易腐蚀、易结垢及塑料管易老化、不耐高温的缺陷，供水卫生安全、使用寿命长，且便于安装。

内衬不锈钢复合钢管的薄壁不锈钢内衬管仅用于将碳钢基管与输送的介质隔离，薄壁不锈钢管本身并不承受流体压力。外面的碳钢管作为复合管的承压组件，可根据承压要求采用不同壁厚。常见的耐压等级有 1.0MPa、1.6MPa、2.5MPa 三种。

内衬不锈钢复合钢管的连接方式有螺纹连接（$DN \leqslant 100$）、法兰连接（各种管径）、沟槽连接（$DN \geqslant 100$）焊接连接（各种管径）。在引入管、进户管、支管接出部位，及与阀门、水表、水嘴等连接处，应采用螺纹或法兰等可拆卸连接方式。

内衬不锈钢复合钢管外壁与镀锌钢管相同，埋地敷设时可采用与镀锌钢管相同的防腐措施。

5. 塑料给水管

塑料管材具有水流阻力小、节能、节材、施工便捷等优点，在给排水领域得到了广泛的应用。

塑料给水管种类繁多，常用的有无规共聚聚丙烯（PP-R）给水管、聚乙烯（PE）给水管、交联聚乙烯管（PEX）给水管、硬聚氯乙烯（PVC-U）给水管、氯化聚氯乙烯 P（VC-C）给水管、聚丁烯（PB）给水管等。不同管材化学原料不同，适用温度、耐压性能、毒理指标都不相同。

制造塑料给水管的基材本身无毒，对人体健康有影响的是塑料加工过程中使用的某些添加剂。添加剂分散在塑料分子结构中，不影响塑料的分子结构，但能使基材便于制造和加工，有利改善基材的物理、化学特性。例如提高塑料的稳定性能、抗氧化性能、提高光照下的材料稳定性能等。

塑料给水管的连接方式根据管材种类和使用场所确定。对于 PP-R 管、PE 管、PEX 管和 PB 管，当 $dn \leqslant 110$mm 时常采用专用设备热熔连接，$dn > 100$mm 时常采用电热丝接头熔接；而对于 PVC-U 管、PVC-C 管，则常采用承插粘接。塑料给水管与阀门或管路附件连接时，应采用金属丝扣接口或法兰接口，而不能采用非金属丝扣接口。

日光中的紫外线能破坏塑料中的化学键，使塑料分解，从而降低管道的耐压性能，缩短使用年限，故塑料管不宜敷设在有阳光照射的位置。

塑料给水管的使用限制：

1）热膨胀限制。用于高层建筑给水立管或横干管时，应限制使用或考虑伸缩补偿。塑料给水管由于热膨胀系数大，较长的主干管在支管连接处易累积较大的变形，造成断裂漏水。如果较长的立管或横干管上无法采用自然伸缩补偿时，不宜采用塑料管。建议采用金属管或金属复合管。

2）温度限制。各种塑料管都有其耐温限制，不同温度下，最大工作压力有所折减，设计时应根据水温和环境温度确定管材和壁厚。

3）需要考虑管材及粘结剂对饮用水毒理指标的影响。PVC-U 管、PVC-C 给水管等耐温低、毒理指标稍高的低端塑料管道，应尽量减少在生活给水系统中使用。

6. 钢塑复合给水管

复合给水管由两种或两种以上的材料复合加工而成，通常为塑料材料和金属材料的复合。复合给水管综合了几种单一材料的优点，具有塑料管材防腐性能好和金属管材承压性能高的优点。

常用的复合给水管有衬塑钢管、涂塑钢管、PSP 钢塑复合管、铝塑复合管等。

1）衬塑钢管、涂塑钢管

（1）衬塑钢管由焊接钢管或无缝钢管内衬一层聚乙烯塑料（或其他塑料）制成，塑料层厚度一般不小于 1mm。管内输送的水只与内层塑料接触，不接触外部钢层；衬塑钢管解决了热镀锌钢管对水质的影响问题。管道外部的钢层，使得衬塑钢管具有强度高、热膨胀系数低的优点，可用于高层建筑给水立管或横干管。

当衬塑钢管 $DN \leqslant 80$、系统工作压力 $\leqslant 1.0$MPa 时，宜采用螺纹连接；系统工作压力 >1.0MPa 或 $DN \geqslant 100$ 时，宜采用法兰连接或沟槽连接。当系统工作压力 $\leqslant 1.0$MPa 时，宜采用衬塑焊接钢管；系统工作压力 >1.0MPa 时，宜采用衬塑无缝钢管。

（2）涂塑钢管是在钢管内壁涂覆厚度不超过 1mm 的薄塑料层，同样可起到将管内输送的水与钢管隔开的作用。涂塑钢管对塑料与钢的附着制作工艺要求非常高；由于塑料层较薄，与钢管的附着稍有缺陷时，水就会由缺陷部位进入塑料与钢之间的微小缝隙，引起缝隙扩大，最后塑料层可能完全剥落。选用涂塑钢管时，一定要选用解决了塑料与钢管附着工艺难题的优质品牌。

2）PSP 钢塑复合管

以焊接钢管或无缝钢管为中间层，内外层均为聚乙烯或聚丙烯塑料，通过挤出成型方法复合成一体的管材。PSP 钢塑复合管相对塑料管具有承压高、抗冲击能力强等特点；内外层的塑料可起防腐蚀作用，具有内壁光滑、耐化学腐蚀、无二次污染、流体阻力小、不结垢、不滋生微生物、使用寿命长等优点；并克服了钢管存在的易锈蚀、使用寿命短和塑料管存在的强度低、热膨胀系数大、易变形的缺陷，具有钢管和塑料管的共同优越性能。

PSP 钢塑复合管根据不同的应用场合和管道生产厂商的制造技术，有多种连接方法，常见的有：

（1）卡压（沟槽）式管件连接。连接安装方便，承压能力高，易于维修。地面上敷设采用不锈钢管件或铜管件，埋地敷设时则不采用这种连接方式。

（2）扩口式压接。采用专用工具对管道进行扩口，扩口后再用专用管件连接管道。该连接方式承压能力高，管道不缩径，水头损失小。

（3）双热熔连接或电磁感应加热双热熔连接。采用专用热熔工具或电磁感应加热热熔工具将管材与管件内、外塑料热熔后紧密连接。

（4）法兰连接。易于拆卸和维修，多用于与阀门、管路附件及设备连接处。

3）铝塑复合管

由铝合金与塑料复合而成。由内至外依次为塑料（PE 聚乙烯或 PEX 交联聚乙烯）、热熔胶、铝合金、热熔胶、塑料（PE 聚乙烯或 PEX 交联聚乙烯）。铝塑复合管宜采用卡套式连接，或专用接头连接。选用接头时，需考虑接头对过水断面的影响。

4.6.2 管路附件

常用管路附件包括各类控制调节阀门、止回阀、减压阀、泄压阀、安全阀、液位控制阀、倒流防止器、管道过滤器等。

1. 闸阀、截止阀、蝶阀

1）给水管道上的下列部位应设置阀门：

（1）小区给水管道从城镇给水管道的引入管上；

（2）小区室外环状管网的节点处，应按分隔要求设置。环状管段过长时，宜设置分段阀门；

（3）从小区给水干管上接出的支管起端或接户管起端；

（4）入户管、水表前和各分支立管起端；

（5）室内给水管道向住户、公用卫生间等接出的配水管起端；

（6）水池（箱）、水泵出水管、自灌（自吸）式水泵吸水管、加热器进出水管、冷却塔进出水管、减压阀进出水管、倒流防止器进出水管等处应按要求配置；

（7）大便器、小便器、洗脸盆、淋浴器等卫生器具的进水管上；

（8）自动排气阀、泄压阀、压力表、洒水栓等管路附件的上游管段。

2）给水管道上的阀门，应根据使用要求按下列原则选型：

（1）需调节流量、压力时，宜采用截止阀、调节阀；

（2）要求水流阻力小的部位宜采用闸阀、球阀、半球阀；

（3）安装空间小的场所，宜采用蝶阀、球阀；

（4）水流需双向流动的管段上，不应使用截止阀；

（5）口径较大的水泵，其出水管上宜采用多功能控制阀。

2. 止回阀、倒流防止器、真空破坏器

1）止回阀

止回阀依靠介质本身流动而自动开、闭阀瓣，用来防止介质倒流。

（1）给水管道上的下列部位应设置止回阀：

① 直接从城镇给水管网接入小区或建筑物的引入管上；

② 密闭的水加热器或用水设备的进水管上；

③ 每台水泵的出水管上；

④ 进出水管合用一条管道的水箱、水塔和高地水池的出水管上。

（2）止回阀的选择，应根据止回阀的安装位置、阀前水压、关闭后的密闭性能要求和关闭时可能引发的水锤大小等因素综合确定，并应符合下列要求：

① 阀前水压小的部位，宜选用旋启式、球式和梭式止回阀；

② 关闭后密闭性能要求严密的部位，宜选用有关闭弹簧的止回阀；

③ 要求削弱关闭水锤的部位，宜选用速闭消声止回阀或有阻尼装置的微阻缓闭止回阀；

④ 止回阀的阀瓣或阀芯，应能在重力或弹簧力的作用下自行关闭；

⑤ 管网最小压力或水箱最低水位应能自动开启止回阀。

2）倒流防止器

由于止回阀不能可靠地防止介质回流，在生活给水系统中，当需要防止水质有可能因回流而被污染时，应采用倒流防止器或真空破坏器。

（1）倒流防止器是一种严格限定管道中的水只能单向流动的水力控制组合装置。它的功能是在任何工况下都能防止管道中的介质倒流，能有效避免对生活饮用水的水质污染，确保生活供水安全。

倒流防止器可分为减压型倒流防止器、非减压型倒流防止器和双止回阀倒流防止器三大类别。

减压型倒流防止器由两个相互独立工作的止回阀组成，并在两个止回阀之间外接有一个差压泄流排水阀。通常将这些部件集成为一个阀体。其水头损失较大，一般为 7～10m。

低阻力倒流防止器为中国首创，有减压型与非减压型。非减压型低阻力倒流防止器利用水力控制原理，采用与减压型倒流防止器不同的控制方式，在确保以空气隔断形式存在的高等级隔断安全性前提下，尽可能降低水头损失。在流速 $V=2.5\text{m/s}$ 时，水头损失一般为 2～4m。

低阻力倒流防止器外形尺寸通常较小，可以水平或垂直安装。我国多数城市市政供水压力不高，低阻力倒流防止器可充分利用市政供水管网水压，节约能耗。

（2）从生活饮用水管道上直接接出下列用水管道时，应在这些用水管道上设置倒流防止器：

① 从城镇给水管网的不同管段接出两路及两路以上的引入管，且与城镇给水管形成环状管网的小区或建筑物，在其引入管上；

② 从城镇生活给水管网直接抽水的水泵的吸水管上；

③ 利用城镇给水管网水压且小区引入管无防回流设施时，向商用的锅炉、热水机组、水加热器、气压水罐等有压容器或密闭容器注水的进水管上。

（3）从小区或建筑物内生活饮用水管道系统上接至下列用水管道或设备时，应设置倒流防止器：

① 单独接出消防用水管道时，在消防用水管道的起端。

② 从生活饮用水贮水池抽水的消防水泵出水管上。

③ 生活饮用水管道系统上接至下列含有对健康有危害物质等有害有毒场所或设备时，应设置倒流防止设施：

a. 贮存池（罐）、装置、设备的连接管上；

b. 化工剂罐区、化工车间、实验楼（医药、病理、生化）等除设计倒流防止器外，还要设置空气间隙。

（4）倒流防止器设置位置应满足下列要求：

① 不应安装在有腐蚀性和污染的环境中；

② 排水口应采用间接排水，不得直接接至排水管；

③ 应便于维护，不得安装在可能结冻或被水淹没的场所。

（5）双止回阀倒流防止器是两个止回阀的串联组合体。可以起到一定的防倒流作用，只能用于回流污染危害程度低的场所。

3）真空破坏器

真空破坏器可防止管道内形成真空、产生虹吸，防止下游容器内的水倒流进入上游供水管道而污染上游供水。常用的真空破坏器有大气型和压力型。

（1）从小区或建筑物内生活饮用水管道上直接接出下列用水管道时，应在这些用水管道上设置真空破坏器：

① 当游泳池、水上游乐池、按摩池、水景池、循环冷却水集水池等的充水或补水管道出口与溢流水位之间的空气间隙小于出口管径的 2.5 倍时，在其充（补）水管上；

② 不含有化学药剂的绿地喷灌系统，当喷头为地下式或自动升降式时，在其管道起端；

③ 消防（软管）卷盘；

④ 出口接软管的冲洗水嘴与给水管道连接处。

（2）真空破坏器的设置位置应满足下列要求：

① 不应安装在有腐蚀性和污染的环境中；

② 应直接安装于配水支管的最高点，其位置高出最高用水点或最高溢流水位的垂直高度，压力型不得小于 300mm，大气型不得小于 150mm；

③ 真空破坏器的进气口应向下。

倒流防止器、真空破坏器及空气间隙，都是生活给水系统防回流污染的有效措施。这些措施的选择应根据回流性质、回流污染的危害程度确定。《建筑给水排水设计规范》GB 50015—2003（2009 年版）中有较为详细的规定。具体规定见表 4-31：

生活饮用水回流污染危害程度   表 4-31

生活饮用水与之连接场所、管道、设备		回流污染危害程度		
		低	中	高
贮存有害有毒液体的罐区		—	—	√
化学液槽生产流水线		—	—	√
含放射性材料加工及核反应堆		—	—	√
加工或制造毒性化学物的车间		—	—	√
化学、病理、动物试验室		—	—	√
医疗机构医疗器械清洗间		—	—	√
尸体解剖、屠宰车间		—	—	√
其他有毒有害污染场所和设备		—	—	√
消防	消火栓系统	—	√	—
	湿式喷淋系统、水喷雾灭火系统	—	√	—
	简易喷淋系统	√	—	—
	泡沫灭火系统	—	—	√
	软管卷盘	—	√	—
	消防水箱（池）补水	—	√	—
	消防水泵直接吸水	—	√	—
中水、雨水等再生水水箱（池）补水		—	√	—
生活饮用水水箱（池）补水		√	—	—
小区生活饮用水引入管		√	—	—
生活饮用水有温、有压容器		√	—	—
叠压供水		√	—	—
卫生器具、洗涤设备给水		—	√	—

续表

生活饮用水与之连接场所、管道、设备	回流污染危害程度		
	低	中	高
游泳池补水、水上游乐池等	—	√	—
循环冷却水集水池等	—	—	√
水景补水	—	√	—
注入杀虫剂等药剂喷灌系统	—	—	√
无注入任何药剂喷灌系统	√	—	—
畜禽饮水系统	—	√	—
冲洗道路、汽车冲洗软管	√	—	—
垃圾中转站冲洗给水栓	—	—	√

（3）根据生活饮用水回流污染危害程度，可选择的防回流设施见表4-32：

防回流设施的选择   表 4-32

防回流设施	回流污染危害程度					
	低		中		高	
	虹吸回流	背压回流	虹吸回流	背压回流	虹吸回流	背压回流
空气间隙	√	—	√	—	√	—
减压型倒流防止器	√	√	√	√	√	√
低阻力倒流防止器	√	√	√	√	—	—
双止回阀倒流防止器	—	√	—	√	—	—
压力型真空破坏器	√	—	√	—	√	—
大气型真空破坏器	√	—	—	—	—	—

4）减压阀

减压阀是通过水力或机械调节，将进口压力减至某一需要的出口压力或压力范围。从流体力学的观点看，减压阀是一个局部阻力可以变化的节流部件，通过改变过流断面，使介质流速及动能改变，造成不同的阻力损失，从而达到减压的目的。

减压阀的构造种类很多，给水系统中常用的有可调式减压阀、比例式减压阀、单级减压阀、双级减压阀、三级减压阀、分户减压阀等。可调式减压阀是指出口压力可调的减压阀，分为稳压式减压阀、差压式减压阀。比例式减压阀是指进口压力与出口压力成稳定比例关系的给水减压阀，出口压力不可调。稳压式减压阀不随进口压力的变化而变化；差压式减压阀进、出口之间的动态减压差相对稳定，且出口压力可调。差压式减压阀分为直接作用式和先导式两种结构形式；直接作用式减压阀具有止回功能，用于水循环系统时称为压差旁通阀；先导式减压阀利用减压先导阀（直接作用式减压阀）以水力方式控制主阀，使主阀出口压力或进、出口压差保持相对稳定，且出口压力可调。双级、三级减压阀是指含有两级或三级减压装置串联组合成一体的减压阀，又称串联式多级减压阀；双级减压阀的减压比可达9：1，三级减压阀的减压比更可高达12：1。分户减压阀是指用于用户进户前减压的减压阀，有单级减压型，也有双级减压型，且出口压力均可可调节。

当给水管网的供水压力高于配水点允许的最高使用压力时，应设置减压阀。减压阀的设置应符合下列要求：

（1）比例式减压阀的减压比不宜大于3：1；当减压比大于3：1时，应避开气蚀区。可调式减压阀的阀前与阀后的最大压差不宜大于0.4MPa；当最大压差超过规定值时，宜串联设置。对比例式减压阀的减压比和可调式减压阀的减压差加以限制，是为了防止减压阀产生气蚀、减少振动及水流噪声。

（2）阀后配水件处的最大压力应按减压阀失效工况进行校核，其压力不应大于配水件的产品标准所规定的水压试验压力。当减压阀串联设置时，可按其中一个减压阀失效工况复核阀后最高压力；配水件的试验压力应按其公称压力的 1.5 倍计。

（3）减压阀前管段的水压宜保持稳定，阀前的管道不宜兼作配水管。

（4）当阀后压力允许有波动时，可采用比例式减压阀；当阀后压力要求稳定时，应采用可调式减压阀。

（5）当在供水保证率要求高、停水会引起重大经济损失的给水管道上设置减压阀时，宜采用两个减压阀，并联设置，且不得设置旁通管。

减压阀并联设置的作用是当一个减压阀损坏失效时，可将其关闭检修，使管路不需停水进行检修。

如在减压阀设置部位增设旁通管，因旁通管阀门不严密渗漏将导致减压阀失效。

（6）减压阀的公称尺寸宜与管道管径相一致。

（7）减压阀前应设置控制阀门和管道过滤器；需拆卸阀体才能检修的减压阀后部应设置管道伸缩器；当检修时阀后管段的水会倒流时，阀后应设控制阀门。

（8）减压阀组的前、后管段上应装设压力表。

（9）比例式减压阀宜垂直安装，可调式减压阀宜水平安装。

（10）设置减压阀的部位，应便于管道过滤器的排污和减压阀的检修，地面宜有排水设施。

（11）给水减压阀的设置方法详见现行工程建设协会标准《建筑给水减压阀应用技术规程》CECS109。

给水减压阀主要设计参数可按表 4-33 选取：

给水减压阀的主要设计参数　　　　　　　　　　　表 4-33

减压阀类型			主要技术参数				
			减压比 B	出口压力流量特性偏差 ΔP_{2q}	出口压力特性偏差 ΔP_{2y}	减压阀动态减压差 $\Delta P=P_1-P_2$（MPa）	出口压力动静压升 $\Delta P_2=P_{2j}-P_2$（MPa）
比例式减压阀			（4∶1）	≤15% P_2	—	≥0.30	≤0.1
			3∶1			≥0.20	
			（2.5∶1）			≥0.18	
			2∶1			≥0.15	
			（1.5∶1）			≥0.15	
可调式减压阀	稳压式减压阀	直接作用式	≤3∶1	≤10% P_2	≤10% P_2	≥0.15	
		先导式					
	差压式减压阀	直接作用式	≤3∶1	≤10% P_2	—	≥0.03	
		先导式				≥0.05	
双级减压阀			≤8∶1	≤10% P_2	≤10% P_2	≥0.40	

注：1. 依据比例式减压阀流量—压力特性曲线，在 P_2 减小 15% 时的流量应大于设计流量。

2. "（）"内数值为非常规数据，一般较少选用。

3. 出口压力的动静压升可根据生产厂家提供的数据确定。

4. 双级减压阀的减压比可为 3.5∶1～8∶1。

现行国家标准《民用建筑节水设计标准》GB 50555、《住宅设计规范》GB 50096 都规定住宅套内用水点供水压力不应（不宜）大于 0.20MPa，可在超过此压力楼层的分户水表下游管段设置可调式分户减压阀。

5）泄压阀、安全阀

泄压阀和安全阀可根据系统的工作压力自动启闭，一般安装在封闭系统的设备或管路上以保护系统安全。当设备或管道内压力超过设定压力值时，自动开启泄压。

泄压阀和安全阀的区别在于泄流量的大小，泄流量大的为泄压阀，泄流量小的为安全阀。生活供水系统中多采用泄压阀，以降低给水管网超过的水压；安全阀多用于压力容器因超温引起的超压泄压。可调式减压阀和比例式减压阀的下游宜设置安全阀，以防止减压阀减静压失效时下游管段超压。

给水系统中泄压阀的设置应符合下列要求：

（1）泄压阀前应设置控制阀门（安全阀前则不得设置阀门）；

（2）泄压阀的泄水口应连接排水管道，泄压水宜排入非生活用水水池，既可以利用水池储水消能，又可以避免水资源浪费。当需要排放时，宜间接排入集水井或排水沟。

6）排气阀

排气阀用于排出管道内的气体。因水中溶解有一定量的空气，在管道输送过程中，部分空气会从水中逸出，随着水流移动或在管道高点积聚形成气囊。当供水管网停水后再通水时，这些空气囊会影响水的流态，增大供水阻力，甚至阻挡水流前行。在供水管的高点设置排气阀，可有效排除管道内的积聚气体。

二次供水系统的下列部位应设置排气装置：

（1）在供水立管的最高点应设置自动排气阀；

（2）给水管网有明显起伏容易积聚空气的管段，宜在该管段的高点设置自动排气阀或手动阀门排气；

（3）气压给水装置，当采用自动补气式气压水罐时，其配水管网的最高点应设自动排气阀。

7）自动水位控制阀

给水系统的调节水箱（池），除进水能自动控制切断进水外（如由水箱水位远程控制水箱补水泵的启停），其进水管上应设自动水位控制阀，水位控制阀的公称尺寸应与进水管管径一致。

水箱（池）的进水管处常设置自动水位控制阀。当上升到设定水位时进水管关闭，低于设定水位时开阀进水。自动水位控制阀常采用浮球阀、电磁阀、以水力控制阀为主体的水箱（池）进水阀。

浮球阀的浮球始终漂浮在水箱（池）的水面上，当水面上升时，浮球带动连杆也跟着上升，连杆另一端与控制阀相连，当上升到设定高水位位置时，连杆支起橡胶活塞垫隔断水源，进水被关停。当水位下降时，浮球随之下降，连杆带动活塞垫开启，进水管向水箱（池）补水。

电磁阀由水箱内的浮漂或电子液位计提供水位信号，控制电路根据液位高度开启或关闭电磁阀。电磁阀公称尺寸较小，一般不大于 $DN40$。进水管口径大时可采用电动阀，电动阀由电机驱动阀杆开启或关闭阀门。

以水力控制阀为主体的水箱（池）进水阀，由先导阀控制主阀开启或关闭，常采用 $DN15$、$DN20$ 的小浮球阀或小电磁阀作为水力控制阀的先导阀。小浮球阀或小电磁阀开启、关闭时，水箱（池）进水主阀跟着开启或关闭。以水力控制阀为主体的水箱（池）进水阀，可靠性高、使用寿命长。

水箱（池）进水管口高出液面溢流边缘的空气间隙应大于等于进水管管径，但最小不应小于 25mm，最大可不大于 150mm。当进水管从最高水位以上进入水箱（池），且管口为淹没出流时应采取真空破坏器等防虹吸回流措施；向消防、中水和雨水回用等其他用水的贮水箱（池）补水时，其进水管口最低点高出溢流边缘的空气间隙不应小于 150mm。

8）过滤器

过滤器通常安装在水泵吸水管及给水系统中减压阀、泄压阀、液位控制阀等精密阀门的上游，以防止水中的杂质堵塞水泵叶轮及精密阀门的细小部位，保证系统的正常运行。过滤器的滤网应采用耐腐蚀材料，滤网孔径应按使用要求确定。

二次供水系统的下列部位应设置管道过滤器：

（1）减压阀、泄压阀、自动水位控制阀，温度调节阀等阀件前端；

（2）水泵吸水管上。

在给水管道中不宜串联设置管道过滤器。串联重复设置管道过滤器，不仅增加工程造价，而且增加管道局部阻力需消耗更多的能耗。

4.6.3 常用仪表

二次供水工程中常用的仪表包括水表、流量计、压力表等，这些仪表的设置，能够起到计量水量及监控供水系统工作状况的作用。

1. 水表

1）水表的种类

（1）旋翼式水表、螺翼式水表

水表按照工作原理分为容积式水表和速度式水表两种。容积式水表测量的是经过水表的实际流体的体积，误差可以控制在 $\pm0.5\%$ 甚至更低的水平。具有精确测量的效果，价格较昂贵，一般仅用于精工企业或者试验测试等场所，民用建筑中几乎不用。速度式水表由一个运动元件组成，由水流运动速度直接冲击运动元件，使其获得运动速度。典型的速度式水表有旋翼式水表和螺翼式水表。速度式水表根据经过流体速度的不同会有 $\pm2\%$ 左右的误差。速度式水表价格较低，大量用于二次供水系统中。

旋翼式水表适用于小口径管道的单向水流总量的计量。常用口径有 15mm、20mm、25mm、32mm、40mm、50mm、65mm，多用于住户、商业网点等最终用水点的水量计量。旋翼式水表由表壳、滤水网、计量机构、指示机构等组成。计量机构由叶轮盒、叶轮、叶轮轴、调节板组成。指示机构有刻度盘、指针、三角指针或字轮、传动齿轮等。水由水表进水口入表壳内，经滤水网，由叶轮盒的进水孔进入叶轮盒内，冲击叶轮，叶轮开始转动，水再由叶轮盒上部出水孔，经表壳出水口流向管道内，叶轮下部由顶针支撑着。叶轮转动后，通过叶轮中心轴，使上部的中心齿轮也转动，带动叶轮盒内的传动齿轮，按转速比的规定进行转动，带动度盘上的指针。三角指针开始转动后以十进位的传递方式带动其他齿轮和上部指针，按照度盘上的分度值，按顺时针的方向进行转动进行计量。

螺翼式水表适用于较大口径管道的单向水流总量的计量。常用口径有 50mm、65mm、80mm、100mm、125mm、150mm、200mm、250mm、300mm，多用于供水干管或较大配水支管的水量计量。螺翼式水表由表壳、计量机构、指示机构等组成。当水流进入水表后，沿轴线方向冲击水表螺翼形的叶轮旋转后流出，叶轮的转速与水流速度成正比，经过减速齿轮传动后，在指示装置上显示通过水表的用水总量。

旋翼式水表和螺翼式水表均为机械水表，都是靠水流推动叶轮转动来计量用水量的。旋翼式水表的旋转轴与水流方向垂直，在旋转轴上安置有若干片径向旋转翼。螺翼式水表的旋转轴与水流方向平行，在旋转轴上安置有若干片螺旋状旋转翼。它们最大的区别是水流与转轴的垂直或平行。旋翼式水表和螺翼式水表各有优缺点，旋翼式水表阻力损失较大，螺翼式水表计量精度不如旋翼式水表。通常管道公称尺寸不大于 $DN50$ 的场合采用旋翼式水表，大于 $DN50$ 的场合采用螺翼式水表。

（2）IC 卡水表

IC 卡水表是利用微电子技术、传感技术、智能 IC 卡技术，对用户用水量进行计量并进行用水数据传递及结算交易的新型水表。IC 卡水表是普通机械水表加上电子控制模块组成，其外观与一般水表的外观基本相似，其安装过程也相同。它除了可对用水量进行记录和电子显示外，还可以按照约定，对用水量自动进行控制，自动完成阶梯水价的水费计算，同时具有用水数据存储的功能。其数据传递和交易结算通过 IC 卡进行。IC 卡水表的使用简单，将含有充值金额数据的 IC 卡片插入水表中的 IC 卡读写器，经数控模块识别和读取金额后，阀门开启，用户可以正常用水。当用户用水时，水量采集装置开始对用水量进行采集，并转换成所需的电子信号供给数控模块进行计量，并在 LCD 显示模块上显示出来。当用户的充值金额下降到一定数值时，数控模块进行声音报警，提示用户应该去持卡交费购水。如超过充值金额，则数控模块会将电控阀门关闭，切断供水。直至用户插入重新充值交费的 IC 卡片开启阀门进行供水。IC 卡水表可以实现由工作人员上门抄表收费到用户自己去营业所充值缴费的转变。

图 4-10 是常用的 IC 卡水表。

图 4-10　常用的 IC 卡水表

（3）智能远传水表

智能远传水表是普通机械水表加上电子采集通信模块组成，其外观与一般水表的外观基本相似，其安装过程也相同。电子模块完成用水量数据信号采集、数据处理、存储并将数据通过通信线路上传给中继器或手持式抄表器。可以实时的将用户用水量记录并保存，或者直接读取当前累计数。每块水表都有唯一的代码，当智能远传水表接收到抄表指令后，可即时将水表数据上传给管理系统，由终端设备进行统一读取水表数据，计算水费。管理系统的规模可以是一栋楼或整个小区，甚至可以大到整个城市的所有远传水表。智能远传水表是二次供水计量的发展方向。

图 4-11 是常用的智能远传水表。

图 4-11　常用的智能远传水表

2）水表的设置位置

（1）建筑物引入管、住宅入户管及公共建筑物内需单独计量水量的给水管上；

（2）单元住宅楼的分户水表宜相对集中设置，且宜设置于户外；对设在户内的水表，宜采用远传水表或 IC 卡水表等智能水表。

3）水表口径的确定

（1）对于用水量相对均匀的给水系统，如用水量相对集中的工业企业生活间、公共浴室、洗衣房、公共食堂、体育场等建筑物，用水密集，其设计秒流量与最大小时平均流量折算成秒流量相差不大，应以设计秒流量来选用水表的常用流量；

（2）对于住宅、旅馆、医院等用水疏散型的建筑物，其设计秒流量系最大日最大时中某几分钟高峰用水时段的平均秒流量，如按此选用水表的常用流量，则水表很多时段均在比常用流量小或小得很多的情况下运行；且水表口径偏大。为此，这类建筑宜按给水系统的设计秒流量选用水表的过载流量；

（3）居住小区由于人数多、规模大，按设计秒流量计算的结果已接近最大用水时的平均秒流量。宜按设计秒流量作为住宅小区引入管水表的常用流量。如引入管为 2 条及 2 条以上时，则应平均分摊流量；

（4）在消防时除生活用水外尚需通过消防流量的水表，应以生活用水的设计流量叠加消防流量进行校核，校核流量不应大于水表的过载流量。

4）水表的设置应符合以下要求

（1）水表应装设在不冻结、不被任何液体及杂质所淹没、不易受损、不被日光暴晒处；

（2）水表应装设在便于读数、安装、维修和拆卸的地点，地坪应无障碍；

（3）应有防止设置因冲击和振动引起水表损坏的措施；

（4）连接水表的管道不应承载过度的应力，水表的前后管段应设置支托架，必要时水表前后宜设置柔性接头；

（5）水表表壳的箭头方向应与水流方向一致；

（6）水表前后应加装阀门（住宅户表后可不安装阀门），水表和表后阀门之间宜安装泄水阀；

（7）水表前后 8 倍管径范围内，管径不应有突然的变化，以减少对水表计量精度的影响；

（8）当水表所在部位的水流有可能发生倒流时，应在表后设置止回阀；向加热设备或其他非引用水系统供水时应在表后设置止回阀或采取其他防回流措施。

2. 超声流量计

超声流量计是通过超声波测量管道水流量的一种新型计量仪表。该流量计采用时差式测量原理，一个探头发射超声波信号穿过管壁、介质、另一侧管壁后，被另一个探头接收到，同时，第二个探头同样发射超声波信号，并被第一个探头接收到。由于受到介质流速的影响，二者存在时间差，根据推算可以得出流速值，进而得到流量值。

超声流量计是一种非接触式仪表，与机械式水表相比，具有精度高、可靠性好、量程比宽、无任何活动部件、使用寿命长、可任意角度安装、可测量大管径等特点。超声水表的电子信号可以非常方便地与 IC 卡水表、智能水表结合，为智能水表提供测量数据。

3. 二供专用智能电磁流量计

1）性能特点

（1）专门针对二次供水系统的应用特点研发设计，体积小巧（见图 4-12），适宜在二次供水设备及泵房出水管上安装；

（2）采用低频矩形波励磁方式，低功耗，抗干扰性强，零点稳定，测量精度高；

（3）测量段无机械转动部件，基本无压力损失，工作稳定，使用寿命长；

（4）可用于测量瞬时流量和累计流量，并可正反双向测量；

（5）可通过计量系统的累计流量和用电量实时进行能耗分析，还可通过流量突变测量及时发现可能存在的系统爆管、泄漏事故，以便及时修复；

图 4-12　二供专用
智能电磁流量计

（6）总分差异分析：通过用户抄表数与计量数据的对比分析，可及时发现偷盗用水现象。

2）相关技术性能参数（见表 4-34）

二供专用智能电磁流量计技术性能参数表　　　　　　　　　　　表 4-34

项目名称	技术性能参数
规格	DN40～DN300
额定压力	1.0MPa、1.6MPa、2.5MPa
水流方向	可正、反向双向测量
测量精度	流速≥0.5m/s，误差±0.5％R；流速<0.5m/s，误差±2.5mm/s

项目名称	技术性能参数
部件材质	测量管：S30408；电极：S31608；内衬：天然橡胶 NR；表头：压铸铝喷塑；法兰、外壳：不锈钢或碳钢
供电电源	DC24V，接口 M20×1.5
输出信号	脉冲/频率输出，接口 RS-485（MODBUS 协议）
工作环境	温度：−25～60℃；相对湿度：5％～90％
防护等级	IP68

4. 机械压力表、压力传感器

机械压力表通过表内的弹性敏感元件（波登管、膜盒、波纹管）的弹性形变，再由表内机芯的转换机构将压力形变传导至指针，引起指针转动来显示压力。机械压力表价格较低，无需供电，只能人工读数。

压力传感器能将压力敏感元件感受到的检测量，转换成电信号，电信号经过电路处理后显示压力值。压力传感器需要供电，能传输测量结果至控制主机或分析终端，作为测量、分析、控制的基础数据，进行更智能更复杂的后续处理。

二次供水系统中广泛使用机械式压力表和压力传感器，随着智能技术和网络技术的发展，压力传感器的应用将越来越广泛。

5. 真空表

真空表分为真空压力表和压力真空表。真空压力表是指以大气压力为基准，用于测量小于大气压力的仪表。压力真空表是指以大气压力为基准，用于测量大于和小于大气压力的仪表。

给水排水领域只使用真空压力表，因此给排水业内的真空表就是特指真空压力表。

真空表与压力表外观相似，内部结构也有相同之处。

供水工程中，只在水泵的吸水管上设置真空表，用以测量水泵吸水管的吸上真空度，检查判断水泵的工作状态，确保水泵叶轮及水泵内腔不发生汽蚀。

6. 温度计、温度传感器

温度计是用于测量温度的仪表，分为指针温度计和数字温度计。给排水行业常用的温度计有玻璃管温度计、双金属片指针式温度计、电子温度计。

温度传感器是电子温度计中的温度敏感元件，常采用半导体材料、热电偶等。电子温度计将温度传感器感受到的检测量，转换成电信号，电信号经过电路处理后显示温度值。

二次供水工程中，温度计可用于测量泵房环境温度、水箱水温、电伴热管道温度等。

严寒地区的供水设备和管道除采用相关保温措施外，宜设置一定数量的温度计，并宜采用带远传功能的电子温度计。当储水箱、管道温度低于设定值（例如 4℃）时，值班室可发出声光报警。

7. 在线水质检测仪

在线水质检测仪由水质检测传感器、数据处理设备、通信设备、报警设备等组成。水质检测传感器能实时监测供水系统的 pH 值、浊度、余氯等水质指标；数据处理设备通常是单板机或平板电脑，数据处理设备存贮水质检测传感器测量到的实时数据，并进行数据分析。当水质指标超标时，会自动报警。数据处理设备与通信设备连接后，能经由 GSM

无线网或 WIFI 无线网与控制中心联络通讯。控制中心可以是二次供水的物业管理方，也可以是城市水务部门。设备供应厂商也能在得到授权的情况下，读取这些测量数据，了解设备运行状况。控制中心在接收到水质超标警报后，可及时采取人为干预措施。

为实时在线获取更多的水质信息，科研人员研发出多种水质检测传感器。如能检测二次供水系统中细菌数量的装置。以往在供水系统中无法实时检测水中的细菌数量，常采用检测浊度的方式来间接评估水中的细菌量，但是，浊度与细菌数量是有较大差异的，如图 4-13 所示。

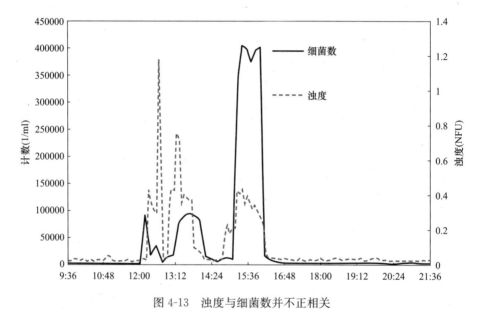

图 4-13　浊度与细菌数并不正相关

细菌数量实时检测装置，通过高速显微摄像技术拍摄水流，将采集到的图像进行数据分析，如颗粒面积、长度、周长、偏心率、凹凸性等，以区分细菌与非细菌，实时计算分析出水中的细菌数量。

随着科学与技术的不断进步，将会有更多、更精密、更实用的水质在线检测仪表应用到二次供水领域。

第5章 水质保障

5.1 水质标准

二次供水系统的水质应符合现行的国家标准《生活饮用水卫生标准》GB 5749—2006的要求。各种水质指标详见表 5-1～表 5-3。

水质常规指标及限值　　　　　　　　　　　　　　　表 5-1

	项目	标准
微生物指标	总大肠菌群（MPN/100mL 或 CFU/100mL）	不得检出
	耐热大肠菌群（MPN/100mL 或 CFU/100mL）	不得检出
	大肠埃希氏菌（MPN/100mL 或 CFU/100mL）	不得检出
	菌落总数（CFU/mL）	100
毒理指标	砷（mg/L）	0.01
	镉（mg/L）	0.005
	铬（六价，mg/L）	0.05
	铅（mg/L）	0.01
	汞（mg/L）	0.001
	硒（mg/L）	0.01
	氰化物（mg/L）	0.05
	氟化物（mg/L）	1.0
	硝酸盐（以 N 计，mg/L）	10 地下水源限制时为 20
	三氯甲烷（mg/L）	0.06
	四氯化碳（mg/L）	0.002
	溴酸盐（使用臭氧时，mg/L）	0.01
	甲醛（使用臭氧时，mg/L）	0.9
	亚氯酸盐（使用二氧化氯消毒时，mg/L）	0.7
	氯酸盐（使用复合二氧化氯消毒时，mg/L）	0.7
感官性状和一般化学指标	色度（铂钴色度单位）	15
	浑浊度（NTU-散射浊度单位）	1 水源与净水技术条件限制时为 3
	臭和味	无异臭、无异味
	肉眼可见物	无
	pH（pH 单位）	不小于 6.5 且不大于 8.5
	铝（mg/L）	0.2
	铁（mg/L）	0.3

续表

项目		标准
感官性状和一般化学指标	锰（mg/L）	0.1
	铜（mg/L）	1.0
	锌（mg/L）	1.0
	氯化物（mg/L）	250
	硫酸盐（mg/L）	250
	溶解性总固体（mg/L）	1000
	总硬度（以 $CaCO_3$ 计，mg/L）	450
	耗氧量（COD_{Mn} 法，以 O_2 计，mg/L）	3 水源限制，原水耗氧量＞6mg/L 时为 5
	挥发酚类（以苯酚计，mg/L）	0.002
	阴离子合成洗涤剂（mg/L）	0.3
放射性指标	总 α 放射性（Bq/L）	0.5
	总 β 放射性（Bq/L）	1

① MPN 表示最可能数；CFU 表示菌落形成单位。当水样检出总大肠杆菌群时，应进一步检验大肠埃希菌或耐热大肠菌群；水样未检出总大肠菌群，不必检验大肠埃希氏菌或耐热大肠菌群。

② 放射性指标超过指导值，应进行核素分析和评价，判定能否饮用。

饮用水中消毒剂常规指标及要求　　　　　　　　　　　　表 5-2

消毒剂名称	与水接触时间	出厂水中限值	出厂水中余量	官网末梢水中余量
氯气及游离氯制剂（游离氯，mg/L）	至少 30min	4	≥0.3	≥0.05
一氯胺（总氯，mg/L）	至少 120min	3	≥0.5	≥0.05
臭氧（O_3，mg/L）	至少 12min	0.3	—	0.02 如加氯，总氯≥0.05
二氧化氯（ClO_2，mg/L）	至少 30min	0.8	≥0.1	≥0.02

水质非常规指标及限制　　　　　　　　　　　　表 5-3

项目		标准
微生物指标	贾第鞭毛虫（个/10L）	＜1
	隐孢子虫（个/10L）	＜1
毒理指标	锑（mg/L）	0.005
	钡（mg/L）	0.7
	铍（mg/L）	0.002
	硼（mg/L）	0.5
	钼（mg/L）	0.07
	镍（mg/L）	0.02
	银（mg/L）	0.05
	铊（mg/L）	0.0001
	氯化氰（以 CN 计，mg/L）	0.07
	一氯二溴甲烷（mg/L）	0.1
	二氯一溴甲烷（mg/L）	0.06
	二氯乙酸（mg/L）	0.05

续表

项目		标准
毒理指标	1,2-二氯乙烷（mg/L）	0.03
	二氯甲烷（mg/L）	0.02
	三卤甲烷（三氯甲烷、一氯二溴甲烷、二氯一溴甲烷、三溴甲烷的总和）	该类化合物中各种化合物的实测浓度与其各自限值的比值和不超过1
	1,1,1-三氯乙烷（mg/L）	2
	三氯乙酸（mg/L）	0.1
	三氯乙醛（mg/L）	0.01
	2,4,6-三氯酚（mg/L）	0.2
	三溴甲烷（mg/L）	0.1
	七氯（mg/L）	0.0004
	马拉硫磷（mg/L）	0.25
	五氯酚（mg/L）	0.009
	六六六（总量，mg/L）	0.005
	六氯苯（mg/L）	0.001
	乐果（mg/L）	0.08
	对硫磷（mg/L）	0.003
	灭草松（mg/L）	0.3
	甲基对硫磷（mg/L）	0.02
	百菌清（mg/L）	0.01
	呋喃丹（mg/L）	0.007
	林丹（mg/L）	0.002
	毒死蜱（mg/L）	0.03
	草甘膦（mg/L）	0.7
	敌敌畏（mg/L）	0.001
	莠去津（mg/L）	0.002
	溴氰菊酯（mg/L）	0.02
	2,4-滴（mg/L）	0.03
	滴滴涕（mg/L）	0.001
	乙苯（mg/L）	0.3
	二甲苯（mg/L）	0.5
	1,1-二氯乙烯（mg/L）	0.03
	1,2-二氯乙烯（mg/L）	0.05
	1,2-二氯苯（mg/L）	1
	1,4-二氯苯（mg/L）	0.3
	三氯乙烯（mg/L）	0.07
	三氯苯（总量，mg/L）	0.02
	六氯丁二烯（mg/L）	0.0006
	丙烯酰胺（mg/L）	0.0005
	四氯乙烯（mg/L）	0.04
	甲苯（mg/L）	0.7

项目		标准
毒理指标	邻苯二甲酸二（2-乙基己基）酯（mg/L）	0.008
	环氧氯丙烷（mg/L）	0.0004
	苯（mg/L）	0.01
	苯乙烯（mg/L）	0.02
	苯并（a）芘（mg/L）	0.00001
	氯乙烯（mg/L）	0.005
	氯苯（mg/L）	0.3
	微囊藻毒素-LR（mg/L）	0.001
感官性状和一般化学指标	氨氮（以 N 计，mg/L）	0.5
	硫化物（mg/L）	0.02
	钠（mg/L）	200

5.2 防水质污染措施

1）自备水源的供水管道严禁与城市给水管网直接连接（无论自备水源的水质是否符合《生活饮用水卫生标准》）。

2）不同水质要求的给水系统应各自独立、自成系统，不得相互串联。当因故必须以生活饮用水作为其他水源的备用水时，应采取有效的防污染措施，如间接补水等。

当其他水源条件恢复供水时，应有与生活饮用水源隔断的有效措施。

3）生活用水不得因管道产生虹吸回流造成污染，生活用水管的出水口应采取以下措施来满足要求：

（1）出水口不得被任何液体或杂质所淹没。

（2）出水口高出承接用水容器溢流边缘的最小空气间隙，不得小于出口直径的 2.5 倍（出水口按其最低处计，卫生器具有溢流孔时溢流水位按溢流孔的最高点计，卫生器具无溢流孔时，溢流水位按容器的上缘口面计）。

（3）特殊器具不能设置最小空气间隙时，应设置倒流防止器或采用其他有效的隔断措施。

（4）严禁生活用水管道与大便器（槽）直接相连，大便器（槽）严禁以普通阀门控制冲洗（经技术鉴定合格的带有真空破坏的延时自闭冲洗阀可直接连接使用）。

4）从生活用水管道上接出下列用水管道时，应设置倒流防止器：

（1）接出消防用水管道时，在消防用水管道的起端（不包括从室外生活水管上接室外消火栓，但从生活用水管道上接室外消火栓时宜直接相连，不宜接一段支管后再接，若无法满足上述要求时，应尽量缩短支管长度）；

（2）从市政生活给水管道上直接吸水的水泵吸水端；

（3）由市政给水管直接向锅炉、热水机组、水加热器、气压水罐等有压容器或密闭容器注水的注水管道；

（4）垃圾处理站、动物养殖场（含动物园的饲养展览区）的冲洗管及动物饮水管道的起端；

（5）从城市给水管网的不同管段，接出引入管向居住小区供水。当小区供水管与城市给水管形成环状管网时，在其引入管上（一般设置于总水表后）。

5）从生活饮用水管道上直接接出下列用水管道时，应在这些用水管道上设置真空破坏器：

（1）当游泳池、水上游乐池、按摩池、水景池、循环冷却水集水池等的充水或补水管道出口与溢流水位之间的空气间隙小于出口管径 2.5 倍时，在其充（补）水管上；

（2）不含有化学药剂的绿地等喷灌系统，当喷头为地下式或自动升降式时，在其管道起端；

（3）消防（软管）卷盘；

（4）出口接软管的冲洗水嘴与给水管道连接处。

6）生活用水管应避开毒物污染区（如有毒物质的堆放场地等）；生活用水管不得穿越大、小便槽和贮存各种液体的池体。

7）建筑二次供水设施的生活饮用水贮水箱应独立设置（无论建在楼内还是楼外），不得与消防用水或其他非生活用水共贮；其贮存量不得超过 48h 的用水量，并不允许其他用水如高位水箱的溢流水等进入贮水箱。

8）埋地式生活用水贮水池与化粪池、污水处理构筑物的净距不应小于 10m；当因条件所限，不能保证净距时应采取防止贮水池被污染的措施（例如污水池的最高水位须低于生活水池底等）。在 10m 以内不得有渗水坑和垃圾堆放点等污染源，在 2m 内不得有污水管线及污染物堆放。

9）建筑物内的生活用水池（箱）应采用独立结构形式，不得利用建筑物的本体结构作为水池（箱）的壁板、底板及顶盖。

10）生活用水水池（箱）与其他用水水池（箱）并列设置时，应有各自独立的池壁，不得合用同一分隔墙；两壁之间的缝隙渗水，应能自流排出。

11）建筑内的生活用水池（箱）应设在专用房间内，其上方的房间不应有厕所、浴室、盥洗间、厨房、污水处理间等。

5.3 消毒技术

1）二次供水系统或设施的水池（箱）应设置消毒设备。

2）所选用的二次供水消毒产品必须对细菌具有灭火作用，消毒后副产物对水质和人体健康应无影响。

3）二次供水消毒技术应经济合理，消毒装置维护管理方便。

4）消毒设备可选择臭氧发生器、紫外线消毒器、紫外线协同防污消毒装置和水箱自洁消毒器等，其设计、安装和使用应符合相关技术标准的规定。

5）二次供水消毒设备的性能特点及使用条件见表 5-4。

二次供水消毒设备的性能特点及使用条件　　　　　　　　　表 5-4

设备类型	特点	原理	宜适用水质条件
紫外线消毒器	没有改变原水的物理、化学性质，不产生气味及副产品。杀毒快，安装简单，操作方便。但电耗大，紫外线灯管和石英套管需要定期更换清除，对水处理的悬浮物 SS 要求高，不具有持续消毒能力	属于物理消毒，利用灯管内汞蒸气放电时辐射波峰在 253.7 的紫外线照射下致死各种微生物	处理水水质指标控制条件：浑浊度≤5 度，总含铁量≤0.3mg/L，色度≤15 度，总大肠菌群≤1000 个/L，水温≤5℃，细菌总数≤2000 个/mL
水箱臭氧消毒器	消毒能力强，无有害副产物，消毒后的水无异味。安装简单，操作方便。同时具有良好的脱色、氧化、除臭功能。但生产臭氧效率低，运行和维护费用高，臭氧须即产即用；无持续消毒作用	利用臭氧的强氧化行，氧原子氧化细菌的细胞壁，直至穿透细胞壁与其体内的不饱和键化合将其杀死	
紫外线协同防污消毒装置	灭火水体中的各种微生物，有持续消毒作用。安装简单，操作方便。但电耗大，需定期更换紫外线灯管和 B 离子电极		处理水水质指标控制条件：浑浊度≤5 度，总含铁量≤0.3mg/L，色度≤15 度，总大肠菌群≤1000 个/L，水温≤5℃，细菌总数≤2000 个/mL，氯化物（CL^-）≥15 mg/L
紫外线二氧化钛消毒装置	消毒能力强，没有改变原水的物理、化学性质，不产生气味及副产品。杀毒快，安装简单，操作方便，杀菌后光复活数量较紫外线低，对于军团菌等杀灭效果较好，对于诺瓦克病毒等顽固性病毒的杀灭效果也较紫外线、氯消毒灯措施具有更加明显的效果。但受水质影响（浊度、悬浮物颗粒、透明度等），且不具有持续消毒能力	将 TiO_2 光催化剂负载在金属 Ti 表面，组成的光催化膜（TiO_2/Ti）固定在紫外光源周围。光催化膜（TiO_2/Ti）在紫外灯的照射下，产生羟基自由基·OH，产生的羟基自由基·OH 碰撞微生物表面，夺取微生物表面的一个氢原子，被夺取氢原子的微生物结构被破坏后分解死亡，羟基自由基在夺取氢原子之后变成水分子，对环境不会产生危害	处理水水质指标控制条件：浑浊度≤5 度，色度≤15 度，水温 5～70℃

6）紫外线消毒器安装时，一端宜设置大于 1.2m 的检修空间，另一端距墙的距离宜大于 0.6m。

7）消毒器旁应有排水设施。

8）臭氧发生器应设置尾气消除装置。

9）紫外线消毒器应具备对紫外线照射强度的在线检测，并宜有自动清洗功能。

10）当采用紫外线二氧化钛消毒装置时，应具备对紫外线照射强度的在线检测、报警功能，并应由设备维护人员定期对石英砂套管定期清洗。

11）水箱自洁消毒器宜外置，宜安装在干燥通风处且有防御防水措施。

12）水箱自洁消毒器应安装在水箱旁，设备与水箱距离应小于 3m，吸水管中心线应低于水箱工作最低水位且臭氧输水管线应从水箱顶部进入水箱，严禁封堵臭氧释能器出口。

第6章 水泵—水箱联合供水

6.1 概述

水泵—水箱联合供水是我国 20 世纪 90 年代初期以前应用最多的二次供水方式，也是公认为最节能的建筑二次供水系统。如，改革开放前各地基本为低层、多层建筑，主要依赖市政管网压力供水，需要二次增压的场合相对较少，这个时期采用水泵—水箱联合供水的方式最多。20 世纪 80 年代以后开始有了高层建筑，也有了竖向分区这一概念。再者，由于现在水龙头结构形式从截止阀式改为瓷片式，其水头损失增加了，同时随着家用燃气热水器的普遍应用，都对供水压力提出了更高要求，另外，由于高峰时段市政供水仍存有缺口，像上海这样的特大型城市仍然保留有十几万个 20 世纪 90 年代以前建成的屋顶高位水箱在继续使用，足以说明水泵—水箱联合供水方式生命力很强，目前仍在多处使用。

这种供水方式适用于在市政给水管网水压不能满足高位水箱进水，需要水泵加压进水的系统，也适用于设分区水箱的供水系统。水泵—水箱联合供水方式，即水泵从低位水池取水或从市政给水管网吸水（须当地管理部门同意），加压后供至高位水箱或中间水箱，再由水箱直接或通过减压后供给用户用水。

水泵—水箱联合供水方式的优点：水箱有足够容积，具有调蓄能力，重力供水，供水水压稳定，供水可靠，在短暂停电时仍能短时间局部供水；水泵始终在高效区工作，自动补水，节能等。

水泵—水箱联合供水方式的缺点：如果管理不到位，水箱储水会有二次污染，增加建筑结构荷载，管理费用较高，影响建筑物造型等；顶部楼层用户水压很低，甚至水龙头不出水，需另设管道泵局部增压等。

水泵—水箱联合供水系统在应用过程中，要特别注意：低位水池和高位水箱要有足够容积储存所需用水量，水泵要按最大小时用水量选择水泵（水泵工作点应在高效区内运行），水泵可自动启停（靠水箱液位高低或电磁阀、电动阀）；水箱一般设在建筑物屋顶或建筑中间层水箱间内，但水箱设置高度会受紧邻下一层供水压力限制，如何采取措施要特别给予重视；水箱材质在市场上品种较多，制造工艺、组装方式较多，在水箱选择上也要引起重视。下面就水泵—水箱联合供水的各种方式做进一步论述。

以下各种系统组成示意图，仅为示意，实际系统中的进水管、水池、水泵（备用泵）、水箱、浮球阀、消毒方式、阀门、减压阀、管网等可能有多种方式设置、多种型号及组成；管网可能为上行式、下行式、中分式或环状式，可能与其他给水系统有共用或多用关系等等，此处仅列举常用的、具有代表性的 7 种水泵—水箱联合供水方式。

6.2　水泵—水箱联合供水方式

1）设水泵和高位水箱直接供水方式

（1）系统组成示意图（图6-1）：

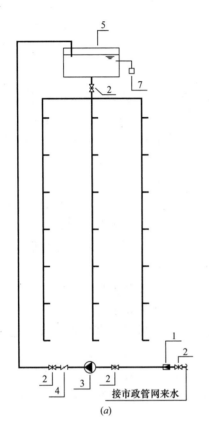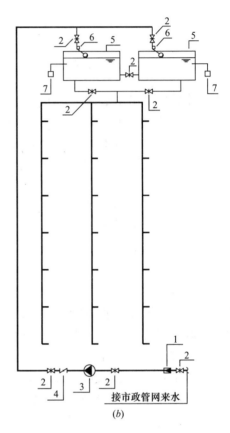

图6-1　水泵和高位水箱直接供水方式

（a）水泵和高位水箱直接供水方式；（b）水泵和双高位水箱联合供水方式

1—水表；2—阀门；3—水泵；4—止回阀；5—高位水箱；6—浮球阀；7—消毒装置

（2）供水方式说明：水泵自外网直接抽水加压，并利用高位水箱调节流量。

（3）优缺点：水箱储备一定水量，停水停电时尚可延时供水，供水可靠，供水水压稳定，能利用外网水压，节省能源。安装、维护较麻烦，投资较大，有水泵振动和噪声干扰，需设高位水箱且水箱水质需定期监控，增加结构荷载。

（4）适用范围：下列情况下的多层建筑：外网水压经常或间断不足，外网允许直接抽水，允许设置高位水箱的建筑。用于室内要求水压稳定的用户。

2）设水池、水泵和高位水箱供水方式

（1）系统组成示意图（图6-2）：

（2）供水方式说明：外网供水至水池，利用水泵提升至高位水箱，再由水箱调节水量供水。

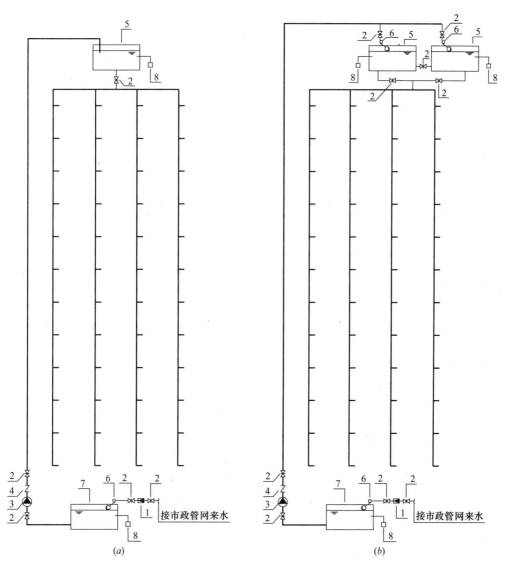

图 6-2 水池、水泵和高位水箱的供水方式

（a）水池、水泵和高位水箱的供水方式；（b）水池、水泵和双高位水箱联合供水方式

1—水表；2—阀门；3—水泵；4—止回阀；5—高位水箱；6—浮球阀；7—水池；8—消毒装置

（3）优缺点：水池、水箱可贮备一定调蓄水量，停水停电时可延时供水，供水可靠，而且水压稳定。低位水池、高位水箱需定期维护清洗；否则，水质难以保证，有水泵振动和噪声干扰，需增加高位水箱的结构荷载。

（4）适用范围：下列情况下的多层或高层建筑：外网水压经常不足且不允许直接抽水，允许设置高位水箱的建筑。

（5）备注：不能利用外网水压、能源消耗较大，安装、维护较麻烦，投资较大，而且有水泵振动和噪声。

3）设水池、水泵和高位水箱、分区设减压阀减压的供水方式

（1）系统组成示意图（图 6-3）：

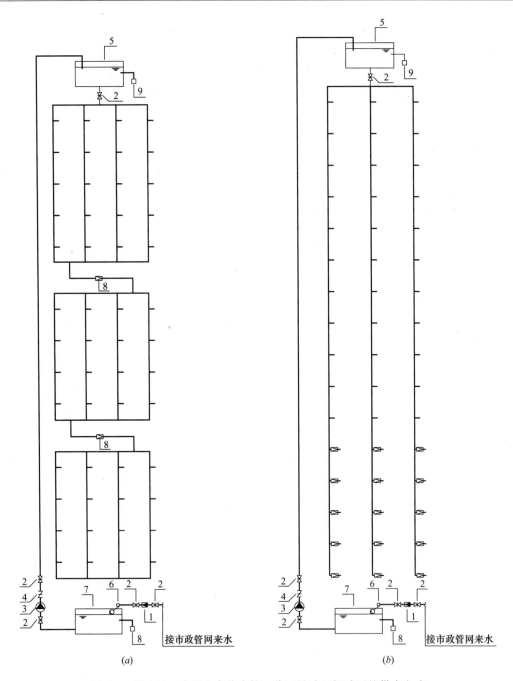

图6-3 设水池、水泵和高位水箱、分区设减压阀减压的供水方式
（a）设水池、水泵和高位水箱、分区设总减压阀减压的供水方式；
（b）设水池、水泵和高位水箱、分区设支管减压阀减压的供水方式
1—水表；2—阀门；3—水泵；4—止回阀；5—高位水箱；6—浮球阀；7—水池；8—减压阀；9—消毒装置

（2）供水方式说明：水泵统一加压，仅在顶层设置水箱，下区供水利用减压阀减压或减压孔板减压供水。

（3）优缺点：供水可靠，设备与管材量较少，投资省，设备布置集中，便于维护管理，不设中间水箱节约建筑使用面积；下区供水压力损失较大，水泵功率较大，电能消耗较大。

（4）适用范围：电力供应充足，电价较低的各类工业与民用高层建筑。

（5）备注：根据建筑形式，减压阀可有各种设置方式，如输水管减压，配水立管减压，配水干管减压及配水支管减压等方式。减压阀必须有备用，当减压阀出现故障，管网超压时，应有报警措施。下区的减压比（或压差）应符合相关规范要求。能量浪费，此供水方式一般不推荐。

4）设水池、总水泵和各分区设高位水池（箱）供水方式

（1）系统组成示意图（图6-4）：

（2）供水方式说明：分区设置高位水箱，集中统一加压，单管输水至各区水箱，低区水管进水管上装设减压阀。

（3）优缺点：供水可靠、管道、设备数量较少，投资较节省，维护管理较简单未利用外网水压，低区压力损耗过大，能源消耗量大，水箱占用上层使用面积。

（4）适用范围：下列情况下的高层建筑：允许分区设置高位水箱且分区不多的建筑，外网不允许直接抽水、电价较低的地区。

（5）备注：低区水箱进水管上宜设置减压阀，以防控制阀损坏并可减缓水锤作用。在可能条件下，下层应利用外网水压直接供水。此供水方式一般不推荐。

5）设水池、各分区设接力水泵和高位水箱的串联供水方式

（1）系统组成示意图（图6-5）：

（2）供水方式说明：分区设置水箱和水泵，水泵分散布置，自下区水箱抽水供上区用水。

（3）优缺点：供水较可靠，设备与管道较简单，投资较节省，能源消耗较小。中间层需设泵房，振动和噪声干扰较大，泵的数量较多，自动控制要求高，泵房占用面积大，设备分散，维护管理不便，上区供水受下区限制。

（4）适用范围：允许分区设置水箱和水泵的高层民用建筑，贮水池进水管上应以液压水位控制阀代替传统的浮球阀，此系统一般多用于超高层建筑。

（5）备注：水泵设计应有消声减振措施，可选用隔振垫、可曲挠接头、弯头与弹性吊架等，下层应尽量利用外网水压直接供水。

6）设水池、各分区设水泵和高位水箱的并联供水方式

（1）系统组成示意图（图6-6）：

（2）供水方式说明：分区设置水箱和水泵，水泵集中布置（一般设在地下室内）。

（3）优缺点：各区独立运行互不干扰，供水可靠，水泵集中布置，便于维护管理，能源消耗较小。管材耗用较多，投资较大，水箱占用建筑上层使用面积。

（4）适用范围：允许分区设置水箱的各类高层建筑广泛采用，贮水池进水管上应设置液压水位控制阀代替传统的浮球阀，此系统一般多用于超高层建筑。

（5）备注：水泵宜采用相同型号不同级数的多级水泵，在可能的条件下，下层应利用外网水压直接供水。

7）设水池、水泵和各分区设减压水箱减压供水方式

（1）系统组成示意图（图6-7）：

（2）供水方式说明：分区设置水箱，水泵统一加压，利用水箱减压，上区供下区用水。

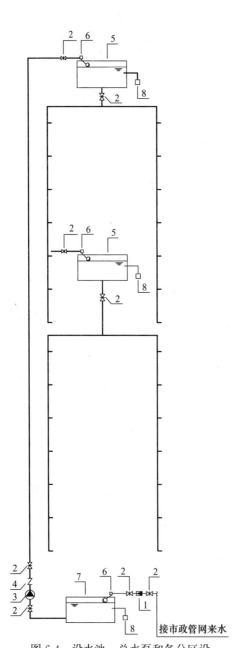

图6-4　设水池、总水泵和各分区设
高位水箱供水方式

1—水表；2—阀门；3—水泵；4—止回阀；5—高位
水箱；6—浮球阀；7—水池；8—消毒装置

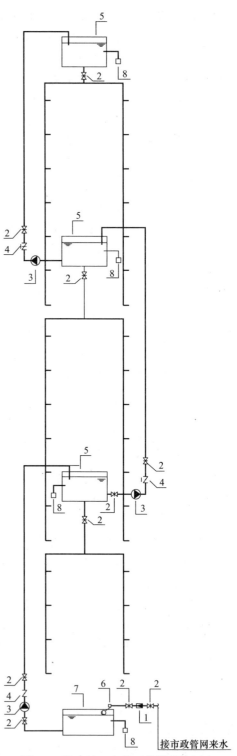

图6-5　设水池、各分区设接力水泵和
高位水箱的串联供水方式

1—水表；2—阀门；3—水泵；4—止回阀；5—高位
水箱；6—浮球阀；7—水池；8—消毒装置

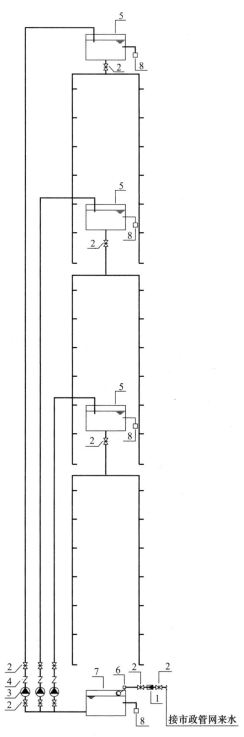

图 6-6　设水池、各分区设水泵和
高位水箱的并联供水方式

1—水表；2—阀门；3—水泵；4—止回阀；5—高位
水箱；6—浮球阀；7—水池；8—消毒装置

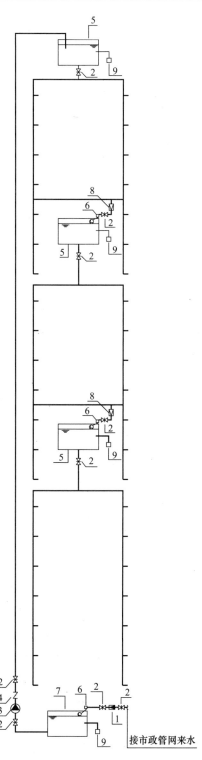

图 6-7　设水池、水泵和各分区设
减压水箱减压供水方式

1—水表；2—阀门；3—水泵；4—止回阀；5—高位
箱；6—浮球阀；7—水池；8—减压阀；9—消毒装置

（3）优缺点：供水较可靠，设备与管道较简单，投资较节省，设备布置较集中，维护管理较方便下区供水受上区的限制，能源消耗较大。

（4）适用范围：允许分区设置高位水箱，电力供应比较充足、电价较低的各类高层建筑。

（5）备注：在可能的条件下，下层应利用外网水压直接供水，中间水箱进水管上最好安装减压阀，以防浮球阀损坏并可减缓水锤作用。此供水方式一般不推荐。

第7章 气压供水技术

本章仅针对二次供水所选用的气压供水设备加以介绍，不包含消防用气压供水设备、变频调速给水设备配套使用的气压罐等气压给水方式。

7.1 气压供水设备组成及工作原理

7.1.1 气压供水技术的概念

气压供水技术是由水泵和密闭储罐以及一些附件组成，由水泵将水压入罐内，利用罐内贮存气体的可压缩和膨胀的性能，将罐内贮存的水压至管网中各配水点的供水技术。

7.1.2 气压供水设备组成及工作原理

1. 设备组成

气压给水设备一般由水泵、钢制密闭容器（气压罐）、电气控制设备以及附件等组成，如图 7-1 所示。气压给水设备的核心设备是气压罐，是由筒体、上下封头、检查孔、支座等构成；主要附件包括止回阀、安全阀、液位计、压力传感器、减压阀等。

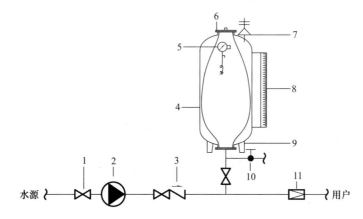

图 7-1 气压供水设备简图

1—闸阀；2—水泵；3—止回阀；4—气压罐；5—压力传感器；6—封头；7—安全阀；
8—液位计；9—支座；10—泄水阀；11—减压稳压阀（根据需要设置）

2. 工作原理

气压供水是根据波义耳-马略特定律（在温度一定的条件下，密闭容器中气体的压力与容积成反比）实现的，如图 7-2 所示。当水泵工作时，一部分水被加压进入给水管网，多余的水进入气压水罐，将罐内的气体压缩，气室容积由 V_1 缩小至 V_2，水室容积增加了 V_{q2}，罐内气体压力也由 P_1 升高至 P_2，此时水泵停止运转，完成储水加压阶段；用户用水，管网压力降低，罐内压力也由 P_2 降至 P_1，气室的容积由 V_2 增大至 V_1，水室的容积减小了 V_{q2}，该部分水被送入给水管网，此时完成输水减压阶段；水泵重新启动完成上述工作，如此周而复始，不断运行。

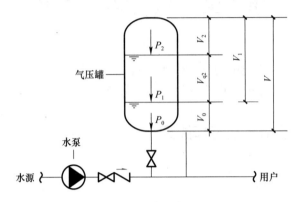

图 7-2　气压罐工作原理图

7.2　气压供水设备的分类

7.2.1　按照压力工况分类

1. 变压式

变压式气压给水设备的给水压力是在最高工作压力和最低工作压力间变化，给水系统也在给水压力变化状态下工作。变压式是气压给水一般采用的形式，但缺点是供水压力不稳定。如图 7-3 所示。

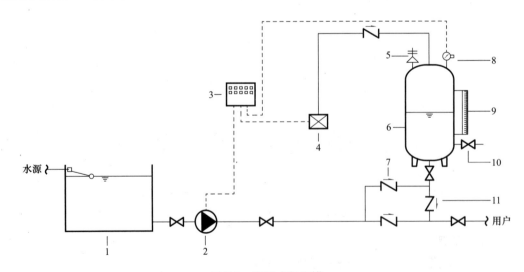

图 7-3　变压式气压罐

1—贮水池；2—水泵；3—控制器；4—补气装置；5—安全阀；6—气压罐；7—进水止回阀；8—电接点压力表；9—液位信号器；10—排气阀；11—配水止回阀

2. 定压式

定压式气压给水设备的给水压力是恒定的，又称恒压式。如图7-4所示。

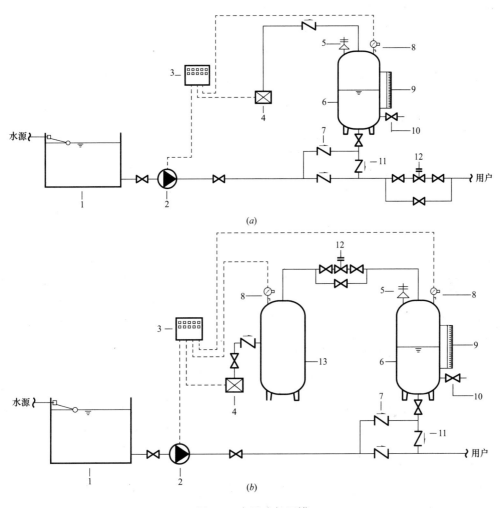

图 7-4 定压式气压罐

(*a*) 单罐式；(*b*) 双罐式

1—贮水池；2—水泵；3—控制器；4—补气装置；5—安全阀；6—气压罐；

7—进水止回阀；8—电接点压力表；9—液位信号器；10—排气阀；

11—配水止回阀；12—压力调节阀；13—贮气罐

（1）定压的方法

① 设减压阀或调压阀调节出水压力；

② 利用空气压缩机或压缩气体直接向罐内补气使罐内压力保持不变。

（2）定压式气压给水设备的优点

① 能满足给水压力稳定的用水要求；

② 水泵可在高效率条件下工作；

③ 可充分利用水罐的容积。

7.2.2 按照气、水的相互关系分类

1. 气、水接触式

气、水接触式是指储罐内气和水直接接触，被压缩的气压直接作用于水面上，气体可以溶解、渗入水体，并随水流逸出罐体，为了补充气体的流失，需要经常补气。为了保证罐体和水体不受污染，气、水接触式气压给水设备的进气口常需配置空气过滤装置。

2. 气、水半接触半分离式

气、水半接触半分离式是指储罐内气和水一部分接触而另一部分分离，是气、水接触式向气、水分离式发展过程中的一种过渡形式。例如，浮板式气压给水设备，浮板一般为塑料或木材质，置于水面之上。浮板比罐体内径略小，随水面升降而上下浮动，大部分气、水接触面被浮板隔断，但气、水仍未能完全隔绝。该产品为过渡产品，目前已不再使用。

3. 气、水分离式

气、水分离式是指储罐内气和水用隔膜完全隔开，气和水不直接接触。隔膜用橡胶、塑料或金属膜片制成，用法兰或粘结固定。气、水分离式工作原理与气、水接触式相同，由于气、水不相接触，气体不会渗入水体，因此，不需经常向罐内补气，一次充气可长时间使用，水质不受空气污染。

7.2.3 按照罐体结构形式分类

1. 立式

由上封头、筒体和下封头组成，垂直安装。由于罐体高度大于直径，因此无效容积所占的比重较少，立式气压水罐占地面积小，能充分利用空间，但要求有足够的安装高度。

2. 卧式

由前封头、筒体和后封头组成，水平安装。罐体长度大于直径，因此无效容积所占的比重较多，常用于大容量的气压水罐，也适用于高度受限制的场所。为弥补占地面积大的缺点和充分利用上部空间，也有采用组合式双卧式罐的型式。

3. 球形

由六边形或五边形钢板焊接拼装而成的球形体。具有技术先进、经济合理、节省材料、外形美观的优点。可用于特殊工程，并可起到装饰作用。

7.2.4 其他分类形式

按罐体数量，分为单罐式与双罐式气压给水设备；按用途，分为生活、生产和消防气压给水设备；按与供水对象的位置关系，分为低位式、中位式、高位式；按设计压力，分为低压（0.40MPa、0.60MPa）、中压（0.80MPa、1.00MPa）、高压（1.20MPa）、超高压（1.60MPa）。

目前，应用最广的为补气式与隔膜式，下面着重介绍这两种气压给水设备。

7.3 补气式气压供水设备

7.3.1 补气式气压供水设备构造及原理

1. 设备构造

补气式气压给水设备是由贮水箱（水池）、水泵、气压水罐、补气罐、排气阀、止气阀、电控箱、电接点压力表（压力传感器）以及管路及附件等组成，如图 7-5 所示。目前常见的有立式、卧式、球形三种形式。

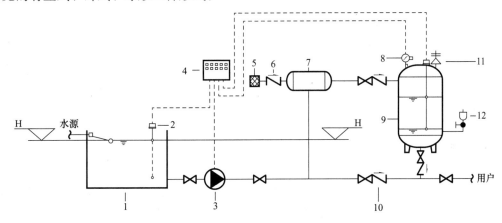

图 7-5 补气式气压给水设备

1—贮水池；2—液位器；3—水泵；4—控制器；5—过滤器；6—补气止回阀；7—补气罐；
8—电接点压力表；9—气压罐；10—止回阀；11—安全泄压阀；12—自动排气阀

2. 工作原理

当水泵 3 启动后，贮水池 1 中的水被送入气压水罐 7 和管网。随着水泵的持续运转，管网用水量小于水泵出水量时，气压水罐中的水位逐渐上升。罐内的空气受到压缩，其压力随着水位的升高不断增大。其压力变化情况，可以从电接点压力表 8 的读数土表现出来。当压力达到预先确定的上限压力值时，电接点压力的活动指针即接通上限触点继电器，切断电源，水泵立即停止工作。当管网用水时，气压水罐中的水在罐内压缩空气的压力作用下，经阀门和管网送至用户。随着气压水罐内水量的不断输出，水位不断下降，罐内空气体积随之增大，压力随之降低。当压力降至事先确定的下限压力值时，电接点压力表的活动指针即接通下限继电器触点，接通电源，水泵启动工作，向管网及气压水罐供水。如此周而复始，完成气压给水设备的供水与调节的工作过程。

7.3.2 补气技术

补气式气压给水设备是指气压水罐内上部的空气与下部的水直接接触，中间无任何隔离物。但是由于气水接触，罐内空气在运行过程中逐渐损失需要随时进行补气。常用的补气方式有利用空压机、出水管积存空气、水射器和补气罐等几种：

1. 利用空压机补气

由于罐内空气量减少，当水位超过最高工作压力的水位时，由水位继电器启动空气压缩机向罐内补气，使水位下降；当水位降低至最低水位时，空气压缩机关闭，停止补气。如图 7-3、图 7-4 所示。

空气压缩机性能应根据气压罐总容积和罐内压力而定。其工作压力为罐内最高工作压力的 1.2 倍为宜。一般气压罐补气量很小，选用小型号空气压缩机即可满足补气要求，补气空气压缩机排气量，可按表 7-1 选用。

补气空气压缩机选择 表 7-1

气压罐总容积（m³）	空气压缩机排气量（m³/min）	气压罐总容积（m³）	空气压缩机排气量（m³/min）
3.0	0.05	11.5～16.5	0.25
3.5～5.5	0.10	17.0～29.5	0.40
6.0～11.0	0.15	30.0～45.0	0.60

当设有压空管道时，也可从压空管道上接入用以补充所需空气量，但应装设阀门和电磁阀，同时在空气管上应装设过滤器，以确保空气不对水质造成污染。

采用空气压缩机补气时，对定压式气压给水设备的压缩机不宜少于两台，其中一台备用。对变压式气压给水设备可不设备用空气压缩机组。生活给水气压给水设备采用的空气压缩机应为无油润滑型。

2. 利用水泵出水管积存空气补气

借助于装在水泵出水管上的止回阀进气。当水泵停止工作时，打开电磁阀 7，电磁阀 7 与止回阀 6 之间管段水靠重力排空，形成负压，止回阀开启进气，同时关闭电磁阀 7。当水泵启动后，出水管内形成正压，电磁阀 7 与止回阀 6 之间管段空气被压入气压罐内而实现补气。每启动一次水泵都补入一次空气。如图 7-6 所示。

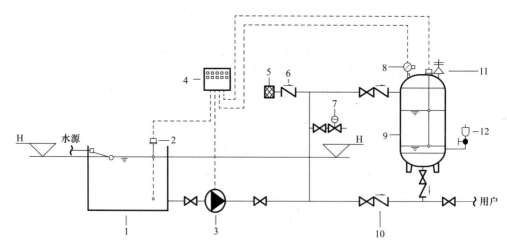

图 7-6　利用水泵出水管积存空气补气
1—贮水池；2—液位器；3—水泵；4—控制器；5—过滤器；6—补气止回阀；7—电动泄水阀；
8—电接点压力表；9—气压罐；10—止回阀；11—安全泄压阀；12—自动排气阀

3. 水射器补气

在水泵出水管的旁通管上装设补气水射器。当水泵运行时，水射器吸入空气补入罐内。调节出水管上阀门的开启度，即可控制进入水射器的空气量。如图 7-7 所示。

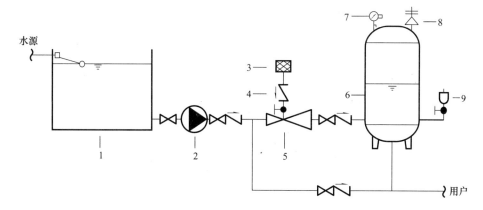

图 7-7 水射器补气

1—贮水池；2—水泵；3—过滤器；4—补气止回阀；5—水射器；6—气压罐；
7—压力表；8—安全阀；9—自动排气阀

4. 设置补气罐自动补气

目前，该种补气方法很多。增设补气罐可以增大补气量。一般补气罐容积约为气压罐容积的 2%。补气罐应设置于贮水池最高水位以上 200mm。图 7-5 为其中的一种补气罐补气方式。

7.3.3 排气和止气技术

补气式气压给水设备一般都设有排气阀和止气阀。其目的是当气压水罐内的空气超过原设计压力值时，应将多余的空气排除。当气压水罐内水位降至设计最低水位以下，可能将罐内必要的空气从出水口排除应予以阻止。以保证气压给水设备的设计调节水量和设备的安全运行。排气方式分为手动和自动排气两种。

1. 手动排气

手动排气阀是由管理人员定期打开排气阀放出多余空气。

2. 自动排气

自动排气装置的作用是在最低水位以下时，自动排出罐内多余空气。常用的自动排气装置是在最低工作水位下处装设自动排气阀；或在最低工作水位下处设点触点，由此发出动作信号使电磁阀动作自动排气。目前，装设自动排气阀者较多，也灵活方便。

7.4 隔膜式气压供水设备

7.4.1 隔膜式气压供水原理

隔膜式气压给水设备是在气压罐内装设橡胶隔膜将水与空气分开，预先充入压缩空气，使隔膜压缩；当设备工作时，气压罐内进入压力水，使隔膜充水膨胀而压缩隔膜外部空气；当向管网供水时，利用被压缩的空气把隔膜再行压缩，使其水室中水被压缩进入管网。隔膜气压罐构造如图 7-8 所示。

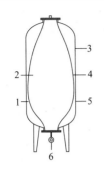

图 7-8 隔膜式气压
给水设备
1—气室；2—水室；3—充气
口；4—橡胶隔膜；5—气压
罐；6—进出水口

7.4.2 隔膜的材料、外观质量及性能要求

1. 隔膜材料

可制作隔膜的材料有橡胶，塑料和金属。金属、塑料及橡胶隔膜材质均不能造成二次污染，应符合现行《生活饮用水输配水设备及防护材料的安全性评价标准》GB/T 17219—1998。

2. 隔膜的性能要求

隔膜的性能直接关系到隔膜的使用寿命、补气周期和水质。隔膜要求有一定的强度和硬度，良好的柔性和弹性，具有一定的伸长率和良好的抗曲挠性能。隔膜要求不渗水、不渗气，有良好的气密性。隔膜材料应无毒、无味、无异嗅、无害，色泽均匀，对饮用水水质无污染。隔膜还应有良好的抗老化性能。橡胶隔膜的性能要求如表 7-2 所示。

橡胶隔膜的性能要求   表 7-2

项目	指标
硬度（邵尔 A 型）	60±5 度
拉伸强度	≥15MPa
扯断伸长率	≥550%
扯断永久变形	≥30%
曲挠龟裂（3 级）	≥20 万次
老化系数 70℃×72h	≥0.70

3. 隔膜的外观质量

橡胶隔膜的外观质量要求如表 7-3 所示。

橡胶隔膜的外观质量要求   表 7-3

项目	指标
海绵	不允许
龟裂	不允许
气眼	不允许
砂眼	不允许
鼓泡	（1）曲挠处不允许 （2）其他部位≤10 处，每处深度≤1.5mm，直径＜5mm
接口错位	≥0.70
杂质	累计面积≤100mm，深度 2mm

7.4.3 隔膜的固定形式

隔膜的固定方式有法兰固定、模压粘结固定两种方式。国内固定隔膜大多数采用法兰固定方式，亦有少数采用粘结方式的。为便于法兰的圆度、平整度和光洁度得到保证，使隔膜和法兰盘面的间隙和接合面周边长度最小，以减少气体在隔膜固定处的渗漏量，因为固定处的气体渗漏是决定补气周期的主要因素。因此要求法兰的直径宜在保证安装的条件下尽量减少。

隔膜材料、形式和固定方式三者是互为关联的，如采用模压粘结固定方式，则隔膜以"山"字形隔膜为宜；如采用囊形或胆囊形隔膜，一般都可以用管道法兰固定方式，因此，隔膜技术的发展应在三者同时考虑的前提下进行；而在材料和固定方式已定的前提下，隔膜形式就是主要因素。

7.4.4　隔膜形式及特点

隔膜的形式既决定隔膜材料也决定于隔膜固定方式。在材料和固定方式相同时，隔膜仍有不同形式，分别为半膜和全膜两大类。各种隔膜形式如图7-9所示。

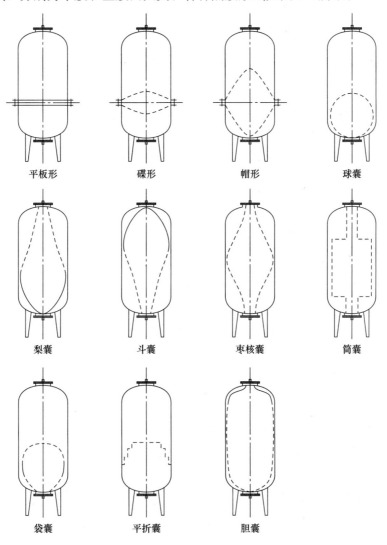

平板形　　　碟形　　　帽形　　　球囊

梨囊　　　斗囊　　　枣核囊　　　筒囊

袋囊　　　平折囊　　　胆囊

图 7-9　隔膜形式

1. 半膜

用罐体大法兰固定的隔膜有平板形、碟形和帽形，这类隔膜统称为"半膜"。

（1）平板形

这种隔膜的伸缩变形完全受橡胶伸长率的限制，变形量极为有限，因而调节容积有限。

（2）碟形

这种隔膜的伸缩变形与平板形大致相同，但调节容积大于平板形。

（3）帽形

这种形式的隔膜比前两种有较大的调节容积。我国隔膜式气压水罐的起步就是由帽形开始的。

2. 全膜

用封头小法兰固定的隔膜有球囊、梨囊、斗囊、枣核囊、袋囊、筒囊，这类隔膜统称为"全膜"。隔膜从帽形发展到囊形是一个大的进展，它缩小了固定隔膜的法兰，减少气体渗漏量，延长补气周期，并改变帽形隔膜的 $180°$ 曲挠变形为囊形伸缩变形延长了隔膜寿命。由于减少了法兰从而节省了钢材及成本，方便了制作。这对压力膨胀水罐、卧式气压水罐及储能罐的开发是有利的。目前，囊形隔膜有以下几种。

（1）球囊

形状同球，一般为单支点固定。

（2）梨囊

囊上小下大近似梨形。双支点固定，上支点直径小下支点直径大，下支点为进出水管连接口兼安装孔。囊存水时，受力条件较好。

（3）斗囊

斗囊上大下小近似漏斗。双支点固定，上支点直径大为安装孔，下支点直径小为进出水管连接口。

（4）枣核囊

囊为枣核形。双支点固定上下支点直径相同或相近。

（5）筒囊

囊为圆筒形犹如布袋。双支点固定，上下支点直径相同或相近。

（6）袋囊

形状近似气球，单支点固定。

（7）折囊

折囊式隔膜是一种可以折叠呈囊形的隔膜，膜体较薄，一般为 $4\sim5mm$。单支点固定。囊体近似手风琴风箱的折叠形式，可上下移动。亦有一种近似瓜瓣的折叠形式，环向折叠变形。

（8）胆囊

囊的大小与罐体相同或相近。单支点或双支点固定。囊的外形近似罐体。隔膜本身无需曲挠，也无需伸缩，而是靠隔膜的自然而折叠变形来改变其体积。隔膜的壁厚可按自然状态下气密性和水密性的要求而定。一般壁厚为 $2\sim4mm$ 左右。胆囊形隔膜受力合理。使用寿命相对增长。小型气压水罐还可单支点固定，以进一步减少气体渗漏。

前六种囊的囊壁较厚，约为 $6\sim10mm$。水的调节容积靠囊的伸缩变形来保证。后两种囊壁本身无需伸缩变形，水的调节容积靠囊的折叠或舒展来保证。这种形式的囊受力合理，隔膜的使用寿命也相应增加。

隔膜的形式应便于加工、便于安装。不同形式的隔膜主要对延长隔膜使用寿命和减少气体渗漏量起主要作用。隔膜形状还需要保证水的调节容积。目前，应用最广的是胆囊式隔膜，因为它具有以下特点：

① 隔膜受力合理，无曲挠和伸缩变形，隔膜使用寿命长。

② 囊与罐体之间的预充气体出厂时已充好，无需后续补气。

③ 隔膜均厚、匀质，气密性能好，延长了补气周期。

④ 减少隔膜材料用量，降低成本。

⑤ 隔膜较薄，减少隔膜所占用的空间，扩大水罐的有效容积。

⑥ 单支点固定的胆囊形隔膜，气密性能更好。

⑦ 由于水室容积可以达到最大限度，所以当需要时，α系数值可为 0.5，水的调节容积可从一般气压水罐的 35% 增加至 50%。

⑧ 隔膜安装、维修和运输方便。

⑨ 便于气压给水设备向小直径、小容量的系列发展，如扩大应用至压力式膨胀水箱、水锤消除器等。

⑩ 囊体尺寸较大，加工制作要求的硫化设备相应增大。由于隔膜较薄，材料要求和加工要求较高。

7.5　气压供水设备的选型及计算

7.5.1　气压供水设备的选型

1）一般宜选用胆囊型隔膜式气压罐；当选用补气式气压罐时，其环境应满足无灰尘、粉尘和无不洁净空气等条件，而且宜采用限量补气或自平衡限量补气式气压罐。

2）一般宜采用立式气压罐，条件不允许时也可采用卧式气压罐。

3）一般宜采用变压供水方式，当供水压力有恒定要求时则采用定压式气压给水设备。

7.5.2　气压罐的计算

1）气压水罐内的最低工作压力，应满足管网最不利处的配水点所需水压。

2）气压水罐内的最高工作压力，不得使管网最大水压处配水点的水压大于 0.55MPa。

3）气压水罐的调节容积应按下式计算

$$V_{q2} = \frac{\alpha_a q_b}{4n_q}$$

式中　V_{q2}——气压水罐的调节容积（m^3）；

　　　q_b——水泵（或泵组）的出流量（m^3/h）；

　　　α_a——安全系数，宜取 1.0～1.3；

　　　n_q——水泵在 1h 内的启动次数，宜采用 6～8 次。

4）气压水罐的总容积应按下式计算

$$V_q = \frac{\beta V_{q1}}{1 - \alpha_b}$$

式中　V_q——气压水罐的总容积（m^3）；

V_{q1}——气压水罐的水容积（m³），应大于或等于调节容量，即 $V_{q1} \geqslant V_{q2}$；

α_b——气压水罐内的工作压力比（以绝对压力计），宜采用 $0.65 \sim 0.85$；

β——气压水罐的容积系数。

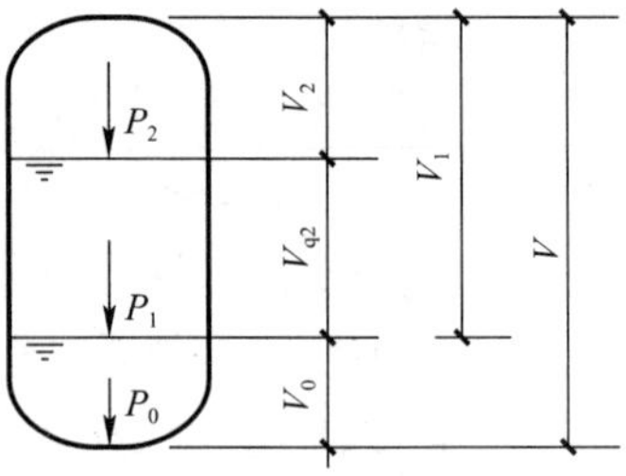

【参数说明】 气压罐压力及容积示意图如图7-10所示。

V_1——设计最低工作压力时罐内空气容积（m³）；

V_2——设计最高工作压力时罐内空气容积（m³）；

V_0——水的保护容积，即设计最低工作压力时罐内水容积（m³）；

P_0——气压罐的初始压力，即启动气压罐时罐内充气压力（绝对压力，MPa）；

P_1——气压罐内最低工作压力（绝对压力，MPa）；

P_2——气压罐内最高工作压力（绝对压力，MPa）；

图7-10 气压罐压力及容积示意图

q_b——工作水泵（或泵组）的计算流量（m³/h），即当扬程为 $H = \dfrac{P_1 + P_2}{2}$ 时，泵或泵组所对应的流量；

α_b——气压罐内最低工作压力和最高工作压力之比，即 $\alpha_b = \dfrac{P_1}{P_2}$，宜采用 $0.65 \sim 0.85$；

β——气压罐的容积系数，即 $\beta = \dfrac{P_1}{P_0} = \dfrac{V_0}{V_1}$，补气式卧式水罐宜为1.25，补气式立式水罐宜为1.10，隔膜式气压水罐宜为1.05。

7.5.3 水泵的配置原则

工作泵应按给水系统最大小时流量、扬程、设备运行方式等配置，应设自动开关装置并应配备用泵，自动切换。多台运行时，工作泵台数不宜多于3台，应采用交替和并联运行方式。水泵流量应在扬程 $H = \dfrac{P_1 + P_2}{2}$ 时，等于或略大于给水系统所需的最大小时用水量的1.2倍，而且应在高效区内工作。

【例7-1】 某住宅小区共有三幢楼共240户，每户按4人计，用水定额为200L/（人·d），时变化系数 K_h 为2.5，采用隔膜式气压供水装置，试计算气压罐的总容积。

【解】 该住宅小区最高日最大时用水量为：

$$q_h = \frac{mqK_h}{1000T} = \frac{240 \times 4 \times 200 \times 2.5}{24 \times 1000} = 20 \text{m}^3/\text{h}$$

水泵出水量：

$$q_b = 1.2q_h = 1.2 \times 20 = 24 \text{m}^3/\text{h}$$

安全系数 α_a 取1.3，水泵在1h内的启动次数 n_q 取6次，则气压罐的调节容积为：

$$V_{q2} = \frac{\alpha_a q_b}{4n_q} = \frac{1.3 \times 24}{4 \times 6} = 1.3 \text{m}^3$$

气压罐内最低工作压力和最高工作压力之比 α_b 取0.8，气压罐的容积系数 β 取1.05，取气压水罐的水容积 V_{q1} 等于气压水罐的调节容积 V_{q2}，则气压罐总容积为：

$$V_q = \frac{\beta V_{q1}}{1 - \alpha_b} = \frac{\beta V_{q2}}{1 - \alpha_b} = \frac{1.05 \times 1.3}{1 - 0.8} = 6.83 \text{m}^3$$

另外，水泵房布置等内容请查阅相关章节。

第8章 变频调速供水

20 世纪 80 年代以来，变频调速二次供水技术以其供水压力稳定、卫生、节能等优势逐步替代了水泵水塔、水泵屋顶水箱及气压供水等供水方式，成为二次加压供水的首选方案。

变频调速给水设备是由可编程控制器、变频器、控制线路及水泵机组构成一个闭环控制系统，使供水管网保持恒定压力。该设备具有高效节能的优点，解决了传统的高位水箱供水顶层用户水压不足及屋顶水箱水质二次水污染的问题，广泛应用于工业与民用建筑供水系统中。其供水范围也由一幢建筑到多幢建筑，甚至扩大到小区数十幢建筑物。

变频控制技术由单片机 PLC 微机控制发展到数字集成全变频控制技术，得益于电子科技的发展，无论从控制精度、控制有效性等技术方面，还是从经济性、节能能力都有了很大的发展。计算机功能的日益强大，变频技术的发展和成熟，使得变频恒压供水广泛应用于二次供水设备，成为二次供水技术的主力军。

8.1 微机控制变频调速供水

微机控制的变频恒压供水调速系统，可以实现水泵电机一定范围内的调速，依据用水量的变化自动调节系统的运行参数，在用水量发生变化时保持水压恒定，以满足用水要求。

在实际应用中，如何充分变频器内置的各种功能，对合理设计变频恒压供水设备、降低成本、保证产品质量等有着重要意义。目前，微机控制变频恒压供水系统正向标准化、数字化、集成化的方向发展，逐步由数字集成控制恒压供水技术替代，也是供水设备适应未来楼宇智控、新型城镇化建设、智慧水务要求的必然趋势。

8.1.1 微机控制变频调速供水的组成

微机控制变频调速供水设备主要由单片机、可编程控制器组成的微机变频控制柜（含人机对话界面）、供水电泵组、压力传感器、液位传感器、气压罐、阀门以及管道等组成，再配置适量的不锈钢水箱，便组成了微机控制变频调速供水泵站。微机控制变频调速供水系统原理及设备实物见图 8-1、图 8-2。

8.1.2 微机控制变频调速供水的工作原理

变频调速技术的基本原理是根据电机转速与工作电源输入频率成正比的关系，见式（8-1）：

$$n = 60f(1-S)/P \qquad (8-1)$$

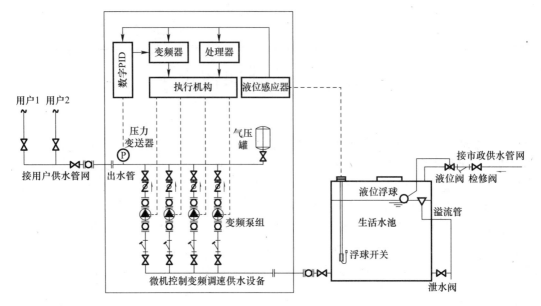

图 8-1 微机控制变频调速供水系统原理示意图

图 8-2 微机控制变频调速设备实物图

式中　　n——转速；

　　　　f——输入频率；

　　　　S——电机转差率；

　　　　P——电机磁极对数。

通过改变电动机工作电源频率，可以达到改变电机转速的目的。

变频器是集成变频技术与微电子技术，通过改变电机工作电源频率方式来控制交流电动机的电力控制设备。

微机控制变频调速供水技术是利用单片机、可编程序控制器（PLC）为主控单元，进行自动控制变频器和继电器电路，通过变频器改变供电频率控制水泵电机转速，实现电机的无级调速，使水泵转速和流量可调节。传感器的任务是检测管网进出口水压，压力设定单元为系统提供满足用户需要的水压期望值。压力设定信号和压力反馈信号在输入可编程控制器后，经可编程控制器内部 PID 控制程序的计算，输出给变频器一个转速控制信号。

1）目前，微机控制变频调速供水技术根据其出口压力值不同，分为恒压变量和变压变量两种。

（1）恒压变流量控制方式：

系统设定的给水压力值为设计秒流量下水泵出水管处所需的压力。在水泵出水管上安装电触点压力表或压力传感器取样，将反馈的压力实际值与系统设定的给水压力值进行比较，其差值输入到控制单元的 CPU 运算处理后，发出控制指令，控制泵电动机的投运台数和运行变量泵电动机的转速，从而达到供水管网压力稳定在设定的压力值上。

（2）变压变流量控制方式：

在供水管网末端安装电触点压力表或压力传感器取样，将反馈的压力实际值与供水管网末端所需的供水压力值进行比较，其差值输入到控制单元的 CPU 运算处理后，发出控制指令，控制泵电动机的投运台数和运行变量泵电动机的转速，从而使管网末端水压保持恒定，而水泵出水管压力则随着供水量变化而发生变化。

2）由于变压变流量控制方式的实施存在较大难度，工程实际中常采用恒压变量控制方式。现以恒压变量控制方式为例，说明微机控制变频调速供水技术原理：

（1）首先，通过人机交互界面，给微机（可编程控制器 PLC）设定给水泵组的工作压力，即用户用水实际所需压力。

（2）当出水压力传感器检测到水泵组出口端压力不能满足用户最不利用水点所需压力要求时，随即反馈给可编程控器 PLC，经可编程控制器 PLC 内部 PID 控制程序，根据反馈压力信号与设定压力信号之间的比对计算，输出给变频器一个转速控制信号，变频控制当值工作水泵运行，随输出频率的升高电机转速加快，当出水压力传感器检测到设备供水压力达到系统设定压力值时，电机转速稳定，系统达到初始平衡，工作水泵在大于设备最低做功频率（≥25Hz）状态下变频运行；随着系统用水量增大，出水压力传感器检测到设备出口端压力再次不能满足用户最不利用水点所需压力要求，变频器输出频率继续升高，电机转速加快，设备供水流量增加，保持供水压力恒定。

（3）当系统流量超过工作水泵额定流量工作点后，单台水泵运行不能维持系统设定的目标压力，需启动第二台工作水泵。系统按设定程序，将第一台变频运转的水泵自动切换到工频运行，而变频器自动切换到下一台水泵启动，设备进入多工作泵并联运行工况。如此顺序变化，设备在工变频交替状态下运行。

（4）当系统用水量减少设备出口压力升高，PLC 设定程序控制变频器降低频率，水泵降速运行。当降到水泵最低运行频率时，自动减少投入运行的工作泵台数，或退出多工作泵并联变频运行状态，回到一台水泵额定流量范围内的变频运行工况。

（5）休眠状态，当系统用水量进一步减少，压力需求低于工作泵最低工作频率时，即降至休眠频率（参数预先设定），变频器进入休眠状态，工作泵停转，启动小流量辅泵（当设备中配置有时）或此时供水由气压水罐稳压供水。

（6）设备按设定程序随时监视出水压力传感器变化，当出口压力低于系统所设定的唤醒压力值（参数预先设定，一般为设备出口压力设定值的 90%～95%）时，工作泵重新启动运行并重复上述工作程序。

微机控制变频调速供水的原理归纳为就是利用系统的检测单元和微处理单元，通过改变电源频率来达到改变电源电压的目的，满足供水压力的实际需要，进而达到调速、恒压、节能的目的。

8.1.3 微机控制变频调速供水设备的特点

微机控制变频调速供水设备的主要特点有：

1）智能化程度高

控制核心可编程控制器（PLC）集计算机的简单功能及灵活、通用性于一体，响应快、精度高、稳定性好、可靠性高，较传统的单片机与继电器所组成的控制系统具有寿命长、故障率低等特点，智能控制功能大大提高，确保系统在复杂的工况下长期无故障运行。

2）设备高效节能

采用变频技术，可以按需要设定供水压力，根据管网实际用水量来变频调节水泵转速，准确的配置适合的输出功率，确保水泵始终在高效率区运行。

3）恒压效果稳定

系统采用 PID 闭环调节，采用变频进行软件启动，避免了电流冲击，直接反应在供水压力的恒压控制，压力控制精度达±0.01MPa，恒定的压力避免了对设备管网的冲击，大大延长了水泵、电机以及管路阀门的使用寿命。

4）定时换泵功能

对于多台水泵系统，根据管网用水量多少来决定投入运行水泵的台数，多台水泵的运行循环变频启停，工作机会均等，避免某台水泵长期运行而磨损严重，而其他水泵长期不使用造成生锈，有效延长每台水泵使用寿命。

5）保护机制齐全

具有过载、短路、过压、欠压、缺相、过流、短路、液位、干转、水浸以及雷电等各种保护功能，在异常情况下能进行故障信号报警、自检、故障判断等。

6）可定制化程度高

PLC 功能丰富，运行可靠、管理方便，具有通信接口可与其他设备实现联动，便于将各种参数传至上位计算机，使运行实时远程监控，还可以大数据采集、分析，有助于改进提高设备性能。

7）小流量保压功能

用水低谷时段，工作泵退出运行，设备按设定程序指令配置的小流量辅泵或气压罐代替工作泵辅助运行，可有效避免主工作泵频繁启动，保证系统供水平稳，降低设备整机运行能耗，同时，隔膜式气压水罐可缓冲水锤压力波动。

8）优越的人机交互界面

大屏幕触摸屏实现人机对话，参数设置窗口化，在人机界面上可灵活、方便地设定工作压力、频率下限、休眠频率、增减泵频率等参数，而且所有的故障都由系统进行监测、监控并记录，能准确指导用户进行排除。

总之，微机控制变频调速供水设备的最大特点是因需而供、节能明显、供水恒压、可靠性高，具有对设备管网保护、调节峰值用水、降低二次污染等特点。

8.1.4 微机控制变频调速供水设备的技术要求

微机控制变频调速虽然是一种应用广泛的水泵供水节能技术，但具有较为严格的适用条件，其设计与制造受诸多的技术、工艺限制，对运输、安装、环境也有一定的要求。因此，设计人员和用户在方案确定前应根据用水性质、用水特点、用水规模、设备投资等因素综合考虑，在保证可靠供水的前提下，充分发挥变频调速的节能潜力。设备配置通常遵守以下原则：

1）单台微机控制变频调速供水设备，根据工况需求配置 2～5 台水泵，不应多于 5 台水泵；

2）系统单泵电机功率不宜大于 22kW；

3）系统扬程不宜大于 1.6MPa；

4）日供水量不宜大于 5000m³；

5）根据实际工况需求，系统可选配置单变频器或多变频器。单变频机组成本较低，增、减泵时出口压力波动相对较大；多变频机组成本相对较高，但能软启软停水泵，降低了压力波动并延长水泵的实用寿命。

8.1.5 应用注意事项

1）适用场所

微机控制变频调速供水设备，应因其良好的节能效果，稳定的供水压力以及方便的操作管理等特点，已经广泛地用于以下场所：

（1）居民生活用水：居住小区、别墅等。

（2）公共场所：医院、学校、体育建筑、高尔夫球场、机场等。

（3）商业建筑：宾馆、写字楼、百货商场、大型桑拿浴等。

（4）已有建筑给水系统（气压给水、水塔和高位水箱给水）的改造。

（5）灌溉：公园、游乐场、果园、农场等。

（6）工业建筑：生产制造、洗涤装置、食品工业、工厂区等。

2）设计注意事项

（1）微机控制变频调速供水设备，在设计应用中首先应注意变频调速技术是以节能为目的，改变水泵性能曲线，选择在适时适量的曲线段运行，才能达到节能的目的，而变频调速在改变水泵性能曲线和自动控制方面优势明显，但应强调的是改变水泵性能曲线，应确保水泵不离开额定点过大，亦即不超过水泵工频运行额定点±20％范围内，否则可能事与愿违。

（2）变频调速不可能无限制调速，有些水泵的最低做功频率是 25Hz，因此要确定可调速范围，超范围调速则难以实现节能的目的。因此，控制水泵电机运行频率在 35～50Hz 间调速，比较有利于提高节能效率。而如果调速过低，电机长时间连续低速运转，也会影响自身散热，威胁电机安全运行，降低电机寿命。

（3）还有其他方面，如多水泵组并联、定变速泵组间、管路特性、电机效率等，都对于变频调速节能效果有或多或少的影响，设计过程都应按实际工况需求予以重视。

（4）微机控制变频调速技术，通常采用两种供水方式：变频恒压变流量供水和变频变压变流量供水。其中，前者应用得更广泛，而后者技术上更为合理，虽然实施难度更大，但代表着水泵变频调速节能技术的发展方向。

3）使用注意事项

（1）微机控制变频调速设备，虽然是自动控制，无人值守，但并非无人管理，而是应由专业人员对设备进行管理，定期保养，才能保证设备良好运行、有效地提高节能性能，延长设备的使用寿命。

（2）设备中核心的部分是微机变频控制柜，内有 PLC 和模块、变频器、接触器及控制连接线路等，要定期巡检，保证柜内电器配件表机的清洁度，因为灰尘都有可能引起接触器等接触不良导致烧损；定期检查线路板上各接线头及元件是否松动、完好。

（3）设备中最重要的部件，即为水泵机组，设备的运行效率、平稳度、噪声、振动，均由其性能表现出来，其运行性能的保证非常重要，应定其检查振动、噪声、电机绝缘、轴承润滑等。

（4）设备中最关键的部分是传感器、液位仪等信号采集部件，一旦失效将会导致大脑 PLC 指令错误，动作部件水泵组无序执行，导致系统崩溃。因此，要定期检查测试各信号采集元器件。

8.2　数字集成全变频控制供水技术

微机控制变频调速供水核心是变频器驱动水泵电机，根据用水压力变化自动调节水泵运行频率，反馈到水泵电机为电机的转速，从而实现变频恒压供水。微机控制变频调速供水设备基本采用 PLC（可编程控制器)＋变频器＋继电器电路组成的电气控制柜来实现泵组的变频调速与运行控制，水泵的启动停止均需要通过继电器二次控制回路以机械式的触点切换来实现，安全可靠性有待提高；所有泵机共用一台通用变频器，通过频繁的交替切换变频器实现多台水泵交替变频启停，两台或以上水泵运行时只能实现某一台泵变频调速运行，其他工作泵工频运行，水泵有不在效率区运行、偏离效率区运行现象普遍，节能效果有限，甚至更加耗能；变频控制与泵组通常设置在泵房，受环境因素如湿度、凝露水、粉尘等对设备的电气控制影响较大，故障频繁易发，同时由于各类应用场合不同，其控制核心 PLC 需要根据实际工况需求进行人工二次编程，以达到实际运行控制要求，标准化程度不高，非专业人员不具备操作能力，使用不便捷。

数字集成全变频控制供水技术，是二次供水领域应用变频调速恒压供水设备在变频和控制技术研发进程中的最新成果，该技术将变频调速、PID（比例、积分、微分）控制技术以及水泵运行控制所用到的其他功能集成于一体，实现了水泵变频调速与自动控制一体化，通过大规模集成电路技术的应用将各功能模块化封装在一个防护等级达到 IP55 的壳体内，并且能够与水泵标准电机直接安装，也可以安装在设备电气控制室内。数字集成全变频控制供水设备中每台水泵均独立配置一台数字集成水泵专用变频控制器，不单独另设变频控制柜，各变频控制器通过 CAN 总线技术相互通信、联动控制和协调工作，实现多台工作泵效率分摊均衡运行，可以直接通过变频控制器上的显示屏进行人机对话实现泵组运行所有参数的设定与调整，不需要二次编程。数字集成全变频控制供水设备具有安全可靠、高效节能、便捷人性化等显著特征。

8.2.1　数字集成全变频控制供水设备的基本类型

数字集成全变频控制供水设备按照系统组件配置的不同可分为：数字集成全变频控制

标准型恒压供水设备、数字集成全变频控制罐式叠压供水设备、数字集成全变频控制箱式叠压供水设备、数字集成全变频控制家用微型恒压供水设备等形式。

1）数字集成全变频控制标准型恒压供水设备

数字集成全变频控制标准型恒压供水设备实物图见第 1 章图 1-12，设备基本组成及供水系统原理示意图见第 3 章图 3-4。

2）数字集成全变频控制罐式叠压供水设备

数字集成全变频控制罐式叠压供水设备主要由不锈钢水泵、数字集成水泵专用变频控制器、气压水罐、稳流罐、真空抑制装置、压力传感器、液晶显示屏、进出水管路、阀门、底座等组成。系统与市政管网直接连接，在市政管网压力基础上叠加增压向用水点全变频增压供水。设备供水系统原理示意图详见第 3 章图 3-6，设备实物图见图 8-3。

3）数字集成全变频控制箱式叠压供水设备

数字集成全变频控制箱式叠压供水设备，系统主要由不锈钢水泵、数字集成水泵专用变频控制器、不锈钢水箱、水源切换装置、气压水罐、压力传感器、液晶显示屏、进出水及连接管路、阀门、底座等组成。系统分两路吸水增压，一路由市政管网直接吸水增压，另一路由水箱吸水增压。设备外形见图 8-4。

图 8-3 数字集成全变频控制罐式
叠压供水设备实物图

图 8-4 数字集成全变频控制箱式
叠压供水设备实物图

数字集成全变频控制箱式叠压供水设备组成及控制原理见第 3 章图 3-8。

4）数字集成全变频控制家用微型恒压供水设备

数字集成全变频控制家用微型恒压供水设备主要由不锈钢水泵、数字集成水泵专用变频控制器、T 形止回阀、气压水罐、压力传感器、阀门、连接管路及底座等组成。系统主要安装在家庭、小型建筑、高层建筑顶楼等场合进行增压供水。设备供水系统原理示意图及设备实物图见图 8-5 和图 8-6。

8.2.2 数字集成全变频控制供水设备的工作原理

数字集成全变频控制恒压供水设备中的每台水泵均独立配置一个具有变频调速和控制功能的数字集成水泵专用变频控制器。系统通过出水口端的压力传感器检测当前的出水口压力值，将检测值与数字集成变频控制器的系统设定目标值进行比较，确定变频驱动水泵运行的台数和运行频率，当两台或以上工作泵同时运行时，系统通过数字集成变频控制器内部的 CAN 总线实现相互通信，自动分配运行比率，实现两台或以上水泵组运行比率一

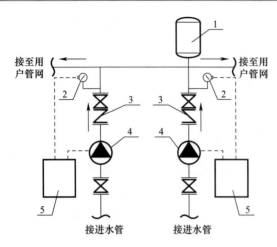

图 8-5 数字集成全变频控制家用   图 8-6 数字集成全变频控制家用

微型恒压供水系统原理示意图   微型恒压供水设备实物图

1—微型气压水罐；2—压力传感器；3—T形多功能止回阀；

4—微型水泵；5—数字集成水泵专用变频控制器

致，即运行频率一致，并根据实际用水需求的增加或减小，系统自动对多台水泵同步升频或降频，确保系统运行期间处于全变频运行状态，避免工频泵运行状态和水泵偏离效率区运行现象的存在，确保供水压力恒定。反之，当不需要多台泵并联同步同频率运行时，系统自动依次减泵，直到整机进入停机休眠状态。

8.2.3 数字集成全变频控制供水设备的特点

数字集成全变频控制恒压供水设备，是给水技术领域从控制和全变频制角度着手的最新技术创新成果，由其组成的供水设备中每台水泵一对一配置有一台独立的水泵专用变频控制器，各台水泵上的变频控制器通过 CAN 总路线技术实现相互通信，能够根据用水需求的变化自动调节变频运行比率，实现多台水泵同时、同步均衡分摊运行，实现了水泵机组始终处于变频状态运行，避免水泵不在效率区运行，供水压力稳定，相比传统变频调速供水设备节约运行能耗。同时，由于数字集成全变频控制泵组中，水泵与变频控制实现 100％有备用，数字集成变频控制器被封装在 IP55 防护等级的壳体内，支持多传感器信号输入，提升了供水设备的安全可靠性。其主要技术特点如下：

1）集成式水泵专用功率电路

集成式水泵专用功率电路为半导体电路，其核心是 IGBT 功率逆变器，整个 IGBT 功率电路集成在一个 PCB 印刷电路板上。动力电源直接通过功率电路连接端子输入，通过功率电路的逆变输出给水泵电机。集成式功率电路主要是为了实现水泵控制电路的数字化、标准化和通用化，使得水泵电气控制不再依赖机械式继电器元器件，实现水泵变频控制无触点切换，提高工作可靠性。图 8-7 为集成式水泵专用功率电路印刷板，图 8-8 为传统电气控制变频控制柜。

IGBT 集成式水泵专用功率电路实现二次供水水泵变频驱动电路的数字化、小型化、标准化。解决了二次供水设备控制元器件多、控制柜体积大的问题。解决了传统二次供水设备二次控制回路线路复杂，使用继电器触点切换水泵运行或停止故障率高、安全隐患多的问题。解决了频繁启停时元器件寿命短的问题，半导体器件代替继电器电路，因继电器电路故障停泵停水的概率降低 80%。

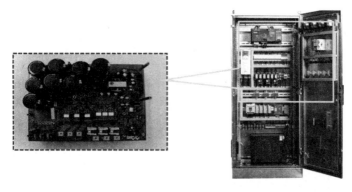

图 8-7　集成式水泵专用功率电路　　图 8-8　传统电气控制变频控制柜

2）集成式 PID 控制器的创新应用

由 CPU、存储单元等组成的数字电路，集成在 PCB 印刷电路板上。PID 控制器将水泵运行所涉及的各种指令、参数等控制程序全部标准化集成一体并存储在 PID 控制器上。针对不同的水泵、水泵电机功率、应用场合需求等变量情况，通过控制器开放的 P（比例）、I（积分）、D（微分）参数调节，实现水泵变频运行控制的需要。解决了主控制单元的标准化，不再另设可编程控制器 PLC，不再需要二次编程。

图 8-9 为集成式 PID 控制电路印刷板，图 8-10 为传统 PLC 可编程控制柜。

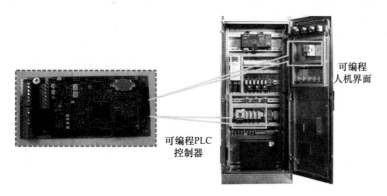

可编程
人机界面

可编程PLC
控制器

图 8-9　集成式 PID 控制电路印刷板　　图 8-10　传统 PLC 可编程控制柜

集成式 PID 控制器实现了二次供水设备水泵控制系统控制程序的标准化和控制器的标准化。解决了传统变频二次供水设备需要专业人员根据供水设备应用工况的不同二次编程、标准化程度低的问题。不论是罐式叠压供水设备、箱式叠压供水设备、恒压变频供水设备，还是暖通空调循环水泵均可自由组合配置。解决了维护和维修或功能扩展时需依赖弱电工程师更改 PLC 控制程序的问题，降低了对操作使用人员的专业技术要求。

3）系统模块化（水泵专用变频控制器）

数字集成水泵专用变频控制器将集成式功率电路、集成式 PID 控制器、散热、输入输出端子等功能组件设计成即插件形式的模块，各模块以即插件的形式组合在一起，并封装在一个防护等级达到 IP55 的壳体内。同时，通过铝合金散热结构设计，将功率电路运行过程中发生的热量导出，自然冷却，水泵电机负载大温升高时通过外置轴流风扇降温。整个变频控制器可以安装在任何形式的标准水泵电机外壳上，也可以安装在设备泵房的控制室或柜体内。实现控制系统模块化、小型化，提高水泵控制电路 IP 防护等级，便于安装和使用。图 8-11 为数字集成全变频控制供水设备中配置的水泵专用变频控制器。

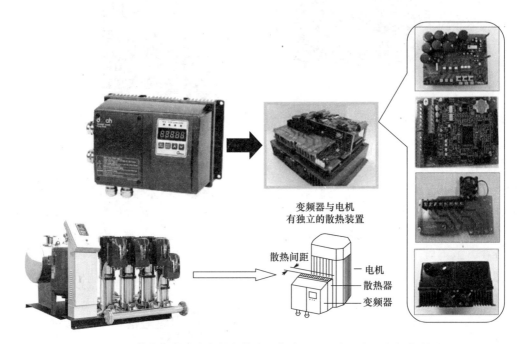

图 8-11　数字集成全变频控制供水设备中配置的水泵专用变频控制器

数字集成全变频控制供水设备系统模块化结构实现了水泵专用变频控制器各功能模块组件以即插件形式封装在一个壳体内（见图 8-12），解决了控制柜体积大、IP 防护等级低

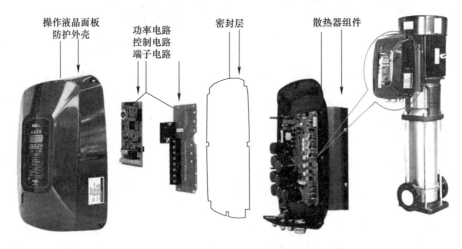

图 8-12　变频控制器与水泵电机集成为一体

的问题，解决了水泵变频控制柜功能需求越多、材料成本越高的问题。水泵专用变频控制器的研发应用，实现了二次供水水泵控制电路的集成化，解决了水泵一对一变频控制的问题，解决了水泵专用变频控制与水泵的集成安装一体化问题，解决了变频控制器散热问题。

4）CAN 总线通信技术和等量同步、效率均衡运行控制

数字集成变频控制器各控制器端子上均设置有 CAN（工业总线技术）通信端子和电路，集成式变频控制器与水泵一对一配置，各泵配置的集成式变频控制器通过 CAN 总线相互通信（原理如图 8-13 所示），通过 CAN 总线相互通信与 PID 运行控制程序的共同作用，实现对二台或二台以上工作水泵运行比率的均衡分摊，即效率分摊平均运行。

CAN 总线技术控制多台水泵全变频运行工作原理：

首先，数字集成全变频控制供水设备第 1 台水泵变频启动运行。随着用户用水量的不断增加，当第 1 台水泵变频运行不能建立稳定的系统供水压力时，逐渐上升运行频率，直到工频运行状态。此时，如供水压力仍未能达到设定值，则变频启动第 2 台水泵，并由低的运行频率逐渐上升，第 1 台工频运行水泵则降频，直到两台水泵运行频率一致。当两台水泵投入运行仍未建立稳定的供水压力时，则两台水泵同步上升运行频率，直到两台水泵均达到工频状态。如两台工频运行的水泵仍未建立稳定的系统压力，则变频启动第 3 台水泵，也由低的运行频率逐步上升，第 1、2 台水泵则逐渐下降运行频率，直到三台水泵运行频率一致……。反之，当系统用水需求减少，则运行水泵同步下调运行频率，当运行频率低于 30Hz 时，系统会自动停止一台运行的水泵，直到所有水泵停机休眠。依此类推，周而复始。

5）克服变频泵运行不在效率区现象，节约运行能耗

通过数字集成变频控制器实现水泵一对一变频控制，通过变频控制器内置的 CAN 总线技术实现多台水泵效率分摊均衡运行，提高多泵运行在高效区段，同时还能克服水泵不在效率区运行的弊端（图 8-14）。

多工作泵全变频控制运行，同等扬程下流量叠加，高效区与单台泵相比要宽两倍多，说明并联同步运行有更宽的高效区段。图 8-15 所示为全变频控制运行方式提高了多工作泵并联运行的高效区段。

数字集成全变频控制供水设备采用具有相互通信功能的全变频控制技术，实现多台水泵机组同步、同频率均衡运行，克服传统设备中多台水泵并联运行时，有水泵运行偏离高效工况区的弊端，在同等工况下可节约 10% 左右的运行能耗。表 8-1 为同型号两台工作泵采用微机控制变频调速运行和采用数字集成全变频控制运行的能耗测试对比。

6）数字集成全变频控制供水设备水泵专用变频控制器的技术特征

（1）水泵专用变频控制器采用模块化结构，变频控制器由控制板、功率板、端子板、散热模块、风扇等功能板组成，便于检修维护，维护简便。

（2）水泵专用变频控制器专门用于供水领域，克服传统通用变频器冗长的功能项，使得控制器结构简单，操作使用更简便。

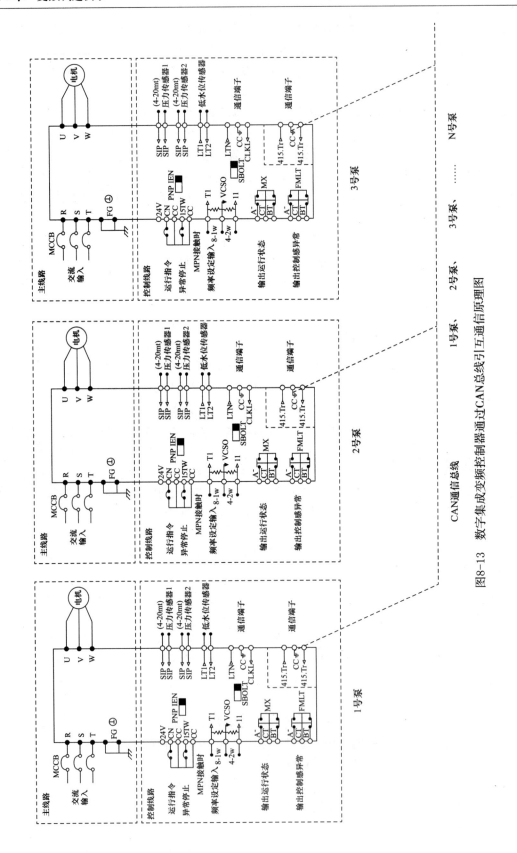

图8-13　数字集成变频控制器通过CAN总线引互通信原理图

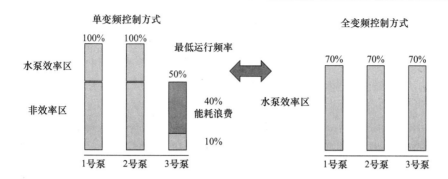

图 8-14 供水设备全变频控制运行可克服水泵不在效率区运行现象

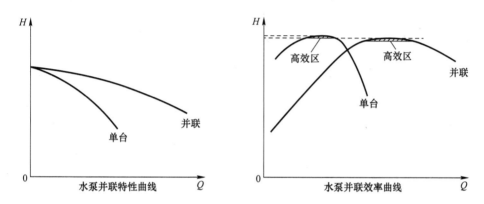

图 8-15 全变频控制运行方式大幅提高多工作泵并联运行时的高效区段

两台工作泵微机单变频与数字集成全变频运行能耗测试对比表 　　　　表 8-1

泵组型号	供水流量（m³/h）	20	24	28	32	36	40	48	52
单变频-2DRL20-30	输入功率（kW）	3.635	3.819	4.781	5.336	5.702	5.979	6.019	6.45
全变频-2DRL20-30		2.505	3.165	4.483	4.78	4.994	5.349	5.827	5.959
节约电能（kW/h）		1.13	0.654	0.298	0.556	0.708	0.63	0.192	0.491
节能率（%）		31.08	17.12	6.233	10.42	12.41	10.53	3.189	7.61
平均节能率（%）		12.3							

注：单泵功率为 4kW。

（3）水泵专用变频控制器系统采用内置数字集成控制技术，克服传统变频给水系统需要 PLC、各种扩展模块、继电器等外围二次控制回路，需要通过器件机械式的触点切换，才能实现水泵系统恒压变频供水的弊端。

（4）水泵专用变频控制器系统采用的数字集成技术，将恒压变频给水领域所用的各种程序及保护功能全部集成在相应的功能芯片内，通过无触点的电子电路控制，提升恒压变频供水系统设备的安全性。

（5）水泵专用变频控制器组成的系列恒压变频给水系统，通过控制器指令，能够自动分配选择当前供水泵运行模式，自动将当前供水流量进行平均分配，使得每台供水泵均能够在效率点上变频运行，实现节约电能。

（6）水泵专用变频控制器组成的系列变频给水系统，其工作主泵和备用泵、辅助小流量泵每台均配有独立的变频控制器，可以并联 6 台或以上台数同时运行，相互间通过

CAN 总线技术相互通信，任意一台水泵故障或检修期间其他水泵均可继续正常运行。

（7）水泵专用变频控制器配套组成的系列恒压变频给水设备，支持多路模拟量信号和开关量信号输入和输出，任意一台水泵或水泵机组且均不需要控制柜及 PLC 编程即可实现自动运行，可连接专用 LCD 显示器，将适时运行数据显示在屏幕上。

（8）水泵专用变频控制器标准配有 RS485 通讯端口，标准 ModbusRTU 国际标准通信协议，实现供水设备远程在线监控，与智慧水务平台信息互联互通，并能够根据需要扩展其他需要的功能。

（9）可对接系统供水水质检测、智慧水务综合信息远程管理与数据分析，以及扩展其他需要的功能等。

8.2.4 设备性能参数

1）标准型恒压设备和罐式叠压供水设备、箱式叠压供水设备：

供水流量：1~900m³/h；

供水压力：≤2.0MPa；

介质温度：4~70℃；

最大工作压力：2.5MPa；

控制方式：集成全变频控制；

泵与泵之间通信方式：CAN；

设备外部通信方式：RS485 MODBUS 通信协议；

水泵组合台数：2~6 台（含 1 台备用泵）。

2）家用微型供水设备：

供水流量：0.1~48m³/h；

供水压力：≤0.6MPa；

介质温度：4~70℃；

最大工作压力：0.6MPa；

控制方式：集成全变频控制；

水泵组合台数：2~3 台（含 1 台备用泵）。

8.2.5 应用注意事项

1）当城镇供水管网不具备叠压供水设备使用条件或当地供水部门不允许水泵直接从供水管网吸水时，应采用数字集成全变频控制标准型恒压供水设备。

2）当城镇供水管网符合叠压供水设备使用条件，且当地供水部门允许水泵直接从供水管网吸水时，可采用数字集成全变频控制罐式管网叠压恒压供水设备；

3）当屋顶水箱重力供水的顶层用户如水压不足，以及城镇供水管网水压不能满足用户要求的别墅、独幢单体小型建筑，可采用数字集成全变频控制家用微型恒压供水设备。

4）数字集成全变频控制恒压供水设备的使用环境应符合下列要求：

（1）安装场所环境温度：5~40℃；

（2）相对湿度：不大于 90%（20℃时），无结露；

（3）海拔高度：不宜大于 1000m；

（4）输送介质：清水；

（5）介质温度：≤70℃；

（6）系统允许最高工作压力：2.5MPa；

（7）设备安装地点应无导电或爆炸性尘埃，无腐蚀金属或可导致绝缘破坏的气体和蒸汽；

（8）供电电源应为交流 220V/380V、50Hz。

5）数字集成全变频控制恒压供水设备的水泵配置，应符合下列规定：

（1）宜设 2 台或 2 台以上的工作水泵，但不宜多于 5 台。

（2）应设置 1 台不小于最大一台工作泵供水能力的备用泵。

（3）当用户用水量不均衡且持续时间较长时，宜配置适合低谷用水量的小型水泵，小型水泵的额定流量可为工作泵流量的 1/3～1/2。

（4）当数字集成全变频控制恒压供水设备需要配置小型气压水罐时，应采用立式或卧式胶囊式气压水罐，并按设备配置的最小一台水泵 5s 的额定流量计算气压水罐的有效容积。小型气压水罐的公称压力等级可分为 1.0MPa、1.6MPa、2.5MPa 三种。

（5）数字集成全变频控制恒压供水设备应采用高效率、低噪声、节能型的离心水泵，其流量—扬程性能曲线无驼峰。水泵过流部件应采用符合卫生标准的材质，水泵的密封方式应采用集装式机械密封。水泵所配用的电机，当功率小于 1.5kW 时应符合 3 相、220V/380V、50Hz 电压标准；当功率大于等于 1.5kW 时应符合 3 相 380V、50Hz 电压标准。电机防护等级应为 IP55，绝缘等级应为 F 级。并应符合现行国家标准《中小型三相异步电动机能效限定值及能效等级》GB 18613 的能效要求。

8.3 变频控制技术的延伸思考

8.3.1 数字集成全变频控制供水设备的节能原理

与微机控制变频调速供水设备相比，数字集成全变频控制供水设备的节能有如下特点：

（1）水泵高效区流量范围大幅度扩展，每台水泵的高效区流量范围可从传统微机控制变频调速供水设备中水泵额定流量的 100%～60% 延伸 100%～50%；

（2）设备在多台工作泵全变频运行时采用等量同步、效率均衡运行模式，达到了更加理想的节能效果；

（3）控制系统中的电气元器件和线路自身电能的损耗大幅度减少；

（4）对小型水泵和气压罐的配置更加合理。

上述四个原因中，第二个是主要原因，是全变频控制供水技术的核心所在。在图 8-16 中，左图为全变频控制，三台水泵等量同步运行，全在效率区；右图为单变频控制，两台水泵工频运行，一台水泵变频运行，变频泵不在效率区运行，40% 的能量被无谓消耗。

8.3.2 数字集成双变频控制技术

1）数字集成双变频控制技术

关于双变频控制技术，我们的理解是：图 8-16 中左图全变频控制是三台均为变频运行，问题在于要做到水泵机组都在效率区，两台水泵变频运行是否可行？是否也能使三台泵都运行在效率区？下面证明也是可行的，这就是双变频控制技术。

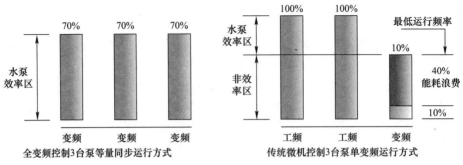

图 8-16　数字集成全变频控制技术的节能原理

还是三台水泵，其中两台配置变频器；三台泵运行时，既不是全变频控制模式的变频—变频—变频运行模式，也不是传统微机控制模式的工频—工频—变频运行模式，而是工频—变频—变频运行模式，这就是双变频控制模式。以系统流量为 210％为例：

全变频控制设计流量为：70％—70％—70％，三台泵都在效率区。

双变频设计流量则为：100％—50.5％—50.5％，三台泵也都在效率区。

最不利的运行工况为 101％，双变频控制模式为：50.5％—50.5％—0％，投入运行的两台泵也都在效率区。根据南京尤孚公司和上海杜科公司所进行的双变频控制运行试验，双变频控制运行状况不够稳定，还需要进一步探索研究。

2）其他类型全变频控制技术

其他类型全变频控制技术我们设想，可以有不等量同步全变频控制和不等量不同步全变频控制。

（1）不等量同步全变频控制

全变频控制或是双变频控制一般都是等量同步，三台泵型号相同，在相同的频率下同步运行。如果变换一下方式，也能收到全部设备机组都在效率区运行的效果，如：

70％—70％—70％等量同步全变频控制；

80％—80％—50％不等量同步全变频控制。

（2）不等量不同步全变频控制

还可以设想，三台泵不是一个型号，是大小水泵组合配置模式，情况又有变化。

还是以系统流量 210％为例说明，三台泵同一型号以 100％—100％—10％传统微机控制模式运行，第三台泵 10％不在效率区，要提高到 50％才进入效率区，如图 8-21 右侧所示。如果将三台泵改为两大一小组合，第三台泵为小泵，对大泵来讲 10％不在效率区，而对于小泵则不是 10％，而能做到 50％在效率区，这样问题就解决了，三台泵还是：变频—变频—变频组合运行方式，但是变为：变频（大泵）—变频（大泵）—变频（小泵）组合运行方式。这个模式也可以改变为：变频（大泵）—变频（中泵）—变频（小泵）组合运行方式。当然这需要通过试验来论证，这个试验的难度要比不等量同步全变频控制难得多。

变频调速运行的大泵、中泵和小泵，可以按照系统流量 50％—35％—15％的关系来配置，以达到更好的节能效果。

3）全变频控制技术的五种模式

综上所述，水泵变频调速运行的数字集成变频控制可以有以下五种模式：

（1）同型号水泵配置泵组，全变频控制（变频—变频—变频）；

（2）同型号水泵配置泵组，双变频控制（工频—变频—变频）；

（3）同型号水泵配置泵组，不等量同步全变频控制（变频—变频—变频）；

（4）大、小泵组合配置泵组，不等量不同步全变频控制（大泵变频—大泵变频—小泵变频）；

（5）大、中、小泵组合配置泵组，不等量不同步全变频控制（大泵变频—中泵变频—小泵变频）。

（6）以上种种叙述，我们只想说全变频控制供水技术还只是个开始，而不是终结。在这个领域还有很多工作可做、要做，还要各方面共同努力，深入探索，逐步予以解决。

8.3.3 变频控制技术与气压罐联用给水系统

1）二次供水服务的规模和对象不同，其生活用水量的变化是很大的，生活用水量的变化特点也不相同。例如，图 8-17 是某小镇逐时用水量百分比：

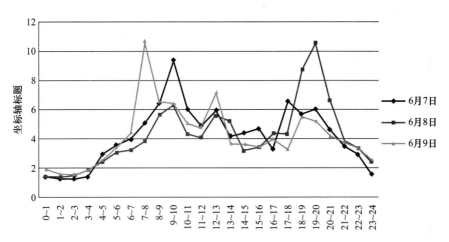

图 8-17　某小镇逐时用水量百分比

图 8-18 是某住宅小区逐时用水量百分比：

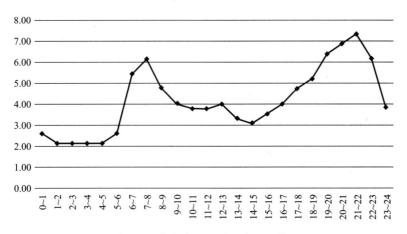

图 8-18　住宅小区逐时用水量百分比

图 8-19 是某学生宿舍逐时用水量百分比：

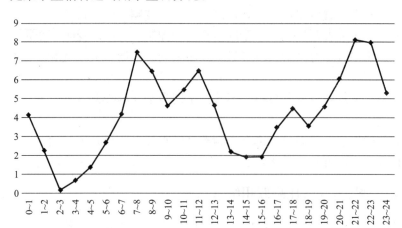

图 8-19　学生宿舍逐时用水量百分比

由图 8-17～图 8-19 可以看出小镇、住宅小区、学生宿舍的逐时用水量百分比差别很大。因此，在二次供水设施配置时需注意此问题。

2）变频控制技术与气压罐联用

（1）单变频调速给水系统

单变频调速给水系统是指 1 台变频器控制多台水泵进行变压、变流量供水。水泵运行台数的增、减和切换过程引起给水系统压力波动、流量变化，应设气压罐调节流量变化和稳定给水系统压力。气压罐的容积如何确定，《微机控制变频调速给水设备》CJ/T 352—2010 第 6.1.5 条："当设备配置气压水罐时，气压水罐的调节水容积不应小于最大工作泵在设备扬程下、工频运行 90s 的供水量"（建筑给水排水设计手册为≥180s）。实际工程应用中，有观点认为如果气压罐的作用只是解决水泵之间切换时的压力波动和吸纳系统水锤的话，计算气压罐有效容积时不需要采用 90s，因为水泵之间的切换时间只需要 10s；吸纳水锤需要的有效容积也不需要这么大。如果气压罐用于解决夜间小流量工作泵停泵时的供水，则 90s 不够，作用不大。

（2）夜间小流量供水

《微机控制变频调速给水设备》CJ/T 352—2010 第 6.2.2 条："设备应具有小流量运行功能。当设备供水流量小于单台工作泵额定流量的 25% 时，设备应能自动进入小流量运行的节能状态，并应满足用水压力的要求"。第 6.2.7 条："设备应有自动调节水泵转速和软启动功能。在恒压给水时，设备的压力控制误差不应超过 ±0.01MPa；变压给水时，设备的工作压力应按管道特性曲线变化"（《建筑给水排水设计手册》为 ±0.05MPa）。

变频调速给水系统技术运行指标为 ±0.05MPa，气压罐有效调节水容积设计为 $P_1 =$ 变频调速给水系统的最低恒压值 $- 0.05MPa$，$P_2 =$ 变频调速给水系统的最高恒压值 $+0.05MPa$ 之差的容积。

工作泵额定流量小于 10m³/h 时可以不设气压罐。

（3）全变频调速给水系统

全变频调速给水系统是指每台水泵均独立配置变频器控制进行变压、变流量供水。《数字集成全变频控制恒压供水设备应用技术规程》CECS 393：2015 第 3.1.5 条："当数字集成全变频控制恒压供水设备需要配置小型气压水罐时，应采用立式或卧式隔膜气压水罐，并应按单台工作水泵的流量计算气压水罐的容积"。当用水量很小、水泵停止运行时，全变频控制恒压供水设备配置的小型气压水罐可维持系统的正常供水；在其设备运行过程中当水泵相互切换时，气压水罐有助于保持系统工作压力的稳定；气压水罐还有助于消除系统水锤现象。配置的气压水罐的有效容积可根据设备配置的最小一台水泵 5s 时间额定流量计算确定。此类设备应用于如居住小区、宿舍建筑等供水系统。

当用户系统设计流量很小，需配置工作泵的流量小于或等于 10m³/h 时，设备按两台额定流量相同的水泵配置，并设置成互为备用、全变频运行方式，可以不设气压罐。此类设备应用于如办公建筑等供水系统。

当用户系统设计流量不均衡且持续时间较长、系统低谷用水量偏离工作泵高效区且超过配置的气压水罐供水能力时，宜增加配置小型水泵在低谷用水量时辅助运行，避免主工作泵频繁启动，保证供水平稳，进一步降低设备整机运行能耗。此类设备应用于如城市、城镇供水系统。

8.3.4 变频控制技术与工频泵联用给水系统

当用户系统设计流量比较大、系统峰谷与低谷用水量差异比较大、设计流量不均衡且持续时间较长，如城市小镇或居住小区供水系统。图 8-20 是竹林增压泵站运行工况图。

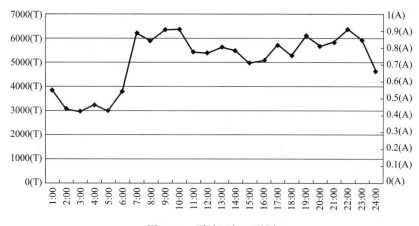

图 8-20 泵站运行工况图

竹林增压泵站承担某市城东局部片区的给水管网增压。泵组设计为五用两备，实际运行为 1 号、3 号、4 号、5 号、7 号泵，其中 1 号、7 号泵为工频，额定功率为 200kW，7 号泵为备用泵，3 号、4 号、5 号为变频泵。竹林泵组出水流量较高，全天 7～22 时用水流量较大，10～22 时为用水峰值，均为 6380m³，用水谷值为 2937m³。

根据《全国民用建筑工程设计技术措施——给水排水》（2009 年版）第 2.7.8 条的规定，变频调速水泵（以下简称变频泵）的调速范围在 0.7～1.0 之间，根据水泵的比例规律，变频泵的流量调节范围也应在 0.7～1.0 之间。

综合分析一用一备、二用一备、三用一备、四用一备 4 种泵组的组合情况以及工况，得出泵组供水的高效工作范围，见表 8-2。

多种泵组组合高效区工作范围表

表 8-2

泵组组合情况	变频泵与工频泵并联工作情况	在高效区内工作时供水量 Q 变化范围	在低效区内工作时供水量 Q 变化范围	高效区工作范围占比（%）
1用1备泵组	1台变频泵全程工作	0.7～1（Q）	0～0.7（Q）	30.0
2用1备泵组	1台变频泵与1台工频泵根据用水量变化分阶段工作	0.35～0.5（Q） 0.85～1（Q）	0～0.35（Q） 0.5～0.85（Q）	30.0
	2台变频泵根据用水量变化分阶段工作	0.35～0.5（Q） 0.7～1（Q）	0～0.35（Q） 0.5～0.85（Q）	45.0
3用1备泵组	1台变频泵与2台工频泵根据用水量变化分阶段工作	0.233～0.333（Q） 0.566～0.667（Q） 0.9～1（Q）	0～0.233（Q） 0.333～0.566（Q） 0.667～0.9（Q）	30.0
	2台变频泵与1台工频泵根据用水量变化分阶段工作	0.233～0.333（Q） 0.466～0.667（Q） 0.9～1（Q）	0～0.233（Q） 0.33～0.466（Q） 0.667～0.9（Q）	40.0
	3台变频泵根据用水量变化分阶段工作	0.233～0.333（Q） 0.466～0.667（Q） 0.699～1（Q）	0～0.233（Q） 0.33～0.466（Q） 0.667～0.699（Q）	60.0
4用1备泵组	1台变频泵与3台工频泵根据用水量变化分阶段工作	0.175～0.25（Q） 0.425～0.5（Q） 0.675～0.75（Q） 0.925～1（Q）	0～0.175（Q） 0.25～0.425（Q） 0.5～0.675（Q） 0.75～0.925（Q）	30.0
	2台变频泵与2台工频泵根据用水量变化分阶段工作	0.175～0.25（Q） 0.35～0.5（Q） 0.6～0.75（Q） 0.85～1（Q）	0～0.175（Q） 0.25～0.35（Q） 0.55～0.6（Q） 0.75～0.85（Q）	52.5
	3台变频泵与1台工频泵根据用水量变化分阶段工作	0.175～0.25（Q） 0.35～0.5（Q） 0.525～0.75（Q） 0.775～1（Q）	0～0.175（Q） 0.25～0.35（Q） 0.5～0.525（Q） 0.75～0.775（Q）	67.5
	4台变频泵根据用水量变化分阶段工作	0.175～0.25（Q） 0.35～0.5（Q） 0.525～1（Q）	0～0.175（Q） 0.25～0.35（Q） 0.5～0.525（Q）	75.0

通过对表 8-1 中泵组组合情况及变频泵与工频泵并联工况的分析，可以看出：

（1）随着变频泵组水泵台数的增加，其高效运行的范围被细分为几组区域。对于用水量变化较大的单体建筑，可以在多种供水流量的工况下实现高效运行，降低了水泵的能耗，减少了水泵的启动冲击和机械摩擦、振动，从而延长了机组的使用寿命。

（2）在变频泵组中，1台变频泵和多台工频泵的能耗在几种泵组中基本相同，只是调节范围和调节程度发生变化。随着泵组台数的增加，某一区域的调节范围会相对缩小，造成节能节电效果下降，因此仅采用1台变频泵的泵组节能效果并不十分理想。

（3）比较3台变频泵与1台工频泵的组合和4台变频泵的组合，发现泵组高效运行范围差别不大，且已经覆盖了供水流量变化的大部分区域，比如 3 台变频泵高效工作区域包括 $0.525Q\sim0.75Q$ 和 $0.775Q\sim1Q$，四台变频泵高效工作区域包括 $0.525Q\sim1Q$，换言之当变频泵达到 3 台以后，运行节能的效果已十分明显，再增加变频泵对节能的影响较为有限。

图 8-21 是竹林增压泵站 5 月 15 日泵组实际运行曲线，有效功率为 6651kW·h，实际耗电量为 9051kW·h，泵组运行效率为 73.48%。5 月份泵组总有效功率为 192240kW·h，实际耗电量为 254550kW·h，泵组运行效率为 75.52%，即竹林增压泵站泵组总体运行大部分处于高效区，节能效果明显。根据有关研究，变频泵和工频泵两台泵并联的系统节能大约为 15.9%。

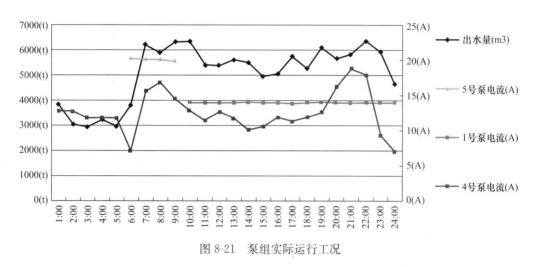

图 8-21 泵组实际运行工况

8.3.5 基于稀土永磁技术的数字集成变频控制技术

1）建筑物用水特性

二次供水系统的用水特性与建筑物的性质存在直接关联，住宅建筑、商用建筑、工业建筑、公共建筑等都具有不同的用水特性。此外，根据建筑物所处南北地域的不同、当地用水习惯的不同，城市发展建设水平不同等因素用水量都有较大的差异。总体而言，二次供水系统的用水特性具有时（日）变化系数大、小流量工况多、用水量预测较为困难的特点。

以住宅建筑为例，根据居民的起居规律，一般有早晚两个用水高峰，图 8-22 为一个典型的住宅建筑日用水量的趋势图，时变化系数约为 2.50，转化为水泵负荷曲线后（图 8-23），可见大流量工作时间仅约 3h，其余时段流量均在最高时流量 50% 或以下。由于实际工程选型中，水泵机组按设计秒流量选用，机组额定流量必然大于最高时用水量，由此可见，在实际运行过程中，80% 以上的时段，机组的运行流量将小于系统流量的一半，如再考虑房屋入住率、地域用水差异等因素，水泵实际运行流量将进一步下降。实际工程中机组额定效率高，而实际效率远低于额定效率的情况是非常普遍的，这一现状极大地降低了系统运行效率，抬高了能耗。

145

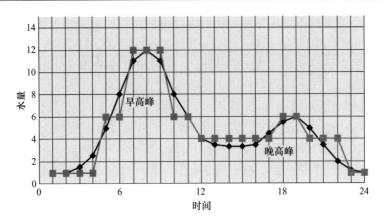

图 8-22　住宅建筑日用水量趋势图

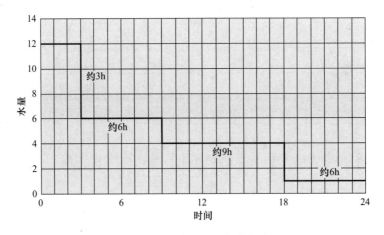

图 8-23　住宅建筑水泵负荷曲线图

2）提高机组实际运行效率的技术措施

（1）采用全变频多泵机组；

（2）采用基于稀土永磁技术的数字集成变频水泵。

从 1952 年格兰富第一台多级立式离心泵（CP 泵）面市至今，标准化多级立式离心泵已经历了数十年的发展，其水力效率已经达到了很高的水平。相较水泵系统的水力效率而言，电机效率和变频器效率并没有得到同等的重视，而使得水泵系统整体效率偏低。尤其是在轻负载工况下的电机效率问题，是经常被忽略，却又至关重要的设备参数。由于二次供水系统轻负载工况多，持续时间长，轻负载工况下的电机效率对机组系统的实际能耗将产生决定性的影响。

以额定工况点流量 $Q=60\text{m}^3/\text{h}$、扬程 $H=20\text{m}$ 的水泵为例，图 8-24～图 8-26 分别比较了工频水泵（CR 泵）、数字集成变频水泵（CRE 泵）以及基于稀土永磁电机的新一代数字集成变频水泵（Saver 电机 CRE 泵）的能耗情况。

根据普通住宅建筑流量特性曲线测算，工频水泵、数字集成变频水泵和基于稀土永磁电机的新一代数字集成变频水泵的年耗电量分别为 10774kW·h、8484kW·h 和 7662kW·h。由图 8-27 可见，采用稀土永磁电机的使用将大幅提高水泵的整体效率。

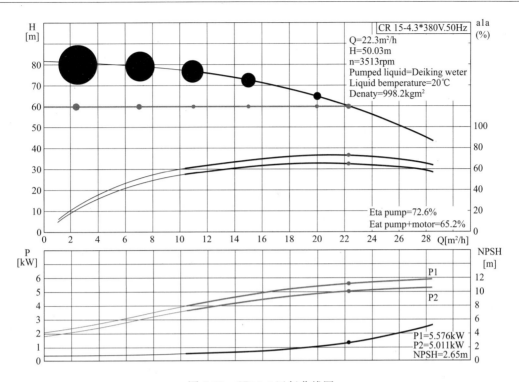

图 8-24　CR15-4 运行曲线图

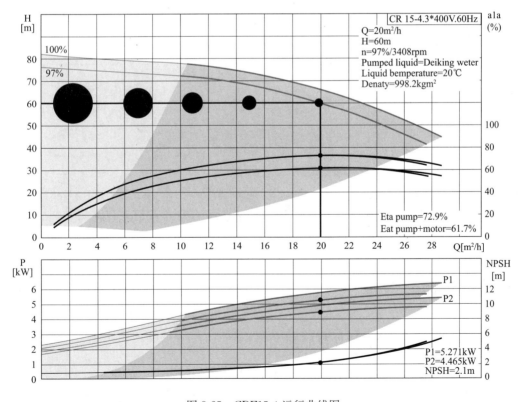

图 8-25　CRE15-4 运行曲线图

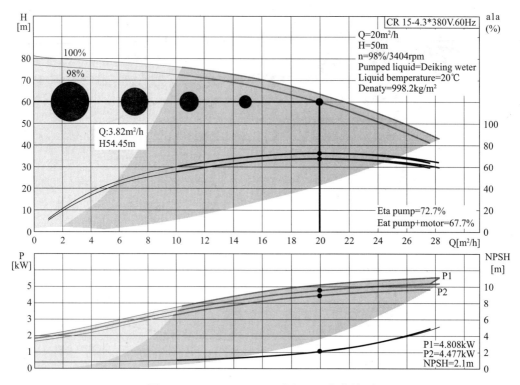

图 8-26　CRE15-4（Saver 电机）运行曲线图

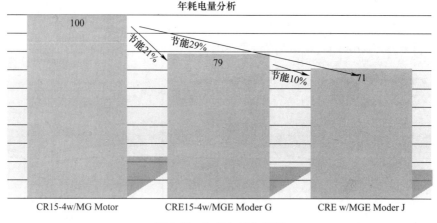

图 8-27　年耗电量分析图

8.4　设计例题

8.4.1　变频调速供水设备的选泵原则

1）变频调速供水设备的选泵：确定设计流量和设计扬程。

设计流量：应按二次供水系统设计秒流量确定。当居住小区二次供水服务人数超过《建筑给水排水设计规范》GB 50015 中表 3.6.1 计算人数时，可采用最大小时流量。

设计扬程：应根据最不利用水点所需的压力、加上最不利点与水泵吸水池的最低水位高程差、再加上管道沿程的总水头损失之和进行计算。如果二次供水系统配置了气压罐调节设施，还应加上保证调节水容积所需压力。

2）变频调速供水设备的水泵特性要求：

在变频调速供水设备的水泵组中，调速泵在额定转速时的工况点，应位于水泵性能曲线水泵高效区的末端。见图 8-28 水泵性能曲线水泵高效区图中 A 点。

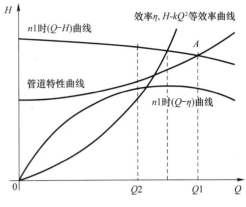

图 8-28　水泵性能曲线水泵高效区图

8.4.2　设计例题一

1）某宿舍二次供水工程项目设计参数如下：

（1）该工程设计秒流量为 27L/s；

（2）最不利用水点与最低水池水位的几何高程差 30m；

（3）最不利用水点需要自由水头为 5m；

（4）管路总水头损失为 80kPa（从吸水管至最不利用水点管路损失水头加局部总损失水头）；

（5）气压水罐的容积系数 β 为 1.05（按立式隔膜式气压水罐选用）；

（6）气压水罐内的压力比为 0.65～0.85；

（7）气压水罐内的调节容积，一般以 V_{q1} 计；

2）根据以上参数和条件，确定微机控制变频调速给水系统的水泵和气压水罐型号。

（1）设计流量 $Q=27$L/s；

（2）水泵扬程 $P_1 = 0.01H_1 + 0.001H_2 + H_3 = 0.01 \times 30 + 0.001 \times 80 + 0.05 = 0.43$MPa；

（3）选泵：

根据计算确定的设计流量和扬程，确定水泵的台数和型号。

① 水泵台数

本项目为学生宿舍，使用时数为 24h，小时变化系数取 3.0，最高日最大小时用水量占总用水量为 $(mq_1 \times 3.0/24)/(mq_1)=0.125=12.5\%$，参照图 8-12 学生宿舍逐时用水量百分比，较大部分用水时段，宿舍逐时用水量占总用水量为 4% 左右，为保证水泵在高效区运行，水泵台数采用三用一备。

② 水泵型号

微机控制变频调速给水设备水泵采用三用一备，每台水泵设计流量为 27/3＝9L/s＝32.4m³/h，扬程为 43m。水泵型号为 65DL30-16×3，其技术参数为：$Q=32.4$m³/h，$H=45.6$m，$N=7.5$kW，轴功率 6.1kW，见图 8-29。

（4）气压水罐调节容积确定：

微机控制变频调速给水系统当设备配置气压水罐是，气压水罐的调节水容积不应小于最大工作泵在设备扬程下、工频运行 90s 的供水量。

$$V_{ql} = 90 \times 9 = 810L = 0.81m^3$$

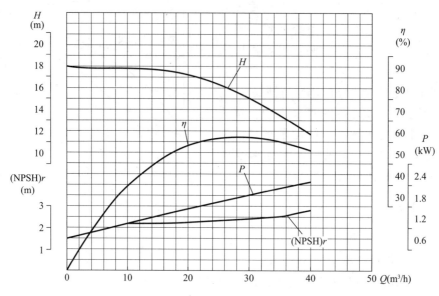

图 8-29 65DL30-16 泵单级性能曲线图

（5）气压水罐总容积确定：

① 气压水罐设在地下室水泵间；

② 气压水罐内的气压比为 0.85，即 $\alpha_b = 0.85$；

③ 计算气压水罐总容积的公式为（m^3）

$$V_q = (1.05 \times 0.81)/(1 - 0.85) = 5.67m^3$$

（6）气压水罐内压力确定：

气压水罐内压力有两个，P_1 为最低压力，P_2 为最高压力。气压罐设在地下水泵房内，其最低工作内压力为 P_1，参见气压供水技术计算公式。

$P_1 = 0.01H_1 + 0.001H_2 + H_3 = 0.01 \times 30 + 0.001 \times 80 + 0.05 = 0.43MPa$

$P_2 = 0.524MPa$

参见图 8-22，$Q = 23m^3/h$，$H = 52.4m$，$N = 7.5kW$，轴功率 5.7kW，满足气压罐调节容积所需压力的需求。在二次供水工程中，微机控制变频调速给水设备出水管的压力会从 0.43～0.524MPa 变化。

（7）微机控制变频调速配置：

设置 1 台"微机"、1 台"变频器"控制多台水泵进行变频调速供水，二次供水系统最不利点的工况点在水泵性能曲线高效区的右侧。在微机控制变频调速给水设备恒压供水情况下，单台泵在微机控制变频调速当转速为 $0.7 \times 50Hz = 35Hz$ 时，流量 $Q = 30 \times 0.7 = 21m^3/h$，扬程 $H = 43m$，水泵运行仍处于高效区 $\eta = 60\%$。

8.4.3 设计例题二

1）某办公建筑二次供水工程项目设计参数如下：

（1）设计秒流量为 3.5L/s；

（2）最不利用水点与最低水池水位的几何高程差 30m；

（3）最不利用水点需要自由水头为 10m；

（4）管路总水头损失为 60kPa（从吸水管至最不利用水点管路损失水头加局部总损失水头）；

（5）气压水罐的容积系数 β 为 1.05（按立式隔膜式气压水罐选用）

（6）安全系数为 1.0～1.3，$\alpha_a = 1.3$；

（7）水泵 1h 内的启动次数 6～8 次，$N_q = 6$；

（8）气压水罐内的调节容积，一般以 V_{q1} 计。

2）根据以上参数和条件，确定微机控制变频调速给水系统的水泵、气压水罐型号：

（1）设计流量 $Q = 3.5L/s$；

（2）水泵扬程确定（气压水罐设在地下室水泵间）：

水泵扬程 $H = 0.01H_1 + 0.001H_2 + H_3 = 0.01 \times 30 + 0.001 \times 60 + 0.1 = 0.46MPa$

（3）气压水罐内压力确定

由于办公建筑用水的特点，在夜间除了值班人员少量用水外，几乎没有人员用水，因此变频调速设备供水流量满足小于单台工作泵额定流量的 25% 条件，此时变频调速给水系统属于夜间小流量供水方式。在恒压给水时，变频调速给水系统技术运行指标为 ±0.01MPa，气压水罐有效调节水容积设计为 P_1＝变频调速给水系统的最低恒压值 －0.01MPa，至 P_2＝变频调速给水系统的最高恒压值 ＋0.01MPa 之差的容积。

$$P_1 = 0.46 - 0.01 = 0.45MPa$$
$$P_2 = 0.46 + 0.01 = 0.47MPa$$
$$\alpha_b = \frac{P_1 + 0.098}{P_2 + 0.098} = \frac{0.45 + 0.098}{0.47 + 0.098} = 0.965$$

（4）气压水罐调节容积确定

$$V_{q1} = \frac{\alpha_a \cdot Q}{4Nq} = \frac{1.3 \times 3.5}{4 \times 6} = 0.2L$$

（5）气压水罐总容积的确定

$$V_q = \frac{\beta \times V_{q1}}{1 - \alpha_b}(m^3)$$
$$V_q = (1.05 \times 0.2)/(1 - 0.965) = 6L$$

因此，工作泵额定流量小于 10m³/h 时可以不设气压水罐，只需设置一个满足夜间小流量需要的气压水罐，避免水泵频繁启动。

（6）选泵

根据计算确定的设计流量和扬程，确定水泵的台数和型号。

① 水泵台数

本项目为办公建筑，使用时数为 8～10h，小时变化系数取 1.5，最高日最大小时用水量和平均时用水量变化不大，而且设计秒流量较小，选择多台泵运行节能的效果不明显，水泵台数采用一用一备。

② 水泵型号

微机控制变频调速给水设备水泵采用一用一备，每台水泵设计流量为 3.5L/s＝

12.6m³/h，扬程为 46m。水泵型号为 50DL12-12×4，其技术参数为：$Q=12.6$m³/h，$H=48$m，$N=4$kW，轴功率 3.10kW。见图 8-30。

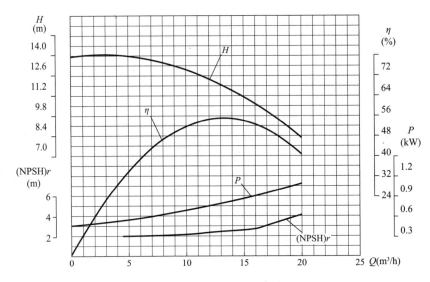

图 8-30　50DL12-12 泵单级性能曲线图

（7）微机控制变频调速配置

设置 1 台"微机"、1 台"变频器"控制多台水泵进行变频调速供水，二次供水系统最不利点的工况点在水泵性能曲线高效区的中间。在微机控制变频调速给水设备恒压供水情况下，单台泵在微机控制变频调速当转速为 0.7×50Hz$=35$Hz 时，流量 $Q=12.6\times0.7=8.82$m³/h，扬程 $H=46$m，水泵运行仍处于高效区 $\eta=60\%$，但水泵流量变化的幅度较窄。

8.4.4　设计例题三

1）某居住小区二次供水工程项目技术参数如下：

（1）该工程设计秒流量为 27L/s；

（2）最不利用水点与最低水池水位的几何高程差 30m；

（3）最不利用水点需要自由水头为 5m；

（4）管路总水头损失为 80kPa（从吸水管至最不利用水点管路损失水头加局部总损失水头）；

（5）气压水罐的容积系数 β 为 1.05（按立式隔膜式气压水罐选用）；

（6）安全系数为 1.0~1.3，$\alpha_a=1.3$；

（7）水泵 1h 内的启动次数 6~8 次，$N_q=6$；

（8）气压水罐内的调节容积，一般以 V_{ql} 计。

2）根据以上参数和条件，确定数字集成全变频调速给水系统的水泵、气压罐型号：

（1）设计流量：$Q=27$L/s；

（2）水泵扬程确定（气压水罐设在地下室水泵间）：

水泵扬程　$P_1=0.01H_1+0.001H_2+H_3=0.01\times30+0.001\times80+0.05=0.43$MPa

（3）选泵

根据计算确定的设计流量和扬程，确定水泵的台数和型号。

① 水泵台数

本项目为居住小区，使用时数为 24h，小时变化系数取 2.5，最高日最大小时用水量占总用水量为 $(mq_1 \times 2.5/24)/(mq_1) = 0.104 = 10.4\%$，参照图 8-23 住宅小区逐时用水量百分比，大部分用水时段，居住小区逐时用水量占总用水量为 3% 左右，为保证水泵在高效区运行，水泵台数采用三用一备。

② 水泵型号

微机控制变频调速给水设备水泵采用三用一备，每台水泵设计流量为 $27/3 = 9\text{L/s} = 32.4\text{m}^3/\text{h}$，扬程为 43m。水泵型号为 65DL30-16$\times$3，其技术参数为：$Q = 32.4\text{m}^3/\text{h}$，$H = 45.6\text{m}$，$N = 7.5\text{kW}$，轴功率 6.1kW。见图 8-31。

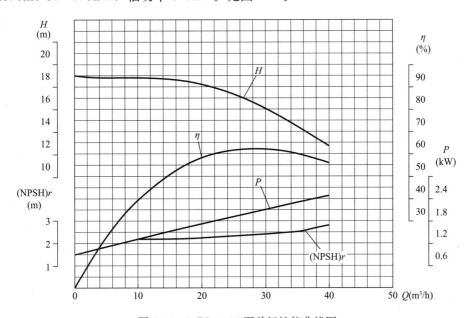

图 8-31　65DL30-16 泵单级性能曲线图

（4）气压水罐内压力确定

在恒压给水时，变频调速给水系统技术运行指标为 $\pm 0.01\text{MPa}$，气压水罐有效调节水容积设计为 $P_1 = $ 变频调速给水系统的最低恒压值 -0.01MPa，至 $P_2 = $ 变频调速给水系统的最高恒压值 +0.01MPa 之差的容积。

$$P_1 = 0.43 - 0.01 = 0.42\text{MPa}$$

$$P_2 = 0.43 + 0.01 = 0.44\text{MPa}$$

$$\alpha_b = \frac{P_1 + 0.098}{P_2 + 0.098} = \frac{0.42 + 0.098}{0.44 + 0.098} = 0.963$$

（5）气压水罐调节容积确定

$$V_{ql} = \frac{\alpha_a \cdot Q}{4Nq} = \frac{1.3 \times 9}{4 \times 6} = 0.4875\text{L}$$

（6）气压水罐总容积的确定

$$V_q = \frac{\beta \times V_{q1}}{1 - \alpha_b}(m^3)$$

$$V_q = (1.05 \times 0.4875)/(1 - 0.963) = 13.84L$$

当数字集成全变频控制恒压供水设备需要配置小型气压水罐时，应采用立式或卧式隔膜气压水罐，并应按单台工作水泵的流量计算气压水罐的容积。配置的气压水罐的有效容积可根据设备配置的最小一台水泵 5s 时间额定流量计算确定。

$$V_q = 5 \times 9 = 45L$$

（7）微机控制变频调速配置

设置 1 台"微机"、1 台"变频器"控制多台水泵进行变频调速供水，二次供水系统最不利点的工况点在水泵性能曲线高效区的右侧。在微机控制变频调速给水设备恒压供水情况下，单台泵在微机控制变频调速当转速为 $0.7 \times 50Hz = 35Hz$ 时，流量 $Q = 30 \times 0.7 = 21m^3/h$，扬程 $H = 43m$，水泵运行仍处于高效区 $\eta = 60\%$。

第 9 章 叠压供水技术

9.1 概述

叠压供水技术是 20 世纪 90 年代中期在国内继水箱、气压给水设备、变频调速给水设备之后发展起来的一种直接串接到市政给水管网的引入管或有压管道上加压的新型给水设备，具有全封闭、无污染、节能、占地少、安装快捷、运行可靠、维护方便等优点，已被广泛应用于新建、扩建或改建的居住区、民用建筑、公共建筑、工矿企业、城镇区域的二次加压给水系统。

9.1.1 叠压供水设施设置的原则

1）叠压供水不得影响城镇管网的正常供水；
2）叠压供水设备应具有防回流污染措施；
3）叠压供水设备应具有连续、安全运行的保护措施。

9.1.2 叠压供水技术应用的相关因素

1）供水管网的基本条件（管网设置、供水量及供水压力等）；
2）电源及供电系统状况；
3）供水的规模。

叠压供水技术应用应根据上述的相关因素，经技术经济比较和合理性、可靠性方面的分析后确定，并选择适宜的叠压供水形式。

9.1.3 工程建设中采用叠压供水技术应经当地供水主管部门认可

由于叠压供水技术的应用涉及区域管网供水、供电和规模等条件，因此采用的叠压供水的方式应符合当地供水的有关规定和取得当地供水主管部门的同意和批准，确定采用叠压供水技术的可行性和相应的叠压供水形式。

9.1.4 供水条件

1）供水管网
中国工程建设协会标准《叠压供水技术规程》CECS 221：2012（以下简称《叠规》），列举了可用于叠压供水吸（补）的管网类别。
（1）城镇供水管网；
（2）自备水源供水管网；
（3）居住小区、公共建筑区、工业生产区等室外供水管网；

（4）室外供水管网。

关于叠压供水设备供水管网的型式，《叠规》规定"叠压供水设施的进水管应单独接至供水管网的供水干管、供水管网为环状管网时，宜从环网接入"。

关于叠压供水设施供水管网的管径，《叠规》规定：

设备的进水管管径宜比供水管网小 2 级或 2 级以上，且叠压供水设备进水管流速为 1.2m/s 时，可按表 9-1 选用。

叠压供水设备进水管管径（mm）　　　　　　　　　　表 9-1

供水管网管径	100	150	200	300	350	400
供水设备进水管管径	≤65	≤80	≤100	≤150	≤200	≤250

注：1. 工作泵 2 台以上时，供水设备进水管管径应按 2 台及以上水泵吸水管过流断面积叠加后换算确定；
　　2. 对管径级差和过流断面积比有特殊要求时，应征得供水部门同意；
　　3. 供水设备出水管管径可比供水设备进水管管径小一级。

对于供水管网的管径，部分城市供水管理部门有具体的规定，如北京市要求"使用无负压（叠压）加压供水设备的外接供水管线口径应大于或等于 $DN300mm$"，天津市要求"设备吸水管所接的城镇供水管网管径小于 150mm；所接的小区供水管径不应小于 100mm"。

2）供水流量

关于叠压供水设施供水的管网流量限定，《叠规》给出了原则性的规定："叠压供水系统的设计应与供水管网的供水能力相匹配，并应满足用户的用水需要。现有供水管网的供水总量不能满足用水需求，使用叠压供水设备后，对周边现有（或规划）用户用水会造成影响的区域，不得使用叠压供水技术"。

3）供水管网压力

关于叠压供水设施供水管网接驳点的压力限定，《叠规》规定："在生活用水中采用叠压供水时，供水管网的水压不得低于该地区供水部门规定的最低设定压力值（从室外设计地面算起）；在消防用水中采用叠压供水时，供水管网的水压不得低于 0.10MPa（从室外设计地面算起）。规程还同时要求，叠压供水设施应设置防止供水管网压力下降的技术设施和报警装置"。

对于供水管网最低压力的限定，各地供水主管部门的规定大致相同。要求最低压力在 0.20～0.22MPa 区间。如北京市要求所处地区管网压力大于或等于 0.22MPa，天津市要求中心城区压力值不应低于 0.22MPa；近郊地区压力值不应低于 0.20MPa。

9.1.5　电源及供电系统

由于社会的发展和生活水平的提高，公众对生活用水的可靠性和安全性要求逐步提升，其也涉及供水设施电源及供电系统的保证。国家标准《城镇给水排水技术规范》GB 50788—2012 第 7.3.1 条在电气系统的配置上要求："电源和供电系统应满足城镇给水排水设施连续、安全运行的要求"。根据我国电力系统建设的发展，城市供水设施引接两路独立外部电源的条件也越来越成熟，具备了一定的条件和保障能力。因此，对于作为城市二次供水设施的叠压供水方式应尽量采用两路独立外部电源供电，以提高供电以及供水的安全性、可靠性。

在供电条件较差的地区，当外部电源无法保障叠压供水设施连续、安全运行或达不到所需要的供电能力时，应设置备用的动力装置，即可采用包括柴油发电机或柴油机直接拖动等形式的备用动力装置。

对于叠压供水设施的电源和供电系统在《叠规》中也作出明确规定："供电设计应符合现行国家标准《供配电系统设计规范》GB 50052 的规定。当中断供电将影响重要用水单位的正常工作时，宜按二级复合供电。二级负荷供电宜采用双回路供电。双回路供电应配置双回路自动转换装置"。

本规定的要求虽低于国家标准《城镇给水排水技术规范》GB 50788—2012 中的相关规定，但仍要求对叠压供水设施的电源和供电系统具有一定的可靠性和连续运行要求。在地方供水部门的规定中，天津市也规定"当建筑物具备双电源或双回路供电方式时，叠压供水设备应采用同等条件"。

因此，对城镇和小区采用叠压供水方式时，应考虑供水设施连续、安全运行的保证措施。在有条件的区域和场所，在电源和供电系统上应尽量采取安全、可靠的供电方式。

9.1.6 叠压供水设施组成及要求

1）叠压供水设备通常由下列组件组成：

（1）防回流污染装置（根据需要设置）；

（2）稳流罐（根据需要设置）；

（3）进水设定压力值控制系统；

（4）过滤器；

（5）水泵机组；

（6）吸水管、出水管等管道；

（7）吸水管控制阀（闸阀或蝶阀）、出水管止回阀和控制阀（闸阀或蝶阀）等阀件；

（8）隔膜式气压水罐（根据需要设置）；

（9）压力检测仪表；压力、液位传感装置；

（10）自动控制柜（箱）；

（11）低位水箱或高位水箱（根据需要设置）；

（12）增压泵（根据需要设置）；

（13）水锤消除器；

（14）可调式自动泄压阀（高位水箱条件除外）；

（15）预留消毒设施接口；

（16）水射器（根据需要设置）；

（17）减振降噪设施。

2）各类型的叠压供水设备应结构合理、节能、管理操作简便、运行安全可靠、安装方便、易于维护；设备的构件、配件材质和卫生要求等，应满足当地城镇建设和供水部门对供水水质和卫生等方面的要求；设备应有可靠的保证供水管网水压不低于设定压力值的控制系统。

9.1.7 叠压供水设备水泵的配置规定

1）水泵应符合现行国家标准《清水离心泵能效限定值及节能评价值》GB 19762 的要求；

2）应采用高效率、节能型、流量—扬程曲线无驼峰的离心泵。水泵工作点应在高校区内运行；

3）变频工作泵应设两台或两台以上，但不宜多于 4 台。应设置至少一台备用泵，备用泵的供水能力不应小于最大 1 台工作泵的供水能力；

4）水泵过流部分水质应采用复合相关卫生标准的要求；

5）水泵噪声和振动应符合国家现行有关标准的要求。

9.1.8　叠压供水设备设计计算步骤

1）计算设备的供水量；

2）计算设备的供水压力；

3）核算水泵进水管的过水能力；

4）收集备选水泵的性能参数和 $Q \sim H$ 特性曲线；

5）建立叠压供水设备管道系统特性曲线方程；

6）核算水泵进水管所接市政给水管的管径。

9.2　罐式叠压供水

采用稳流补偿器（压力罐）做调蓄设施的叠压供水设备。称为罐式叠压供水设备。水泵机组和稳流补偿器安装在同一整体底座上为整体式，安装在不同底座上为分体式，配有稳流补偿器并实现流量调节的叠压给水设备。图 9-1 为罐式叠压供水设备。

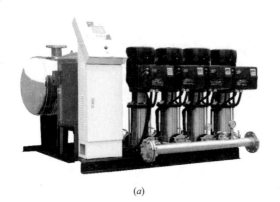

(a)　　　　　　　　　　　　　　　　　　(b)

图 9-1　罐式叠压供水设备
（a）数字集成全变频控制；（b）微机控制

9.2.1　设备基本组成及运行方式

1）设备基本组成

由稳流罐、变频调速泵组、气压水罐、变频控制柜、管道、阀门及仪表等组成。图 9-2 为罐式叠压供水设备原理示意。

2）设备运行方式

（1）当市政来水压力流量都能满足使用要求时、自来水保护装置自动打开。自来水通过管路直接向用户供水。

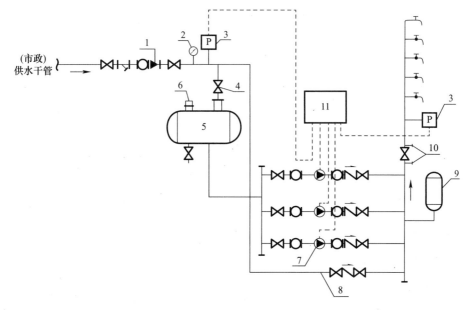

图 9-2　罐式叠压供水设备原理示意

1—倒流防止器（可选）；2—压力表；3—压力传感器；4—阀门；5—稳流罐（立式、卧式）；6—防负压装置；

7—变频调速泵；8—旁通管（可选）；9—气压水罐（可选）；10—消毒预留口；11—控制柜

（2）当市政压力不能满足时，变频泵组自动叠压增压运行，在自来水压力基础上差多少补多少。

（3）当系统无人用水时设备自动转入休眠状态，在小流量或夜间时设备通过高压节电补偿器低峰时储存的高压水进行补压，达到稳压节能的目的。

（4）当市政压力流量都不能满足时，自来水保护装置根据自来水压力自动调整开度，保护自来水压力不受影响，稳流调压装置自动打开、保压蓄压装置自动关闭，将高压节电补偿器中的储备水自动补充到稳流缓冲装置中，达到调峰补偿的目的。

（5）当市政进水压力恢复时系统自动启动，按以上模式供水。

9.2.2　设备基本要求

1）环境和工作条件

（1）环境温度：4～40℃；

（2）相对湿度：<90%（20℃）（室外型可允许为95%）；

（3）供电频率：50×（1±5%）Hz；

（4）供电电压：AC380×（1±10%）V；

（5）海拔高度：不宜超过1000m；

（6）设备运行地点应无导电或爆炸尘埃，无腐蚀金属或破坏绝缘的气体或蒸汽。

2）性能

（1）叠压供水

设备应能在供水管网限定压力值之上进行叠压供水。

（2）流量、扬程

设备正常运行时，其流量、扬程不应低于额定值的95%。

（3）稳流补偿

当供水管网进行流量不能满足使用要求时，稳流补偿器中的储备水可以补充到用户管网系统。

（4）强制保护功能

① 设备运行中当供水管网压力降到工地供水部门规定的限定压力时，应自动关泵或自动关闭进水；

② 运行过程中出现超压时，应自动停止运行停机保护并报警；水源恢复后应能自动开启。

（5）自动停、开机

设备在无水源或稳流补偿器无水时，应能自动停机保护并报警；水源恢复后能自动开启。

（6）小流量停机保压

设备在用户用水低峰或小流量时，应自动切换为停机保压的工作状态。

（7）压力调节精度

设备应具有自动恒压供水功能。恒压供水时，压力误差不应超过 0.01MPa。

（8）自动切换

当设备配置两台或两台以上水泵时，应能自动切换运行，切换时间不应超过 10s；当工作泵出现故障时，备用泵应能在 5s 之内自动投入运行。

（9）连续运行

设备在额定供水量及额定压力工况下连续运行时，应能正常工作。

（10）设备启、停控制

设备应具备手动、自动启停功能或配置远程操作的启停功能。

（11）强度及密封性

设备在 1.5 倍设计压力下保压 30min 应无变形或损坏，在 1.1 倍设计压力下保压 30min 应无渗漏。

（12）噪声

设备正常运行时，其噪声不应大于配套水泵机组的噪声，装机功率小于等于 2.2kW 时，其噪声不应超过 60dB（A），装机功率 3～15kW 时，其噪声不应超过 65dB（A）。

（13）保护功能

设备应具有对过压、欠压、短路、过流、缺相等故障进行报警及自动保护，应能手动或自动消除，恢复正常运行。

（14）设备抗干扰能力

设备在一定负荷的用电装置干扰下应能稳定、正常工作。

9.2.3　适用条件

供水流量充足，但压力不能满足用户水压要求的场所。

9.3　箱式叠压供水

箱式叠压供水方式是配有低位水箱并实现流量调节的管网叠压供水方式。主要由低位水箱、主泵机组、变频控制柜、增压装置、引水装置、稳流罐、流量控制器、保压装置及压力传感器等组成。

箱式叠压供水方式是随用户对供水可靠性需求的提高应运而生的。主要特点：

1）箱式叠压供水方式在一天的大部分时间内，水泵都是从设备进水管直接抽水，只有在用水高峰或供水不足的情况下，才将低位水箱的水增压补偿供水管网的供水量的不足，满足用户用水需要，故大部分时间内，箱式叠压供水设备仍充分利用了市政给水所提供的水压。

2）箱式叠压供水设备在控制柜中设有低位水箱内的水每天使用补充更新的程序，无论当天的用水情况如何，低位水箱内的水都要在当天使用掉一次，并及时更新补充为新鲜水。

9.3.1 设备基本组成及运行方式

1）设备基本组成

由稳流罐、低位水箱、增压装置、变频调速泵组、变频控制柜、管道、阀门及仪表等组成。图 9-3 为箱式叠压供水设备原理，图 9-4 为箱式叠压供水设备。

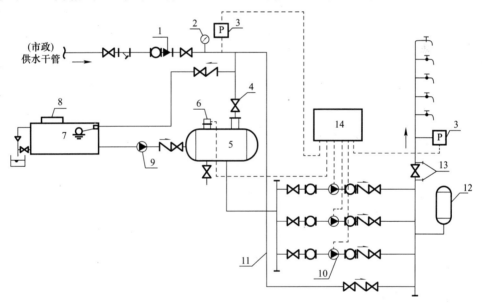

图 9-3　箱式叠压供水设备原理

1—倒流防止器（可选）；2—压力表；3—压力传感器；4—阀门；5—稳流罐；6—防负压装置（也可和控制系统不联锁）；7—水箱；8—空气净化装置；9—增压装置（可选）；10—变频调速泵；11—旁通管（可选）；12—气压水罐（可选）；13—消毒预留口；14—控制柜

2）运行方式

（1）当市政来水压力流量都能满足使用要求时、自来水保护装置自动打开。自来水通过管路直接向用户供水；

（2）当市政压力不能满足时，变频泵组自动增压运行，在自来水压力基础上差多少补多少；

（3）当系统无人用水时设备自动转入休眠状态，在小流量或夜间时设备通过高压节电补偿器低峰时储存的高压水进行补压，达到稳压节能的目的；

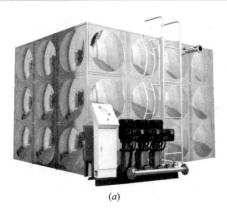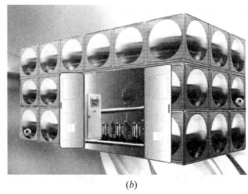

(a)　　　　　　　　　　　　　　　(b)

图 9-4　箱式叠压供水设备

(a) 数字集成全变频控制；(b) 微机控制

（4）当市政压力流量都不能满足时，自来水保护装置根据自来水压力自动调整开度，保护自来水压力不受影响，稳流调压装置自动打开、保压蓄压装置自动关闭，将水箱中的储备水自动补充到市政管网中，达到调峰补偿的目的；

（5）当市政进水压力恢复时系统自动启动，按以上模式供水。

9.3.2　设备基本要求

1）环境和工作条件

（1）环境温度：4～40℃；

（2）相对湿度：<90%（20℃）（室外型可允许为 95%）；

（3）供电频率：$50×(1±5\%)$Hz；

（4）供电电压：$AC380×(1±10\%)$V；

（5）海拔高度：不宜超过 1000m；

（6）设备运行地点应无导电或爆炸尘埃，无腐蚀金属或破坏绝缘的气体或蒸汽。

2）设备性能

（1）叠压供水

设备应能在供水管网限定压力值之上进行叠压供水。

（2）流量、扬程

设备正常运行时，其流量、扬程不应低于额定值的 95%。

（3）调峰

当供水管网供水量不能满足系统要求或供水压力达到当地供水部门规定的限定压力时，切换装置关闭供水管网进水，由增压装置将低位水箱汇总的水增压并经水泵机组补充到用户管网中，并应满足用户的使用要求。

（4）强制保护功能

① 设备运行中当供水管网压力降到工地供水部门规定的限定压力时，应自动关泵或自动关闭进水；

② 运行过程中出现超压时，应自动停止运行停机保护并报警；水源恢复后应能自动开启。

（5）自动停、开机

设备在无水源或稳流补偿器无水时，应能自动停机保护并报警；水源恢复后能自动开启。

（6）小流量停机保压

设备在用户用水低峰或小流量时应自动切换为停机保压的工作状态。

（7）压力调节精度

设备应具有自动恒压供水功能。恒压供水时，压力误差不应超过0.01MPa。

（8）自动切换

当设备配置二台或二台以上水泵时，应能自动切换运行，切换时间不应超过10s；当工作泵出现故障时，备用泵应能在5s之内自动投入运行。

（9）连续运行

设备在额定供水量及额定压力工况下连续运行时，应能正常工作。

（10）设备启、停控制

设备应具备手动、自动启停功能或配置远程操作的启停功能。

（11）强度及密封性

设备在1.5倍设计压力下保压30min应无变形或损坏，在1.1倍设计压力下保压30min应无渗漏。

（12）噪声

设备正常运行时，其噪声不应大于配套水泵机组的噪声，装机功率小于等于2.2kW时，其噪声不应超过60dB（A），装机功率3～15kW时，其噪声不应超过65dB（A）。

（13）定时循环功能

设备应具有定时自动从低位水箱中取水并补充到用户管网中的功能。

（14）消毒

设备应具有消毒设施。

（15）保护功能

设备应具有对过压、欠压、短路、过流、缺相等故障进行报警及自动保护，应能手动或自动消除，恢复正常运行。

（16）设备抗干扰能力

设备在一定负荷的用电装置干扰下应能稳定、正常工作。

9.3.3 设备适用条件

1）适用于供水保证率要求较高的用户；

2）适用于短时停水或压力过低场所。

9.4 管中泵叠压供水

管中泵叠压供水是指直接串联在城镇供水管网或其他给水管网（以下简称取水管网）上，通过超静音不锈钢潜水泵增压，降低水泵运行噪声及振动，有效利用取水管网压力，并保证不对取水管网产生负压，能自动补偿管网差额流量和稳定压力，保证供水水压满足末端用户所需压力，有效节能的二次供水设备。

管中泵叠压供水设备，从结构上又可以分为管中泵罐式叠压供水和管中泵箱式叠压供水。

9.4.1　组成

管中泵叠压给水设备主要由稳流补偿罐（或者补偿水箱）、真空抑制器、气压罐、不锈钢静音管中泵、压力检测系统、进出水总管、变频控制柜及配套阀门等组成。典型的管中泵叠压给水设备如图 9-5 所示。

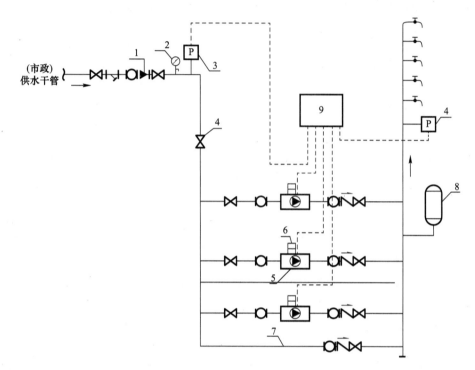

图 9-5　管中泵叠压给水设备

1—倒流防止器（可选）；2—压力表；3—压力传感器；4—阀门；5—变频井用潜水泵；
6—防负压装置；7—旁通管（可选）；8—气压罐（可选）；9—控制柜

9.4.2　工作原理及特点

1. 管中泵罐式叠压给水

正常供水时，取水管网的水通过进水总阀、管道过滤器、低阻力倒流防止器进入稳流补偿罐内，随着罐内的水位不断上升，当罐内水压达到运行压力值时，水泵自动启动，变频调速运行，出水总管压力缓缓上升，通过出水压力变送器信号传送至全自动微机控制系统内，控制水泵运行频率恒压至设定的出水压力值，向用户供水。

用水高峰期时，当取水管网压力低于某一压力值时，真空抑制器和逆流补偿器联合动作，高能储存器和气压罐内储备充足的压力能量通过逆流补偿器的动作释放进入稳流补偿罐内，向稳流补偿罐进行能量补偿，以补偿此时稳流补偿罐内进水的不足，抑制真空、消除负压从而保护取水管网，罐内储存的水起短时稳流调节作用，直至稳流补偿罐内水位降低最低水位，水泵停止运行。当取水管网恢复正常供水时，系统恢复正常运行。

2. 管中泵箱式叠压给水

正常供水时，取水管网的水通过 Y 形过滤器、倒流防止器，利用取水管网压力进行叠压供水；用水高峰期时，当取水管网压力低于某一压力值时，增压泵启动从水箱取水，补偿市政不足部分，达到设备无间断供水。

3. 特点

管中泵叠压供水设备是一种新型的供水设备，依托于超静音不锈钢潜水泵及潜水电机的存在，将静音潜水泵组内置安装于经过精密计算的导流套管之中。既能确保水泵电机在管路中稳定运行，最大可能地减少噪声，又能保证适当的水流速度，以满足潜水电机的散热要求和最小可能产生水锤现象；设备结构形成一个密闭系统，因此运行噪声小，水质无污染。管中泵供水设备，占地面积小，安装方式灵活，可根据用户要求或安装环境设计成立式和卧式两种型式，其主要特点为：

1）超静音：选用的静音型潜水泵和潜水电机本身即具备静音的特点，再将水泵电机内置安装于导流套管之中，通过水流帮潜水电机散热的同时，带走电机的部分运行噪声，可有效将噪声控制在 40dB 以内；

2）节省投资：管中泵供水设备产品本身可以作为管路的一部分与管网进行连接，从而节省泵房、水箱、控制室等投资费用；

3）高效节能：管中泵供水设备可与自来水管网直接串联，利用市政管网的压力，并在此基础上进行叠压供水。与普通供水设备相比，节能效果明显；

4）卫生环保：管中泵供水设备选用的静音型潜水泵和潜水电机，其过流部件均采用卫生级不锈钢材质。而且，潜水电机须选用充水式结构，采用水润滑轴承，无需油脂，水润滑、水循环、水冷却，完全杜绝对水质的二次污染；

5）安全无泄漏：管中泵供水设备形成密闭系统，且选用的静音型潜水泵无机械密封等易损件，杜绝因水泵机械密封老化磨损导致的泄漏问题。确保供水设备的运行安全，而且不会造成水资源浪费。

9.4.3 常用的系统原理图

典型的管中泵罐式和箱式叠压给水设备系统原理图，分别如图 9-6、图 9-7 所示。

9.4.4 设计选用及适用范围

1. 设计选用

选择管中泵叠压供水设备，最主要的依据是使用工况需求，在满足工况要求下，不可贪大求多，而应根据管中泵的特性，经过精确计算，选择符合工况要求最佳管中泵组，配置相适应的变频控制器、稳流罐、稳压罐等，组成高效、节能、适用的供水机组。

1）尽可能不选一用一备机组，因为如果每天泵组工作大部分时间不在高效区，既不节能，而且在管中泵在低频下运转，又不能保证潜水电机表面的有效冷却，对泵组使用寿命会有较大影响；

2）选择管中泵供水机组，因为潜水电机冷却的特点，需要保证进水流速，尽可能选多泵组合为优，而弃大泵组合，但一套机组原则上不宜超过 5 台管中泵组；

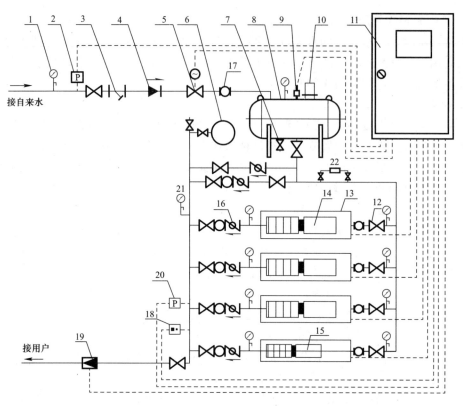

图 9-6　管中泵罐式叠压给水设备

1—真空压力表；2—进水口压力传感器；3—Y 形过滤器；4—倒流防止器（可选）；5—流量控制阀；6—稳压罐；7—清洗排污阀；8—稳流补偿罐；9—水位传感器；10—真空抑制器；11—控制柜；12—阀门；13—泵外套管；14—变频井用潜水泵；15—辅助泵；16—止回阀；17—可曲挠橡胶软接头；18—超压保护装置；19—流量计；20—进水口压力传感器；21—压力表；22—消毒设备（可选）

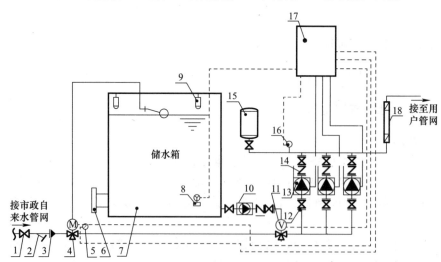

图 9-7　管中泵箱式叠压给水设备

1—阀门；2—Y 形过滤器；3—倒流防止器；4—进水电动三通阀；5—进水口压力传感器；6—消毒设备（可选）；7—不锈钢水箱；8—液位传感器；9—水箱清洁器（可选）；10—辅助加压泵；11—水箱出水电动三通阀；12—阀门；13—变频井用潜水泵；14—止回阀；15—气压罐；16—出水口压力传感器；17—变频控制柜；18—紫外线消毒器（可选）

3）管中泵特点是细、长，选择管中泵供设备时，应注意安装泵的具体尺寸，立式安装时要考虑泵房允许高度，卧式安装时考虑泵房的长宽尺寸，以及运输过程中的安全；

4）选定管中泵组后，要配置与泵组功率相适应的变频控制器，根据使用工况，选定全变频还是多变频控制；

5）管中泵箱式叠压机组选择水箱时，通常单水箱容积不得大于150m³；

6）配置管中泵进出口，要满足主管道进出水管要求。

2. 适用范围

管中泵叠压供水设备，可以满足所有供水工况需求。但在通常设计中，单泵功率一般为0.37kW到22kW；机组标准设计配置1用1备到4用1备泵组，总流量最大可达84L/s；单机组扬程可达1.35MPa。一般应用于海拔≤1000m的场所。

3. 其他

设备技术性能参数及外形尺寸详见第11章。

9.4.5　设备标准

管中泵叠压供水设备制造中采用的标准可以参照：国家标准《静音管网叠压给水设备》GB/T 31894—2015；行业标准《静音管网叠压给水设备》CJ/T 444—2014；行业标准《无负压静音管中泵给水设备》CJ/T 440—2013。

9.4.6　施工及验收的特殊要求、检查要点

管中泵叠压供水在施工验收中的要求和检查要点同9.2节和9.3节中的相关内容。除此之外，还应注意以下要求。

1）管中泵供水设备选用的静音型潜水泵和潜水电机，其过流部件均应采用卫生级不锈钢材质。

2）潜水电机须选用充水式结构，采用水润滑轴承，不得采用机械密封，无需油脂，水润滑、水循环、水冷却，完全杜绝对水质的二次污染。

9.5　其他叠压供水方式

9.5.1　高位调蓄式叠压供水

高位调蓄式叠压供水方式就是配有高位调蓄水箱（罐）并实现流量调节的管网叠压供水方式。高位调蓄式叠压供水设备可直接与供水管网连接，利用供水管网的压力，在建筑物顶部设置高位调蓄水箱（罐）来调节流量和稳定压力，当发生供水管道、设备电源、设备的机械等故障时，可利用高位调蓄水箱（罐）保持正常供水的设备。

高位调蓄式叠压供水方式用户水压是由高位调蓄水箱来保证的，与其他叠压供水设备相比有三大特点：一是省去了水泵出口的压力传感器，故它的供水主泵可以在工频状态下运行，不一定需要使用变频器，因此，控制系统最简单；二是进水管直接连接市政供水管网，充分利用市政给水可利用的水压。在所有种类叠压供水方式中最节能的；三是它在高位水箱（罐）中有一定的调节水量，可以保证供水安全。

1. 设备组成及运行方式

1）设备组成

主要由稳流罐、流量控制器、高位水箱（罐）、工频或变频调速泵组、控制柜、管道、阀门及仪表等组成。

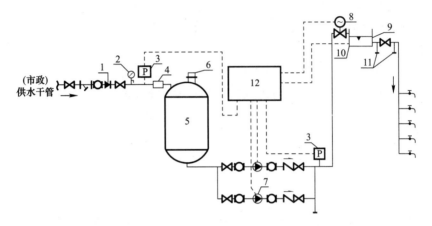

图 9-8　高位调蓄式叠压供水设备原理示意（高位调蓄水箱）

1—倒流防止器；2—压力表；3—压力传感器；4—流量控制器；5—稳流罐；6—防负压装置；

7—水泵；8—电动阀；9—高位水箱；10—液位传感器；11—消毒预留口；12—控制柜

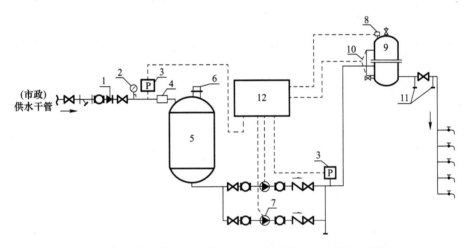

图 9-9　高位调蓄式叠压供水设备原理示意（高位调蓄水罐）

1—倒流防止器；2—压力表；3—压力传感器；4—流量控制器；5—稳流罐；6—防负压装置；

7—水泵；8—水位报警装置；9—高位水罐；10—液位传感器；11—消毒预留口；12—控制柜

2）运行方式

高位调蓄式叠压供水有三种运行方式：①叠压补水运行方式；②调蓄水箱（罐）自流供水方式；③叠压＋补偿运行方式。图 9-8 为高位调蓄式叠压供水设备原理示意（高位调蓄水箱），图 9-9 为高位调蓄式叠压供水设备原理示意（高位调蓄水罐）。

2. 设备的基本要求

1）设备使用的工作环境及工作条件

（1）环境温度：4～40℃，若超出此范围应采取相应措施；

（2）相对湿度：不大于 90％（20℃），无凝露；

（3）供电电源：三相五线，380(1±10％)V，50Hz；

（4）海拔高度：不超过 1000m；

（5）设备安装地点应无导电或爆炸性尘埃，无腐蚀金属或破坏绝缘的气体或蒸汽及其他介质。

2）设备基本功能

（1）"休眠"与"唤醒"功能

当高位调蓄罐的水位达到高水位时，变频泵就延时"休眠"，设备应能自动进入待机状态；当高位调蓄罐的水位达到低水位时，变频泵自动"唤醒"设备恢复运行。

（2）泵组轮换功能

工作泵与备用泵能定时轮换运行，且先启先停。

（3）流量缓冲功能

当供水管网供水量小于用户用水量时，流量控制器调节缓冲罐入口流量，使供水管网压力维持在最低服务压力不再下降，减少对供水管网的影响。

（4）调节功能

在正常供水时，设备应能具备对供水管网供水量不足进行调节的功能。

（5）安全供水功能

一旦发生供水管网、设备电源、设备的机械故障，该设备应具有能够保证正常供水的功能。

（6）设备启、停控制功能

设备应具有手动、自动和远程控制的启动、停止功能。

（7）保护功能

设备应具有过压、欠压、过流、过载、缺相、短路、过热等故障的自动保护功能，对可恢复的故障应能进行消除，并恢复正常运行。

（8）超高报警功能

当高位调蓄罐中的水位到达超高水位时，设备应具备报警功能。

（9）远程监测、监控功能

设备能实现远程监测、监控功能。

（10）电压波动适应性

电源电压在额定电压的 90％～110％时，设备应能正常工作。

（11）设备强度和密封性能

设备的强度和密封性能应符合《建筑给水排水及采暖工程施工质量验收规范》GB 50242 中的规定。

（12）噪声

设备正常运行时所产生的噪声，不应大于配套水泵机组的噪声。

设备正常运行时噪声：单机功率 2.2kW 以下不应大于 55dB（A），3～15kW，不应大于 75dB（A）。

（13）供水能力

设备的供水能力不应低于额定供水扬程、额定流量。

（14）连续运行能力

设备在额定流量及额定供水扬程条件下进行连续运行试验，试验中各控制功能应准确无误。

3. 设备适用条件

1）适用于对供水保证率有要求的场所；

2）适用于有瞬时大流量用水工况的用户；

3）适用于用水压力要求稳定的场所；

4）适用于原有高位水箱的老旧生活给水系统改造的场所。

9.5.2 无调节装置叠压供水

无调节装置叠压供水就是不配置稳流补偿罐、低位水箱和高位调蓄水箱（罐）的管网叠压供水方式。

1. 设备组成

无调节装置叠压供水设备由倒流防止器、压力传感器、变频调速泵组、控制柜、管道、阀门及仪表等组成。图 9-10 为无调节装置叠压供水设备原理示意，图 9-11 为无调节装置叠压供水设备。

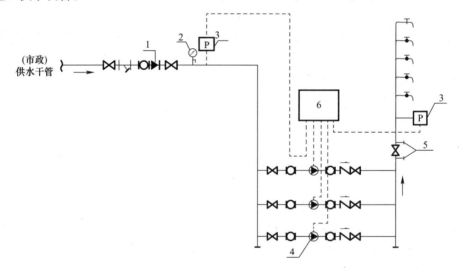

图 9-10 无调节装置叠压供水设备原理示意

1—倒流防止器；2—压力表；3—压力传感器；4—变频调速泵；5—消毒预留口；6—控制柜

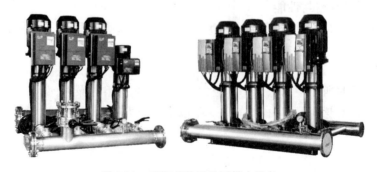

图 9-11 无调节装置叠压供水设备

170

2. 运行方式

无调节装置叠压供水设备有三种运行方式：①叠压运行方式；②降级运行方式；③禁止运行方式。

3. 设备特点

1）在用户全流量用水范围内，全部用变频调速泵组供至用水点，对市政供水无调蓄能力。

2）无调节装置叠压供水设备供水能力（泵供流量）＝最大抽吸流量＝设计秒流量＝用户用水量。

4. 适用性

1）适用于市政供水能力充足地区，而且供水流量符合当地水务管理部门的要求；

2）适用于供水企业自建加压泵站，抽吸影响易于评价判断，有条件时可优先采用；

3）适用于建筑局部分区增压供水。如：高、中、低三个分区，中、低两个区采用中转增压（总体上已有良好的调蓄能力），高区为降低泵功率采用无调节装置叠压供水。

9.5.3 射水型叠压供水

射水型叠压供水是在水泵吸水管上安装射流辅助装置，在用水高峰时市政管网内的自来水经过射流装置喷射，在射流装置混合室形成真空将水箱内的水吸入混合室和直供水混合，经过水泵加压后向用户供水；因市政管网直供水经过射流装置喷嘴的喷射引入了水箱内的补偿水保持水泵进水需求，这样既利用了进水压力又降低了市政管网的供水流量，缓解了市政管网在用水高峰时的供水压力。

1. 设备组成

射水型叠压供水由水泵、射流辅助装置，不锈钢生活水箱、双水源切换装置、智能变频控制柜和配套阀门管件组成。

2. 产品特点

1）节能

直接和市政管网连接，微机实时检测分析进出水压力、流量变化情况，双水源切换装置和射流辅助装置协调自动动作。叠加自来水管网原有压力，差多少、补多少，与原来传统的供水方式相比，有显著的节能效果，节能达30％～70％。

2）环保、无污染

水箱采用食品级SUS304不锈钢材料，封闭运行卫生环保。先进的设计结构防污染、防投毒，安全、可靠。水箱内部水源日用日新，每天定时循环使用，可保持水质优良，达到了绿色、环保的卫生要求。

3）运行安全、可靠

水泵机组互为备用；当自来水停水时，设备自动切换到水箱供水；当设备因停电造成停机时，还可以直接利用自来水管网压力供水，从而大大提高了用户用水的可靠性。

4）智能化控制

设备应用模糊控制、组态通信等当今世界先进的控制技术，可以实时监控设备的运行情况、压力变化情况、故障情况、历史数据记录等，可实现远程及手机线集群监控，随时随地监控设备运转、压力变化等情况。微电脑控制水泵变频运行，保护功能齐全，无需人员值守。

3. 工作原理

射水型叠压供水的工作原理是根据文丘里效应演化而来，文丘里管利用流体在变截面管道中流速、压力和状态的变化来实现预期的能量转换的目的，从而实现叠压供水的效果。

射水型叠压供水设备的控制原理见图 9-12。

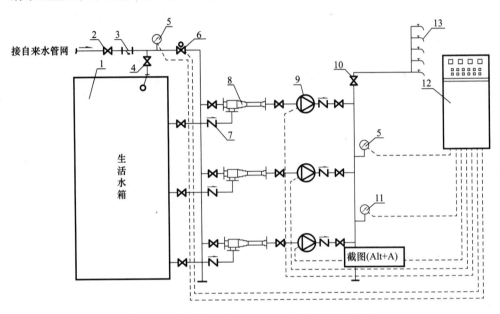

图 9-12　射水型叠压供水设备的控制原理示意图

1—生活水箱；2—进水总阀；3—Y 形过滤器；4—遥控浮球阀；5—压力采集仪表；6—双水源切换装置；7—止回阀装置；8—射流装置；9—加压水泵；10—出水总阀；11—管网超压保护仪表；12—智能控制柜；13—用水用户

4. 设备标准

射水型叠压供水设备制造中采用的标准参照《管网叠压供水设备》CJ/T 254—2014。

5. 选用注意事项

1）射水型叠压供水设备设置前应征得当地自来水用水主管部门同意。

2）射水型叠压供水设备供水流量 1.0～1000m³/h，供水扬程 0.1～1.6MPa，配套水泵单台功率 0.37～315kW。

3）设备技术性能参数及外形尺寸详见第 11 章。

9.5.4　机电一体化叠压供水

机电一体化叠压给水设备是将增压装置和电气控制系统全部集成在叠压智能稳流罐内的整体式结构全自动加压给水设备。主要由叠压智能稳流器、潜水泵、电气控制装置、仪表、管路、阀门等组成，见图 9-13。

机电一体化叠压供水设备的控制方式分为 PLC 控制（由可编程逻辑控制器作为控制核心进行自动控制）和微机控制（由单片机作为控制核心进行自动控制）两种型式，其通信接口有标准型（采用人机界面操作、显示与控制，无外部通信接口）和监控型（采用人

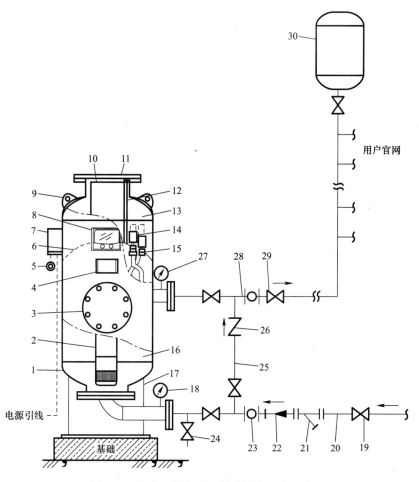

图 9-13 机电一体化叠压供水设备组件示意图

1—叠压智能稳流罐；2—潜水泵；3—检查孔；4—设备铭牌；5—外部通信接口；6—隔板；7—接线盒；8—控制显示屏；9—吊耳；10—电控装置；11—检查孔；12—电控装置固定框架；13—电气仪表腔；14—压力传感器；15—密封接线柱；16—稳流增压腔；17—支承底座；18—压力表；19—进水控制阀；20—设备进水管；21—管道过滤器；22—倒流防止器；23—可曲挠橡胶管接头；24—泄水阀；25—旁通管；26—止回阀；27—压力表；28—出水管；29—控制阀；30—气压水罐

机界面操作、显示与控制，并设有远程监控接口）。在用水量小于 25% 额定流量情况下，设备可自动停机进入小流量保压状态，并能满足用户小流量用水要求。

编制有中华人民共和国城镇建设行业标准《无负压一体化智能给水设备》CJ/T 381—2011。

9.5.5 净化叠压供水

净化叠压供水设备将深度净化单元与叠压供水设备组合为一体。市政管网来水经过净化单元，能有效去除水中可能含有的菌落，降低水中浊度并保留对人体健康有益的矿物质和微量元素。

1. 设备组成

净化叠压供水设备由净化单元、稳流补偿罐、不锈钢立式多级泵、紫外线消毒器、仪表、阀门、设备底座、控制柜等组成。其中，净化单元采用超滤膜组件，用于直接降低或去除设备进水的浊度和菌落。

2. 工作原理

1）设备进水先流经净化单元，降低进水浊度，去除菌落数，然后进入稳流补偿罐，经增压泵叠压变频供水。设备运行中，由压力传感器（或压力控制器、电接点压表）自动控制水泵启停。

设备在微机的控制下实时监测市政管网和用户管网的压力，自动调节水泵转速，实现恒压变量供水。

净化单元可根据进水水质情况，自动调节反冲洗时间。

2）净化叠压供水系统原理见图9-14。

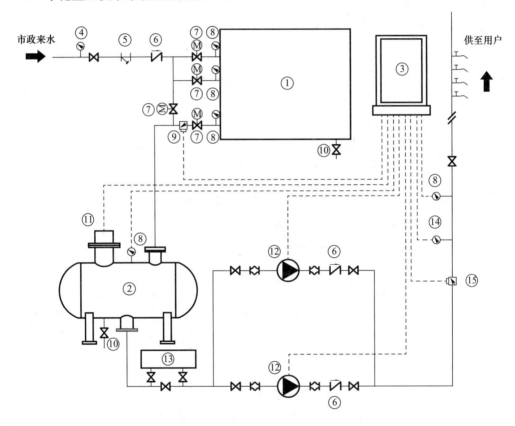

图9-14　净化叠压供水系统原理示意图

1—净化单元；2—稳流补偿器；3—控制系统；4—负压表；5—过滤器；6—倒流防止器；7—电动阀；
8—压力表；9—产水流量计；10—排空阀；11—真空抑制器；12—水泵；
13—紫外线消毒器；14—超压保护装置；15—出水流量计

3. 产品特点

1）有效提升出水品质

采用超滤膜孔径范围为 $0.01\sim0.02\mu m$ 的膜分离净化处理单元，有效截留来水中含有的细菌、胶体、铁锈、悬浮物、泥沙及大分子有机物，滤后水浊度小于 $0.1NTU$，菌落总数去除率大于 99.9%。

174

2）能耗小

净化处理单元采用中空纤维内压式超滤膜组件，利用市政管网压力工作，压降一般不大于 0.02MPa；滤膜反冲洗利用稳流补偿罐的贮能进行。

3）安全卫生

设备过流部件全部为 S30408 食品级不锈钢材质，全密闭结构，无二次污染。

4）智能化自动控制

每台水泵均配置变频器，微机控制全自动运行，维护方便，不需设专人管理。

4. 设备选用注意事项

1）建议根据进水水质及客户用水需求进行设备净化处理单元的定制。

2）净化叠压供水设备供水流量 5～32m³/h，供水扬程 30～100m，配套水泵单台功率 1.5～7.5kW。

设备技术性能参数及外形尺寸详见第 11 章。

9.5.6　双向叠压供水

双向叠压供水系统在变频叠压给水（由下向上供水）的同时，利用供水水压对设于供水系统顶部的全密闭高位贮能罐补水。贮能罐水满后可以自动停泵，利用高位贮能罐的势能给下方各层供水。

1. 设备组成

双向给水供水设备由稳流补偿罐、不锈钢立式多级泵、紫外线消毒器、仪表、阀门、设备底座、控制系统、高位贮能罐等组成。高位贮能罐放置在供水区域顶部，贮能贮水。

2. 工作原理

1）变频叠压供水设备置于低位的生活泵房，高位贮能罐位于建筑物高位的设备间。在设备叠压供水的同时，利用水加压到建筑物上部剩余的动能给高位贮能罐补水、储压。

高位贮能罐与供水管网连通，当高位贮能罐内的水压到达设定压力值后，水泵停止工作。正常用水时，利用高位贮能罐的储能给下方各层供水。当高位贮能罐内的水压低于设定压力值后，水泵启动运行。

高位贮能罐的贮能来源于下端变频叠压供水设备向上供水的剩余动能。剩余动能来源于最高层用户用水点的出水压力，把此部分能量贮存至高位贮能罐。

2）双向叠压供水系统原理详见图 9-15。

3. 产品特点

1）高效、节能

设备直接叠加市政压力上行变频给水，利用高位贮能罐储存的势能下行供水，双效节能。

2）安全、环保

设备过流部件全部为 S30408 食品级不锈钢材质，全密闭结构，无二次污染。

3）智能化自动控制

依靠微机进行自动控制，具有过压、过流、过载、水源无水、语音报警等多种保护功能，可实现对设备运行工况的远程监控。

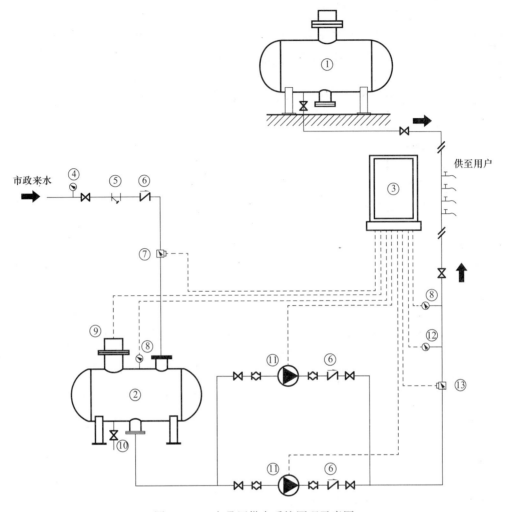

图 9-15 双向叠压供水系统原理示意图

1—高位贮能罐；2—稳流补偿器；3—控制系统；4—负压表；5—过滤器；6—倒流防止器；7—流量计；
8—压力表；9—真空抑制器；10—排空阀；11—水泵；12—超压保护装置；13—出水流量计

4. 设备选用注意事项

1）建议根据建筑物特点及客户需求定制。

2）双向叠压供水设备供水流量 6～30m³/h，供水扬程 30～120m，配套水泵单台功率 1.5～7.5kW。

设备技术性能参数及外形尺寸详见第 11 章。

9.5.7 变压变量叠压供水

变压变量叠压供水设备可实时监测设备出水压力和管道流速的变化，准确判断用户用水量的大小，根据用户用水量的变化情况，全时主动调整设备运行工况，实时动态补偿用户管道沿程损失，自动调整设备供水压力，高峰期补偿压力就多，低峰期补偿压力就少，小流量或不用水时就不补偿，真正实现按需供水，不做无用功。

1. 设备组成

变压变量叠压供水设备由智能闭环控制系统、智能数据采集系统、信号闭环传输系统、远程网络监控系统、全自动水汽分离式双向稳流补偿系统、多功能三腔双密封电动式负压抑制系统、高精度双平衡式全不锈钢稳压机构组件、水泵机组、管件阀门及其他附件。

2. 产品特点

1）双系统

一套设备集成二套控制系统，双系统互为冗余，相互备用。

2）全时主动

末端压力动态补偿，按需供水，不做无用功。

3）串联叠压

高、中、低区多套设备串联叠压，互联互通，分散控制，集中管理。所有设备仅需配套"低扬程、小功率"水泵，电机总功率可省30%～70%。

4）移动互联

远程监控云平台，设备管理更智能。

3. 工作原理

用户的基础压力为设备所需供水的最高楼层的高度与用户用水器具正常用水所需的静水压力之和。当出水压力低于用户的基础压力时，设备先自动控制水泵变频软启动运行，直到设备的出水压力等于用户的基础压力。设备根据用户用水量的变化情况，实时监测出水压力和管道流速的变化，自动调整设备出水压力，用水量越大，补偿压力就越多；用水量越小，补偿压力就越少；不用水时就不补偿，设备进入小流量停机保压节能状态，真正实现按需供水，不做无用功。

变压变量叠压供水设备的控制原理见图9-16。

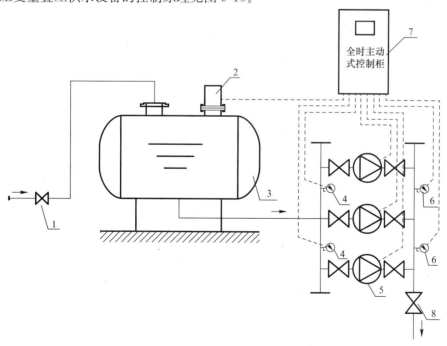

图9-16 变压变量叠压供水设备的控制原理示意图

1—进水总阀；2—真空抑制器；3—稳流补偿器；4—电接点压力表；5—水泵；
6—远传压力表；7—控制柜；8—出水总阀

4. 设备标准

变压变量叠压供水设备制造中采用的标准参照企标《全时主动式管网叠压供水设备》Q/320115 NJLY 01—2016。

5. 选用注意事项

1）变压变量叠压供水设备供水流量 1.0～5000m³/h，供水扬程 0.1～2.5MPa，配套水泵单台功率 1.0～1000kW。

2）设备技术性能参数及外形尺寸详见第 11 章。

第 10 章　泵　　房

本章主要介绍的是城镇的建设单位以城镇自来水管网为水源，为新建、已建的居住小区或单栋建筑设置的二次供水设施的泵房设计。

10.1　泵房的设置原则和基本要求

10.1.1　二次供水泵房的设置原则

在设计中选择二次供水泵房的位置与形式时，应充分考虑以下因素：

1）二次供水泵房尽可能靠近用水负荷中心

水泵房位置接近用水负荷中心，就会使从泵站到用水点的主要供水干管距离缩短，减少了工程造价。同时，可以平衡整个给水系统的压力，降低最不利用水点到加压泵站的压力差。

2）二次供水泵房应靠近对供水水压要求较高的用户

水泵房位置接近用水压力高的用水点，可以减小远、近供水水压的不均匀。如果二次供水泵房设置在距压力高用水区较远的位置，势必要造成二次供水泵房附近的管网压力偏高，有时会影响附近管网中的管件因压力过高而损坏失灵。

3）充分利用城镇给水管网的压力

采用二次供水加压供水时，应对建筑给水系统进行竖向分区，在市政管网水压可以得到保障的区域采用直接供水，其他区域采用加压供水。由于市政管网的水压在不同季节、不同时段都发生着变化，因此在进行竖向分区前，应对市政管网的供水压力变化情况有充分了解，特别是要准确判定市政管网的最低压力。因为市政管网的最低压力不仅是确定直接供水范围的标准，也是选择加压水泵扬程的依据。如果所确定的最低压力比实际水压高出太多，不仅会在直接供水范围内的较高楼层出现水压不够现象，还会因为所选水泵扬程偏低，在叠压供水区域的最高楼层水压也不能满足要求；反之，如果实际水压比所确定的最低压力高出太多，不仅水泵选型时扬程偏高，造成水泵及变频设备投资增加，而且还将导致设备投入运行后水泵长期在较低的转速下工作，设备总体效率低下，形成另一种形式的能源浪费。

10.1.2　二次供水泵房的基本要求

1. 水池和水箱的布置要求

从结构安全性和使用功能出发，贮水池和水箱应采用独立的结构形式进行设计和建设，不得利用建筑物结构构件作为水池（箱）的壁板、底板及顶盖。为防止渗漏污染的发生，在其他用水水池与贮水池和水箱并联设置时，应有各自独立的结构，不得共用分隔墙，邻池的外池壁间应设置有良好的排水措施，防止积水。必要时，外池壁间应保持一定的距离，以满足外壁养护和检修要求。

为杜绝地下水和临近污染源对贮水池内水的污染，同时考虑贮水池的彻底重力泄空，以及日常维护和必要的检修，贮水池设计不得采用埋地或半埋地形式，应设置在设计地面以上或位于地下室内，并与支承面保持一定的管道和设备的安装间距。贮水池周围10m 以内，不得有化粪池、污水处理构筑物、渗水井、垃圾堆放点等污染源；周围2m 以内不得有污水管和污染物。当达不到此要求时，应采取防污染的措施。建筑物内贮水池和水箱宜设置在通风良好的专用房间内，为确保在事故时的供电安全以及日常运行和事故发生时对周围的影响，不宜毗邻电气用房和居住用房或在其下方。为防止外部环境的污染，上部对应的位置不应有厕所、浴室、盥洗室、厨房、污水处理间等生活、生产类污染源。

为满足施工、装配和检修要求，贮水池和水箱外壁与建筑本体结构墙面或其他池壁之间的净距应满足施工或装配的需要，无管道的侧面净距不宜小于 0.7m；安装有管道的侧面，净距不宜小于 1.0m，且管道外壁与建筑本体墙面之间的通道宽度不宜小于 0.6m；设有人孔的池（箱）顶，顶板面与上面建筑本体板底的净空不应小于 0.8m。池（箱）外底面与支承面板的净距，不宜小于 0.8m。

2. 水泵房内的水泵机组布置规定

1）水泵机组之间及墙的间距详见表 10-1：

水泵机组外廓面与墙和相邻机组间的间距　　　　　　　　　　表 10-1

电动机额定功率（kW）	水泵机组外廓面及墙面之间的最小间距（m）	水泵机组外廓面之间的最小距离（m）
22	0.8	0.4
22～55	1.0	0.8
55～160	1.2	1.2

注：1. 水泵侧面有管道时，外轮廓面计至管道外壁面。
　　2. 水泵机组是指水泵与电动机的联合体，或已安装在金属座架上的多台水泵组合体。

2）当泵房场地较小时，下述布置可供参考。当电机容量小于 20kW 或吸水管管径不大于 100mm 时，泵基础的一侧可与墙面不留通道；而且两台同型号水泵可共用一个基础彼此不留通道，但该基础的侧边与墙面（或别的机组基础的侧边）应有不小于 0.7m 的通道；不留通道机组的突出部分与墙的净距或同基础相邻两个机组的突出部分间的净距不小于 0.2m。

3）泵房的主要通道宽度不得小于 1.2m，检修场地尺寸宜按水泵或电机外形尺寸四周有不小于 0.7m 的通道确定。若考虑就地检修时，至少每个机组一侧留有大于水泵机组宽度 0.5m 的通道。

3. 水泵房内的基础布置规定

1）水泵机组的基础

水泵机组的基础必须安全、稳固，尺寸、标高准确。尺寸应按产品生产厂家提供的相关技术资料确定。基础一般采用 C20 混凝土浇成。基础下面的土壤应夯实，基础浇捣后必须注意养护，达到强度后才能进行安装。下列做法可供参考。

基础的平面尺寸（长、宽）可按下列方式确定：

（1）水泵和电机共用底盘的机组：

基础长度按底盘长度加 0.2～0.3m 计；

基础宽度按底盘螺孔间距（在宽度方向）加不小于 0.3m 计。

（2）无底盘的机组：

基础长度按水泵和电机最外端螺孔间距加 0.4～0.6m 并长于水泵加电机的总长；

基础宽度按水泵和电机最外端螺孔间距（取其宽者）加 0.4～0.6m。

基础的厚度应按计算确定，但不应小于 0.5m，且应大于地脚螺栓埋入长度加 0.1～0.5m。地脚螺栓埋入基础长度为大于 20 倍螺栓直径；螺栓叉尾长大于 4 倍螺栓直径。

为了便于水泵机组的安装一般宜采用预留地脚螺栓孔方式。根据技术资料提供的地脚螺栓的平面尺寸设置螺栓孔。（一般为 100mm×100mm 或 150mm×150mm）。螺栓孔中心距基础边缘大于 150～200mm，螺栓孔边缘与泵基础边缘相距不得小于 100～150mm，螺栓孔深度要大于螺栓埋入总长 30～50mm。预留孔在地脚螺栓埋入后，用 C20 细石混凝土填灌固结。

基础重量一般应大于 2.5～4.5 倍机组重量。基础顶面一般要高出室内地坪 0.1～0.2m（不宜过高）。

水泵机组的隔振基础的要求见第 10.2 节。

2）管网叠压供水设备的基础尺寸，根据不同型号的设备安装尺寸确定。基础设计的基本要求如下：

（1）除 JS 系列立式安装可采用支（托）架与墙壁牢固安装外，其他各系列设备均宜采用刚性混凝土基础，刚性混凝土基础应由结构专业设计人员设计。

（2）设备基础尺寸根据不同型号设备安装尺寸表确定。独立基础厚度不宜小于 500mm。强度等级不低于 C20，地基承载力标准值不低于 120kPa，达不到要求时，应进行地基处理。基础底面下设砂石垫层或灰土垫层，其厚度不小于 200mm，并充分夯实。

（3）设备基座应与刚性基础充分锚固，采用螺栓锚固时，锚固长度不应小于 $40d$；采用预埋件锚固时，应通过计算确定。

（4）当基础设在底板或楼板上时，设备基础应与板整体浇筑，主体结构专业设计人员应根据所选用设备型号对应的荷载参数，进行楼板及设备基础结构设计。

4. 泵房的管道布置和阀门设置要求

1）泵房内管道一般为明设；沿地面敷设的管道，在人行通道处应设跨越阶梯，架空管道，应不影响人行交通，并不得架在机组上方，尤其不得设在电机及电器设备上面；暗敷管不应直埋，应设管沟。泵房内管道外底距地面或管沟底的距离，当管径 $DN \leqslant 150mm$ 时，不应小于 0.2m；当 $DN \geqslant 200mm$ 时，不应小于 0.25m。当管段中有法兰时，应满足拧紧法兰螺栓的要求。

2）泵房内的阀门设置应符合下列要求：

（1）阀门的布置应满足使用要求，并方便操作、检修。

（2）所选阀门、止回阀的公称压力要与水泵额定工作压力相匹配。

（3）一般宜采用明杆闸阀或蝶阀，以便观察阀门开启程度，避免误操作，而引发事故。

（4）止回阀应采用密闭性能好，具有缓闭、消声功能的止回阀。

10.2 二次供水泵房的设计要求

10.2.1 泵房的设计位置

泵房的位置应根据可利用的空间、隔音隔震要求、各用水区域用水量、需要供水的水压来确定。

对于大型建筑群，泵房可以建造在建筑物内，也可以在建筑外单独建造供水泵房。单栋建筑和规模不大的建筑群，往往没有多余的室外场地可供使用，因此建造在建筑物内的情况居多。

室外设置的泵房应符合《泵站设计规范》GB/T 50265 的规定，室内设置的泵房应符合《建筑给水排水设计规范》GB 50015 和《二次供水工程技术规程》CJJ 140 的规范。

居住建筑是人们生活和休息的场所，对各种设备房的噪声控制要求比较高，对供水泵房同样有严格的要求，泵房不应毗邻起居室和卧室，即不能在下列位置：

1）起居室和卧室的隔壁；

2）起居室和卧室的正上方楼层、正下方楼层；

3）不能设置在斜对角线方位的场所。

居住建筑的泵房宜尽量设置在居住建筑范围之外，无法满足时可设置在居住建筑的地下二层（建筑一层为住宅时）或居住建筑的地下一层（建筑一层为商网等非居住功能时）。对于建筑高度超过 150m 的超高层居住建筑，需要在中间楼层设置接力转输泵房，确定中间楼层转输泵房的位置尤其重要和困难。

10.2.2 泵房的建造要求

泵房应独立设置，泵房出入口应从公共通道直接进入。二次供水泵房涉及供水安全问题，对进出泵房人员的身份审核控制、泵房内卫生管理需要有严格的要求，二次供水泵房不应与其他设备房合用。

泵房应安装防火防盗门以符合消防要求，同时防止无关人员进入，增加恐怖分子进入的难度。窗户及通风孔设防护格栅式网罩，阻挡小动物和无关人员进入，进一步保障泵房运行的安全。

泵房门的尺寸应满足搬运最大设备的需要。

10.2.3 泵房的降噪

生活供水泵房需长期运行，不可避免会产生噪声，需采取多种措施降低噪声污染。采用的降噪措施有：

1. 立式水泵隔振

选择低噪声水泵机组。水泵中的水流几乎没有噪声，噪声主要是由于水泵和电机运转时的振动产生的。理论上，如果水泵和电机转子各个断面的重心都位于转子轴心，轴杆绝对直，泵轴无晃动间隙，则水泵是没有振动的。质量好的产品加工精度高，可以非常接近这种理想状态。优质的水泵也会采用转动噪声微小的轴承，减小转动时的摩擦噪声。

立式水泵隔振，通常采用橡胶减振垫及各种类型减振器。功率较小的立式水泵可采用橡胶减振垫；功率较大的立式水泵由于其重心较高，宜采用型钢底座或钢筋混凝土隔振台座使重心下降，安装 JG 型、JSD 型橡胶剪切隔振器或 ZDII 型阻尼弹簧复合减振器、ZT 型阻尼弹簧减振器。每台水泵一般安装四个减振器，减振器上部螺栓与台座固定，下部用螺栓与水泵基础固定。承受荷载后橡胶隔振器的固有频率为 6～8Hz，阻尼比为 0.06～0.08；ZDII 型阻尼弹簧复合减振器的固有频率为 2～5Hz，ZT 型阻尼弹簧减振器承受最佳荷载时的固有频率为 3.5Hz，阻尼比为 0.03～0.06。

功率较大的立式水泵配置橡胶剪切隔振器或阻尼弹簧减振器具有固有频率低、隔振效果好、安装方便等优点，见图 10-1、图 10-2。

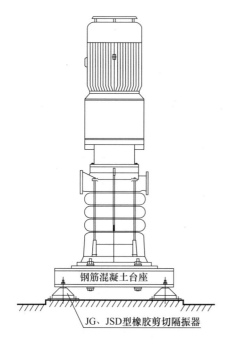
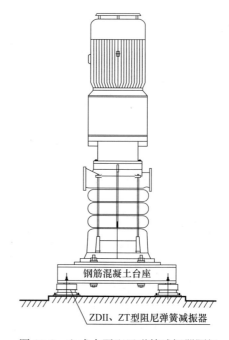

图 10-1　立式水泵配置橡胶隔振器隔振　　　　图 10-2　立式水泵配置弹簧减振器隔振

2. 成套供水设备隔振

成套供水设备的基础设置减振装置。基础设置减振装置可以防止水泵和电机和振动传递到水泵和电机的基础，防止沿水泵房地面固体传声。

成套供水设备通常由多台立式水泵并配套有气压罐及控制柜等组合而成。单台水泵功率较小时可在水泵底座下部安装橡胶减振垫；单台水泵功率较大时为了降低设备重心，一般需在型钢底座或钢筋混凝土台座下部安装 ZD 型阻尼弹簧复合减振器、ZT 型阻尼弹簧减振器进行隔振，每台设备一般配置 6～8 个减振器，除底座四角四个外，其余减振器安装在底座中间用于调节设备重心。减振器可直接置放在底座与基础之间，无需固定。

在钢筋混凝土台座下部配置 ZD 型阻尼弹簧复合减振器隔振见图 10-3。

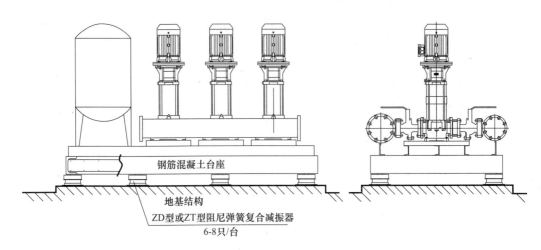

图 10-3 在供水设备钢筋混凝土台座下部配置 ZD 型阻尼弹簧复合减振器隔振

3. 楼层泵房及动力设备用房隔振、隔声

设置在楼层的泵房及动力设备用房其振动与噪声对邻近办公、居室的影响较大，工程设计中应尽量避免。如实在无法避免，应采取切实减振隔声措施。经实践验证，采用浮筑结构能有效隔振、隔声。

1）浮筑结构隔振隔声原理

（1）可有效隔离动力设备房间内高频空气噪声对邻近及楼下房屋的辐射传播。

（2）在动力设备启动、停止的瞬间，安装在设备底部的减振器在经过"共振区域"时，能有效隔离"共振区"所造成的振动噪声传递对邻近及楼下房屋的影响。

（3）设备用房配管有"浮筑层"支撑，能有效隔离振动和噪声的固体传递。

（4）设备维修保养时，"浮筑层"能有效隔离硬物敲击、设备移动及人员快步走动对邻近及楼下房屋的影响。

2）浮筑结构专用隔振隔声垫产品特点

（1）弹性好、具有良好的隔振隔声效果，安装铺设方便快捷。

① FZD 型、FJD 型橡胶隔振隔声垫，50 型（厚 50mm）经专业测定（按《声学建筑和建筑构件隔声测量 第七部分 楼板撞击声隔声》GB/T 1989.7—2005/ISO 140—71998 现场测量），隔声达 30dB（A）。

② FCD 型侧向专用塑胶防振隔声板，具有刚度小（侧向安装无载荷、无压缩变形，要求刚度小）、韧性好，可有效隔离浮筑层上动力设备的振动加速度及其对墙、柱的转移传递。

（2）耐油污、耐酸碱、防霉、防蛀、抗老化、不吸水。

3）楼层的泵房及动力设备用房钢筋混凝土浮筑层的厚度宜大于等于 100mm，详见图 10-4。

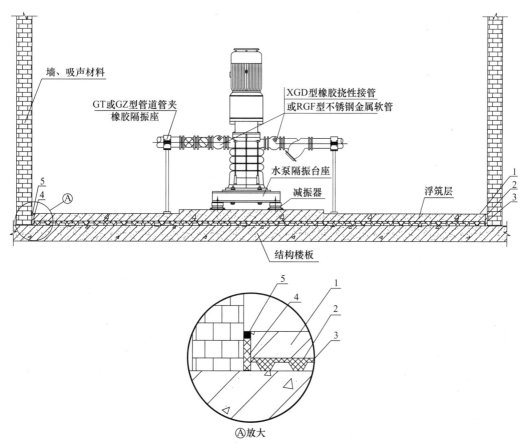

图 10-4 楼层的泵房及动力设备用房隔振隔声浮筑结构示意图

1—钢筋混凝土浮筑层；2—防水卷材或防水尼龙；3—浮筑结构橡胶隔振隔声垫（FZD 或 FJD 型）；
4—侧向专用塑胶防振隔声板（FCD 型）；5—防水硅胶

4）浮筑结构隔振隔声安装节点详图见图 10-5。

4. 泵房配管隔振降噪

吸水管和出水管上设置减振装置。吸水管和出水管上设置减振装置可以防止水泵和电机和振动沿管道传播。泵房管道安装的橡胶挠性管接头及不锈钢金属软管、不锈钢波纹补偿器具有良好的隔振性能，但由于设备运行后管道内压增大，"软管"刚度也相应增加，以致会抵消一部分隔振隔声效果；另外，管道受水压冲击有可能产生二次振动源，为防止振动和振动噪声通过支、吊架传递到相邻楼层和房间，有必要在泵房管道设计、安装时，对其支、吊架进行隔振、隔声处理。

1）泵房管道支撑隔振

管道沿泵房地面敷设时，可在管道与龙门支架之间设置管夹隔振座（分为 GZ 型、GJ 型和 GT 型）。水泵功率及管道管径较大时，还可在龙门支架与地面接触部位设置可调式弹簧减振器。详见图 10-6。

2）泵房管道悬吊隔振

在管道吊架上安装 GZ 型、GJ 型或 GT 型管夹隔振座和 AT4 型吊架弹簧橡胶复合减振器，详见图 10-7。

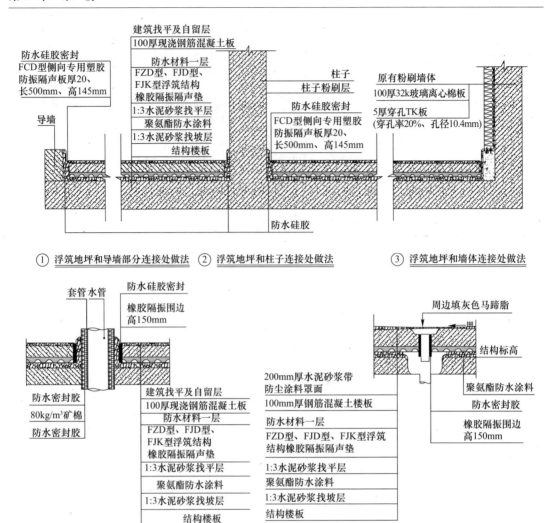

① 浮筑地坪和导墙部分连接处做法 ② 浮筑地坪和柱子连接处做法 ③ 浮筑地坪和墙体连接处做法

④ 管道穿越浮筑层隔振防水措施图 ⑤ 地漏穿越浮筑层隔振防水措施图

图 10-5 浮筑结构隔振隔声安装节点详图

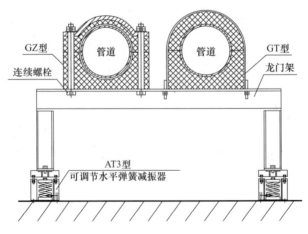

图 10-6 泵房管道支撑隔振示意图

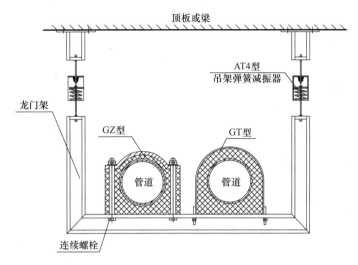

图 10-7 泵房管道悬吊隔振示意图

3）管道支架、吊架和管道穿墙处、穿楼板处，采取防止固体传声的措施。这是进一步防止噪声传播的措施，将吸水管和出水管与水泵的隔音设施漏过来的振动，以及经过管内水流转递的微小振动作进一步限制，将可能的振动限制在泵房内，防止通过建筑物固体转出影响泵房以外的声学环境。

5. 其他降噪措施

泵房的墙壁和顶棚采取隔声吸声处理。这样处理，可以将泵房内由空气传播的噪声限制在泵房范围内。

泵房采用降噪处理后，应满足《民用建筑隔声设计规范》GB 50118 的要求，规范中对住宅、学校、医院、旅馆、办公、商业等建筑的室内允许噪声级作出了规定。

良好的降噪措施可以大大减少泵房噪声对周边环境的影响，但是，不能因为采取措施，将泵房噪音降至符合相关规范中噪声要求，而突破"泵房不应毗邻起居室和卧室"的规定。

10.2.4 泵房的供电和照明

不允许间断给水的泵房应设双电源；如不可能时，应设备用动力设备，其能力应能满足发生事故时的用水要求；消防用气压给水设备应设双电源或双回路供电，以保证设备正常运行。在运行时，室内照明标准宜为 100lx。检修用电源宜设置成低压安全电源，如设 36V 低压安全插座。

《民用建筑电气设计规范》JGJ 16—2008 规定"一类高层建筑排污泵、生活水泵用电为一级负荷；二类高层建筑排污泵、生活水泵用电为二级负荷；三星级以上旅游饭店排污泵、生活水泵用电为二级负荷"；"一级负荷应由二个电源供电，当一个电源发生故障时，另一个电源不应同时受到损坏（强制性条文）。二级负荷的供电系统，宜由两回线路供电。在负荷较小或地区供电条件困难时，二级负荷可由一回路 6kV 及以上专用的架空线路或电缆供电。当采用架空线时，可为一回路架空线供电；当采用电缆供电时，应采用二根电缆组成的线路供电，其每根电缆应能承受 100% 的二级负荷。"对居住建筑而言，十九层及以上高度的住宅为一类高层建筑；十层至十八层的住宅为二类高层建筑。从电气设计的角度，一类高层建筑设计都要满足二个电源供电的要求，如果不能满足二个电源时，都设置有备用发电机，而且，备用发电机都考虑了生活水泵的容量。现在二类建筑供电的可靠性也比以前提高了很多。在实际项目中，高层建筑停电停水的几率很小，即使发生也基本处于住户可以接受的范围内。

但由于地区大电网基本都是并网的，所以用电部门无论从电网取几路电源进线，也无法得到严格意义上的两个独立电源，加上电网会出现故障，断电停水还是有可能的。

（1）成套设备配置独立的电气控制柜，一般宜落地安装。控制柜应采取防尘、防水、防潮等安全措施，并安装防雷接地装置，柜体侧面安装强制通风风扇等装置。

（2）电气控制柜总电源进线处应装设电度计量装置。电器元件布置及导线排列符合电磁防护要求。柜面安装指针式或数字式电压表，指示三相进线电压。配电系统的电气间隙与爬电距离、绝缘电阻与介电强度、安全接地保护、电磁兼容性（EMC）试验、环境试验、强度和严密性要求等电气性能均应符合国家相关规程规定。

（3）电气控制柜的构造和外形尺寸应满足功能要求。与 PLC 柜等其他柜体设备并列安装时，宜尽量做到外观及颜色协调。控制柜制作钢板应采用优质冷轧板，板厚一般不低于 2mm。柜体外壳防护等级不低于 IP54。控制柜及安装板、支架内外表面需作静电喷涂环氧树脂漆处理。对柜内配线、标识、低压电器选择等要求略。

泵房内电控系统宜与水泵机组、水箱、管道等输配水设备隔离设置，并应采取防水、防潮和消防措施。

10.2.5 泵房的自动化系统要求

1. 基本要求

一般均要求厂家配置独立的 PLC 控制柜，柜体的制造和安装方式等其他要求同电气控制柜。如果柜体空间和体积允许，PLC 控制柜和电气控制柜也可以合成制造为一个控制柜。成套设备运行必须有手动/自动两种运行方式，并通过转换开关进行运行方式切换。在自动运行方式下，应具有缺压自动开机、自动恒压、小流量保压、超压自动停机、无水自动停机、机泵定时自动轮换、自动节能停机、过流过压过载自动保护等功能；所有机泵均实现变频启停，对水泵故障、水源故障、电源故障和变频器故障具有自检、报警或自动保护功能，并对可恢复的故障能自动消警，恢复正常运行。增压设备的进、出口控制压力应能够在人机界面上授权设定，其设定精度为 0.01MPa。

泵站控制系统采用/就地、现场 PLC、总公司调度中心 0 三级控制模式。就地控制优先级最高，调度中心控制优先级最低。就地控制级有就地/遥控两种方式，/就地是在设备现场电气控制屏上通过按钮控制；/遥控是通过现场 PLC 控制级和调度中心控制级进行控制。

当现场 PLC 站发生故障时，可通过就地控制级上的就地/遥控选择开关切换实现就地手动操作。现场 PLC 控制级设有手动/自动两种方式，手动是在现场 PLC 操作员面板上通过图形化触摸按钮操作，调度中心控制级则在计算机上通过 SCADA 图形和鼠标键盘操作；自动是由程序根据工艺情况自动运行设备。当远程传输网络出现故障时，现场 PLC

可独立完成监控任务，使现场工作流程仍能正常运行。

2. 现场自动控制与检测设备主要技术要求

1）控制系统的核心采用 PLC 模式，这是绝大多数设备制造厂家的主流标准配置，从使用维护和配件通用性等角度来看，这种模式也最容易被用户所接受和欢迎。同时要求在控制柜正面面板上嵌入安装一面真彩高分辨率触摸屏。

2）在线仪表：

（1）压力变送器：要求成套设备管路入口、出口端均设置。主要技术指标一般包括量程、精度、稳定性、量程比、模拟输出、防护等级等，最好要求自带表头数显。现阶段压力变送器以选择国际知名品牌为佳。

（2）远传压力表：该仪表的配置主要便于现场直观显示，也可作为压力变送器的后备及读数对比，并要求成套设备管路入口、出口端均设置。主要技术指标一般也包括量程、精度、稳定性、量程比、模拟输出、防护等级等。目前选择国产的远传压力表完全可以胜任。

（3）低量程浊度仪、余氯仪：根据工程项目设计来确定是否需要配置。主要技术指标包括量程、精度、重复性、响应时间、模拟输出等。现阶段以选择美国的产品居多。

（4）不间断电源（UPS）：为便于后台数据保存，要求在现场 PLC 控制柜内配装不间断电源（UPS）装置，具体性能指标略。

3. 远程数据传输要求

应将泵站现场的水压情况、机泵运行数据、变频器参数、故障报警等信息，按照供水企业指定的通信规约，通过现场通信模块（如采用深圳某公司开发的 GPRS 模块，内含 SIM 卡）上传到供水企业调度中心。数据主要有：水泵的开启情况，单机水泵的电流、转速、功率、频率、运行时间、启动次数、启停时间点、故障次数；变频器的进出电流、电压、运行频率和温度；泵房主管道的进出口压力、设定压力和水泵出口压力，瞬时流量、当天总水量、总累积流量；报警内容包括进水压力高/低、出水压力高/低、出水流量异常、设备掉电、水泵电流异常、变频器故障、PLC 故障、UPS 故障、进线电流/电压异常等，而且在现场宜保存半年以上的运行数据。

4. 远程监控软件要求（主要针对供水企业调度中心软件）

程监控软件应能生成现场工艺流程图，反映生产运行实时数据，可以在线修改现场各类控制参数，获得优先权后对生产过程进行远程控制；应能完成历史数据、趋势曲线的存储、显示与查询，生成各类运行管理报表；应能远程配置现场 PLC 的通信端口和数据上传周期；具有故障处理与恢复功能。

5. 安防系统要求

须在泵站现场安装视频图像监控系统和红外线周界报警系统，并经同意后纳入物业管理小区整体安保系统中进行统一监控管理。

10.2.6 气压供水站的通风、采暖

寒冷与严寒地区的气压给水设备室，室内应有采暖措施。无人值班时室内设计温度应大于 5℃，有人值班时，室内设计温度应为 16～18℃，相对湿度不宜大于 85%。给水站内应通风良好，其换气次数不应小于 6 次/h。

10.2.7 卫生和环境保障

泵房的内墙、地面应选用符合环保要求、易清洁的材料铺砌或涂覆。

供水站内应设排水设施。要求地面坡度≥0.5%，坡向排水沟，并排入室外雨水管网。若不能重力排除积水时，应设置集水坑和潜污泵提升设施。其中，潜污泵流量之和应大于供水系统总流量，集水坑有效容积不宜小于最大一台潜污泵 5min 的出流量，且潜污泵每小时启动次数不宜超过 6 次。

泵房应设置通风装置，保证房间内通风良好。

泵房内应有设备维修的场地，宜有设备备件储存的空间。

二次供水泵房应与污染、危险区分开。为保证给水的卫生指标，二次供水泵房应离开各种污染源，特别防止尘埃中带有的不洁物质，同时为保证供水的安全可靠，二次供水泵房也应注意与危险区的隔离。

10.3 智慧标准泵房

10.3.1 概述

随着信息技术的迅猛发展及国家对供水的高度重视，四部委联合要求逐步对供水系统进行统建统管，泵房的标准化、智能化建设需求越来越高。智慧标准泵房采用标准化模式建设，方便集中管理，实现无人值守，智慧标准泵房包括泵房设计布局、设备管道安装、电控系统、安防系统、通信模式、管理制度等标准模板，另设置可选标准模块以满足不同的用户需求。智慧标准泵房将用户感知、能源管理、智能识别、人机互动、水质保障、降噪减震、供电保障等一系列系统进行有效集成，提升设备的使用寿命，规避水污染风险，降低漏水率，实现环保节能，从而保障居民用水便利与安全。

智慧标准泵房通常应用在以下场合的新建、改建、改造工程：取水泵房、水厂增压泵房、输水加压泵房、调峰泵站及二次增压泵房。

随着信息技术的不断发展和广泛应用及互联网技术的普及，水务行业信息化得到深入推进。智慧标准泵房可以提升供水系统安全保障：增强供水可靠性、确保水质安全、强化泵房安防措施、确保设备安全、全天候监控设备运行状态；做到节能环保：节水、节电、低噪声；可以实现智慧管理：远程监控、智能控制、智慧预警、智慧运行、无人值守、标准化管理。

10.3.2 智慧标准泵房构成

智慧标准泵房一般由泵房、设备、电控及安防等系统构成。

1. 泵房

泵房通常应独立设置，并满足国家现行相关标准。泵房内部的装修材料应符合环保要求，地面及设备安装平台宜铺设地砖。泵房应采取环境噪声控制措施，其墙面及顶板宜采用吸音板，窗户宜采用双层玻璃窗。泵房应设置独立的排水设施，在设备四周设置排水沟，排水设施采用联动控制及水位显示。泵房应采取防水淹措施，在泵房内设置漏水检测探头，漏水检测探头和控制系统联动。泵房应设置设备检修的辅助设施；泵房内应保持空气流通。泵房内的室内设计温度应不低于 4℃，湿度应不大于 80%。泵房应设置应急照明系统，泵房照明应采用防水、防爆、防潮、节能的灯具，且宜和门禁系统联动，或采用定时关闭系统、声控系统。泵房应设置防止小动物进入的措施，泵房内的管道应合理布局，避免连续转弯，水泵设备应合理设置，避免无序摆放。室外或地上泵房应设置保温隔热措施。

2. 设备

泵房应优先选用高效节能且具有 CQC 节能认定证书的水泵和成套供水设备，所有设备均应具有出厂合格证及其相关检验报告。涉水设备应具有卫生许可批件，其过流部件宜采用不锈钢材质。

供水设备提供的实际流量、扬程应不低于其额定设计参数。供水设备应设置独立的备用泵，备用泵应和工作泵参数相同。供水设备配置的水泵噪声应低于国标，供水设备应能连续进行大于 10000h 的可靠运行。供水设备应设置消毒设施。

泵房内应设置水质在线监测设备，其数据可上传及共享，实时显示运行效率、吨水耗电量等运行数据，做到自动运行、无人值守。泵房内应安装智能检测控制器，实时采集用水信息，在系统进出水总管上设置自动控制阀门，且能参与联动控制或远程控制。

泵房进水总管设置倒流防止器或具有防倒流措施，供水设备设置水锤保护措施。

泵房内供水设备应设置检修排水装置，进水总管至设备低位处应设置自动排气装置。

3. 电控

电控系统应设置电源柜、启动柜、PLC 柜、智能中控柜。电控系统应设置人机对话功能，并设置权限，不同的人进入不同的管理界面。电控系统应具有故障报警及记忆功能，能检测采集各种运行信息，包括压力、流量、频率、电流、电压、液位、耗电量、泵运行状态及水质等数据，并能根据用户要求任意添加。电控系统电源设置应采用三相五线制，电控系统应设置防雷保护系统及防干扰系统，应能适应环境温度 -5~+60℃ 的变化范围。

供水设备启动柜应具有过压、过流、欠压、缺相、短路保护功能。

PLC 柜及中控柜应设置 UPS 不间断电源，其容量按 1h 进行配置。PLC 柜或中控柜应设置标准通信接口及通信协议，可连接泵房内其他设备，并接收或主动发送数据至上位机监控平台，当出现停水、漏水、爆管、设备故障、水位超高或超低时应能及时报警，当出现爆管时应能自动切断水源。供水设备压力控制精度在 ±0.01MPa 之内。

4. 安防

智慧标准泵房应设置视频监控系统，并能与监控中心联机工作，视频监控系统应设置现场存储设备，存储时间不应少于 30d，视频监控系统应具有移动侦测报警能力，并能抓拍保存相关视频图片。

智慧标准泵房应设置门禁系统，且能和上位机联网工作，门禁系统应能自动判断识别、记录及断电保持。

智慧标准泵房应设置红外破窗报警系统及语音吓阻系统。

10.3.3 工程实例

1. 新密东方明珠百货大楼

东方明珠百货大楼位于河南省新密市繁华商业区，南临东大街，西临行政路，占地面

积 7645.54m²，总建筑面积 121261.68m²，其中 1～4 层为商业，5～31 层为住宅，建筑高度 99.95m。本工程于 2014 年 11 月 20 日开工建设，于 2016 年 10 月 28 日交付使用。

东方明珠百货大楼项目 1～4 层为市政给水直供，中、高区分别采用两套罐式无负压供水设备，型号分别为中区（5～18 层）XMWIV36-0.75，高区（19～31 层，322 户）XMWIV36-1.35。

图 10-8　东方明珠百货大楼图片（一）

设计采用智慧标准泵房，现场图片见图 10-8～图 10-11。

图 10-9　东方明珠百货大楼图片（二）

图 10-10　东方明珠百货大楼图片（三）

图 10-11　东方明珠百货大楼图片（四）

2. 禾粤尚德居

禾粤尚德居地处广佛肇经济圈中心，佛山市副中心——大狮山地段，俗称"广东智库"的狮山大学城内,位于广东轻工学院对面。项目总占地约 16 万 m²,总建筑面积 77 万 m²,项目共分三期开发。目前一期已建设完成,由 19 栋 18～35 层的高层洋房组成。

该项目采用生活变频给水成套设备。竖向共分四个区域供水:一区(1～9 层),设备型号 HLS162/0.83-4-18.5;二区(10～18 层),设备型号 HLS162/0.99-4-22;三区(19～27 层),设备型号 HLS165/1.25-4-30;四区(28～35 层),设备型号 HLS 96/1.55-4-22。

本项目采用智慧标准泵房。现场照片见图 10-12。

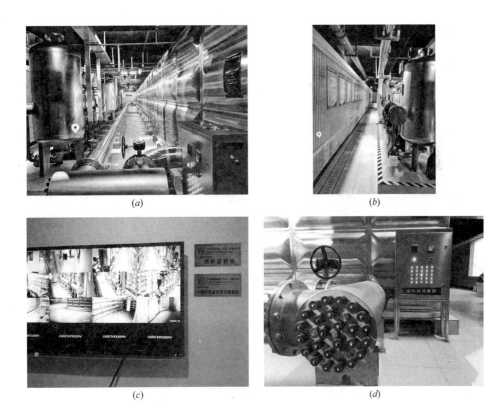

(a)　　　　　　　　　　　　(b)

(c)　　　　　　　　　　　　(d)

图 10-12　现场图片

3. 齐齐哈尔博大领航

博大领航国际小区位于齐齐哈尔老城区与新城区交汇处,地处城市干道卜奎南大街上,在民航路南侧,龙沙区政府旁。该项目占地面积 69400m²,建筑面积 82700m²。

该项目使用 3 套 AKK 罐式无负压设备。给水水源来自室外给水管网,给水系统分四个区,负一层～九层为一区,市政直接供水;十层～十七层为二区,设备型号 AKK18-0.37-3;十八层～二十五层为三区,设备型号 AKK15-0.62-3;二十六层～三十三层为四区,设备型号 AKK15-1.10-3。

本项目采用智慧标准泵房。现场照片见图 10-13。

图 10-13　博大领航小区图片

4. 无锡恒大御澜湾·阳光福邸

无锡恒大御澜湾项目位于无锡市锡山区春塘路与承塘路交汇处，地处锡山东北塘，毗邻东亭繁华区域。项目由一条内河分为东、西两地块，总占 16.5 万 m^2，总建筑面积 40 万 m^2。项目东地块为 1～14 号楼，24 层。西地块规划有 17 幢洋房和高层，正在建设中。

该小区二次供水生活泵房采用智慧标准泵房，供水设备为箱式变频。供水系统竖向分为低区（4～11 层）、中区（12～18 层）和高区（19～24 层），共安装了三套高效变频泵组，低区 50AAB（H）18－15×4，中区 50AAB（H）18－15×5，高区 50AAB（H）12－15×7。

现场照片见图 10-14。

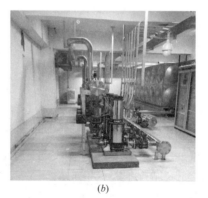

图 10-14　恒大御澜湾·阳光福邸图片

10.4 一体化预制泵站

10.4.1 概述

一体化预制泵站是一种将井筒、泵组、管道、控制系统和通风系统等主体部件集成为一体，并在出厂前进行预装和测试的一体化地埋式泵站，具有占地面积小、施工周期短等特点，在给水排水的新建，改建和扩建工程中都有使用的实例和优势。

一体化预制泵站在欧洲有超过 60 年的使用历史，已成为欧洲市政给水、排水泵站的主要形式。20 个世纪 90 年代起，在芬兰的赫尔辛基市就开始采用一体化预制泵站用于市政供水和消防领域。2013 年年初丹麦水务集团一次性采购了 1300 个预制泵站。

近 10 年来，随着一体化预制泵站在世界范围内的推广，其使用已遍布世界各地，在国内亦有很多应用实例，如京新高速公路临河至白疙瘩段服务区给水泵站、青海省西宁市夏中房城北国际村供水泵房、阿右旗巴丹吉林镇新水源供水工程、新疆喀纳斯风景区增压泵站等，其中京新高速公路临河至白疙瘩段服务区给水泵站是目前全球规模最大的供水一体化预制泵站，设计规模为 $4100m^3/d$，十级泵站串联增压总扬程近 $1000m$。

一体化预制泵站在给水工程中的应用，有效解决了建设用地不足、工期过短、噪声扰民等工程实际问题。

10.4.2 泵站形式和组成

用于二次供水工程的一体化预制泵站由泵站筒体、增压机组系统、管阀系统、通信控制系统、安全报警系统、通风散热系统、排水系统等部分组成。井筒部分一般采用玻璃钢（GRP）材质，井筒侧壁玻璃房应以无碱玻璃纤维无捻粗纱为增强材料，热固性树脂为基体材料，采用缠绕工艺，泵站顶盖、底部和连接部位等无法采用缠绕工艺的部分，可采用手糊工艺。筒体底座可设置法兰盘，采用螺栓和压板与泵站混凝土底板连接，直径超过 3m 的泵站宜采用加强筋和二次灌浆与泵站底座连接。

增压机组系统，可根据应用工况不同，泵站可以配置多级立式离心泵泵组、管中泵泵组、深井潜水泵泵组等。根据用户用水特性和进水压力特性的不同，可以配置数字集成变频水泵、全变频泵组、单变频泵组和工频泵组等。

管路系统宜采用不锈钢管路，泵站的进出水管道和外部管道应采用柔性连接，避免泵站底板沉降拉裂管道。泵站进出口总管设置检修阀，进水主管上安装压力传感器和双向排气阀。存在水锤风险的泵站，应在出水总管处设置水锤防护措施。

通信控制系统应满足泵站集中控制、无人值守的自动控制要求。由于自动化程度高，应当配置较为全面的安全报警系统，包括防干抽报警、进水压力超压报警、泵后主管爆管报警、温度报警、风机故障报警等。

由于一体化预制泵站为全地埋式设置，必须保证机组在适宜的环境温度下稳定工作。一体化预制泵站的工作环境温度宜为 $-20\sim40℃$，相对湿度宜为 $25\%\sim85\%$。泵站采用强制机械通风，设置进出风风机及管路，风机一用一备，换风量不小于 $8\sim12$ 次/h。采用管中泵等水冷泵组时，可不设置强制通风散热系统，仅设置自然通风系统确保泵站内部通风干燥即可。

为将泵站内部积水及时排除，泵站内部应设置集水坑和排水系统，排水管路出口应满足当地冻深要求。

一体化预制泵站的系统形式，应根据前端市政供水管网的条件不同，考虑设置前置水箱、前置井筒，也可以配置稳流罐或放大吸水母管后直接抽吸。

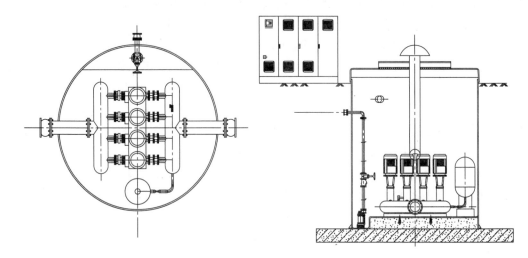

图 10-15　配置多级立式离心泵泵组的泵站布置图

泵站一般配置表   表 10-2

井筒直径（mm）	流量（m³/d）	扬程（m）	机组配置	备注
3800	10000	≤140	4CR120	三用一备
	8000	≤160	4CR120	三用一备
	7000	≤140	4CR90/3CR150	三用一备/两用一备
	6000	≤150	4CR90/3CR120	三用一备/两用一备
	5000	≤160	4CR64/3CR90	三用一备/两用一备
	4000	≤140	3CR90	两用一备
3000	3000	≤180	3CR64	两用一备
	2000	≤260	3CR45	两用一备
	1000	≤260	2CR45	一用一备
非标定制	大于10000	/	/	/

10.4.3　一体化预制泵站的特点

一体化预制泵站为一种全新的泵站整体解决方案，所有设备和管配件在出厂前就已经通过测试并安装完毕，其主要特点包括：

1）占地面积小。一体化预制泵站集成度高，占地面积仅需传统泵站的 1/3 甚至更小，从而节约土建成本，方便运输和安装。

2）施工周期短。从基坑开挖到泵站调试完成仅需一个半月左右，与传统混凝土泵站

4～6 月的施工安装周期相比，工期大大缩短。

3）分期建设，灵活便捷。对于大型居住社区，一体化预制泵站可根据工程近远期需求分期建设，有效降低了项目初始投资，优化资源利用。

4）组件配合度高。由于一体化预制泵站完全在工厂组装和预制，各部件之间的匹配度较高，确保了较好的整体性能。

5）低噪声。对于噪声敏感的居住区二次供水泵房，一体化预制泵站可配置集成变频水泵或静音式管中泵，有效降低泵站运行噪声。

6）无人值守，远程监控。一体化泵站配套专用通信控制系统，可轻松实现无人值守，远程监控。

10.4.4 泵站设计

1. 平面布置

当小区未预留二次供水泵房空间或地下车库空间紧张时，可采用一体化预制泵站。泵站可设置于绿化带内，泵站顶部高出地面 300～450mm，并进行防水设计，应保证泵站整体流态良好。

设置于车行道的一体化预制泵站，应设置足够承载力和稳定性的混凝土井盖基座，井盖与路面相平。设置于非机动车道、广场等区域内的一体化预制泵站应设置足够承载力和稳定性的顶盖，顶盖与路面相平。上述泵站由于不便设置通风系统，应配置水冷方式的静音式管中泵。

2. 机组布置

泵站内部平面布置应满足水泵安装和水泵吸水管流态要求，泵站的干井平面尺寸，应满足水泵和控制柜安装、散热、维修和日常运行要求，井内应设置集水坑和排水泵。

机组选型原则同普通二次供水泵房，为使一体化预制泵站运行稳定且布置均匀，建议选用同型号水泵，宜采用全变频机组。

3. 泵站结构设计

泵站主体结构的设计使用年限不宜低于 50 年。为确保泵站正常使用，必须进行抗浮计算，泵站混凝土底板质量不宜小于机组总质量的 1.5 倍，当质量达不到要求是，应采取底部灌浆和植筋等措施。泵站基础设计应符合现行国家标准《建筑地基基础设计规范》GB 50007 的有关规定。

4. 其他配套、附属设施设计

通风、保温和除臭设施、警示安全设施及照明设计，应满足相应的规范要求。

一体化预制泵站井盖应具备限位安全锁、防坠落和防盗的功能，并应留有设备检修孔，尺寸、个数和位置应根据泵站的提升设备确定。

10.4.5 泵站施工

泵站在运输、装卸和堆放过程中应轻起轻放，不得激烈碰撞。运输过程中，应避免颠簸，防止承插口和管身产生变形。大型泵站的运输，应对沿线桥涵等可能影响运输的建构筑物进行调查，制定运输方案。

泵站基坑开挖时，应严格按照已制定的开挖方案实施。泵坑底部应设有排水设施，不允许有积水。根据设计单位提供的支护方案，对基坑进行支护，避免泵坑坍塌。

混凝土底板应平整，水平精度宜为 0.001，应无积水。底板与井筒底部安装法兰应采用膨胀螺栓连接。直径大于 3m 的预制泵站，应按图纸要求进行水泥底板配筋，并按二次灌浆标准打毛底板与泵站底部的接触面。安装过程中，在把泵站从水平位置扶至垂直位置时，应采用升降套索，不得使用吊耳，以免受力不均而拉断。垂直起吊泵站时，应将重量均匀分布到全部吊耳上。

按施工规范，完成泵站安装后，应在 24h 内进行泵站基坑回填，根据泵站筒体与基坑边缘的距离情况，制定回填方案。回填时应采用分层回填，每层高度不应超过 0.3m，压实度大于 90%。当回填作业边界与井筒壁和进出水管距离小于 0.3m 时，应采用人工夯实，不应使用夯土机等设备。

10.4.6　工程案例

对于新建二次供水工程，一体化预制泵站的应用可有效减少地下空间的占用，一定程度上缓解停车车位不足的问题。绿化地埋式的解决方案，减少了设备噪声给住户带来的影响，避免了不必要的纠纷。对于老旧小区二次供水系统改造而言，一体化预制泵站解决了部分老旧小区未预留泵房的问题，老旧建筑隔音效果差，对噪声较为敏感，也可以得到解决。

1. 京新高速公路临白段（阿盟境内）供水工程西线工程

京新高速公路临白段（阿盟境内）供水工程是为了满足京新高速建设施工期间以正常运营后沿线服务和管理机构用水需求而建设的供水工程。由于项目地处沙漠，该工程从低洼处取水，通过多级增压实现了高速公路沿线服务站的二次加压输水。

该项目输水距离 200km，从取水点至最后一个用水用户高程差近 600m，全程采用十级一体化预制泵站串联增压（每级泵站前置水池），总扬程近 1000m。

在施工期间和正常运营期间的流量分别为 4100m³/d 和 1600m³/d，为了避免不同流量带来的扬程差，工程设置两条输水管路，施工期间两根管路同时运行，正常运行期间单管运行。沿程十级泵站均配置两用一备全变频泵组，以更好地适应运行期间流量及扬程的变化，泵站均采用液位控制。

京新高速项目是目前全球范围内规模最大的一体化预制泵站供水项目，具有施工工期短、应用环境极其恶劣、无人值守要求高等特点。

2. 喀纳斯风景区二次供水工程

喀纳斯风景区是国家 5A 级景区，其供水设施的建设必须要最大程度避免对景区景观的影响。为了向某景点公共厕所供水，在景区栈道旁设置了一体化预制泵站进行供水。泵站选址位于山坡的高位有效避免雨季淹没的风险，井筒也采取了相应保温措施，秋季封山后，对水箱及泵站进行放空处理，有效防止冰冻事故的发生。见图 10-16。

图 10-16　喀纳斯风景区二次供水工程实景图

3. 青海省西宁市某系列地产项目二次供水工程

青海省西宁市某系列地产项目存在地下车库
数量过少，对供水设备低噪声要求高的诉求，采用了一体化预制泵站的泵站形式。泵站选
址位于社区绿化带中，井筒直径 2m，考虑到该社区不宜采用叠压直接抽吸，泵站进水侧
设置了地埋式不锈钢水箱。泵站机组全部配置集成变频水泵，有效提高了泵站在小流量工
况下的工作效率。

第11章 设备、装置及器材

11.1 供水设备

11.1.1 变频调速供水设备

1. NQ-DRL 系列数字集成全变频恒压供水设备

1）NQ-DRL 系列全变频恒压供水设备外形见图 11-1。

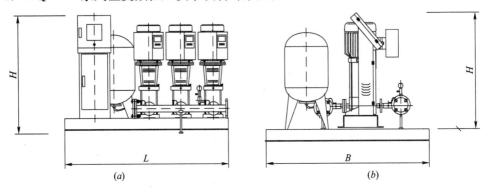

图 11-1　NQ-DRL 系列全变频恒压供水设备外形图（以两用一备机组为例）

（*a*）立面图；（*b*）左视图

2）NQ-DRL 系列全变频恒压供水设备技术性能参数及外形尺寸见表 11-1。

NQ-DRL 系列全变频恒压供水设备技术性能参数及外形尺寸表　　　　表 11-1

序号	供水流量（m³/h）	供水压力（MPa）	配套水泵			外形尺寸（mm）		
			型号	单泵功率（kW）	水泵效率（%）	L	B	H
一用一备机组								
1	3	0.30～1.60	DRL3-7～33	0.55～3	58	1000	1050	1270
2	5	0.30～1.6	DRL4-4～22	0.75～4	63	1020	1050	1270
3	10	0.30～1.6	DRL10-4～19	1.5～7.5	70	1060	1145	1270～1400
4	15	0.30～1.6	DRL15-3～14	3～11	72	1100	1145～1215	1270～1673
5	20	0.30～1.6	DRL20-3～13	4～15	72	1100	1145～1215	1270～1673
两用一备机组								
1	30	0.30～1.6	DRL15-3～14	3～11	72	1250	1475～1615	1270～1673
2	40	0.30～1.6	DRL20-3～13	4～15	72	1250	1475～1615	1270～1673
3	60	0.30～1.6	DRL32-2～11	4～22	76	1610	1475～1615	1270～2000
4	90	0.30～1.6	DRL45-2～8	5.5～30	78	1690	1600～1800	1270～1939

续表

序号	供水流量 (m³/h)	供水压力 (MPa)	配套水泵			外形尺寸 (mm)		
			型号	单泵功率 (kW)	水泵效率 (%)	L	B	H
三用一备机组								
1	120	0.3～1.6	DRL45-2～8	5.5～30	78	1750	2000～2200	1270～1939
2	180	0.3～1.6	DRL64-2～8	11～45	80	2000	1600～1800	1325～2058
3	300	0.37～1.2	DRL90-2～6	15～45	81	2150	2100～2400	1344～1950
生产企业			上海中韩杜科泵业制造有限公司					

2. Grundfos 系列数字集成全变频恒压供水设备

1）Grundfos 系列全变频恒压供水设备（卧式泵组）

（1）Grundfos 系列全变频恒压供水设备（卧式泵组）外形见图 11-2。

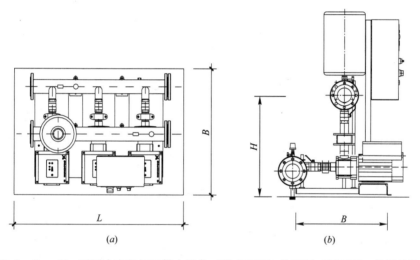

(a)　　　　　　　　　　　　(b)

图 11-2　Grundfos 系列全变频恒压供水设备（卧式泵组）外形图（以两用一备泵组为例）

(a) 平面图；(b) 左视图

（2）Grundfos 系列全变频恒压供水设备（卧式泵组）技术性能参数及外形尺寸见表 11-2。

Grundfos 系列全变频恒压供水设备（卧式泵组）技术性能参数及外形尺寸表　　表 11-2

序号	供水流量 (m³/h)	供水压力 (MPa)	卧式多级水泵			吸水/出水总管 公称尺寸 DN	外形尺寸 (mm)		
			水泵型号	台数	单泵功率 (kW)		L	B	H
1	6.5	0.3～0.8	CME5-3～8	2	1.1～3	50/50	1000	1160	499
2	15	0.3～0.8	CME10-2～5	2	2.2～5.5	65/65	1000	1390	499
3	13	0.3～0.8	CME5-3～8	3	1.1～3	65/65	1400	1260	499
4	30	0.3～0.8	CME10-2～5	3	2.2～5.5	80/80	1400	1390	499
5	45	0.3～0.8	CME10-2～5	4	2.2～5.5	100/100	1800	1495	499
生产企业			格兰富水泵（苏州）有限公司						

2）Grundfos 系列全变频恒压供水设备（立式泵组）

（1）Grundfos 系列全变频恒压供水设备（立式泵组）外形见图 11-3。

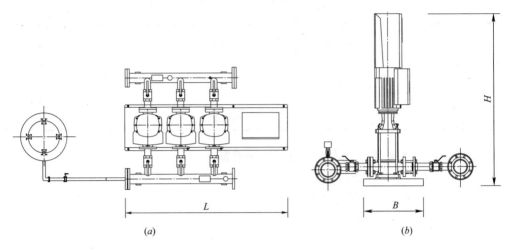

图 11-3　Grundfos 系列全变频恒压供水设备（立式泵组）外形图（以两用一备泵组为例）

（*a*）平面图；（*b*）右视图

（2）Grundfos 系列全变频恒压供水设备（立式泵组）技术性能参数及外形尺寸见表 11-3。

Grundfos 系列全变频恒压供水设备（立式泵组）技术性能参数及外形尺寸表　表 11-3

序号	设备流量（m³/h）	供水压力（MPa）	卧式多级水泵			吸水/出水总管公称尺寸 DN	外形尺寸（mm）		
			水泵型号	台数	单泵功率（kW）		L	B	H
1	8.5	0.3～1.5	CRE5-5～24	2	1.5～7.5	50/50	1350	695	1455
2	13	0.3～1.6	CRE10-3～17	2	2.2～11	65/65	1380	695	1455
3	22	0.3～1.6	CRE15-3～12	2	4～18.5	80/80	1350	695	1455
4	26	0.3～1.6	CRE10-3～17	3	2.2～11	80/80	1730	691	1455
5	44	0.3～1.6	CRE15-3～12	3	4～18.5	65/65	1730	691	1455
6	40	0.3～1.6	CRE10-3～12	4	2.2～7.5	100/100	2020	750	1455
7	48	0.3～1.6	CRE15-2～10	4	3～15	100/100	2020	750	1455
8	66	0.3～1.6	CRE15-3～12	4	4～18.5	125/125	2880	830	1455
9	96	0.3～1.6	CRE15-3～12	5	4～18.5	150/150	2354	750	1455
10	120	0.3～1.4	CRE20-3～10	5	5.5～18.5	1501/150	2434	830	1455
11	160	0.3～1.4	CRE32-2～7	5	5.5～22	200/200	3454	830	1495
12	200	0.3～1.4	CRE32-2～7	6	5.5～22	200/200	4114	750	1495
13	300	0.3～0.9	CRE45-2～4	6	15～22	250/25	4156	1050	1495
生产企业			格兰富水泵（苏州）有限公司						

3. AAB 高效成套变频调速供水设备

1) AAB 高效成套变频调速供水设备外形见图 11-4。

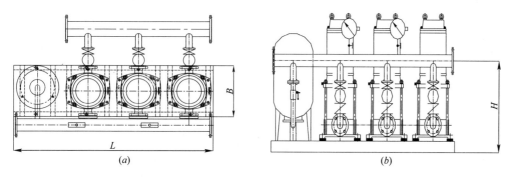

图 11-4　AAB 高效成套变频调速供水设备外形图（以两用一备机组为例）

(a) 平面图；(b) 立面图

2) AAB 高效成套变频调速供水设备技术性能参数及外形尺寸见表 11-4。

AAB 高效成套变频调速供水设备技术性能参数及外形尺寸表　表 11-4

序号	供水流量（m³/h）	供水压力（MPa）	专用变频泵			设备外形尺寸（mm）		
			型号	功率（kW）	台数	L	B	H
一用一备机组								
1	8	0.3～1.5	50AABH8-15×2～10	1.5～7.5	2	880	450	655
2	12	0.3～1.5	50AABH12-15×2～10	2.2～11	2	880	450	655
3	18	0.3～1.5	50AABH18-15×2～10	3～15	2	1330	450	655
4	30	0.3～1.5	65AABH30-15×2～10	5.5～22	2	1550	550	740
两用一备机组								
1	36	0.3～1.5	50AABH18-15×2～10	3～15	3	1780	450	655
2	60	0.3～1.5	65AABH30-15×2～10	5.5～22	3	2100	550	752
3	100	0.3～1.5	80AABH50-15×2～10	5.5～30	3	2100	550	845
4	144	0.3～1.2	100AABH72-15×2～8	7.5～30	3	2430	550	910
三用一备机组								
1	54	0.3～1.5	50AABH18-15×2～10	3～15	4	2230	450	677
2	90	0.3～1.5	65AABH30-15×2～10	5.5～22	4	2650	550	765
3	150	0.3～1.5	80AABH50-15×2～10	5.5～30	4	2650	550	845
4	216	0.3～1.2	100AABH72-15×2～8	7.5～30	4	3080	550	937
5	300	0.3～1.2	100AABH100-15×2～8	11～45	4	3080	550	963
生产企业		上海熊猫机械（集团）有限公司						

4. HLS（Ⅱ）变频调速成套供水设备

1）HLS（Ⅱ）变频调速成套供水设备外形见图 11-5。

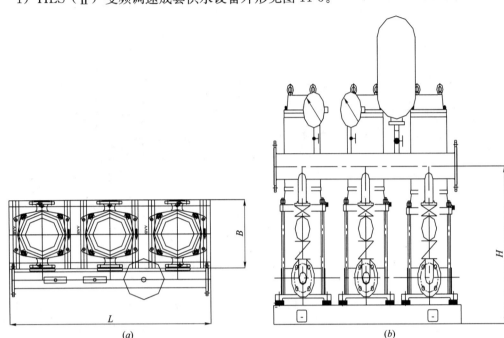

(a)
(b)

图 11-5　HLS（Ⅱ）变频调速成套供水设备外形图（以两用一备机组为例）
（a）平面图；（b）立面图

2）HLS（Ⅱ）变频调速成套供水设备技术性能参数及外形尺寸见表 11-5。

HLS（Ⅱ）变频调速成套供水设备技术性能参数及外形尺寸表　　　表 11-5

序号	供水流量（m³/h）	供水压力（MPa）	专用变频泵 型号	专用变频泵 功率（kW）	外形尺寸（mm）L	外形尺寸（mm）B	外形尺寸（mm）H
一用一备机组							
1	5	0.32~1.47	SR5-6~24	1.1~4	880	450	635
2	10	0.31~1.5	SR10-4~18	1.5~7.5	880	450	640
3	15	0.35~1.45	SR15-3~12	3~11	880	450	650
4	20	0.37~1.48	SR20-3~12	4~15	880	450	650
5	30	0.3~1.18	SR32-2~8	4~15	1000	550	725
两用一备机组							
1	30	0.35~1.45	SR15-3~12	3~11	1330	450	660
2	40	0.37~1.48	SR20-3~12	4~15	1330	450	660
3	50	0.32~1.3	SR32-2~8	4~15	1550	550	737
4	60	0.3~1.18	SR32-2~8	4~15	1550	550	737
5	70	0.37~0.91	SR45-2~4	5.5~15	1550	550	835
6	80	0.34~0.86	SR45-2~4	5.5~15	1550	550	835
7	90	0.30~0.8	SR45-2~4	5.5~15	1550	550	835
8	100	0.35~0.68	SR64-2~3	7.5~15	1780	550	910
9	120	0.31~0.625	SR64-2~3	7.5~15	1780	550	910

续表

序号	供水流量 (m³/h)	供水压力 (MPa)	专用变频泵		外形尺寸 (mm)		
			型号	功率 (kW)	L	B	H
两用一备机组							
10	140	0.385～0.495	SR90-2-2～SR90-2	11～15	1780	550	910
11	160	0.345～0.46	SR90-2-2～SR90-2	11～15	1780	550	910
12	180	0.3～0.425	SR90-2-2～SR90-2	11～15	1780	550	910
生产企业		上海熊猫机械（集团）有限公司					

5. KQGV 数字集成全变频恒压供水设备

1）KQGV 全变频恒压供水设备外形见图 11-6。

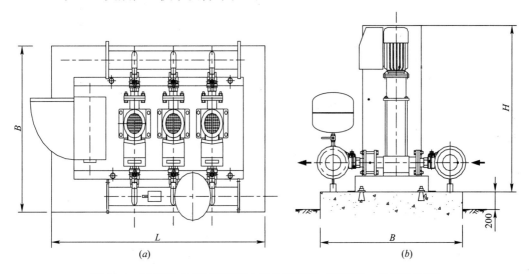

（a）　　　　　　　　　　　　　　　　　　（b）

图 11-6　KQGV 全变频恒压供水设备外形图（以两用一备机组为例）

（a）平面图；（b）立面图

2）KQGV 全变频恒压供水设备技术性能参数及外形尺寸见表 11-6。

KQGV 全变频恒压供水设备技术性能参数及外形尺寸表　　　　表 11-6

序号	供水流量 (m³/h)	供水扬程 (m)	配套水泵			外形尺寸 (mm)		
			型　号	台数	单台功率 (kW)	L	B	H
1	5	52～131	KQDPE32-5×10～24	2	1.5～4	1120	865	1305
2	10	30～127	KQDPE40-10×4～16	2	1.5～5.5	1120	1000	1305
3	15	34～129	KQDPE50-15×3～11	2	3～11	1120	1041	1305
4	20	34～130	KQDPE50-20×3～11	2	4～15	1220	1041	1305
5	30	34～129	KQDPE50-15×3～11	3	3～11	1440	1086	1305
6	40	34～130	KQDPE50-20×3～11	3	4～15	1640	1086	1305
7	45	34～129	KQDPE50-15×3～11	4	3～11	1760	1205	1305
8	60	34～130	KQDPE50-20×3～11	4	4～15	2060	1205	1305
9	96	30～110	KQDPE65-32×3/2～9	4	4～15	2060	1334	1305
10	135	35～79	KQDPE80-45×2～5/2	4	7.5～15	2060	1518	1305
生产企业		上海凯泉泵业（集团）有限公司						

6. ZJBJ 系列智能静音（管中泵）变频恒压供水设备

1）ZJBJ 系列智能静音（管中泵）变频恒压供水设备外形见图 11-7。

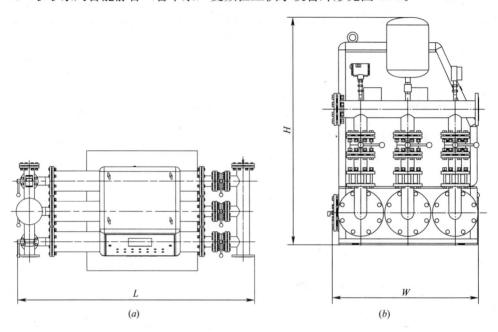

图 11-7 ZJBJ 智能静音（管中泵）变频恒压供水设备外形图（以两用一备机组为例）

（a）平面图；（b）立面图

2）ZJBJ 系列智能静音（管中泵）变频恒压供水设备技术性能参数及外形尺寸见表 11-7。

ZJBJ 系列智能静音（管中泵）变频恒压供水设备技术性能参数及外形尺寸表　表 11-7

序号	供水流量 (m³/h)	供水扬程 (m)	配套水泵		进出口径 (mm)		外形尺寸 (mm)		
			型号	单泵功率 (kW)	进口	出口	L	W	H
一用一备机组									
1	5	34～135	SVP-508～533	1.5～3	65	50	2300	750	1400
2	8	30～72	SVP-807～818	1.1～3	65	50	2300	750	1400
3	9	30～110	SVP9-5～18	2.2～7.5	65	50	2570～2870	750	1400
4	13	30～111	SVP13-3～12	2.2～7.5	65	50	2570～2870	750	1400
5	17	30～108	SVP17-4～15	3～11	65	50	2570～2870	750	1400
6	25	37～115	SVP25-4～13	3.7～15	100	80	2570～2870	750	1400
两用一备机组									
1	26	30～111	SVP13-3～12	2.2～7.5	100	80	2580	1055	1470
2	35	30～108	SVP17-4～15	3～11	125	80	2580～2880	1055	1470
3	50	37～115	SVP25-4～13	3.7～15	150	100	2580～2880	1055	1470
三用一备机组									
1	51	30～108	SVP17-4～15	3～11	150	100	2630～2930	1390	1460
2	75	37～115	SVP25-4～13	3.7～15	200	125	2630～2930	1390	1460
3	90	35～114	SVP30-4～12	5.5～15	200	125	2630～2930	1390	1460
4	120	30～84	SVP40-5-13	5.5～15	200	150	2630～2930	1390	1460
5	150	31～80	SVP50-3～9	5.5～15	200	150	2630～2930	1390	1460
6	180	30～75	SVP60-3～8	7.5～18.5	200	150	2630～2930	1390	1460
7	210	33～47	SVP70-5～7	11～18.5	200	150	2630	1390	1460
生产企业		南京尤孚泵业有限公司							

7. JBG 系列智能型变频增压供水设备

1）JBG 系列智能型变频增压供水设备外形见图 11-8。

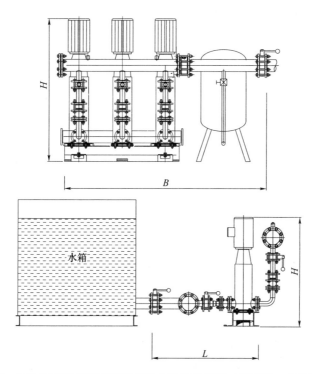

图 11-8　JBG 系列智能型变频增压供水设备外形图（以两用一备机组为例）

2）JBG 系列智能型变频增压供水设备技术性能参数及外形尺寸见表 11-8。

JBG 系列智能型变频增压供水设备技术性能参数及外形尺寸表（一用一备机组）表 11-8

序号	供水流量 (m³/h)	供水扬程 (m)	配套水泵		水箱容积 (m³)	外形尺寸（mm）		
			台数	单泵功率（kW）		L	B	H
一用一备机组								
1	8	45~130	2	2.2~5.5	6	1275	1590	877~1277
2	12	60~121	2	4.0~7.5	8	1285	1590	952~1227
3	16	58~130	2	5.5~11	12	1285	1670	1092~1605
4	20	58~128	2	5.5~15	16	1285	1670	1092~1605
5	32	53~124	2	7.5~18.5	22	1315	1670	1245~1860
两用一备机组								
1	32	58~130	3	5.5~11	22	1285	1870	1092~1605
2	40	58~128	3	5.5~15	28	1285	2050~2350	1092~1605
3	64	53~124	3	7.5~18.5	42	1355	2050~2350	1245~1860
4	84	52~113	3	11~22	56	1475	2350	1171~1781
生产企业	山东国泰创新供水技术有限公司							

8. CT-WVF 系列箱式变频变量变压供水设备

1）CT-WVF 系列箱式变频变量变压供水设备外形见图 11-9。

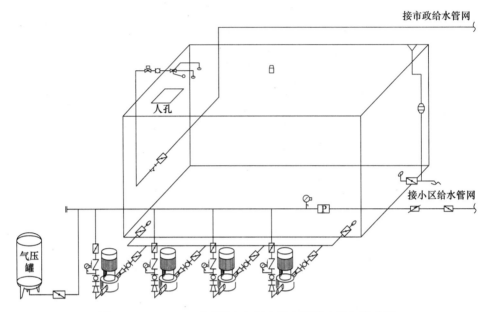

图 11-9　CT-WVF 系列箱式变频变量变压供水设备外形图

2）CT-WVF 系列箱式变频变量变压供水设备技术性能参数及水箱参考尺寸见表 11-9。

CT-WVF 系列箱式变频变量变压供水设备技术性能参数及水箱参考尺寸表　　表 11-9

序号	设备型号	供水流量（m³/h）	供水压力（MPa）	配套水泵		水箱参考尺寸（mm）		
				单泵功率（kW）	水泵台数	长	宽	高
1	CTK-WVF-II-30-40	30	0.4	4	3	2000	2000	2000
2	CTK-WVF-II-40-50	40	0.5	5.5	3	3000	2000	1500
3	CTK-WVF-II-40-60	40	0.6	5.5	3	3000	2500	1500
4	CTK-WVF-II-50-70	50	0.7	11	3	3000	2000	2000
5	CTK-WVF-II-50-80	50	0.8	11	3	3000	2500	2000
6	CTK-WVF-II-60-90	60	0.9	11	3	3500	3000	2000
7	CTK-WVF-II-60-100	60	1.0	15	3	4000	3000	2000
8	CTK-WVF-II-70-110	70	1.1	18.5	3	5000	3000	2000
9	CTK-WVF-II-70-120	70	1.2	18.5	3	4000	4000	2000
10	CTK-WVF-II-80-120	80	1.2	22	3	4500	4000	2000
11	CTK-WVF-II-80-130	80	1.3	30	3	5000	4000	2000
12	CTK-WVF-II-100-30	100	0.3	5.5	4	6000	5000	2000
13	CTK-WVF-II-100-400	100	0.4	7.5	4	6000	5500	2500
14	CTK-WVF-II-120-50	120	0.5	11	4	7000	5000	2500
15	CTK-WVF-II-120-60	120	0.6	11	4	7500	5500	3000
	生产企业	天津晨天自动化设备工程有限公司						

9. BV2（S）箱式自动增压供水机组

BV2（S）箱式自动增压供水机组采用水冷式变频器、全不锈钢屏蔽式潜水电机。双变频控制，水冷却，水润滑，噪声低。

1）BV2（S）箱式自动增压供水机组外形见图 11-10。

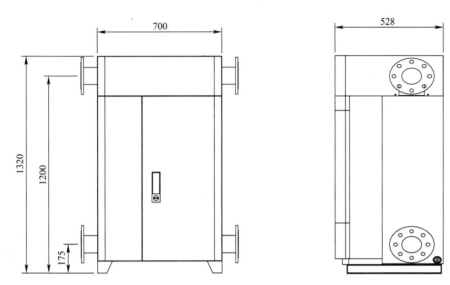

图 11-10　BV2（S）箱式自动增压供水机组外形图

2）BV2（S）箱式自动增压供水机组技术性能参数及外形尺寸见表 11-10。

BV2（S）箱式自动增压供水机组技术性能参数及外形尺寸表　　　　表 11-10

序号	供水流量 （m³/h）	供水扬程 （m）	配套水泵		进/出水口径 DN	配套气压罐 （L×MPa）	运行效率 （%）
			台数	单泵功率（kW）			
1	12	25～120	2	1.5～7.5	100/80	100×1.0	70
2	16	31～138	2	3～11	100/80	100×1.0	70
3	20	33～132	2	4～13	100/80	200×1.0	71
4	27	31～146	2	4～18.5	100/80	200×1.0	75
5	35	23～117	2	4～18.5	100/80	200×1.0	75
6	32	31～138	3	3～11	100/80	100×1.0	70
7	40	33～132	3	4～13	100/80	200×1.0	71
8	54	31～146	3	4～18.5	100/80	200×1.0	75
9	70	23～117	3	4～18.5	100/80	200×1.0	75
10	80	32～107	3	5.5～18.5	125/100	200×1.0	76
11	90	28～117	3	5.5～22	125/100	200×1.0	76
12	128	27～90	3	7.5～22	150/125	200×1.0	78
生产企业			上海海泉泵业有限公司				

10. MQXB 泵箱一体化变频泵站

1）MQXB 泵箱一体化变频泵站外形见图 11-11。

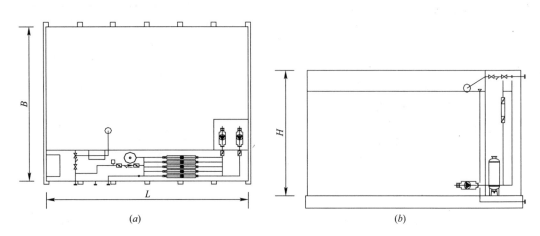

(a) (b)

图 11-11 MQXB 泵箱一体化变频泵站外形图
(a) 平面图；(b) 左视图

2）MQXB 泵箱一体化变频泵站技术性能参数及外形尺寸见表 11-11。

MQXB 泵箱一体化变频泵站技术性能参数及外形尺寸表 表 11-11

序号	供水流量（m³/h）	供水压力（MPa）	水箱有效容积（m³）	设备总功率（kW）	外形尺寸（mm）		
					L	B	H
1	15	0.3～1.3	15	3.0～8.9	4000	3000	2000
2	20	0.3～1.3	30	6.0～18	5000	5000	2000
3	30	0.3～1.3	45	9.7～22.1	5000	5000	2000
4	40	0.3～1.3	60	16.5～35.1	85000	5000	2000
5	50	0.3～1.3	75	16.5～35.1	85000	6000	2000
6	60	0.3～1.3	90	19～43	105000	6000	2000
7	70	0.3～1.3	100	23～55	115000	6000	2000
8	80	0.3～1.3	120	27～67	125000	6000	2000
9	90	0.3～1.3	130	33.3～106.5	135000	6000	2000
生产企业			江苏铭星供水设备有限公司				

11. ATT-BH 系列数字集成全变频供水设备

ATT-BH 系列供水设备性能特点：采用不锈钢高效永磁水泵，每台泵均配置一台变频器，微机控制变频运行。

1）ATT-BH 系列全变频供水设备外形见图 11-12。

2）ATT-BH 系列全变频供水设备性能参数及外形尺寸见表 11-12。

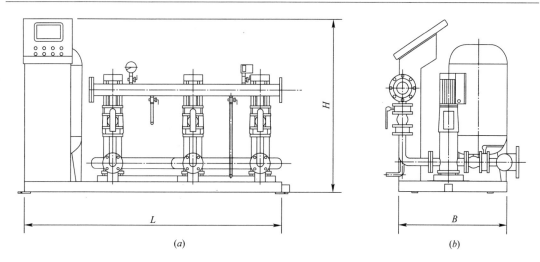

图 11-12　ATT-BH 系列全变频供水设备外形图（以两用一备泵组为例）

(a) 立面图；(b) 右视图

ATT-BH 系列全变频供水设备技术性能参数及外形尺寸表　表 11-12

序号	供水流量（m³/h）	供水扬程（m）	配套水泵			外形尺寸（mm）		
			型号	单泵功率（kW）	台数	L	B	H
1	2	30～136	SVL2-4～18	0.55～2.2	2	1600	1200	1440
2	4	32～153	SVL4-4～19	0.75～4	2	1600	1200	1440
3	8	36～148	SVL8-4～16	1.5～5.5	2	1700	1280	1440
4	12	30～141	SVL12-3～14	2.2～11	2	1700	1360	1440
5	16	34～141	SVL16-3～12	3～11	2	1700	1360	1440
6	20	35～142	SVL20-3～12	4～15	2	1700	1360	1440
7	32	30～153	SVL32-20～110	4～22	2	1880	1660	1440
8	40	35～142	SVL20-3～12	4～15	3	1980	1420	1440
9	64	30～153	SVL32-20～110	4～22	3	2200	1915	1440
10	84	41～160	SVL42-20～80	7.5～30	3	2420	2210	1440
11	96	30～153	SVL32-20～110	4～22	4	2700	2130	1440
12	126	41～160	SVL42-20～80	7.5～30	4	3100	2700	1440
13	195	40～146	SVL65-20～70	11～45	4	3200	2700	1440
14	255	41～134	SVL85-20～60	15～45	4	3200	2700	1440
生产企业			杭州中美埃梯梯泵业有限公司					

12. PN 系列静音小型增压供水机组

1）PN 系列静音小型增压供水机组性能特点：

（1）采用不锈钢多级离心水泵，每台泵均配置一台变频器，微机控制变频运行。

（2）机组及配管集成组装，占地面积小，安装方便。

（3）静音运行，有效避免供水设备运行时对邻近住户的噪声影响。

（4）不锈钢柜体，高防护等级，适用于室内或户外安装。

（5）采用终端智能稳压（推定末端压力一定）供水和小流量模糊控制，节能。

（6）采用一键式［E］按钮，操作更便捷。

（7）设备管路采用食品级不锈钢材质或铜材质，确保供水水质安全、卫生。

（8）机组内部布局合理，管路、管件安装维护检修方便。

2）PN 系列静音小型增压供水机组外形见图 11-13。

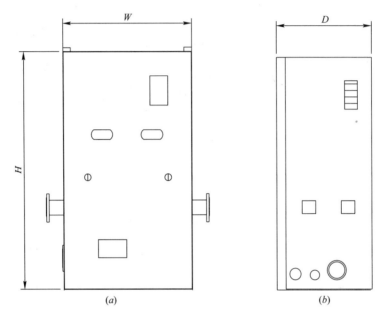

图 11-13　PN 系列静音小型增压供水机组外形图

（a）立面图；（b）右视图

3）PN 系列静音小型增压供水机组技术性能参数及外形尺寸见表 11-13。

PN 系列静音小型增压供水机组技术性能参数及外形尺寸表　　　表 11-13

序号	供水流量（m³/h）	供水扬程（m）	配套水泵		进、出水管公称尺寸 DN	设备外形尺寸（mm）		
			台数	单泵功率（kW/台）		W	D	H
一用一备机组								
1	4～6	10～54	2	0.4～1.5	20（25）	690	250	1180
2	8～10	10～28	2	0.4～1.5	32	715	250	1300
3	10～27	10～76	2	0.75～7.5	32（40）（50）	760	272	1300
						882	373	1400
4	30～54	15～58	2	3.7～15	80	1300	400	1400
						1370	430	1500
两用一备机组								
5	40～48	26.5～58	3	2.2～5.5	80	1080	486	1738
生产企业			荏原机械（中国）有限公司					

11.1.2　箱式管网叠压供水设备

1. DXP-NQ-DRL 系列箱式全变频叠压供水设备

1）DXP-NQ-DRL 系列箱式全变频叠压供水设备外形见图 11-14。

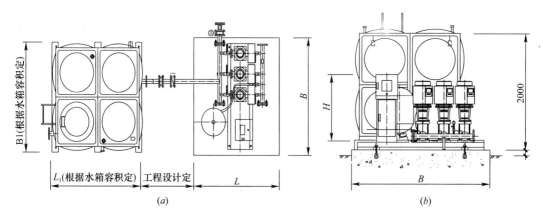

图 11-14　DXP-NQ-DRL 系列箱式全变频叠压供水设备外形图（以两用一备机组为例）

(a) 平面图；(b) 立面图

2）DXP-NQ-DRL 系列箱式全变频管网叠压供水设备技术性能参数及外形尺寸见表 11-14。

DXP-NQ-DRL 系列箱式全变频叠压供水设备技术性能参数及外形尺寸表　　表 11-14

序号	供水流量 (m³/h)	供水压力 (MPa)	配套水泵			外形尺寸（mm）		
			型号	单台功率（kW）	效率（%）	L	B	H
一用一备机组								
1	3	0.30～1.60	DRL3-7～33	0.55～3	58	1000	1050	1270
2	5	0.30～1.60	DRL4-4～22	0.75～4	63	1020	1050	1270
3	10	0.30～1.60	DRL10-4～19	1.5～7.5	70	1060	1145	1270
4	15	0.30～1.60	DRL15-3～14	3～11	72	1100	1145	1270
5	20	0.30～1.60	DRL20-3～13	4～15	72	1100	1145	1270
6	20	0.30～1.60	DRL10-4～19	1.5～7.5	70	1165	1475	1270
7	30	0.30～1.60	DRL32-2～11-2	4～22	76	1470	1145	1270
两用一备机组								
1	30	0.30～1.60	DRL15-3～4	3～11	72	1250	1475	1270
2	40	0.30～1.60	DRL20-3～13	3～15	72	1250	1615	1673
3	50	0.30～1.60	DRL20-3～17	4～15	72	1250	1615	1863
4	60	0.30～1.60	DRL32-2～11-2	4～22	76	1610	1475～1615	1270～2000
5	80	0.30～1.60	DRL45-2-2～8-2	5.5～30	78	1690	1600～1800	1270～1939
6	100	0.35～1.60	DRL45-2～9-2	7.5～30	78	1690	1600～1800	1270～2019
三用一备机组								
1	120	0.30～1.60	DRL45-2-2～8-2	5.5～30	78	1750	2000～2200	1270～1939
2	150	0.30～1.60	DRL64-2-1～8-1	11～45	80	1750	1600～1800	1325～2058
3	200	0.44～1.20	DRL90-3-2～6	18.5～45	81	1900	1700～1900	1480～1950
4	300	0.37～1.20	DRL90-2～6	15～45	81	2150	2100～2400	1344～1950
生产企业		上海中韩杜科泵业制造有限公司						

2. Grundfos 系列箱式全变频叠压供水设备

1）Grundfos 系列箱式全变频叠压供水设备外形见图 11-15。

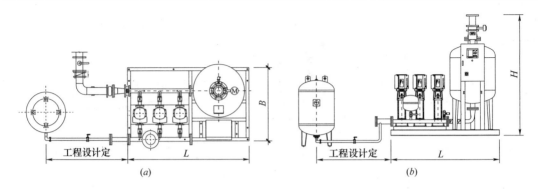

图 11-15 Grundfos 系列箱式全变频叠压供水设备外形图（以一用一备立式泵组为例）

（a）平面图；（b）立面图

2）Grundfos 系列箱式全变频叠压供水设备技术性能参数及外形尺寸见表 11-15。

Grundfos 系列箱式全变频叠压供水设备技术性能参数及外形尺寸表　　　表 11-15

序号	供水流量（m³/h）	供水压力（MPa）	储水箱 总容积（m³）	立式多级水泵			外形尺寸（mm）		
				型号	台数	单泵功率（kW）	L	B	H
1	8.5	0.3～1.0	4	CRE5-5～16	2	1.5～4	1914	1420	2045
2	13	0.3～1.0	6	CRE10-3～9	2	2.2～5.5	1914	1490	2045
3	24	0.3～1.0	30	CRE15-3～7	2	4～11	2254	1634	2045
4	18	0.3～1.0	10	CRE5-6～18	3	2.2～5.5	2217	1420	2045
5	26	0.3～1.0	16	CRE10-3～9	3	2.2～5.5	2237	1490	2045
6	44	0.3～1.0	36	CRE15-3～7	3	4～11	2558	1634	2045
生产企业			格兰富水泵（苏州）有限公司						

3. WXHV 系列数字集成箱式全变频叠压供水设备

1）WXHV 系列箱式全变频叠压供水设备外形见图 11-16。

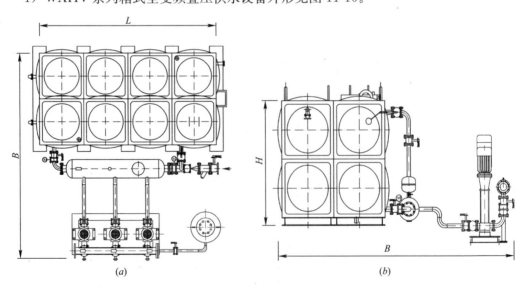

图 11-16 WXHV 系列箱式全变频叠压供水设备外形图（以两用一备机组为例）

（a）平面图；（b）左视图

2）WXHV 系列箱式全变频叠压供水设备技术性能参数及外形尺寸见表 11-16。

WXHV 系列箱式全变频叠压供水设备技术性能参数及外形尺寸表　表 11-16

序号	供水流量（m³/h）	供水压力（MPa）	储水箱公称容积（m³）	配套水泵		外形尺寸（mm）		
				型号	单台功率（kW）	L	B	H
一用一备机组								
1	10	0.35～0.96	10	10SV04F015T～10SV11F040T	1.5～4	2500	3200	2000
2	15	0.49～1.0	15	15SV04F040T～15SV08F075T	4～7.5	3000	3200	2500
3	22	0.44～0.97	20	22SV04F040T～22SV08F110T	4～11	4000	3200	2500
4	33	0.32～1.0	30	33SV2/1AG040T～33SV5G150T	4～15	4000	4200	2500
两用一备机组								
1	20	0.35～0.96	20	10SV04F015T～10SV11F040T	1.5～4	4000	3200	2500
2	30	0.49～1.0	30	15SV04F040T～15SV08F075T	4～7.5	4000	4200	2500
3	44	0.44～0.97	40	22SV04F040T～22SV08F110T	4～11	4000	5200	2500
生产企业			赛莱默（中国）有限公司					

4. ZJXG 系列智能静音箱式双模叠压供水设备

1）ZJXG 系列智能静音箱式双模叠压供水设备外形见图 11-17。

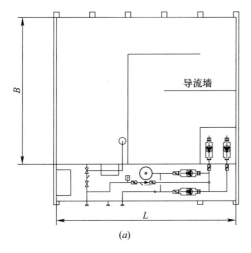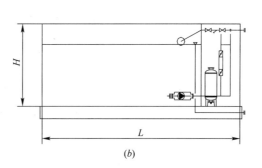

(a)　　　　　　　　　　　　　　　　*(b)*

图 11-17　ZJXG 系列智能静音箱式双模叠压供水设备外形图

（a）平面图；（b）立面图

2）ZJXG 系列智能静音箱式双模叠压供水设备技术性能参数及外形尺寸见表 11-17。

ZJXG 系列智能静音箱式双模叠压供水设备技术性能参数及外形尺寸表　表 11-17

序号	水箱有效容积（m³）	供水流量（m³/h）	供水扬程（m）	配套主泵			外形尺寸（mm）		
				型号	单泵流量（m³/h）	单泵功率（kW）	L	B	H
两用一备机组									
1	15	10	30～130	SVP-508～538	5	0.75～3.7	4000	3000	2000
2	30	20	30～130	SVP-810～17-13	10	1.5～7.5	5000	5000	2000
3	45	30	30～130	SVP17-4～17-15	15	3～9.2	6000	5000	2000

续表

序号	水箱有效容积（m³）	供水流量（m³/h）	供水扬程（m）	配套主泵			外形尺寸（mm）		
				型号	单泵流量（m³/h）	单泵功率（kW）	L	B	H
三用一备机组									
1	60	40	30～130	SVP17-4～15	15	3～9.2	7500	5000	2000
2	75	50	30～130	SVP17-4～15	17	1.5～7.5	8500	6000	2000
3	90	60	30～130	SVP20-4～13	20	3～13	10500	6000	2000
生产企业			南京尤孚泵业有限公司						

5. KY/XGD 双模箱式管网叠压供水设备（管中泵、立式泵）

1）KY/XGD 双模箱式管网叠压供水设备（管中泵）

（1）KY/XGD 双模箱式管网叠压供水设备（管中泵）外形见图 11-18。

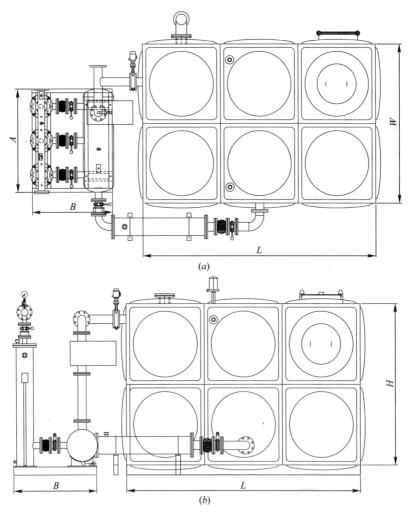

图 11-18 KY/XGD 双模箱式管网叠压供水设备外形图（管中泵）

（a）平面图；（b）立面图

（2）KY/XGD双模箱式管网叠压供水设备（管中泵）技术性能参数及外形尺寸见表11-18。

KY/XGD双模箱式管网叠压供水设备（管中泵）技术性能参数及外形尺寸表　表11-18

序号	供水流量（m³/h）	供水扬程（m）	水箱				配套主泵（两用一备）		设备外形尺寸（mm）	
			有效容积（m³）	外形尺寸（mm）			型号	单泵功率（kW）	A	B
				L	W	H				
1	8	28～99	3.2	2000	1000	2000	S4S-5/06～21	0.75～2.2	1350	1000
2	10	32～102	4.8	2000	2000	1500	S4S-5/08～25	1.1～3	1350	1000
3	12	34～122	4.8	2000	2000	1500	S4S-8/07～25	1.1～4	1350	1050
4	14	32～112	6.4	2000	2000	2000	S4S-8/07～25	1.1～4	1350	1050
5	16	27～103	6.4	2000	2000	2000	S4S-8/07～25	1.1～4	1350	1050
6	18	34～79	7.2	2000	2000	2000	S4S-8/09～22	1.5～4	1350	1050
7	20	26～100	7.2	2000	3000	1500	S4S-14/05～18	1.5～5.5	1350	1050
8	22	35～95	9.6	2000	3000	2000	S4S-14/07～18	2.2～5.5	1350	1050
9	24	33～91	9.6	2000	3000	2000	S4S-14/07～18	2.2～5.5	1350	1050
10	26	31～86	9.6	2000	3000	2000	S4S-14/07～18	2.2～5.5	1350	1050
11	28	35～123	11.2	2000	3500	2000	S6S-14/05～17	2.2～11	1350	1050
12	30	31～154	12.8	2000	4000	2000	S6S-14/05～24	2.2～11	1550	1150
13	36	26～136	14.4	2000	4500	2000	S6S-18/03～15	2.2～11	1550	1150
14	40	29～131	16.0	2000	5000	2000	S6S-18/04～16	3～11	1550	1150
15	44	31～138	17.6	2000	5500	2000	S6S-18/05～17	3～15	1550	1150
16	48	29～102	19.2	3000	4000	2000	S6S-30/03～11	4～15	1550	1150
17	52	28～115	21.6	3000	4500	2000	S6S-30/03～13	4～15	1550	1150
18	56	27～111	22.4	7000	2000	2000	S6S-30/03～13	4～15	1550	1170
19	60	33～112	25.6	4000	4000	2000	S6S-30/04～14	5.5～15	1550	1170
20	70	27～134	28.8	6000	3000	2000	S6S-48/03～13	5.5～18.5	1550	1200
21	80	26～129	32.0	4000	5000	2000	S6S-48/03～13	3.7～18.5	1550	1200
22	86	36～123	35.2	2000	11000	2000	S6S-48/04～13	5.5～18.5	1550	1200
生产企业			无锡康宇水处理设备有限公司							

2）KY/XGD双模箱式管网叠压供水设备（立式泵）

（1）KY/XGD双模箱式管网叠压供水设备（立式泵）外形见图11-19。

（2）KY/XGD双模箱式管网叠压供水设备（立式泵）技术性能参数及外形尺寸见表11-19。

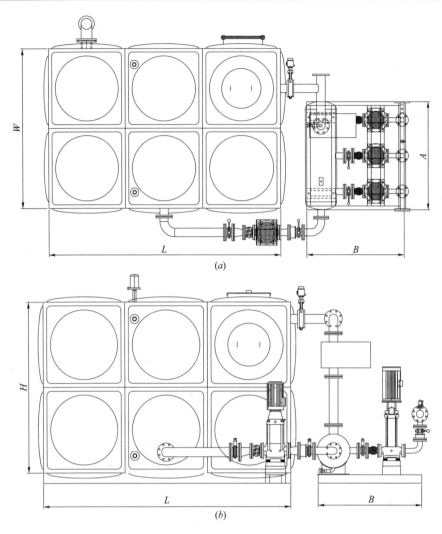

图 11-19　KY/XGD 双模箱式管网叠压供水设备（立式泵）外形图

（a）平面图；（b）立面图

KY/XGD 双模箱式管网叠压供水设备（立式泵）技术性能参数及外形尺寸表　表 11-19

序号	供水流量 (m³/h)	供水扬程 (m)	水箱				配套主泵（两用一备）		设备外形尺寸（mm）	
			有效容积 (m³)	外形尺寸（mm）			型号	单泵功率 (kW)	A	B
				L	W	H				
1	8	28～120	3.2	2000	1000	2000	CR5-5～20	0.75～3	1350	1200
2	10	31～111	4.8	2000	2000	1500	CR5-6～20	1.1～3	1350	1200
3	12	32～112	4.8	2000	2000	1500	CR5-7～22	1.1～4	1350	1200
4	14	27～136	6.4	2000	2000	2000	CR10-3～14	1.1～5.5	1450	1250
5	16	26～130	6.4	2000	2000	2000	CR10-3～14	1.1～5.5	1450	1250
6	18	32～123	7.2	2000	3000	1500	CR10-4～14	1.5～5.5	1450	1250
7	20	34～129	7.2	2000	3000	1500	CR10-4～16	1.5～5.5	1450	1250
8	22	33～118	9.6	2000	3000	2000	CR10-5～16	2.2～5.5	1450	1250

续表

序号	供水流量 (m³/h)	供水扬程 (m)	水箱				配套主泵（两用一备）		设备外形尺寸（mm）	
			有效容积（m³）	外形尺寸（mm）			型号	单泵功率（kW）	A	B
				L	W	H				
9	24	38～130	9.6	2000	3000	2000	CR15-3～10	3～11	1550	1250
10	26	37～127	9.6	2000	3000	2000	CR15-3～10	3～11	1550	1250
11	28	36～124	11.2	2000	3500	2000	CR15-3～10	3～11	1550	1250
12	32	34～118	12.8	2000	4000	2000	CR15-3～10	3～11	1550	1250
13	36	26～128	14.2	2000	4500	2000	CR20-2～10	2.2～11	1550	1250
14	38	37～125	16.0	2000	5000	2000	CR20-3～10	4～11	1550	1250
15	42	35～118	17.6	2000	5500	2000	CR20-3～10	4～11	1550	1250
16	48	27～130	19.2	3000	4000	2000	CR32-2-2～8-2	3～15	1600	1320
17	52	26～126	19.2	3000	4500	2000	CR32-2-2～8-2	3～15	1600	1320
18	56	31～121	22.4	7000	2000	2000	CR32～CR32-8-2	4～15	1600	1320
19	60	30～115	25.6	4000	4000	2000	CR32～CR32-8-2	4～15	1600	1320
20	70	37～138	28.8	6000	3000	2000	CR45-2-2～6-2	5.5～22	1600	1350
21	80	34～130	32	4000	5000	2000	CR45-2-2～6-2	5.5～22	1600	1350
22	86	22～125	32	2000	11000	2000	CR45-2-2～6-2	5.5～22	1600	1350
生产企业			无锡康宇水处理设备有限公司							

6. KQF Ⅳ 全自动双模箱式叠压供水设备

1）KQF Ⅳ 全自动双模箱式叠压供水设备外形见图 11-20。

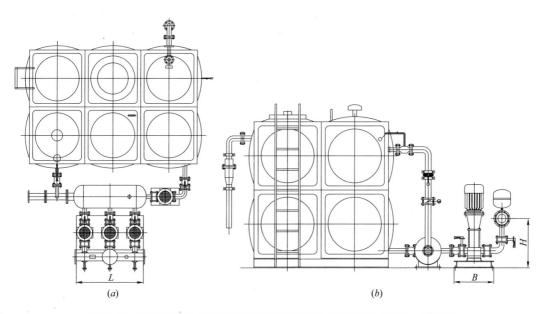

(a)   *(b)*

图 11-20 KQF Ⅳ 全自动双模箱式叠压供水设备外形图（两用一备机组）

(a) 平面图；*(b)* 左视图

2）KQF Ⅳ 全自动双模箱式叠压供水设备技术性能参数及外形尺寸见表 11-20。

KQF IV 全自动双模箱式叠压供水设备技术性能参数及外形尺寸表　　表 11-20

| 序号 | 供水流量 (m³/h) | 供水扬程 (m) | 配套主泵（两用一备） | | 外形尺寸 （mm） | | | 建议水箱容积 (m³) |
			型号	单泵功率 (kW)	长度 (L)	宽度 (B)	高度 (H)	
1	20	32～149	CR10-4～18	1.5～7.5	1150～1300	500	655	30
2	30	33～157	CR15-3～14	3～11	1230～1380	500	685	45
3	40	35～143	CR20-3～12	4～15	1230～1450	500	685	60
4	60	38～153	CR32-3-2～10	5.5～18.5	1325～1400	500	700	90
5	90	31～156	CR45-2-2～8-2	5.5～30	1340～1640	600	720	135
6	120	37～155	CR64-2-1～7-1	11～37	1415～1640	600	770	180
生产企业		上海凯泉泵业（集团）有限公司						

7. SW/WXⅢ-2 箱式叠压供水设备

1）SW/WXⅢ-2 箱式叠压供水设备外形见图 11-21。

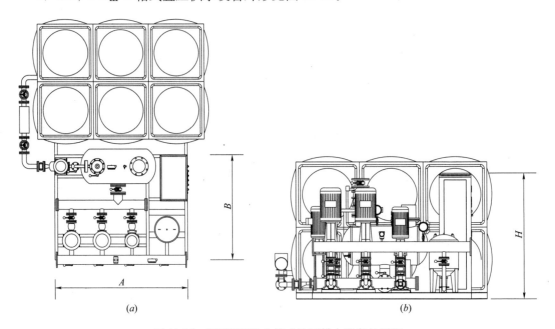

图 11-21　SW/WXⅢ-2 箱式叠压供水设备外形图
(a) 平面图；(b) 立面图

2）SW/WXⅢ-2 箱式叠压供水设备技术性能参数及外形尺寸见表 11-21。

SW/WXⅢ-2 箱式叠压供水设备技术性能参数及外形尺寸表　　表 11-21

| 序号 | 供水流量 (m³/h) | 供水扬程 (m) | 配套主泵 | | 小流量泵 | | 增压装置泵 | | 水箱容积 (m³) | 设备外形尺寸 （mm） | | |
			型号	单泵功率 (kW)	型号	功率 (kW)	型号	功率 (kW)		A	B	H
一用一备机组												
1	4	30～115	CR3-9～33	0.75～3	—	—	CR3-8	0.75	2	1850	1750	1900
2	6	32～132	CR5-7～26	1.1～4	—	—	CR3-8	0.75	3	1850～1900	1750	1900

续表

序号	供水流量 (m^3/h)	供水扬程 (m)	配套主泵 型号	配套主泵 单泵功率 (kW)	小流量泵 型号	小流量泵 功率 (kW)	增压装置泵 型号	增压装置泵 功率 (kW)	水箱容积 (m^3)	设备外形尺寸 (mm) A	设备外形尺寸 (mm) B	设备外形尺寸 (mm) H
一用一备机组												
3	8	28~131	CR10-3~14	1.1~5.5	—	—	CR5-8	1.1	4	1850~1900	1750	1900
4	10	32~130	CR10-4~16	1.5~5.5	—	—	CR5-8	1.1	5	1850~1900	1850	1900
5	12	27~136	CR10-4~20	1.5~7.5	CR5-18~26	3~4	CR5-8	1.1	6	2200~2300	1850	1900
6	16	34~117	CR15-3~10	3~11	CR5-18~26	3~4	CR5-10	1.5	8	2200~2450	1850	1900
7	20	36~121	CR20-3~10	4~11	CR5-12~29	2.2~4	CR5-10	1.5	8	2200~2400	1850	1900
两用一备机组												
1	8	30~115	CR3-9~33	0.75~3	—	—	CR3-8	0.75	4	2100	1780	1900
2	10	33~136	CR5-6~24	1.1~4	—	—	CR3-8	0.75	5	2100~2200	1780	1900
3	12	32~132	CR5-7~26	1.1~4	—	—	CR3-8	0.75	6	2300~2400	1780	1900
4	16	28~131	CR10-3~14	1.1~5.5	—	—	CR5-8	1.1	8	2300~2400	1780	1900
5	20	32~130	CR10-4~16	1.5~5.5	—	—	CR5-8	1.1	10	2300~2400	1780	1900
6	24	27~136	CR10-4~20	1.5~7.5	CR5-18~26	3~4	CR5-8	1.1	12	2350~3000	1780~1900	1900
7	30	36~121	CR15-3~10	3~11	CR5-13~22	2.2~4	CR5-10	1.5	16	2450~3050	1780~1900	1900
8	36	32~131	CR15-3~12	3~11	CR5-13~26	2.2~4	CR5-10	1.5	18	2550~3150	1880~2000	1900
三用一备机组												
1	18	32~132	CR5-7~26	1.1~4	—	—	CR3-8	0.75	8	2800	1770	1900
2	24	28~131	CR10-3~14	1.1~5.5	—	—	CR5-8	1.1	12	2800~2950	1770	1900
3	30	32~130	CR10-4~16	1.5~5.5	—	—	CR5-8	1.1	14	2800~2950	1770	1900
4	36	27~136	CR10-4~20	1.5~7.5	CR5-18~26	3~4	CR5-8	1.1	18	2800~3250	1770~1870	1900
5	45	36~121	CR15-3~10	3~11	CR5-13~22	2.2~4	CR5-10	1.5	20	2800~3450	1770~1870	1900
6	54	32~131	CR15-3~12	3~11	CR5-13~26	2.2~4	CR5-10	1.5	24	2800~3450	1770~1870	1900
生产企业	安徽皖水水务发展有限公司											

8. JSGD 系列箱式管网接力升压供水设备

1）JSGD 系列箱式管网接力升压供水设备外形见图 11-22。

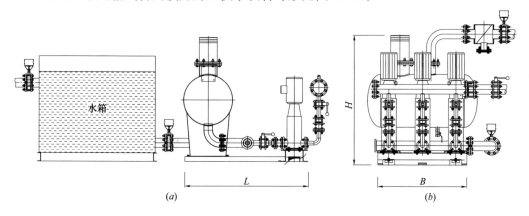

(a)   *(b)*

图 11-22 JSGD 系列箱式管网接力升压供水设备外形图（以两用一备机组为例）

（*a*）立面图；（*b*）左视图

2）JSGD 系列箱式管网接力升压供水设备技术性能参数及外形尺寸见表 11-22。

JSGD 系列箱式管网接力升压供水设备技术性能参数及外形尺寸表　　表 11-22

序号	供水流量（m³/h）	供水扬程（m）	水泵功率（kW/台）	水箱容积（m³）	流量调节器 φ×L（mm）	外形尺寸（mm）		
						L	B	H
一用一备机组								
1	8	45～130	2.2～5.5	6	φ600×1300	1420	960	1410
2	12	60～121	4.0～7.5	8	φ600×1300	1430	960	1410
3	16	58～130	5.5～11	12	φ600×1300	1430	960	1410
4	20	58～128	5.5～15	16	φ600×1300	1430	960	1410
5	32	53～124	7.5～18.5	22	φ600×1300	1460	990	1410
6	42	52～113	11～22	28	φ800×1500	1770	1220	1600
两用一备机组								
1	16	45～130	2.2～5.5	12	φ600×1300	1420	960	1410
2	24	60～121	4.0～7.5	16	φ600×1300	1430	1060	1410
3	32	58～130	5.5～11	22	φ600×1300	1430	1160	1410
4	40	58～128	5.5～15	28	φ800×1500	1580	1160	1600
5	64	53～124	7.5～18.5	42	φ800×1500	1650	1460	1600
6	84	52～113	11～22	56	φ1000×2100	1990	1460	1900
生产企业			山东国泰创新供水技术有限公司					

9. HDL-WX 箱式叠压供水设备

1）HDL-WX 箱式叠压供水设备外形见图 11-23。

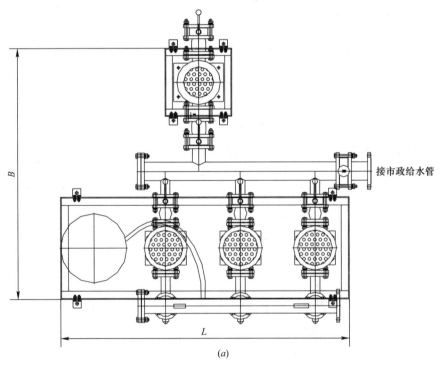

接市政给水管

图 11-23　HDL-WX 箱式叠压供水设备外形图

（a）平面图

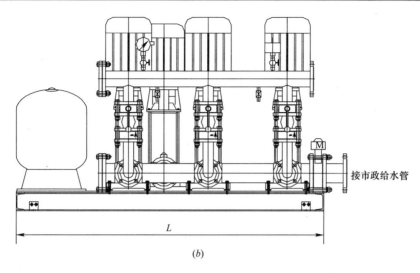

图 11-23 HDL-WX 箱式叠压供水设备外形图（续）

(b) 立面图

2）HDL-WX 箱式叠压供水设备技术性能参数及外形尺寸见表 11-23。

HDL-WX 箱式叠压供水设备技术性能参数及外形尺寸表　　　　表 11-23

序号	供水流量 (m³/h)	供水扬程 (m)	配套主泵			水箱容积 (m³)	外形尺寸 (mm)		增压泵			
			型号	台数	功率 (kW)		L	B	型号	供水流量 (m³/h)	供水扬程 (m)	功率 (kW)
1	5	27~41	LVMF4-4~6	2	0.75~1.1	4	1700	900	LVMF4-4	5	27	0.75
2	6	29~50	LVMF8-3~5	2	1.1~2.2	6	1700	900	LVMF8-3	6	30	1.5
3	8	36~73	LVMF8-4~8	2	1.5~3	8	1700	900	LVMF8-3	8	27	1.5
4	10	33~77	LVMF12-3~7	2	2.2~5.5	10	1700	900	LVMF8-4	10	30	1.5
5	12	30~101	LVMF12-3~10	2	2.2~7.5	12	1700	900	LVMF12-31	12	30	2.2
6	14	34~106	LVMF12-4~12	2	3~7.5	14	1700	900	LVMF12-4	12	30	3
7	16	34~118	LVMF16-3~10	2	3~11	16	1700	900	LVMF16-3	19	30	3
8	20	35~118	LVMF20-3~10	2	4~11	18	1800	900	LVMF20-3	24	30	4
9	23	43~128	LVMF20-4~12	2	5.5~15	24	1800	900	LVMF20-3	24	30	4
10	26	37~114	LVMF20-4~12	2	4~15	24	1800	900	LVMF20-3	24	30	4
11	29	43~112	LVMF32-30~80-2	2	5.5~15	30	1800	900	LVMF32-20	28	30	4
12	32	40~117	LVMF32-30~90-2	2	5.5~18.5	30	1800	900	LVMF32-20	28	30	4
13	34	38~117	LVMF32-30~90	2	5.5~18.5	30	1850	900	LVMF32-30-2	34	30	5.5
14	36	43~130	LVMF16-4~12	3	4~11	36	2150	1800	LVMF32-30-2	34	30	5.5
15	38	48~145	LVMF20-4~12	3	5.5~15	36	2150	800	LVMF32-30	38	30	5.5
16	42	46~138	LVMF20-4~12	3	5.5~15	40	2150	2000	LVMF42-20-2	45	30	5.5
17	46	43~128	LVMF20-4~12	3	5.5~15	40	2150	2000	LVMF42-20-2	45	30	5.5

序号	供水流量 (m^3/h)	供水扬程 (m)	配套主泵			水箱容积 (m^3)	外形尺寸 (mm)		增压泵			
			型号	台数	功率 (kW)		L	B	型号	供水流量 (m^3/h)	供水扬程 (m)	功率 (kW)
18	52	37～114	LVMF20-4～12	3	4～15	50	2150	2000	LVMF42-20-2	45	30	5.5
19	56	29～120	LVMF32-20～80	3	4～15	50	2150	2400	LVMF65-20-2	56	30	7.5
20	60	35～115	LVMF32-30-2～80	3	4～15	60	2350	2400	LVMF65-20-2	56	30	7.5
21	68	37～103	LVMF32-30～80	3	5.5～15	60	2350	2400	LVMF65-20-1	70	30	11
22	77	43～97	LVMF42-20～50-2	3	7.5～18.5	75	2450	2400	LVMF65-20-1	70	30	11
23	85	41～101	LVMF42-20～50	3	7.5～18.5	75	2450	2400	LVMF85-20-2	85	30	11
24	92	29～106	LVMF42-20-2～60	3	5.5～22	90	2600	2400	LVMF85-20-2	85	30	11
25	100	27～106	LVMF42-20-2～60	3	5.5～22	90	2600	2400	LVMF85-20-2	85	30	11
26	120	29～102	LVMF65-20-2～50	3	7.5～30	120	2450	2600	LVMF120-20-2	110	30	15
27	138	31～109	LVMF65-20-1～60	3	11～37	120	2750	2600	LVMF120-20-2	110	30	15
28	157	35～106	LVMF42-20～60	4	7.5～22	120	3950	2400	LVMF120-20-1	140	30	18.5
29	175	37～104	LVMF65-20-1～50	4	11～30	150	2950	2600	LVMF120-20-1	140	30	18.5
30	192	34～103	LVMF65-20-1～50	4	11～30	150	3250	2600	LVMF120-20-1	140	30	18.5
31	210	37～101	LVMF65-20～60-2	4	11～30	150	3400	2600	LVMF120-20-1	140	30	18.5
生产企业			上海海德隆流体设备制造有限公司									

10. SY-XDY 箱式叠压供水设备

SY-XDY 箱式叠压供水设备技术性能参数见表 11-24。

SY-XDY 箱式叠压供水设备技术性能参数表　　　　表 11-24

序号	供水流量 (m^3/h)	供水扬程 (m)	配套水泵		进、出口公称尺寸 DN	稳流罐	水箱容积 (m^3)
			单台功率 (kW)	台数			
1	4	32～153	0.8～4	2	40	$\phi 200$	4
2	8	28～156	1.1～7.5	2	50	$\phi 300$	5
3	16	35～94	3～7.5	2	65	$\phi 300$	8
4	32	28～56	4～7.5	2	80	$\phi 300$	10
5	32	28～86	4～11	3	80	$\phi 300$	10
6	45	31～122	5.5～22	3	80	$\phi 400$	12
7	45	31～122	5.5～22	4	100	$\phi 400$	12
8	64	31～160	7.5～37	4	125	$\phi 400$	15
9	64	31～160	7.5～37	5	125	$\phi 400$	15
生产企业			安徽禹舜水务有限公司				

11.1.3　罐式管网叠压供水设备

1. DNP-NQ-DRL 系列数字集成罐式全变频叠压供水设备

1) DNP-NQ-DRL 系列罐式全变频叠压供水设备外形见图 11-24。

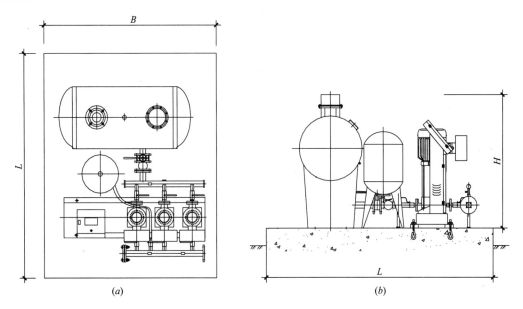

图 11-24　DNP-NQ-DRL 系列罐式全变频叠压供水设备外形图（以两用一备机组为例）

（a）平面图；（b）左视图

2）DNP-NQ-DRL 系列罐式全变频叠压供水设备技术性能参数及外形尺寸见表 11-25。

DXP-NQ-DRL 系列罐式全变频叠压供水设备技术性能参数及外形尺寸表　　表 11-25

序号	供水流量（m³/h）	供水压力（MPa）	配套水泵			外形尺寸（mm）		
			型号	单泵功率（kW）	效率（%）	L	B	H
一用一备机组								
1	3	0.3～1.6	DRL3-7～33	0.55～3	52	1810	1300	1350
2	5	0.3～1.6	DRL4-4～22	0.75～4	63	1840	1300	1350
3	10	0.3～1.6	DRL10-4～19	1.5～7.5	70	1890	1300	1350
4	15	0.3～1.6	DRL15-3～14	3～11	72	2050	1300	1350
5	20	0.3～1.6	DRL20-3～13	4～15	72	2050	1300	1350～1673
两用一备机组								
1	20	0.3～1.6	DRL10-4～19	1.5～7.5	70	1890	1450	1350～1400
2	30	0.3～1.6	DRL15-3～14	3～11	72	2070	1450	1350～1673
3	40	0.3～1.6	DRL20-3～13	4～15	72	2070	1450～1590	1350～1673
4	50	0.3～1.6	DRL20-3～17	4～15	72	2070	1450～1590	1350～1863
5	60	0.3～1.6	DRL32-2～11-2	4～22	76	2480	1450	1560
6	70	0.3～1.6	DRL32-3-2～13-2	5.5～30	76	2480	1450～1590	1560～2205
7	80	0.3～1.6	DRL45-2-2～8-2	5.5～30	78	2750	2000	1950
8	90	0.3～1.6	DRL45-2-2～8	5.5～30	78	2750	2000	1950
三用一备机组								
1	120	0.3～1.6	DRL45-2-2～8-2	5.5～30	78	2900	2000	1950
生产企业		上海中韩杜科泵业制造有限公司						

2. Grundfos 系列罐式全变频叠压供水设备

1）Grundfos 系列罐式全变频叠压供水设备外形见图 11-25。

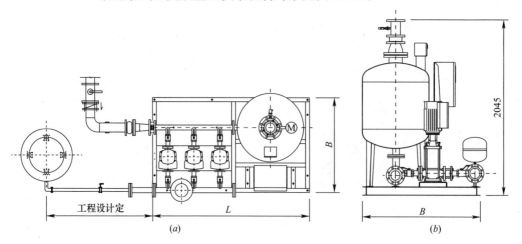

图 11-25 Grundfos 系列罐式全变频叠压供水设备外形图（以两用一备泵组为例）

（a）平面图；（b）右视图

2）Grundfos 系列罐式全变频叠压供水设备技术性能参数及外形尺寸见表 11-26。

Grundfos 系列罐式全变频叠压供水设备技术性能参数及外形尺寸表　　表 11-26

序号	供水流量（m³/h）	供水压力（MPa）	外形尺寸（mm）		立式多级离心泵		
			L	B	型号	台数	单泵功率（kW）
1	8.5	0.3～1.0	1896	1420	CRE5-5～16	2	1.5～4
2	13	0.3～1.0	1916	1490	CRE10-3～9	2	2.2～5.5
3	24	0.3～1.0	1896～2256	1420～1634	CRE15-3～7	2	4～11
4	18	0.3～1.0	2216	1420	CRE5-6～18	3	2.2～5.5
5	26	0.3～1.0	2236	1490	CRE10-3～9	3	2.2～5.5
6	44	0.3～1.0	2296～2560	1634	CRE15-3～7	3	4～11
生产企业			格兰富水泵（苏州）有限公司				

3. WGHV 系列数字集成罐式全变频叠压供水设备

1）WGHV 系列罐式全变频叠压供水设备外形见图 11-26。

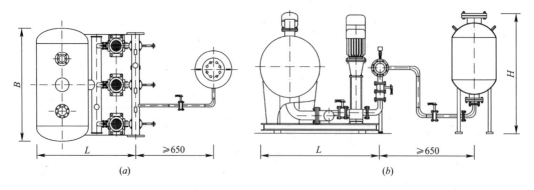

图 11-26 WGHV 系列罐式全变频叠压供水设备外形图（以两用一备机组为例）

（a）平面图；（b）立面图

2）WGHV 系列罐式全变频叠压供水设备技术性能参数及外形尺寸见表 11-27。

WGHV 系列罐式全变频叠压供水设备技术性能参数及外形尺寸表　　表 11-27

序号	供水流量（m³/h）	供水压力（MPa）	配套水泵		外形尺寸（mm）		
			型号	单台功率（kW）	L	B	H
一用一备机组							
1	10	0.35～0.96	10SV04F015T～10SV11F040T	1.5～4	1600	1300	1440
2	15	0.49～1.0	15SV04F040T～15SV08F075T	4～7.5	1600	1300	1440
3	22	0.44～0.97	22SV04F040T～22SV08F110T	4～11	1630	1300	1440
4	33	0.27～1.0	33SV2/2AG040T～33SV5G150T	4～15	1860	1500	1680
两用一备机组							
1	20	0.35～0.96	10SV04F015T～10SV11F040T	1.5～4	1660	1300	1440
2	30	0.49～1.0	15SV04F040T～15SV08F075T	4～7.5	1830	1500	1600
3	44	0.44～0.97	22SV04F040T～22SV08F110T	4～11	1830	1500	1600
生产企业			赛莱默（中国）有限公司				

4. AKK 节电型罐式叠压给水设备

1）AKK 节电型罐式叠压给水设备外形见图 11-27。

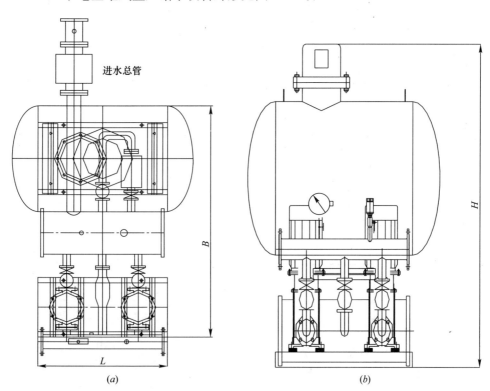

(a)　　　　　　　　　　　　　　　(b)

图 11-27　AKK 节电型罐式叠压给水设备外形图

（a）平面图；（b）立面图

2）AKK 节电型罐式叠压给水设备技术性能参数及外形尺寸见表 11-28。

AKK 节电型罐式叠压给水设备技术性能参数及外形尺寸表　　表 11-28

序号	供水流量（m³）	供水压力（MPa）	节电补偿器规格×MPa	叠压专用变频泵			外形尺寸（mm）		
				型号	单台功率（kW）	台数	L	B	H
1	6	0.28~1.5	0.8×1.40	SR5-6~29	1.1~4	2	1000	1520	1460
2	8	0.27~1.48	0.8×1.40	SR10-3~16	1.1~5.5	2	1000	1540	1660
3	10	0.31~1.5	0.8×1.40	SR10-4~18	1.5~7.5	2	1000	1540	1660
4	12	0.3~1.5	0.8×1.40	50AABH12-30~150	2.2~11	2	1000	1820	1660
5	15	0.29~1.45	0.8×1.40	50AABH12-30~150	2.2~11	2	1000	1820	1660
6	18	0.3~1.5	0.8×1.40	50AABH18-30~150	3~15	2	1000	1820	1660
7	21	0.29~1.42	0.8×1.40	50AABH18-30~150	3~15	2	1000	1820	1660
8	24	0.3~1.35	0.8×1.40	50AABH12-30~150	2.2~11	2	1330	1820	1660
9	30	0.29~1.45	0.8×1.40	50AABH12-30~150	2.2~11	3	1330	1820	1660
10	36	0.3~1.5	0.8×1.40	50AABH18-30~150	3~15	3	1330	1820	1660
11	40	0.29~1.42	0.8×1.40	50AABH18-30~150	3~15	3	1330	1820	1660
12	44	0.28~1.4	0.8×1.40	50AABH18-30~150	3~15	3	1330	1820	1660
13	50	0.31~1.55	1.0×1.40	65AABH30-30~150	5.5~22	3	1550	2120	1940
14	60	0.3~1.5	1.0×1.72	65AABH30-30~150	5.5~22	3	1550	2120	1940
15	72	0.27~1.35	1.0×1.72	65AABH30-30~150	5.5~22	3	1550	2120	1940
16	80	0.31~1.56	1.0×1.72	80AABH50-30~150	5.5~30	3	1550	2150	1940
17	90	0.31~1.55	1.0×1.72	80AABH50-30~150	5.5~30	3	1550	2150	1940
18	100	0.3~1.5	1.0×1.72	80AABH50-30~150	5.5~30	3	1550	2150	1940
生产企业			上海熊猫机械（集团）有限公司						

5. XMW-Ⅳ系列罐式叠压给水设备

1）XMW-Ⅳ系列罐式叠压给水设备外形见图 11-28。

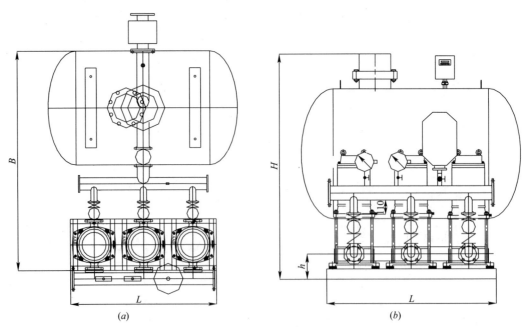

图 11-28　XMW-Ⅳ系列罐式叠压给水设备外形图
（a）平面图；（b）左视图

2）XMW-Ⅳ系列罐式叠压给水设备技术性能参数及外形尺寸见表11-29。

XMW-Ⅳ系列罐式叠压给水设备技术性能参数及外形尺寸表　　　表11-29

序号	供水流量（m³）	供水压力（MPa）	稳流补偿器		配套水泵			外形尺寸（mm）		
			规格 φ(m)×MPa	有效容积（m³）	型号	单台功率（kW）	台数	L	B	H
1	6	0.33～1.48	0.6×1.20	0.32	50AAB6-33～148	1.5～7.5	2	1170	1800	1320
2	8	0.32～1.60	0.8×1.40	0.70	50AAB8-32～160	1.5～11	2	1170	1800	1320
3	12	0.30～1.50	0.8×1.40	0.70	50AAB12-30～150	1.5～11	2	1170	1800	1520
4	18	0.30～1.50	1.0×1.72	1.35	50AAB18-30～150	2.2～15	2	1170	1800	1520
5	24	0.30～1.50	1.0×1.72	1.35	50AAB12-30～150	1.5×3～11	3	1520	2500	1720
6	36	0.30～1.50	1.2×1.92	2.1	50AAB18-30～150	2.2～15	3	1520	2700	1930
7	44	0.28～1.40	1.4×2.02	3.1	50AAB22-28～140	2.2～15	3	1520	2900	2130
8	60	0.30～1.50	1.8×2.40	5.2	65AAB30-30～150	4～22	3	1800	3100	2700
9	90	0.30～1.20	2.0×2.5	7.5	80AAB45-30～120	5.5～22	3	1800	3300	2900
生产企业		上海熊猫机械（集团）有限公司								

6. WFYIV 罐式叠压供水设备

1）WFYIV 罐式叠压供水设备外形见图11-29。

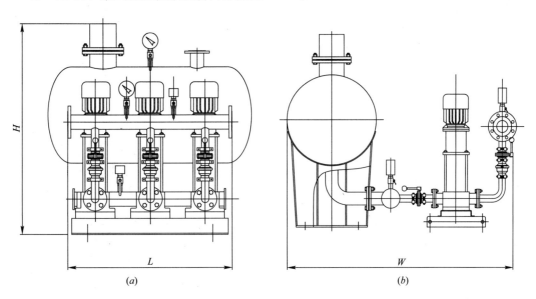

图 11-29　WFYIV 罐式叠压供水设备外形图（以两用一备机组为例）

（a）立面图；（b）左视图

2）WFYIV 罐式叠压供水设备技术性能参数及外形尺寸见表11-30。

WFYIV 罐式叠压供水设备技术性能参数及外形尺寸表　　　表11-30

序号	供水流量（m³/h）	供水扬程（m）	稳流罐规格 Φ×L	配套水泵		设备外形尺寸（mm）		
				型号	单台功率（kW）	L	W	H
一用一备机组								
1	3	30～154	600×1350	CR3-5～29	0.55～2.2	1350	1625	1230
2	5	30～148	600×1350	CR5-3～26	0.75～4	1350	1625	1230

续表

序号	供水流量 (m³/h)	供水扬程 (m)	稳流罐规格 Φ×L	配套水泵		设备外形尺寸（mm）		
				型号	单台功率（kW）	L	W	H
一用一备机组								
3	10	30～152	600×1350	CR10-3～18	1.1～7.5	1350	1655	1230
4	15	30～145	800×1500	CR15-3～12	1.5～11	1500	2000	1470～1600
5	20	30～148	800×1500	CR20-3～12	2.2～15	1500	2000	1470～1600
6	32	30～161	800×1500	CR32-3～11	3～22	1500	2030	1490～1690
两用一备机组								
1	20	30～148	800×1500	CR10-3～12	1.1～15	1650	2000	1470
2	32	30～160	800×1500	CR15-3～11	1.5～22	2000	2030	1470
3	45	30～145	1000×2050	CR20-3～7	2.2～30	2180	2300	1850
4	64	30～139	1000×2050	CR32-3～7	3～37	2180	2400	1900
5	90	30～135	1000×2050	CR45-3～6	5.5～45	2200	2500	1900
生产企业			上海凯泉泵业（集团）有限公司					

7. ZJDG 系列智能静音罐式叠压供水设备

1）ZJDG 系列智能静音罐式叠压供水设备（卧式泵组）

（1）ZJDG 系列智能静音罐式叠压供水设备（卧式泵组）外形见图 11-30。

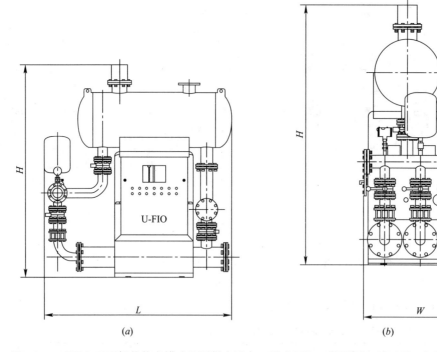

（a） （b）

图 11-30　ZJDG 系列智能静音罐式叠压供水设备（卧式泵组）外形图（以两用一备机组为例）

（a）立面图；（b）左视图

（2）ZJDG 系列智能静音罐式叠压供水设备（卧式泵组）技术性能参数及外形尺寸见表 11-31。

ZJDG 系列智能静音罐式叠压供水设备（卧式泵组）技术性能参数及外形尺寸表 表 11-31

序号	供水流量 (m³/h)	供水扬程 (m)	配套水泵 型号	配套水泵 单泵功率 (kW)	进、出口径 DN 进口	进、出口径 DN 出口	外形尺寸 (mm) L	外形尺寸 (mm) W	外形尺寸 (mm) H
一用一备机组									
1	5	27～135	SVP-506～533	0.55～3	65	50	2000	780	2360
2	8	28～72	SVP-807～818	1.1～3	65	50	2000	780	2360
3	13	26～111	SVP13-3～12	2.2～7.5	65	50	2100	780	2360
4	17	30～108	SVP17-4～15	3～11	65	50	2100（2400）	780	2360
5	25	28～115	SVP25-3～13	3～15	100	80	2100（2400）	780	2360
6	30	26～114	SVP30-3～12	3.7～15	100	80	2100（2400）	780	2360
两用一备机组									
1	34	30～108	SVP17-4～15	3～11	125	80	2580（2880）	1055	2360
2	50	28～115	SVP25-3～13	3～15	150	100	2580（2880）	1055	2360
3	60	26～114	SVP30-3～12	3.7～15	200	125	2580（2880）	1055	2360
4	80	30～84	SVP40-5～13	7.5～15	200	150	2580（2880）	1055	2360
5	100	31～80	SVP50-3～9	5.5～15	200	150	2580（2880）	1055	2360
三用一备机组									
1	75	28～115	SVP25-3～13	3～15	200	125	2100（2400）	1440	2360
2	90	26～114	SVP30-3～12	3.7～15	200	125	2100（2400）	1440	2360
3	120	30～84	SVP40-5～13	7.5～15	200	150	2100（2400）	1440	2360
4	150	31～80	SVP50-3～9	5.5～15	200	150	2100（2400）	1440	2360
5	180	21～76	SVP60-2～8	5.5～18.5	200	150	2100（2400）	1440	2360
6	210	20～56	SVP70-3～8	7.5～18.5	200	150	2100（2400）	1440	2360
生产企业		南京尤孚泵业有限公司							

2）ZJDG 系列智能静音罐式叠压供水设备（立式泵组）

（1）ZJDG 系列智能静音罐式叠压供水设备（立式泵组）外形见图 11-31。

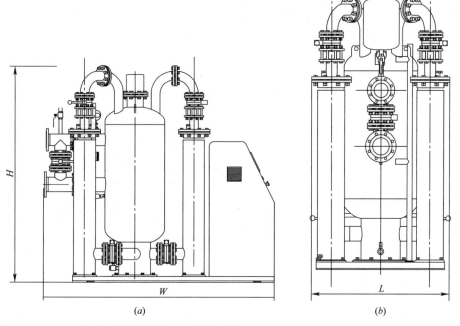

(a)   *(b)*

图 11-31 ZJDG 系列智能静音罐式叠压供水设备（立式泵组）外形图（以两用一备机组为例）

（a）左视图；（b）立面图

（2）ZJDG 系列智能静音罐式叠压供水设备（立式泵组）技术性能参数及外形尺寸见表 11-32。

ZJDG 系列智能静音罐式叠压供水设备（立式泵组）技术性能参数及外形尺寸表　表 11-32

序号	供水流量 (m³/h)	供水扬程 (m)	配套水泵		进、出口径 DN		外形尺寸 (mm)		
			型号	单泵功率 (kW)	进口	出口	L	B	H
一用一备机组									
1	5	27～135	SVP-506～533	0.55～3	65	50	1170	2000	2240
2	9	28～110	SVP9-5～18	2.2～7.5	65	50	1170	2000	2240 (2700)
3	13	26～111	SVP13-3～12	2.2～7.5	65	50	1170	2000	2400
4	17	30～108	SVP17-4～15	3～11	65	50	1170	2000	2400 (2700)
5	25	28～115	SVP25-3～13	3～15	100	80	1170	2000	2400 (2700)
6	30	26～114	SVP30-3～12	3.7～15	100	80	1170	2000	2400 (2700)
两用一备机组									
1	34	30～108	SVP17-4～15	3～11	125	80	1170	2350	2450 (2750)
2	50	28～115	SVP25-3～13	3～15	150	100	1170	2350	2450 (2750)
3	60	26～114	SVP30-3～12	3.7～15	200	125	1170	2350	2450 (2750)
4	80	25～84	SVP40-4～13	5.5～15	200	150	1170	2350	2450 (2750)
5	100	31～80	SVP50-3～9	5.5～15	200	150	1170	2350	2750
三用一备机组									
1	75	20～115	SVP25-2～13	2.2～15	200	125	1170	2270	2440 (2740)
2	90	26～114	SVP30-3～12	3.7～15	200	125	1170	2270	2440 (2740)
3	120	25～84	SVP40-4～13	5.5～15	200	150	1170	2270	2440 (2740)
4	150	24～80	SVP50-2～9	3.7～15	200	150	1170	2270	2440 (2740)
5	180	21～76	SVP60-2～8	5.5～18.5	200	150	1170	2270	2440 (2740)
6	210	20～56	SVP13-2～6	7.5～18.5	200	150	1170	2270	2440 (2740)
生产企业			南京尤孚泵业有限公司						

8. KY/ZJDⅡ（KY/GDW）罐式管网叠压给水设备

1）KY/ZJDⅡ静音罐式管网叠压给水设备（卧式集成型）

（1）KY/ZJDⅡ静音罐式管网叠压给水设备（卧式集成型）外形见图 11-32。

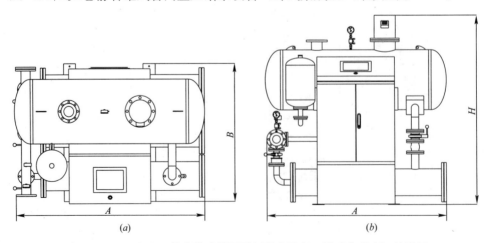

图 11-32　KY/ZJDⅡ静音罐式管网叠压给水设备（卧式集成型）外形图

（a）平面图；（b）立面图

（2）KY/ZJDⅡ静音罐式管网叠压给水设备（卧式集成型）技术性能参数及外形尺寸见表11-33。

KY/ZJDⅡ静音罐式管网叠压给水设备（卧式集成型）技术性能参数及外形尺寸表 表 11-33

序号	供水流量 (m³/h)	供水扬程 (m)	配套水泵		进、出口 法兰 DN		外形尺寸 (mm)		
			型号	单泵功率（kW）	进口	出口	A	B	H
1	10	32～68	S4S-5/08～17	0.75～1.1	80	65	1800	1300	1900
2	12	34～75	S4S-8/07～15	1.1～2.2	80	65	1800	1300	1900
3	14	32～69	S4S-8/07～15	1.1～2.2	80	65	1800	1300	1900
4	16	27～63	S4S-8/07～15	1.1～2.2	80	65	1800	1300	1900
5	18	25～45	S4S-8/07～12	1.1～2.2	80	65	1800	1300	1900
6	20	26～62	S4S-14/05～11	1.5～3.7	80	65	1800 (1900)	1300	1900
7	22	36～59	S4S-14/07～11	2.2～3.7	80	65	1800 (1900)	1300	1900
8	24	34～57	S4S-14/07～11	2.2～3.7	100	65	1800 (1900)	1300	1900
9	26	32～54	S4S-14/07～11	2.2～3.7	100	65	1800 (1900)	1300	1900
10	28	28～50	S4S-14/07～11	2.2～3.7	100	65	1800 (1900)	1300	1900
11	32	29～87	S6S-18/03～09	2.2～5.5	100	65	1800	1300	1900
12	36	26～70	S6S-18/03～08	2.2～5.5	100	65	1800	1300	1900
13	40	29～73	S6S-18/04～09	2.2～5.5	100	65	1800	1300	1900
14	44	40～79	S6S-22/05～10	3.7～7.5	100	65	1800	1300	1900
15	48	29～65	S6S-30/03～07	3～7.5	100	65	1800 (2000)	1300	1900
16	52	28～62	S6S-30/03～07	3～7.5	125	100	1800 (2000)	1300	1900
17	56	25～59	S6S-30/03～07	3～7.5	150	100	1800 (2000)	1300	1900
18	60	32～56	S6S-30/04～07	4～7.5	150	125	1800 (2000)	1300	1900
19	68	28～52	S6S-48/03～05	5.5～7.5	150	125	1800 (2000)	1300	1900
20	80	26～57	S6S-48/03～06	5.5～11	200	125	1900 (2000)	1400	2100
21	92	35～59	S6S-48/04～06	7.5～11	200	150	1900 (2000)	1400	2100
22	104	26～55	S6S-60/03～6	5.5～11	200	150	1900 (2000)	1400	2100
生产企业			无锡康宇水处理设备有限公司						

2）KY/ZJDⅢ静音罐式管网叠压给水设备（立式集成型）

（1）KY/ZJDⅢ静音罐式管网叠压给水设备（立式集成型）外形见图11-33。

（2）KY/ZJDⅢ静音罐式管网叠压给水设备（立式集成型）技术性能参数及外形尺寸见表11-34。

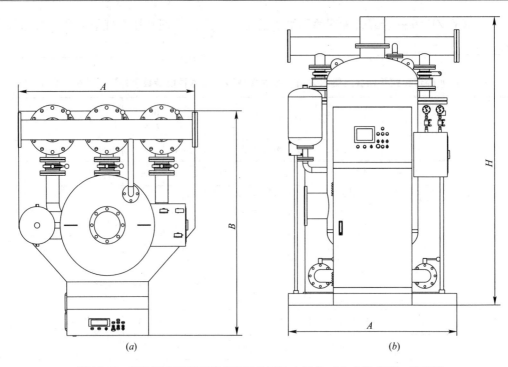

图 11-33　KY/ZJDⅢ静音罐式管网叠压给水设备（立式集成型）外形图

（a）平面图；（b）立面图

KY/ZJDⅢ静音罐式管网叠压给水设备（立式集成型）技术性能参数及外形尺寸表　表 11-34

序号	供水流量（m³/h）	供水扬程（m）	配套水泵		进、出口法兰 DN		外形尺寸（mm）		
			型号	单泵功率（kW）	进口	出口	A	B	H
1	10	32～102	S4S-5/08～25	0.75～2.2	80	65	1400	1500	2550
2	12	34～124	S4S-8/07～25	1.1～4.0	80	65	1400	1500	2550
3	14	32～116	S4S-8/07～25	1.1～4.0	80	65	1400	1500	2550
4	16	38～106	S4S-8/09～25	1.5～4.0	80	65	1400	1500	2550
5	18	34～94	S4S-8/09～25	1.5～4.0	80	65	1400	1500	2550
6	20	67～137	S6S-14/07～15	3.7～7.5	80	65	1500	1500	2550
7	22	64～122	S6S-14/07～14	3.7～7.5	80	65	1500	1600	2550
8	24	70～116	S6S-14/07～14	3.7～7.5	100	65	1500	1600	2550
9	26	56～118	S6S-14/07～15	3.7～7.5	100	65	1500	1600	2550
10	28	52～109	S6S-14/07～15	3.7～7.5	100	80	1500	1600	2550
11	32	46～124	S6S-18/05～13	3.7～11	100	80	1500	1600	2550
12	36	42～124	S6S-18/05～14	3.7～11	125	80	1500	1600	2550
13	40	46～122	S6S-18/06～15	5.5～11	125	100	1500	1600	2550
14	44	40～121	S6S-22/05～15	3.7～11	125	100	1500	1600	2550
15	48	47～119	S6S-30/05～13	5.5～11	125	100	1500	1600	2550（2800）
16	52	45～115	S6S-30/05～13	5.5～11	125	100	1500	1600	2550（2800）
17	56	42～110	S6S-30/05～13	5.5～11	125	100	1500	1600	2550（2800）
18	60	40～106	S6S-30/05～13	5.5～11	125	100	1500	1600	2550（2800）
19	68	41～73	S6S-48/04～07	7.5～11	150	125	1500	1800	2650
20	80	46～66	S6S-48/05～07	7.5～11	150	125	1500	1800	2650
21	92	35～60	S6S-48/04～07	7.5～11	150	125	1500	1800	2650
生产企业			无锡康宇水处理设备有限公司						

3）KY/GDW 罐式管网叠压给水设备

（1）KY/GDW 罐式管网叠压给水设备外形见图 11-34。

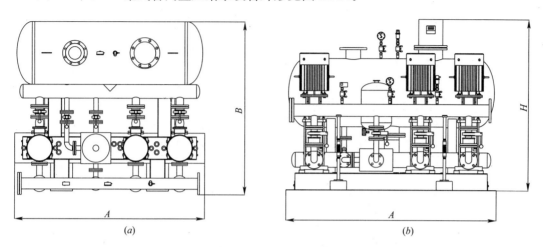

图 11-34 KY/GDW 罐式管网叠压给水设备外形图

（a）平面图；（b）立面图

（2）KY/GDW 罐式管网叠压给水设备技术性能参数及外形尺寸见表 11-35。

KY/GDW 罐式管网叠压给水设备技术性能参数及外形尺寸表 表 11-35

序号	供水流量（m³/h）	供水扬程（m）	配套水泵		进、出口法兰 DN		外形尺寸（mm）		
			型号	单泵功率（kW）	进口	出口	A	B	H
一用一备机组									
1	6	28～100	CR5-6～20	1.1～3.0	65	50	1600	1400	1350
2	8	25～122	CR5-7～32	1.1～5.5	65	50	1600	1450	1350
3	10	34～115	CR10-4～14	1.5～5.5	65	50	1600	1450	1350
4	12	25～137	CR10-4～20	1.5～7.5	65	50	1600	1500	1350
5	14	23～124	CR15-2～10	2.2～11	65	50	1600	1550	1350
6	16	36～118	CR15-3～10	3～11	80	65	1600	1550	1350
7	18	44～135	CR15-4～12	4～11	80	65	1600	1550	1350
8	20	30～143	CR15-3～14	3～11	80	65	1600	1550	1400
9	22	33～137	CR20-3～12	4～15	80	65	1600	1600	1450
10	24	30～142	CR20-3～14	4～15	100	65	1600	1600	1450
11	26	28～160	CR20-3～17	4～18.5	100	80	1600	1600	1450
12	28	31～112	CR32-2～7	4～15	100	80	1600	1600	1450
13	32	28～130	CR32-2～8	4～18.5	100	80	1600	1600（1750）	1450
两用一备机组									
1	60	30～115	CR32-2～8-2	4～15	150	125	2100	1950	1700
2	70	26～138	CR32-2～10	4～18.5	150	125	2100	1950	1700
三用一备机组									
1	69	32～132	CR20-3～12	4～15	150	125	2100	1600	1700
2	78	28～167	CR20-3～17	4～18.5	200	125	2100	1600	1700
3	87	30～109	CR32-2～7	4～15	200	150	2200	1600	1700

续表

序号	供水流量 (m³/h)	供水扬程 (m)	配套水泵		进、出口法兰 DN		外形尺寸 (mm)		
			型号	单泵功率 (kW)	进口	出口	A	B	H
三用一备机组									
4	96	28~115	CR32-2~8	4~15	200	150	2200	1600	1700
5	105	26~138	CR32-2~10	4~18.5	200	150	2300	1600	1700
6	120	34~130	CR45-2-2~6-2	5.5~22	200	150	2300	1850	1950
7	138	30~119	CR45-2-2~6-2	5.5~22	250	200	2300	1850	1950
8	156	48~146	CR45-3-2~8	11~30	250	200	2300	1850	1950
9	168	33~142	CR64-2-2~6-1	7.5~37	250	200	2300	1850	1950
10	180	31~137	CR64-2-2~6-1	7.5~37	250	200	2300	1850	1950
11	195	29~131	CR64-2-2~6-1	7.5~37	250	200	2300	1850	1950
12	210	26~131	CR64-2-2~6	7.5~37	250	200	2300	1850	1950
13	225	40~130	CR64-2~6	11~37	300	200	2400	2700	2400
14	240	35~121	CR90-2-2~5	11~37	300	250	2400	2700	2400
15	270	30~110	CR90-2-2~5	11~37	300	250	2400	2700	2400
生产企业			无锡康宇水处理设备有限公司						

9. BX 系列智能叠压节能供水设备

BX 系列智能叠压节能供水设备采用独特的串联分区结构。上一级分区泵组自下一级分区泵组出水旁通管吸水；下一级泵组选型时按所在给水分区的设计流量及以上各级给水分区的设计流量之和，水泵扬程为所在给水分区的计算扬程。

设备采用全变频控制方式，同时增加各给水分区流量控制，能够实现工作泵大于一台时的泵组电机运行频率同升同降。

1）BX 系列智能叠压节能供水设备外形见图 11-35。

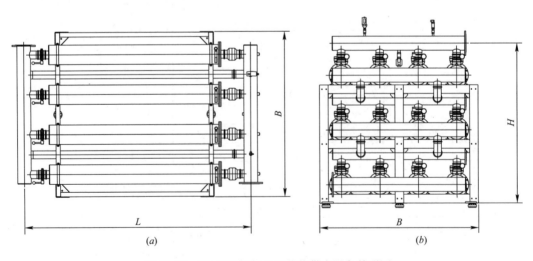

(a)   (b)

图 11-35 BX 系列智能叠压节能供水设备外形图
(a) 平面图；(b) 立面图

2）BX 系列智能叠压节能供水设备技术性能参数及外形尺寸见表 11-36。

BX 系列智能叠压节能供水设备技术性能参数及外形尺寸表　　表 11-36

序号	供水流量 (m³/h)	供水扬程 (m)	配套水泵			设备外形尺寸 长×宽×高（mm）
			型号	单泵功率（kW）	台数	
Ⅰ 型						
1	3	30～60	BX3-6～12	0.75	按设计	1. 一用一备
2	5	50	BX5-12	1.1	按设计	（1）一区二泵
3	8	30～50	BX8-7～12	1.1～2.2	按设计	3000×1150×720
4	17	40	BX17-5	3	按设计	（2）二区四泵
5	30	30～50	BX30-3～6	3～5.5	按设计	3000×1150×850
6	46	30～50	BX46-3～6	5.5～9.2	按设计	（3）三区六泵
7	60	35～60	BX60-5～8	9.2～15	按设计	3000×1750×850
8	160	40～60	BX160-2～3	26～37	按设计	2. 两用一备
9	215	32～50	BX215-2-AA～2	30～45	按设计	（1）一区三泵
Ⅱ 型						3000×1750×720
1	3	90～160	BX3-18～33	1.1～2.2	按设计	（2）二区六泵
2	5	65～160	BX5-17～44	1.5～4.0	按设计	3000×1150×1250
3	8	65～150	BX8-15～37	2.2～5.5	按设计	（3）三区九泵
4	17	70～150	BX17-9～19	5.5～11	按设计	3000×1750×1250
5	30	70～160	BX30-8～21	7.5～18.5	按设计	3. 三用一备
6	46	70～150	BX46-7～17	11～26	按设计	（1）一区四泵
7	60	75～160	BX60-10～20	18.5～37	按设计	3000×1860×720
8	77	70～150	BX77-6～12	22～45	按设计	（2）二区八泵
9	95	70～150	BX95-6～12	26～55	按设计	3000×1860×1380
10	125	60～150	BX125-3～7	30～75	按设计	（3）三区十二泵
11	160	85～160	BX160-4～8	55～92	按设计	3000×1860×2000
12	215	75～122	BX215-3～5	63～92	按设计	
生产企业			邦信智慧供水有限公司			

10. SW/GDYⅢ-2 罐式管网叠压二次供水设备

1）SW/GDYⅢ-2 罐式管网叠压二次供水设备（一用一备机组）外形见图 11-36、图 11-37。

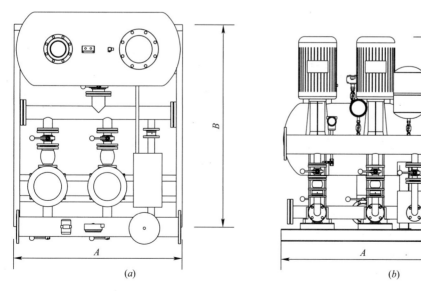

图 11-36　SW/GDYⅢ-2 罐式管网叠压二次供水设备外形图（一用一备机组）

（a）平面图；（b）立面图

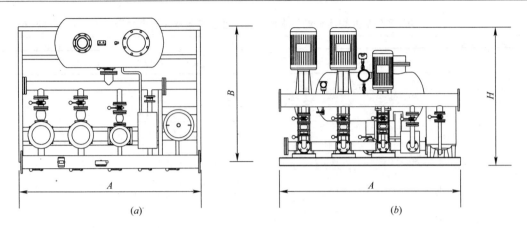

图 11-37 SW/GDYⅢ-2 罐式管网叠压二次供水设备外形图（一用一备机组＋小流量泵）

（a）平面图；（b）立面图

2）SW/GDYⅢ-2 罐式管网叠压二次供水设备（一用一备）技术性能参数及外形尺寸见表 11-37。

SW/GDYⅢ-2 罐式管网叠压二次供水设备性能参数及外形尺寸表　　　表 11-37

序号	供水流量（m³/h）	供水扬程（m）	主泵：1用1备		小流量泵		稳流罐	设备外形尺寸（mm）		
			型号	单泵功率（kW）	型号	功率（kW）	$\phi \times L$	A	B	H
一用一备机组										
1	4	30～115	CR3-9～33	0.75～3	—	—	ϕ400×1000	1450	1550	1500
2	6	32～132	CR5-7～26	1.1～4	—	—	ϕ400×1000	1450～1500	1550	1500
3	8	28～131	CR10-3～14	1.1～5.5	—	—	ϕ400×1000	1450～1500	1550	1500
4	10	32～130	CR10-4～16	1.5～5.5	—	—	ϕ400×1000	1450～1500	1550	1500
5	12	27～136	CR10-4～20	1.5～7.5	CR5-18～26	3～4	ϕ600×1300	1800～2400	1650	1500
6	16	34～117	CR15-3～10	3～11	CR5-18～26	3～4	ϕ600×1300	1850～2450	1650	1500
7	20	36～121	CR20-3～10	4～11	CR5-12～29	2.2～4	ϕ600×1300	1850～2450	1650	1500
两用一备机组										
1	20	32～130	CR10-4～16	1.5～5.5	—	—	ϕ600×1300	2350～2450	1650	1400
2	24	27～136	CR10-4～20	1.5～7.5	CR5-18～26	3～4	ϕ600×1300	2400～3000	1650	1400
3	30	36～121	CR15-3～10	3.～11	CR5-13～22	2.2～4	ϕ600×1300	2400～3100	1650	1400
4	36	32～110	CR15-3～10	3～11	CR5-13～22	2.2～4	ϕ800×1500	2400～3100	1750	1500
三用一备机组										
1	30	32～130	CR10-4～16	1.5～5.5	—	—	ϕ600×1300	2900～3100	1650	1500
2	36	27～136	CR10-4～20	1.5～7.5	CR5-18～26	3～4	ϕ800×1500	2900～3600	1750	1500
3	45	36～121	CR15-3～10	3～11	CR5-13～22	2.2～4	ϕ800×1500	2900×～3850	1750	1500
4	54	32～131	CR15-3～12	3～11	CR5-13～26	2.2～4	ϕ800×1500	2900～3850	1750	1500
生产企业		安徽皖水水务发展有限公司								

11. JSGD 系列智能型管网接力升压供水设备

1）JSGD 系列智能型管网接力升压供水设备见图 11-38。

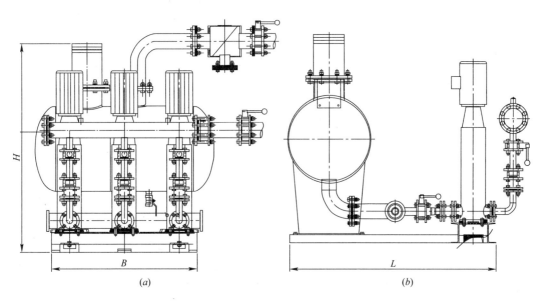

图 11-38　JSGD 系列智能型管网接力升压供水设备外形图（以两用一备机组为例）

（*a*）立面图；（*b*）左视图

2）JSGD 系列智能型管网接力升压供水设备技术性能参数及外形尺寸见表 11-38。

JSGD 系列智能型管网接力升压供水设备技术性能参数及外形尺寸表　　　表 11-38

序号	供水流量（m³/h）	供水扬程（m）	水泵台数	水泵功率（kW/台）	流量调节器 $\phi \times L$（mm）	设备外形尺寸（mm）		
						L	B	H
一用一备机组								
1	8	36～111	2	1.5～4.0	$\phi600\times1300$	1420	960	1410
2	12	50～101	2	3～7.5	$\phi600\times1300$	1430	960	1410
3	16	46～118	2	4～11	$\phi600\times1300$	1430	960	1410
4	20	47～118	2	5.5～11	$\phi600\times1300$	1430	960	1410
5	32	40～109	2	5.5～15	$\phi600\times1300$	1460	990	1410
6	42	41～113	2	7.5～22	$\phi800\times1500$	1700	1200	1600
两用一备机组								
1	24	50～101	3	3～7.5	$\phi600\times1300$	1430	960～1160	1410
2	32	46～118	3	4～11	$\phi600\times1300$	1430	1160～1430	1410
3	40	47～118	3	5.5～11	$\phi800\times1500$	1650	1160～1460	1600
4	64	40～109	3	5.5～15	$\phi800\times1500$	1650	1160～1460	1600
5	84	41～113	3	7.5～22	$\phi1000\times2100$	1990	1360～1460	1900
生产企业	山东国泰创新供水技术有限公司							

12. HDL-WG 罐式叠压供水设备

1）HDL-WG 罐式叠压供水设备外形见图 11-39。

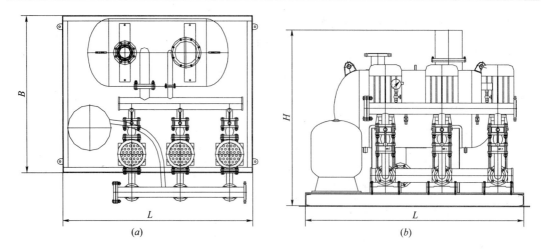

(a) (b)

图 11-39 HDL-WG 罐式叠压供水设备外形图（以两用一备机组为例）

(a) 平面图；(b) 立面图

2）HDL-WG 罐式叠压供水设备技术性能参数及外形尺寸见表 11-39。

HDL-WG 罐式叠压供水设备技术性能参数及外形尺寸表　　表 11-39

序号	供水流量（m³/h）	供水扬程（m）	配套水泵			稳流补偿器 φ×L（mm）	外形尺寸（mm）		
			型号	台数	单台功率（kW）		L	B	H
一用一备机组									
1	7	28～40	LVMF3-7～10	2	0.55～0.75	φ600×1300	1900	1600	1100
2	8.5	28～50	LVMF4-5～9	2	0.75～1.5	φ600×1300	1900	1600	1100
3	10	32～72	LVMF4-6～13	2	1.1～2.2	φ600×1300	1900	1600	1100
4	13	30～60	LVMF4-7～13	2	1.1～2.2	φ600×1300	1900	1600	1100
5	15	28～56	LVMF8-3～6	2	1.1～2.2	φ600×1300	1900	1600	1100
6	18	25～69	LVMF8-3～8	2	1.1～3	φ600×1300	1900	1600	1100
7	21	30～62	LVMF12-4～8	2	3～5.5	φ600×1300	1900	1600	1100
8	24	26～77	LVMF16-2～6	2	2.2～5.5	φ600×1300	1900	1600	1100
9	28	36～73	LVMF16-3～6	2	3～5.5	φ600×1300	1900	1600	1100
10	30	35～75	LVMF16-3～6	2	3～5.5	φ600×1300	1900	1600	1100
11	32	34～69	LVMF16-3～6	2	3～5.5	φ600×1300	1900	1600	1100
12	34	33～66	LVMF16-3～6	2	3～5.5	φ600×1300	1900	1600	1100
13	36	31～86	LVMF16-3～8	2	3～7.5	φ800×1500	1900	1600	1100
14	39	28～81	LVMF16-3～8	2	3～7.5	φ800×1500	1900	1600	1100
15	42	35～94	LVMF20-3-8	2	4～11	φ800×1500	1900	1800	1265
16	46	32～90	LVMF20-3-8	2	4～11	φ800×1500	1900	1800	1265
17	48	25～97	LVMF32-20-2～60-2	2	3～11	φ800×1500	1900	1800	1265
18	53	26～110	LVMF32-20-2～70-2	2	3～15	φ800×1500	2000	1800	1265
19	58	30～102	LVMF32-20～70-2	2	4～15	φ800×1500	2000	1800	1265
两用一备机组									
1	63	36～82	LVMF20-3～7	3	4～7.5	φ800×1500	2350	2000	1265
2	72	27～97	LVMF32-20-2～60-2	3	3～11	φ1000×2000	2150	2400	1265
3	80	30～108	LVMF32-20～70-2	3	4～15	φ1000×2000	2350	2400	1265

序号	供水流量 （m³/h）	供水扬程 （m）	配套水泵			稳流补偿器 $\phi \times L$（mm）	外形尺寸（mm）		
			型号	台数	单台功率（kW）		L	B	H
两用一备机组									
4	90	29～100	LVMF32-20～70-2	3	4～15	$\phi1000 \times 2000$	2350	2400	1265
5	98	28～96	LVMF32-20～70-2	3	4～15	$\phi1000 \times 2000$	2350	2400	1265
6	107	38～90	LVMF42210～40	3	5.5～15	$\phi1000 \times 2000$	2350	2400	1515
7	132	32～101	LVMF42-20-2～50	3	5.5～18.5	$\phi1000 \times 2000$	2550	2400	1515
8	151	33～75	LVMF65-20-2～30	3	7.5～18.5	$\phi1000 \times 2000$	2350	2600	1735
9	175	32～70	LVMF65-20-2～30	3	7.5～18.5	$\phi1000 \times 2000$	2450	2600	1735
10	195	28～68	LVMF65-20-2～30	3	7.5～18.5	$\phi1000 \times 2000$	2650	2600	1735
11	216	38～101	LVMF85-20-2～40	3	11～30	$\phi1000 \times 2000$	2450	2600	1735
12	235	35～97	LVMF85-20-2～40-2	3	11～30	$\phi1000 \times 2000$	2650	2600	1735
13	255	32～92	LVMF85-20-2～40-2	3	11～30	$\phi1000 \times 2000$	2750	2600	2000
14	275	29～88	LVMF85-20-2～40	3	11～30	$\phi1000 \times 2000$	2750	2600	2000
生产企业	上海海德隆流体设备制造有限公司								

13. CFZW 系列罐式叠压供水设备

1）CFZW 系列罐式叠压供水设备外形见图 11-40。

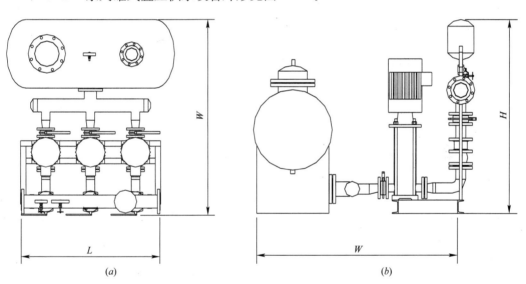

图 11-40　CFZW 系列罐式叠压供水设备外形图
（a）平面图；（b）右视图

2）CFZW 系列罐式叠压供水设备技术性能参数及外形尺寸见表 11-40。

CFZW 系列罐式叠压供水设备技术性能参数及外形尺寸表　　表 11-40

序号	供水流量 （m³/h）	供水扬程 （m）	水泵台数	水泵功率（kW）	稳流罐规格 $\phi \times H$（mm）	设备外形尺寸（mm）		
						L	W	H
1	8	40～153	2	1.1～4	$\phi600 \times 1300$	850	1700	1500
2	10	48～137	2	1.5～4	$\phi600 \times 1300$	850	1700	1500
3	16	27～148	2	1.1～5.5	$\phi600 \times 1300$	850	1700	1500
4	20	32～130	2	1.5～5.5	$\phi600 \times 1300$	850	1700	1500

续表

序号	供水流量 （m³/h）	供水扬程 （m）	水泵台数	水泵功率（kW）	稳流罐规格 $\phi \times H$（mm）	设备外形尺寸（mm）		
						L	W	H
5	20	111～155	2+1	7.5～11	$\phi600\times1300$	850	1700	1500
6	24	30～91	2	2.2～5.5	$\phi600\times1300$	850	1700	1500
7	24	101～141	2+1	7.5～11	$\phi600\times1300$	850	1700	1500
8	28	26～79	2	2.2～5.5	$\phi600\times1300$	850	1700	1500
9	28	88～124	2+1	7.5～11	$\phi600\times1300$	850	1700	1500
10	28	74～150	2+1	7.5～11	$\phi600\times1300$	850	1700	1500
11	32	34～70	2	3～5.5	$\phi600\times1300$	850	1700	1500
12	32	70～141	2+1	7.5～11	$\phi600\times1300$	850	1700	1500
13	35	40～91	3	3～5.5	$\phi800\times1500$	1250	1900	1500
14	35	101～14.1	3+1	7.5～11	$\phi800\times1500$	1250	1900	1500
15	36	32～64	2	3～5.5	$\phi800\times1500$	850	1700	1500
16	36	64～152	2+1	7.5～15	$\phi800\times1500$	850	1700	1500
17	40	35～142	2	3～7.5	$\phi800\times1500$	850	1900	1500
18	40	70～142	2+1	7.5～15	$\phi800\times1500$	850	1900	1500
19	42	34～79	3	3～5.5	$\phi800\times1500$	1250	1900	1500
20	42	88～125	3+1	7.5～11	$\phi800\times1500$	1250	1900	1500
21	48	30～71	2	3～7.5	$\phi800\times1500$	850	1900	1500
22	48	61～145	2+1	7.5～15	$\phi800\times1500$	850	1900	1500
23	48	34～70	3	3～5.5	$\phi800\times1500$	1250	1900	1500
24	48	82～118	3+1	7.5～11	$\phi800\times1500$	1250	1900	1500
25	54	32～64	3	3～5.5	$\phi800\times1500$	1250	1900	1500
26	54	76～130	3+1	7.5～11	$\phi800\times1500$	1250	1900	1500
27	60	35～58	3	4～5.5	$\phi1000\times2000$	1500	2100	1800
28	60	70～118	3+1	7.5～15	$\phi1000\times2000$	1500	2100	1800
29	66	33～55	3	4～5.5	$\phi1000\times2000$	1500	2100	1800
30	66	66～111	3+1	7.5～15	$\phi1000\times2000$	1500	2100	1800
31	72	30～50	3～3	4～5.5	$\phi1000\times2000$	1500	2100	1800
32	72	61～103	3+1	7.5～15	$\phi1000\times2000$	1500	2100	1800
33	84	38～53	3	5.5～7.5	$\phi1000\times2000$	1500	2100	1800
34	84	59～152	3+1	7.5～18.5	$\phi1000\times2000$	1500	2100	1800
35	96	33～40	3	5.5	$\phi1000\times2000$	1500	2100	1800
36	96	46～138	3+1	7.5～18.5	$\phi1000\times2000$	1500	2100	1800
37	108	28～35	3	5.5	$\phi1000\times2000$	1500	2100	1800
38	108	40～135	3+1	7.5～22	$\phi1000\times2000$	1500	2100	1800
39	120	33～42	3	5.5～7.5	$\phi1000\times2000$	1500	2100	1800
40	120	54～138	3+1	11～30	$\phi1000\times2000$	1500	2100	1800
41	135	30～39	3	5.5～7.5	$\phi1000\times2000$	1500	2100	1800
42	135	50～127	3+1	11～30	$\phi1000\times2000$	1500	2100	1800
43	150	27～35	3	5.5～7.5	$\phi1000\times2000$	1500	2100	1800
44	150	44～133	3+1	11～30	$\phi1000\times2000$	1500	2100	1800
生产企业		重庆成峰二次供水设备有限公司						

14. YJWG 罐式净化叠压供水设备

1）YJWG 罐式净化叠压供水设备外形见图 11-41。

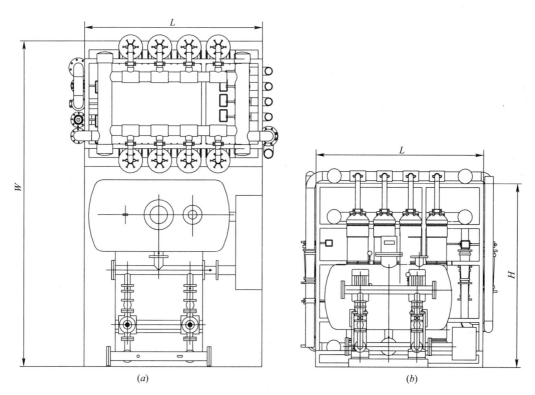

图 11-41　YJWG 罐式净化叠压供水设备外形图

（a）平面图；（b）立面图

2）YJWG 罐式净化叠压供水设备技术性能参数及外形尺寸见表 11-41。

YJWG 罐式净化叠压供水设备技术性能参数及外形尺寸表　表 11-41

序号	供水流量（m³/h）	供水扬程（m）	净化单元组件数量（支）	水泵数量（台）	稳流罐规格（卧式）(mm)	稳流罐规格（立式）(mm)	设备外形尺寸(mm)		
							L	W	H
1	8	30～90	6	2	φ600×1100	φ600×1800	1500	2823	2000
2	12	36～100	8	2	φ600×1100	φ600×1800	1900	2823	2000
3	15	60～100	10	2	φ600×1100	φ600×1800	1800	3423	2000
4	20	40～80	12	2	φ600×1100	φ600×1800	2020	3423	2000
5	25	60～100	16	3	φ800×1500	φ800×2000	2420	3423	2000
6	30	60～100	20	3	φ800×1500	φ800×2000	2800	3423	2000
生产企业				北京华夏源洁水务科技有限公司					

15. YJCJN 型罐式双向叠压供水设备

1）YJCJN 型罐式双向叠压供水设备外形见图 11-42。

2）YJCJN 型罐式双向叠压供水设备技术性能参数及外形尺寸见表 11-42。

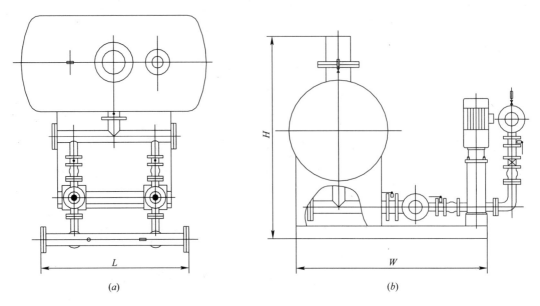

图 11-42 YJCJN 型罐式双向叠压供水设备外形图
（a）平面图；（b）立面图

YJCJN 型罐式双向叠压供水设备技术性能参数及外形尺寸表　　　　表 11-42

序号	供水流量（m³/h）	供水扬程（m）	水泵数量（台）	稳流罐规格（卧式）（mm）	稳流罐规格（立式）（mm）	高位密闭储水罐规格（mm）	设备外形尺寸（mm）		
							L	W	H
1	6	30～60	2	φ600×1100	φ600×1800	φ800×1500	938	1665	1350
2	12	36～100	2	φ600×1100	φ600×1800	φ800×1500	938	1665	1350
3		80	3	φ600×1100	φ600×1800	φ800×1500	1238	1752	1550
4	15	60～120	2	φ600×1500	φ600×1800	φ800×1500	1238	1752	1550
5		80	3	φ600×1500	φ600×1800	φ800×1500	1438	1752	1550
6	18	40～120	2	φ600×1500	φ600×1800	φ800×1800	1438	1752	1550
7		80	3	φ600×1500	φ600×1800	φ800×1800	1438	1752	1550
8	20	40～100	2	φ600×1500	φ600×1800	φ800×1800	1438	1752	1550
9	24	60～120	3	φ600×1500	φ600×1800	φ800×1800	1438	1752	1550
10	28	60～120	3	φ600×1500	φ600×1800	φ800×1800	1438	1752	1550
11	32	40～140	3	φ600×1500	φ600×1800	φ800×1800	1438	1752	1550
生产企业			北京华夏源洁水务科技有限公司						

注：高位密闭储水罐为隔膜式不锈钢气压罐，可设置在屋顶。

16. SY-GWDY 罐式叠压供水设备

1）SY-GWDY 罐式叠压供水设备外形见图 11-43。

2）SY-GWDY 罐式叠压供水设备技术性能参数及外形尺寸见表 11-43。

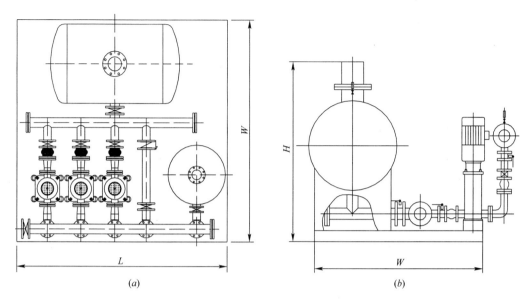

图 11-43 SY-GWDY 罐式叠压供水设备外形图
(a) 平面图；(b) 侧视图

SY-GWDY 罐式叠压供水设备技术性能参数及外形尺寸表   表 11-43

序号	供水流量 （m³/h）	供水扬程 （m）	配套水泵		进、出水管公 称尺寸 DN	稳流罐 规格	设备平面尺寸 （mm）	
			单台功率（kW）	数量（台）			L	W
1	4	32～178	0.8～4	2	40	φ400	1860	2240
2	8	28～185	1.1～7.5	2	50	φ400	1860	2240
3	16	35～94	3～7.5	2	65	φ600	1860	2240
4	30	35～95	3～7.5	3	50	φ600	2210	2240
5	32	34～105	3～7.5	3	50	φ600	2210	2240
6	36	31～97	3～7.5	3	50	φ800	2210	2240
7	40	29～100	3～11	3	50	φ800	2210	2240
8	44	32～113	4～11	3	50	φ800	2210	2240
9	48	30～101	4～11	3	50	φ800	2210	2240
10	52	26～110	3～15	3	65	φ800	2210	2240
11	56	30～110	4～15	3	65	φ800	2210	2240
12	62	27～111	4～15	3	65	φ800	2210	2240
13	68	25～100	4～15	3	65	φ800	2210	2240
14	72	30～100	5.5～15	3	65	φ800	2210	2240
15	60	29～100	3～11	4	50	φ800	2210	2240
16	66	32～113	4～11	4	50	φ800	2210	2240
17	72	30～101	4～11	4	50	φ800	2210	2240
18	81	31～110	4～15	4	65	φ800	2210	2240
19	90	28～114	4～15	4	65	φ1000	2570	2240
20	102	25～100	4～15	4	65	φ1000	2570	2240
21	120	35～100	5.5～18.5	4	80	φ1000	2570	2240
生产企业			安徽禹舜水务有限公司					

17. ATT-WG 系列罐式微机多变频叠压供水设备

1) ATT-WG 系列叠压供水设备性能特点：

（1）采用不锈钢多级离心泵，通用全变频控制运行。

（2）进水总管装有可视式过滤器，并安装进水可调节流量控制器，根据市政管网压力变化自动开启进水口的大小，即保证用户安全供水又对市政管网有效保护。

（3）设备基础底部四角装有减震降噪橡胶隔震器，出水总管安装减震橡胶软接头。

2) ATT-WG 系列罐式微机多变频叠压供水设备外形见图 11-44。

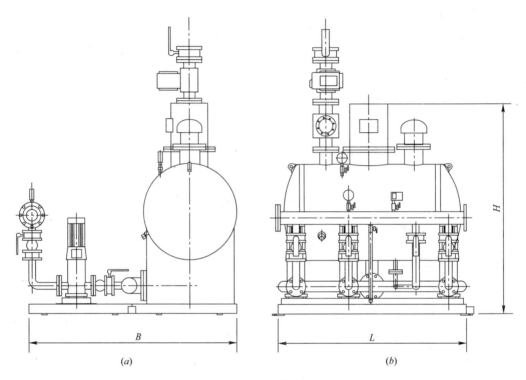

图 11-44 ATT-WG 系列罐式微机多变频叠压供水设备外形图（以两用一备机组为例）
(a) 正立面图；(b) 右视图

3) ATT-WG 系列罐式微机多变频叠压供水设备技术性能参数及外形尺寸见表 11-44。

ATT-WG 系列罐式微机多变频叠压供水设备性能参数及外形尺寸表　　　　　表 11-44

序号	供水流量（m³/h）	供水扬程（m）	配套水泵			外形尺寸（mm）		
			型号	单泵功率（kW）	台数	L	B	H
1	2	30~160	SVL2-4~22	0.55~2.2	2	1440	1500	1240
2	4	32~153	SVL4-4~19	0.75~4	2	1440	1500	1240
3	8	27~148	SVL8-3~16	1.1~5.5	2	1520	1580	1240
4	12	30~160	SVL12-3~16	2.2~11	2	1520	1660	1240
5	16	34~160	SVL16-3~14	3~15	2	1520	1660	1240
6	20	35~160	SVL20-3~14	4~15	2	1520	1660	1240
7	32	27~153	SVL32-20~110	4~22	2	1680~1780	1960	1415~1620
8	32	41~160	SVL42-20~80	7.5~30	2	1780	2250	1810

序号	供水流量 (m³/h)	供水扬程 (m)	配套水泵			外形尺寸 (mm)		
			型号	单泵功率 (kW)	台数	L	B	H
9	40	35～160	SVL20-3～14	4～15	3	1780	1720	1240
10	64	27～153	SVL32-20～110	4～22	3	2000	2215	1780
11	84	41～160	SVL42-20～-80	7.5～30	3	2220	2510	1965
12	96	27～153	SVL32-20～110	4～22	4	2500～2600	2430	1930
13	126	41～160	SVL42-20～80	7.5～30	4	2900	3000	2500
14	195	40～146	SVL65-20～70	11～45	4	3000	3000	2800
15	255	41～134	SVL85-20～60	15～45	4	3000	3000	2800
生产企业			杭州中美埃梯梯泵业有限公司					

18. CTK-WFY 系列罐式叠压供水设备

1）CTK-WFY 系列罐式叠压供水设备外形见图 11-45。

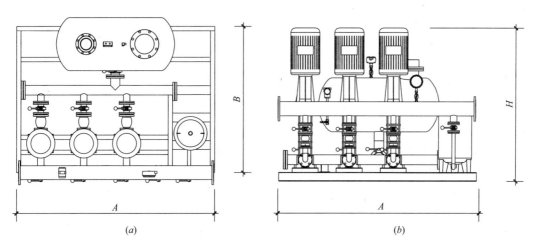

图 11-45　CTK-WFY 系列罐式叠压供水设备外形图（以两用一备机组为例）
(a) 立面图；(b) 左视图

2）CTK-WFY 系列罐式叠压供水设备技术性能参数及外形参考尺寸见表 11-45。

CTK-WFY 系列罐式叠压供水设备技术性能参数及外形参考尺寸　　　　　表 11-45

序号	设备型号	供水流量 (m³/h)	供水压力 (MPa)	配套水泵		外形尺寸 (mm)		
				单泵功率 (kW)	水泵台数	A	B	H
1	CTK-WFY-Ⅱ-4-30	4	0.3	0.75	2	1500	2050	1450
2	CTK-WFY-Ⅱ-4-30	4	0.4	1.1	2	1550	2050	1450
3	CTK-WFY-Ⅱ-10-50	10	0.5	3	2	1650	2050	1450
4	CTK-WFY-Ⅱ-10-60	10	0.6	3	2	1650	2050	1450
5	CTK-WFY-Ⅱ-20-70	20	0.7	7.5	2	1750	2050	1450
6	CTK-WFY-Ⅱ-20-80	20	0.8	11	2	1750	2050	1450
7	CTK-WFY-Ⅱ-30-30	30	0.3	3	3	1900	2050	1450
8	CTK-WFY-Ⅱ-30-40	30	0.4	4	3	1950	2050	1450
9	CTK-WFY-Ⅱ-40-50	40	0.5	5.5	3	2000	2050	1450

续表

序号	设备型号	供水流量 （m³/h）	供水压力 （MPa）	配套水泵		外形尺寸（mm）		
				单泵功率（kW）	水泵台数	A	B	H
10	CTK-WFY-Ⅱ-40-60	40	0.6	5.5	3	2050	2050	1450
11	CTK-WFY-Ⅱ-50-70	50	0.7	11	3	2100	2050	1450
12	CTK-WFY-Ⅱ-50-80	50	0.8	11	3	2150	2050	1450
13	CTK-WFY-Ⅱ-60-90	60	0.9	11	3	2200	2050	1550
14	CTK-WFY-Ⅱ-60-100	60	1.0	15	3	2250	2050	1550
15	CTK-WFY-Ⅱ-70-110	70	1.1	18.5	3	2300	2050	1550
16	CTK-WFY-Ⅱ-70-120	70	1.2	18.5	3	2350	2050	1550
17	CTK-WFY-Ⅱ-80-120	80	1.2	22	3	2400	2050	1550
18	CTK-WFY-Ⅱ-80-130	80	1.3	30	3	2450	2050	1550
19	CTK-WFY-Ⅱ-100-30	100	0.3	5.5	4	2250	2050	1550
20	CTK-WFY-Ⅱ-100-400	100	0.4	7.5	4	2300	2050	1550
21	CTK-WFY-Ⅱ-120-50	120	0.5	11	4	2350	2050	1550
22	CTK-WFY-Ⅱ-120-60	120	0.6	11	4	2400	2050	1550
生产企业		天津晨天自动化设备工程有限公司						

19. WZ-Ⅱ三罐式叠压供水设备

1）WZ-Ⅱ三罐式叠压供水设备是将稳流、补偿、小流量保压功能分别由三个罐来完成，具有如下技术创新：

（1）进水口采用抑制负压导流器，确保不对市政管网产生不良影响。

（2）大容积稳流罐保证设备稳定运行。

（3）采用高能补偿罐作为小流量保压装置，有效延长小流量供水时间。

（4）具有双重全补偿功能，全息补偿罐和高能补偿罐内储水都可以补偿到用户供水管路中，确保安全可靠供水。

2）WZ-Ⅱ三罐式叠压供水设备实物外形见图11-46。

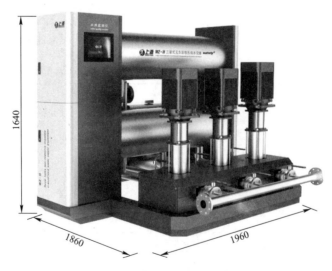

图 11-46　WZ-Ⅱ三罐式叠压供水设备实物外形图

3）WZ-Ⅱ三罐式叠压供水设备外形见图11-47。

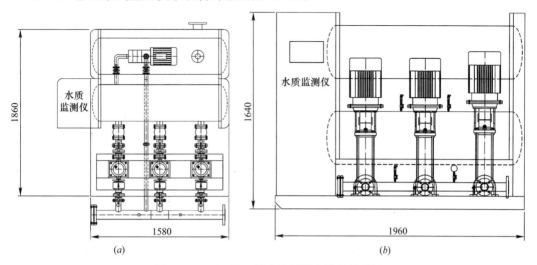

图 11-47　WZ-Ⅱ三罐式叠压供水设备外形图
(a) 平面图；(b) 正立面图

4）WZ-Ⅱ三罐式叠压供水设备技术性能参数及见表11-46。

WZ-Ⅱ三罐式叠压供水设备技术性能参数表　　　　表 11-46

序号	供水流量（m³/h）	供水扬程（m）	主泵型号	辅泵型号	补偿增压泵型号	进口法兰 DN（n—d）	出口法兰 DN（$n_2 - d_2$）
1	6～8～10	29～160	SR5-5～26	SR3-6～31	CHDF2-20～200	100（8-φ18）	80（8-φ18）
2	11～15～19	27～160	SR10-3～18	SR5-5～26	CHDF2-20～200	100（8-φ18）	80（8-φ18）
3	19～25～31	25～160	SR15-2～12	SR10-3～16	CHDF4-20～200	100（8-φ18）	80（8-φ18）
4	24～30～36	25～160	SR20-2～12	SR10-3～18	CHDF4-20～200	100（8-φ18）	100（8-φ18）
5	39～47～55	34～160	SR32-2～10	SR15-3～12	CHDF8-20～200	100（8-φ18）	100（8-φ18）
6	52～65～78	38～160	SR45-2-2～7	SR20-3～12	CHDF8-20～200	150（8-φ22）	100（8-φ18）
7	52～65～78	28～156	SR64-2-2～7-1	SR32-2～10	CHDF8-20～200	150（8-φ22）	125（8-φ18）
8	52～65～78	30～133	SR90-2-2～6	SR45-2-2～7-2	CHDF16-20～200	200（8-φ22）	150（8-φ22）
生产企业			上海上源泵业制造有限公司				

11.2　水箱

11.2.1　组合式不锈钢水箱

组合式不锈钢水箱技术参数及外形尺寸见表11-47。

组合式不锈钢水箱技术参数及外形尺寸表　　　　表 11-47

序号	公称容积（m³）	箱体尺寸（mm）			外形尺寸（mm）			不锈钢板厚度（mm）			自重（kg）
		长度 L	宽度 B	高度 H	长度 L_1	宽度 B_1	高度 H_1	底板	侧板	顶板	
1	1	1000	1000	1000	1170	1170	1085	2.0	1.5	1.5	143
2	2	2000	1000	1000	2170	2170	1085	2.0	1.5	1.5	237
3	4	2000	2000	1000	2170	2170	1085	2.0	1.5	1.5	390
4	8	2000	2000	2000	2170	2170	2085	2.5	2.0	1.5	667

续表

序号	公称容积 (m^3)	箱体尺寸（mm）			外形尺寸（mm）			不锈钢板厚度（mm）			自重（kg）
		长度 L	宽度 B	高度 H	长度 L_1	宽度 B_1	高度 H_1	底板	侧板	顶板	
5	12	3000	2000	2000	3170	2170	2085	2.5	2.0	1.5	912
6	16	4000	2000	2000	4170	2170	2085	2.5	2.0	1.5	1155
7	18	3000	3000	2000	3170	3170	2085	2.5	2.0	1.5	1219
8	24	4000	3000	2000	4170	3170	2085	2.5	2.0	1.5	1525
9	30	5000	3000	2000	5170	3170	2085	2.5	2.0	1.5	1832
10	32	4000	4000	2000	4170	4170	2085	2.5	2.0	1.5	1914
11	40	5000	4000	2000	5170	4170	2085	2.5	2.0	1.5	2302
12	48	6000	4000	2000	6170	4170	2085	2.5	2.0	1.5	2672
13	75	5000	5000	3000	5170	5170	3085	3.0	2.0	1.5	3689
14	90	6000	5000	3000	6170	5170	3085	3.0	2.0	1.5	4267
15	105	7000	5000	3000	7170	5170	3085	3.0	2.0	1.5	4842
16	120	8000	5000	3000	8170	5170	3085	3.0	2.0	1.5	5418
17	144	8000	6000	3000	8170	6170	3085	3.0	2.0	1.5	6258
18	180	10000	6000	3000	10170	6170	3085	3.0	2.0	1.5	7584

注：1. 水箱重量未包含型钢底架的重量；

2. 钢板模块规格为 1000mm×1000mm；

3. 水箱基础：长度 $B+300mm$，宽度 300mm，高度不小于 500mm，基础间距 1000mm。

11.2.2 SW 大模块不锈钢水箱

1. SW 大模块不锈钢水箱的特点

1）采用大模块不锈钢板、大模块单面或双面不锈钢板与热镀锌钢板用金属胶一次性模压拉伸复合装配而成（见图 11-48）。无焊缝，可有效避免不锈钢晶间腐蚀和应力腐蚀，延长使用寿命。

图 11-48 SW 大模块不锈钢水箱外形图

2）箱体刚性大、强度高，经有关部门抗震结构验算可满足 9 度抗震设防要求。

3）与水接触内箱面材质全部采用 S30408 食品级不锈钢，确保水质卫生安全。

4）水箱内没有拉筋，施工现场采用螺栓装配，不需要焊接，节省人工，缩短工期。

2. SW 大模块不锈钢水箱的种类

1）SWB 型：采用 S30408 不锈钢板模块装配而成。

2）SWBDF--Ⅰ型：单面采用 S304-2B 不锈钢板与热浸镀锌钢板用金属胶一次性模压拉伸复合、装配而成。

3）SWBDF--Ⅱ型：双面采用 S304-2B 不锈钢板与热浸镀锌钢板用金属胶一次性模压拉伸复合、装配而成。

3. SW 大模块不锈钢水箱相关技术参数

SW 大模块不锈钢水箱相关技术参数外形尺寸见表 11-48。

SW 大模块不锈钢水箱相关技术参数外形尺寸表　　　　表 11-48

序号	公称容积（m³）	外形尺寸（mm）			模块板材厚度（mm）水箱底板、侧板、顶板	箱体自重（kg）		
		L	B	H		SWB 型	SWBDF—Ⅰ型	SWBDF—Ⅱ型
1	10	2500	2000	2000		670	845	844
2	18	3000	3000			990	1294	1275
3	24	4000	2500			1216	1616	1583
4	24	4000	3000			1216	1616	1583
5	30	5000	3000			1442	1938	1891
6	40	5000	4000			1751	2403	2330
7	50	5000	5000			2060	2868	2767
8	100	10000	5000			3605	5192	4952
9	500	25000	10000			13905	21608	20115
10	1000	25000	20000			25235	40496	37325
11	10	2500	2000	2500		927	961	960
12	18	3000	3000			1345	1448	1430
13	24	4000	2500			1468	1586	1565
14	24	4000	3000			1637	1796	1764
15	30	5000	3000		（1）SWB 型　3.0	1932	2145	2099
16	40	5000	4000		（2）SWBDF—Ⅰ型　3.5	2317	2635	2562
17	50	5000	5000		（3）SWBDF—Ⅱ型　4.0	2703	3126	3025
18	100	10000	5000			4635	5579	5340
19	500	25000	10000			16995	22511	21020
20	1000	25000	20000	3000		30128	41657	38490
21	15	2500	2000			1066	1078	1077
22	22.5	3000	2500			1368	1417	1405
23	30	4000	2500			1668	1755	1734
24	36	4000	3000			1854	1978	1947
25	45	5000	3000			2179	2352	2307
26	60	5000	4000			2596	2869	2796
27	75	5000	5000			3012	3386	3285
28	150	10000	5000			5098	5969	5730
29	750	25000	10000			18076	23421	21930
30	1500	25000	20000			31518	42827	39660
	生产企业				江苏铭星供水设备有限公司			

注：1. 钢板模块规格：宽度为 1000（500）mm，长度可根据需要定制；
　　2. 水箱基础：长度 B+400mm，宽度 300mm，高度不小于 500mm。

11.2.3　ATT 自清洁生活水箱

ATT 自清洁生活水箱由食品级 S30408 不锈钢板冲压标准板块组装而成，设置有专利自清洁喷淋系统，具有自动清洗功能；采用双水箱设计可在不停水情况下进行水箱清洗。

1. 水箱自清洁工作原理

1）将水箱分隔成容积相等、能各自独立工作的两格（水箱 1 和水箱 2）。

2）当水箱 1 需要清洗时，待其水位下降至出水管口，切换到水箱 2 供水；关闭水箱 1 进、出水阀门，开启泄水阀排放底部存水，同时开启水箱自清洁喷淋系统进行清洗作业，清洗时间为 3～5min。水箱 2 自清洁清洗程序相同。

3）生活水箱自动清洗周期可设定为 3 个月～半年。

2. ATT 自清洁水箱性能特点

1）采用食品级 S30408 不锈钢板冲压组装，确保水质卫生。

2）整个自清洁清洗过程均按设定程序自动完成。

3）水箱溢流管出口处设置液位电极和重力复位单向阀，水箱有水溢出时发出声光报警，及时排除泵房水淹险情；杜绝鼠虫蚊蝇等生物爬入水箱。

4）水箱进水控制采用液位控制方式，当水位下降到一定安全水位时开启进水控制进行补水。

5）进水总管装有主动流量控制器，PIC 远程控制，根据液位高低及早中晚高峰供水时间控制进水量，差多少补多少，既能有效减少死水点又能满足用户的水量需求，增加水厂调蓄能力。

3. ATT 自清洁水箱外形（见图 11-49）

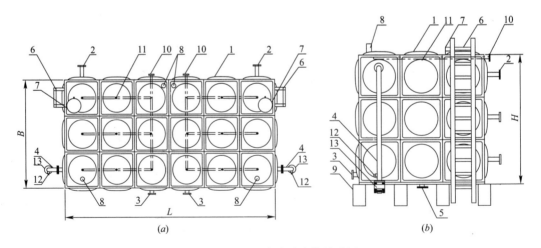

图 11-49　ATT 自清洁水箱外形图

(a) 平面图；(b) 右视图

1—水箱；2—进水管；3—出水管；4—溢流管；5—泄水管；6—爬梯；7—人孔；8—通气管

9—水箱基础；10—自动清洗喷淋管；11—旋转清洗喷头；

12—溢流液位电极；13—重力复位单向阀

4. ATT 自清洁水箱主要技术性能参数及外形尺寸（见表 11-49）

ATT 自清洁水箱主要技术性能参数及外形尺寸表 表 1-49

序号	型号	公称容积（m³）	外形尺寸（mm）			清洗喷淋管公称尺寸	旋转清洗喷头 DN15×数量（只）
			L	B	H		
1	ATT-ZX-10	10	2500	2000	2000	DN20	4
2	ATT-ZX-15	15	3000	2000	2500	DN20	4
3	ATT-ZX-20	20	4000	2000	2500	DN20	6
4	ATT-ZX-24	24	4000	3000	2000	DN20	6
5	ATT-ZX-30	30	5000	3000	2000	DN32	8
6	ATT-ZX-40	40	5000	4000	2000	DN32	8
7	ATT-ZX-50	50	5000	5000	2000	DN40	12
8	ATT-ZX-54	54	6000	3000	3000	DN40	12
9	ATT-ZX-100	100	10000	5000	2000	DN50	14
10	ATT-ZX-200	200	16000	5000	2500	DN65	20
生产企业		杭州中美埃梯梯泵业有限公司					

11.2.4 装配式搪瓷钢板水箱

装配式搪瓷钢板水箱技术参数及外形尺寸见表 11-50。

装配式搪瓷钢板水箱技术参数及外形尺寸表 表 11-50

序号	公称容积（m³）	箱体尺寸（mm）			外形尺寸（mm）			钢板厚度（mm）			自重（kg）
		长度 L	宽度 B	高度 H	长度 L_1	宽度 B_1	高度 H_1	底板	侧板	顶板	
1	2	2000	1000	1000	2120	1120	11120	5.0	5.0	4.0	630
2	5	2000	1500	1500	2120	1620	1620	5.0	5.0	4.0	1188
3	8	2500	2000	1500	2620	2120	1620	5.0	5.0	4.0	1326
4	11	3500	2000	1500	3620	2120	1620	5.0	5.0	4.0	1636
5	13	3000	2000	2000	3120	2120	2120	5.0	5.0	4.0	1895
6	17	4000	2000	2000	4120	2120	2120	5.0	5.0	4.0	2613
7	21	5000	2000	2000	5120	2120	2120	5.0	5.0	4.0	3136
8	27	5000	2500	2000	5120	2620	2120	5.0	5.0	4.0	3391
9	32	5000	3000	2000	5120	3120	2120	5.0	5.0	4.0	4051
10	39	5000	3000	2500	5120	3120	2620	5.0	5.0	4.0	4293
11	43	5500	3000	2500	5620	3120	2620	5.0	5.0	4.0	4512
12	60	6500	3000	2500	6620	3620	2620	5.0	5.0	4.0	4853
13	73	7000	4000	2500	7120	4120	2620	5.0	5.0	4.0	6640
14	88	7500	4500	2500	7620	4620	2620	5.0	5.0	4.0	6960
15	105	8000	5000	2500	8120	5120	2620	5.0	5.0	4.0	8351
16	125	8000	5000	3000	8120	5120	3120	6.0	6.0	4.0	9180
17	140	9000	5000	3000	9120	5120	3120	6.0	6.0	4.0	10340
18	200	10000	6500	3000	10120	6620	3120	6.0	6.0	4.0	11761

注：1. 水箱重量未包含型钢底架的重量；
2. 钢板模块规格为 1000mm×1000mm；
3. 水箱基础：长度 B＋320mm，宽度 300mm，高度不小于 500mm，基础间距 1000mm。

11.3 管材、管件

11.3.1 金属管材、管件

1. 薄壁不锈钢管材、管件

1）薄壁不锈钢管

采用壁厚为 0.6～4.0mm 的不锈钢带或不锈钢板，通过制管设备用自动氩弧焊等熔焊焊接制成的管材。

（1）适用范围

工作压力不大于 1.6MPa，输送饮用净水、生活饮用水、热水和温度不大于 135℃ 的高温水。

（2）卫生性能要求

薄壁不锈钢管材和管件的卫生性能应符合《生活饮用水输配水设备及防护材料的安全性评价规范》GB/T 17219 的规定。

（3）薄壁不锈钢管材的材料牌号及适用条件见表 11-51。（CJ/T 151—2016）

薄壁不锈钢管材的材料牌号及适用条件　　　　表 11-51

序号	新牌号 （统一数字代号）	旧牌号 （旧牌号代号）	适用范围
1	06Cr19Ni10 （S30408）	0Cr18Ni9 （SUS304）	用于饮用净水、生活冷热水、压缩空气、惰性气体、医用气体、燃气等管道
2	022Cr19Ni10 （S30403）	00Cr19Ni10 （SUS304L）	
3	06Cr17Ni12Mo2 （S31608）	0Cr17Ni12Mo2 （SUS316）	耐腐蚀性能要求比 S30408、S30403 高的场合
4	022Cr17Ni12Mo2 （S31603）	00Cr17Ni14Mo2 （SUS316L）	

（4）薄壁不锈钢管的几种常用连接方式见表 11-52。

薄壁不锈钢管的几种常用连接方式　　　　表 11-52

连接方式	适用管材规格范围	连接方式特征描述	可否拆卸
卡压 （单卡压）	DN15～DN100	在管件承口处设置 O 形密封圈，采用专用卡压工具钳压承口部位，在密封圈一侧卡压	否
环压	DN15～DN150	在管件承口处设置宽带密封圈，采用专用环压工具钳压承口部位，为环状压缩紧固密封	否
双卡压 （双挤压）	DN15～DN100	采用专用卡压工具在管件承口密封圈（一道或两道）两侧同时进行卡压	否
液压加强型 双卡压	DN15～DN100	在内高压水胀成型管件的承口凸环内设置 O 形对口凹槽密封圈，采用专用卡压工具在密封圈两侧同时进行卡压	否
卡凸	DN15～DN300	凸环呈直角三角形或圆弧形，密封圈采用端面密封方式，在螺纹处有一防滑橡胶圈	可

连接方式	适用管材规格范围	连接方式特征描述	可否拆卸
锥螺纹	$DN15\sim DN200$	采用啮入成型螺纹技术把管材或管件的端口加工成型为带有锥度的内、外圆锥螺纹，在外锥螺纹上涂抹卫生级液态生料带，用专用夹管工具把分别具有可直接旋转接驳的内、外圆锥螺纹接口薄壁不锈钢管材或管件接驳旋紧	可
插合自锁卡簧	$DN15\sim DN150$	将管材插入管件，管件内卡簧能自动把管材锁紧，防止管材松脱	可
卡压粘结	$DN15\sim DN60$	以卡压连接方式保证连接机械强度，以厌氧胶粘结连接方式保证连接部位密封性能	否
环压粘结	$DN15\sim DN150$	以环压连接方式保证连接机械强度，以厌氧胶粘结连接方式保证连接部位密封性能	否
承插式氩弧焊	$DN15\sim DN100$	将管材插入管件插口，用钨极氩弧焊（TIG焊）或焊条电弧焊熔焊焊接成一体	否
对接式氩弧焊	$DN125\sim DN300$	将管材与管材对接或管材与管件对接，用钨极氩弧焊（TIG焊）或焊条电弧焊熔焊焊接成一体	否
环压承插焊	$DN15\sim DN100$	先进行环压式连接，再在环压管件端面与管材进行点焊连接	否
沟槽	$DN65\sim DN300$	在管材、管件平口端的接头部位加工成环形沟槽后，由并合式卡箍件、C型橡胶密封圈和紧固件组成快速拼装接头	可
卡箍	$DN65\sim DN300$	在管材、管件平口端的接头部位加工成凸环后，由并合式卡箍件、橡胶密封圈和紧固件组成快速拼装接头	可
法兰	$DN25\sim DN300$	用紧固件紧固相邻管端上的法兰使其连接牢固	可

（5）管材长度一般为定长 3000～6000mm，其允许偏差为±10mm。根据需方要求和供需双方协议，也可提供其他定尺长度。

（6）薄壁不锈钢管材的基本尺寸见表 11-53～表 11-59。

① 卡压式连接薄壁不锈钢管材基本尺寸见表 11-53。

卡压式连接薄壁不锈钢管材基本尺寸（mm） 表 11-53

公称尺寸 DN	Ⅰ系列		Ⅱ系列		Ⅲ系列	
	外径 D	壁厚 S	外径 D	壁厚 S	外径 D	壁厚 S
12	15.0 ± 0.10	0.8 ± 0.08	—	—	12.7 ± 0.10	0.6 ± 0.06
15	18.0 ± 0.10	1.0 ± 0.10	15.9 ± 0.10	0.8 ± 0.08	16.0 ± 0.10	0.8 ± 0.08
20	22.0 ± 0.11	1.2 ± 0.12	22.2 ± 0.11	1.0 ± 0.10	20.0 ± 0.11	1.0 ± 0.10
25	28.0 ± 0.14		28.6 ± 0.14		25.4 ± 0.14	
32	35.0 ± 0.17	1.5 ± 0.15	34.0 ± 0.17	1.2 ± 0.12	32.0 ± 0.17	1.2 ± 0.12
40	42.0 ± 0.21		42.7 ± 0.21		40.0 ± 0.21	
50	54.0 ± 0.26		48.6 ± 0.26		50.8 ± 0.26	
60	60.3 ± 0.32	1.5 ± 0.15	—	—	—	—
	63.5 ± 0.32		—	—	—	—
65	76.1 ± 0.38	2.0 ± 0.20	—	—	—	—
80	88.9 ± 0.44		—	—	—	—
100	101.6 ± 0.51		—	—	—	—
	108.0 ± 0.54		—	—	—	—

续表

公称尺寸 DN	Ⅰ系列		Ⅱ系列		Ⅲ系列	
	外径 D	壁厚 S	外径 D	壁厚 S	外径 D	壁厚 S
125	133.0±0.99	2.5±0.30	—	—	—	—
150	159.0±1.19		—	—	—	—
200	219.0±1.64	3.0±0.30	—	—	—	—
250	273.0±2.05	4.0±0.30	—	—	—	—
300	325.0±2.44		—	—	—	—
生产企业	德房家（中国）管道系统有限公司等					

② 环压式连接薄壁不锈钢管材壁厚尺寸见表11-54。

环压式连接薄壁不锈钢管材壁厚尺寸（mm） 表 11-54

公称尺寸 DN	壁厚	
	普通型	加厚型
15	0.6	0.8
20	0.6	1.0
25	0.8	1.0
32	1.0	1.2
40	1.0	1.2
50	1.0	1.2
65	1.2	10.5
80	1.5	2.0
100	1.5	2.0
125	2.0	2.0
150	2.2	2.2
生产企业	成都共同管业集团股份有限公司	

③ 锥螺纹连接薄壁不锈钢管材基本尺寸见表11-55。

锥螺纹连接薄壁不锈钢管材基本尺寸（mm） 表 11-55

公称尺寸 DN	外径	壁厚
15	15.1	0.60
20	19.1	0.70
25	25.4	0.80
32	31.6	0.80
40	40.2	0.90
50	48.5	0.90
65	63.5	1.20
80	76.2	1.20
100	101.6	1.35
125	133.0	1.80
150	159.0	2.00
200	219.0	2.50
生产企业	广东立丰管道科技有限公司	

④ 卡凸式连接薄壁不锈钢管材基本尺寸见表11-56。

卡凸式连接薄壁不锈钢管材基本尺寸（mm）　　　　表 11-56

公称尺寸 DN	外径	壁厚
15	16	0.6
20	20	0.6
25	25.4	0.8
32	35	1.0
40	40	1.0
50	50.8	1.0
生产企业	浙江正康实业有限公司	

⑤ 双卡压连接薄壁不锈钢管材基本尺寸见表11-57。

双卡压连接薄壁不锈钢管材基本尺寸（mm）　　　　表 11-57

公称尺寸 DN	壁厚	外径	
15	0.8	16.0	15.9
20	1.0	20.0	22.2
25	1.0	25.4	28.6
32	1.2	32.0	34.0
40	1.2	40.0	42.7
50	1.2	50.8	48.6
60	1.5	63.5	—
65	2.0	76.1	76.1
80	2.0	88.9	88.9
100	2.0	101.6	108.0
生产企业		深圳雅昌管业有限公司	浙江正康实业有限公司

⑥ 液压加强型双卡压连接薄壁不锈钢管材基本尺寸见表11-58。

液压加强型双卡压连接薄壁不锈钢管材基本尺寸（mm）　　　　表 11-58

公称尺寸 DN	外径	壁厚
15	16.0	0.8
		1.0
20	20.0	1.0
		1.2
25	25.4	1.0
		1.2
32	32.0	1.2
		1.5
40	40.0	1.2
		1.5

续表

公称尺寸 DN	外径	壁厚
50	50.8	1.2
		1.5
60	63.5	1.2
		1.5
65	76.1	1.5
		2.0
80	88.9	1.5
		2.0
100	101.6	1.5
		2.0
生产企业	维格斯（上海）流体技术有限公司	

⑦ 沟槽式连接薄壁不锈钢管材基本尺寸见表11-59。

沟槽式连接薄壁不锈钢管材基本尺寸（mm）　　　　表11-59

公称尺寸 DN	外径	壁厚
125	133.0	2.0
		2.5
150	159.0	2.5
		3.0
200	219.0	3.0
		4.0
250	273.0	3.0
		4.0
300	325.0	3.0
		4.0
生产企业	成都共同、浙江正康、深圳雅昌、维格斯（上海）、德房家（中国）等	

2）薄壁不锈钢管件

（1）薄壁不锈钢管件的壁厚不得小于同类型连接方式的管材壁厚。

（2）薄壁不锈钢管件的成型工艺可为冷挤压成型或内高压水胀成型。

（3）薄壁不锈钢管件经成型、焊接加工后，应进行气体（全氢或 AX 混合气体）保护光亮固溶处理，固溶处理的温度应为 1040～1080℃。

（4）管件固溶处理后应进行酸洗钝化处理，并按《人造气氛腐蚀试验盐雾试验》GB/T 10125 的规定进行 240h 中性盐雾腐蚀试验。

（5）不同连接方式的薄壁不锈钢管道接口应采用与之相配套的不锈钢管件。不同系列、不同牌号的薄壁不锈钢管材宜配套采用相同牌号的管件。

（6）不同连接方式的薄壁不锈钢管道接口应采用与之相配套的密封型式。

3）住宅分户水表薄壁不锈钢分水器

住宅分户水表薄壁不锈钢分水器依二次供水系统给水干管连接方式不同分为螺纹连接

单向分水器（WSA 型）、螺纹连接双向分水器（WSB 型）、双卡压连接分水器（WSC 型）和单卡压、双卡压、焊接连接直管分水器（WSD 型）四种，详见表 11-60。

住宅分户水表薄壁不锈钢分水器　　　　　　　　　　表 11-60

规格	支路数	壁厚（mm）	供水干管公称尺寸	支路接口螺纹	支路间距（mm）	附图
DN40×1/2″				1/2″		
DN40×3/4″			DN40	3/4″		(WSA)
DN40×1″				1″		
DN50×1/2″	2~6	1.5		1/2″	180、220	(WSB)
DN50×3/4″			DN50	3/4″		(WSC)
DN50×1″				1″		
生产企业	维格斯（上海）流体技术有限公司					(WSD)

2. 建筑给水铜管及管件

1）建筑给水铜管的连接方式及适用条件见表 11-61。（国标图集 09S407-1）

建筑给水铜管的连接形式及适用条件　　　　　　　表 11-61

连接方式	系统场所	管材硬度状态	管材最小壁厚类型	公称尺寸范围 DN	系统工作压力（MPa）	可否拆卸
钎焊	支管	Y、Y2、M	C	≤50	≤1.0	否
	干管	Y	B	65~200	≤1.6	否
卡压	支管	Y2	C	≤50	≤1.0	否
	干管	Y、Y2	B	15~100	≤1.6	否
环压	支管	Y2、M	B	≤25	≤1.0	否
	干管	Y	B	32~100	≤1.6	否
卡套	支管	Y、Y2	C	15~50	≤1.0	可
螺纹	支管	Y2	3.0~3.5mm	20~50	≤1.0	可
沟槽	干管	Y	A	50~200	≤1.6	可
法兰	干管	Y	A	50~200	≤1.6	可

2）建筑给水铜管的公称尺寸系列见表 11-62。（《无缝铜水管和铜气管》GB/T 18033—2007）

建筑给水铜管的公称尺寸系列　　　　　　　　　　表 11-62

公称尺寸 DN	公称外径（mm）	壁厚（mm）			最大工作压力 P（N/mm²）								
					硬态（Y）			半硬态（Y2）			软态（M）		
		A 型	B 型	C 型	A 型	B 型	C 型	A 型	B 型	C 型	A 型	B 型	C 型
15	15	1.2	1.0	0.8	10.7 / 9.0	8.87	6.11	8.55	7.04	4.85	7.04	5.80	3.99
	18	1.2	1.0	0.8	8.87	7.31	5.81	7.04	5.81	4.61	5.80	4.70	3.80
20	22	1.5	1.2	0.9	9.08	7.19	5.32	7.21	5.70	4.22	6.18	4.70	3.48
25	28	1.5	1.2	0.9	7.05	5.59	4.62	5.60	4.44	3.30	4.61	3.65	2.72

续表

公称尺寸 DN	公称外径 (mm)	壁厚 (mm)			最大工作压力 P (N/mm²)								
		A 型	B 型	C 型	硬态 (Y)			半硬态 (Y₂)			软态 (M)		
					A 型	B 型	C 型	A 型	B 型	C 型	A 型	B 型	C 型
32	35	2.0	1.5	1.2	7.54	5.54	4.44	5.98	4.44	3.52	4.98	3.65	2.90
40	42	2.0	1.5	1.2	6.23	4.63	3.68	4.95	3.68	2.92	4.08	3.03	2.41
50	54	2.5	2.0	1.2	6.06	4.81	2.85	4.81	3.77	2.26	3.96	3.14	1.85
65	67	2.5	2.0	1.5	4.85	3.85	2.87	3.85	3.06	2.27	3.17	3.05	1.88
	76	2.5	2.0	1.5	4.26	3.38	2.52	3.38	2.69	2.00	2.80	2.68	1.65
80	89	2.5	2.0	1.5	3.62	2.88	2.15	2.87	2.29	1.71	2.36	2.23	1.41
100	108	3.5	2.5	1.5	4.19	2.97	1.77	3.33	2.36	1.40	2.74	1.94	1.16
125	133	3.5	2.5	1.5	3.38	2.40	1.43	2.68	1.91	1.14	—	—	—
150	159	4.0	3.5	2.0	3.23	2.82	1.60	2.56	2.24	1.27	—	—	—
200	219	6.0	5.0	4.0	3.53	2.93	2.33	—	—	—	—	—	—
250	267	7.0	5.5	4.5	3.37	2.64	2.15	—	—	—	—	—	—
	273	7.5	5.8	5.0	3.54	2.16	1.53	—	—	—	—	—	—
300	325	8.0	6.5	5.5	3.16	2.56	2.16	—	—	—	—	—	—

注：最大工作压力 P，是指输送介质为 65℃ 时，硬态允许应力为 63N/(mm)²，半硬态允许压力为 50N/(mm)²，软态允许应力为 41.2N/(mm)²。

3) 建筑给水铜管应采用 TP2 牌号铜管。

4) 建筑给水铜管宜采用硬态铜管。当管径不大于 DN25 时，可采用半硬态铜管。

5) 采用钎焊、卡套、卡压连接时，建筑给水铜管的规格尺寸见表 11-63 和表 11-64。(CECS 171：2004)

钎焊、卡套建筑给水铜管的规格尺寸 (mm)　　　　表 11-63

公称尺寸 DN	外径 De	工作压力 1.0MPa		工作压力 1.6MPa		工作压力 2.5MPa	
		壁厚 δ	计算内径 d_j	壁厚 δ	计算内径 d_j	壁厚 δ	计算内径 d_j
15	15	0.7	13.6	0.7	13.6		
20	22	0.9	20.2	0.9	20.2		
25	28	0.9	26.2	0.9	26.2		
32	35	1.2	32.6	1.2	32.6		
40	42	1.2	39.6	1.2	39.6	—	
50	54	1.2	51.6	1.2	51.6		
65	67	1.2	64.6	1.5	64.0		
80	85	1.5	82.0	1.5	82.0		
100	108	1.5	105	2.5	103	3.5	101
125	133	1.5	130	3.0	127	3.5	126
150	159	2.0	155	3.0	153	4.0	151
200	219	4.0	211	4.0	211	5.0	209
250	267	4.0	259	5.0	257	6.0	255
300	325	5.0	315	6.0	313	8.0	309

卡压连接建筑给水铜管的规格尺寸（mm）　表 11-64

公称尺寸 DN	外径 De	工作压力 1.0MPa		工作压力 1.6MPa	
		壁厚 δ	计算内径 d_j	壁厚 δ	计算内径 d_j
12	15	0.7	13.6	1.0	13.0
15	18	0.9	16.2	1.0	16.0
20	22	0.9	20.2	1.2	19.6
25	28	0.9	26.2	1.2	25.6
32	35	1.2	32.6	1.5	32.0
40	42	1.2	39.6	1.5	39.0
50	54	1.2	51.6	1.5	51.0
60	64	1.5	64.0	2.0	63.0
65	76	1.7	72.6	2.0	72.0
80	85	1.7	85.6	2.0	85.0
100	108	1.7	104.6	2.0	104.0

6）采用沟槽连接时应选用硬态铜管，其壁厚见表 11-65。（CECS 171：2004）

沟槽连接建筑给水铜管的最小壁厚尺寸（mm）　表 11-65

公称尺寸 DN	外径 De	最小壁厚 δ
50	54	2.0
65	67	2.0
80	85	2.5
100	108	3.5
125	133	3.5
150	159	4.0
200	219	6.0
250	267	6.0
300	325	6.0

7）建筑给水用铜管件（承插式）的形式、代号及基本参数分别见表 11-66 和表 11-67。（《建筑用铜管管件（承插式）》CJ/T 117—2000）

建筑给水用铜管件形式及代号　表 11-66

管件名称		形式	代号
45°弯头		A 型	A45E
		B 型	B45E
90°弯头		A 型	A90E
		B 型	B90E
等径	三通接头	—	T（S）
异径		—	T（R）
异径接头		—	R
套管接头		—	S
管帽		—	C

注：1. A 型接口两端均为承口。
　　2. B 型接口一端为承口，另一端为插口。

建筑给水用铜管管件的基本参数 表 11-67

代号	公称尺寸 DN	公称压力 PN（MPa）
T（S）、T（R）、A45E、B45E、A90E、B90E、R、S	15～200	1.0、1.6
C	15～50	1.6

3. 球墨铸铁给水管及管件

1）离心球墨铸铁 K9 壁厚等级管的公称壁厚和最小壁厚见表 11-68。

离心球墨铸铁 K9 壁厚等级管壁厚尺寸 表 11-68

公称尺寸 DN	外径（mm）	公称壁厚（mm）	最小壁厚（mm）
80	98	6.0	4.7
100	118	6.0	4.7
125	144	6.0	4.7
150	170	6.0	4.7
200	222	6.3	4.8
250	274	6.8	5.3
300	326	7.2	5.6
生产企业	新兴铸管股份有限公司		

注：公称尺寸大于 DN300 的管材壁厚数据可咨询生产企业。

2）连接方式

球墨铸铁给水管常用的连接方式有 T 型、XT2 型及自锚接口。

（1）T 型接口：又称 T 型承插滑入式柔性接口，是最常用的接口形式，管径适用范围为 $DN80～DN2000$。

（2）XT2 型接口：另一种承插滑入式柔型接口。由于其密封胶圈末端为唇形结构，所以安装阻力较小。一般适用于 $DN2200～DN2600$ 的大口径管道。

（3）自锚接口：利用自锚组件与承口焊环之间的推力传递，实现可靠防脱滑功能。同时，还具有一定的偏转性能。适用管径范围为 $DN80～DN1200$。自锚接口的适用场所：

① 当用于抵消水力推力的水泥支墩无法设置时，可以用来代替水泥支墩。

② 管线敷设地区地基不稳定，可能产生较大的土壤沉降，如河床的淤泥层。

③ 陡坡地段。

④ 地面明设管道。

⑤ 拖拉管道施工。

11.3.2 塑料给水管、管件

1. 聚乙烯（PE80、PE100）管及管件

1）PE80 管材规格尺寸见表 11-69。

PE80 管材规格尺寸   表 11-69

公称外径 dn	公称壁厚（mm）				
	标准尺寸比				
	SDR33（S16）	SDR21（S10）	SDR17（S8）	SDR13.6（S6.3）	SDR11（S5）
	公称压力（MPa）				
	*PN*0.4	*PN*0.6	*PN*0.8	*PN*1.0	*PN*1.25
25	—	—	—	—	2.3
32	—	—	—	—	3.0
40	—	—	—	—	3.7
50	—	—	—	—	4.6
63	—	—	—	4.7	5.8
75	—	—	4.5	5.6	6.8
90	—	4.3	5.4	6.7	8.2
110	—	5.3	6.6	8.1	10.0
125	—	6.0	7.4	9.2	11.4
140	4.3	6.7	8.3	10.3	12.7
160	4.9	7.7	9.5	11.8	14.6
180	5.5	8.6	10.7	13.3	15.4
200	6.2	9.6	11.9	14.7	18.2
225	6.9	10.8	13.4	16.6	20.5
250	7.7	11.9	14.8	18.4	22.7
280	8.6	13.4	16.6	20.6	25.4
315	9.7	15.0	18.7	23.2	28.6
生产企业	浙江中财管道科技股份有限公司等				

2）PE100 管材规格尺寸见表 11-70。

PE100 管材规格尺寸   表 11-70

公称外径 dn	公称壁厚（mm）				
	标准尺寸比				
	SDR26（S12.5）	SDR21（S10）	SDR17（S8）	SDR13.6（S6.3）	SDR11（S5）
	公称压力（MPa）				
	*PN*0.6	*PN*0.8	*PN*1.0	*PN*1.25	*PN*1.6
32	—	—	—	—	3.0
40	—	—	—	—	3.7
50	—	—	—	—	4.6
63	—	—	—	4.7	5.8
75	—	—	4.5	5.6	6.8
90	—	4.3	5.4	6.7	8.2
110	4.2	5.3	6.6	8.1	10.0
125	4.8	6.0	7.4	9.2	11.4
140	5.4	6.7	8.3	10.3	12.7
160	6.2	7.7	9.5	11.8	14.6

续表

公称外径 dn	公称壁厚（mm）				
	标准尺寸比				
	SDR26（S12.5）	SDR21（S10）	SDR17（S8）	SDR13.6（S6.3）	SDR11（S5）
	公称压力（MPa）				
	PN0.6	PN0.8	PN1.0	PN1.25	PN1.6
180	6.9	8.6	10.7	13.3	15.4
200	7.7	9.6	11.9	14.7	18.2
225	8.6	10.8	13.4	16.6	20.5
250	9.6	11.9	14.8	18.4	22.7
280	10.7	13.4	16.6	20.6	25.4
315	12.1	15.0	18.7	23.2	28.6
生产企业	浙江中财管道科技股份有限公司等				

3）管件连接方式：热熔连接（热熔承插连接）、电熔连接（电熔对接连接、电熔鞍形连接）、机械连接（法兰、沟槽连接等）。

2. 交联聚乙烯（PE-X）管及管件

1）管材规格尺寸见表 11-71。

交联聚乙烯（PE-X）管材规格尺寸（mm）　　表 11-71

公称外径 dn	平均外径		最小壁厚			
	$de_{m,min}$	$de_{m,max}$	S6.3	S5	S4	S3.2
20	20.0	20.3	1.9★	1.9	2.3	2.8
25	25.0	25.3	1.9	2.3	2.6	3.5
32	32.0	32.3	2.4	2.9	3.6	4.4
40	40.0	40.4	3.0	3.7	4.5	5.5
50	50.0	50.5	3.7	4.6	5.6	6.9
63	63.0	63.6	4.7	5.8	7.1	8.6
75	75.0	75.7	5.6	6.8	8.4	10.3
90	90.0	90.9	6.7	8.2	10.1	12.3
110	110.0	111.0	8.1	10.0	12.3	15.1
125	125.0	126.2	9.2	11.4	14.0	17.1
140	140.0	141.3	10.3	12.7	15.7	19.2
160	160.0	161.5	11.8	14.6	17.9	21.9

注：考虑到刚性与连接的要求，表中★厚度不按管系列计算。

2）管件连接方式

（1）dn20～dn32：宜采用卡箍式或锥面卡套式连接。

（2）dn≥32：宜采用卡压式或锥面卡套式连接。

3. 耐热聚乙烯（PE-RT）管及管件

1）管材规格尺寸见表 11-72。

耐热聚乙烯（PE-RT）管材规格尺寸（mm） 表 11-72

公称外径 dn	平均外径		最小壁厚				
	$de_{m,min}$	$de_{m,max}$	S6.3	S5	S4	S3.2	S2.5
20	20.0	20.3	—	2.0	2.3	2.8	3.4
25	25.0	25.3	2.0	2.3	2.8	3.5	4.2
32	32.0	32.3	2.4	2.9	3.6	4.4	5.4
40	40.0	40.4	3.0	3.7	4.5	5.5	6.7
50	50.0	50.5	3.7	4.6	5.6	6.9	8.3
63	63.0	63.6	4.7	5.8	7.1	8.6	10.5
75	75.0	75.7	5.6	6.8	8.4	10.3	12.5
90	90.0	90.9	6.7	8.2	10.1	12.3	15.0
110	110.0	111.0	8.1	10.0	12.3	15.1	18.3
125	125.0	126.2	9.2	11.4	14.0	17.1	20.8
140	140.0	141.3	10.3	12.7	15.7	19.2	23.3
160	160.0	161.6	11.8	14.6	17.9	21.9	26.6

2）管件连接方式

（1）$dn \leqslant 63$：宜采用热熔承插连接。

（2）$dn > 63$ 或热熔施工困难场所：宜采电熔连接。

4. 无规共聚聚丙烯（PP-R）管及管件

1）管材规格尺寸见表 11-73。

无规共聚聚丙烯（PP-R）管材规格尺寸（mm） 表 11-73

公称外径 dn	平均外径		最小壁厚				
	$de_{m,min}$	$de_{m,max}$	S5	S4	S3.2	S2.5	S2
20	20.0	20.3	2.0	2.3	2.8	3.4	4.1
25	25.0	25.3	2.3	2.8	3.5	4.2	5.1
32	32.0	32.3	2.9	3.6	4.4	5.4	6.5
40	40.0	40.4	3.7	4.5	5.5	6.7	8.1
50	50.0	50.5	4.6	5.6	6.9	8.3	10.1
63	63.0	63.6	5.8	7.1	8.6	10.5	12.7
75	75.0	75.7	6.8	8.4	10.3	12.5	15.1
90	90.0	90.9	8.2	10.1	12.3	15.0	18.1
110	110.0	111.0	10.0	12.3	15.1	18.3	22.1
125	125.0	126.2	11.4	14.0	17.1	20.8	25.1
140	140.0	141.3	12.7	15.7	19.2	23.3	28.1
160	160.0	161.5	14.6	17.9	21.9	26.6	32.1
生产企业	浙江中财管道科技股份有限公司等						

2）管件连接方式

（1）$dn \leqslant 110$：宜采用热熔承插连接。

（2）$dn > 110$ 或热熔施工困难场所：宜采用电熔连接。

5. 聚丁烯（PB）管、管件

1）管材规格尺寸见表 11-74。

聚丁烯（PB）管材规格尺寸（mm）　　　　　　表 11-74

公称外径 dn	平均外径		最小壁厚					
	$de_{m,min}$	$de_{m,max}$	S10	S8	S6.3	S5	S4	S3.2
20	20.0	20.3	1.3	1.3	1.5	1.9	2.3	2.8
25	25.0	25.3	1.3	1.5	1.9	2.3	2.8	3.5
32	32.0	32.3	1.6	1.9	2.4	2.9	3.6	4.4
40	40.0	40.4	2.0	2.4	3.0	3.7	4.5	5.5
50	50.0	50.5	2.4	3.0	3.7	4.6	5.6	6.9
63	63.0	63.6	3.0	3.8	4.7	5.8	7.1	8.6
75	75.0	75.7	3.6	4.5	5.6	6.8	8.4	10.3
90	90.0	90.9	4.3	5.4	6.7	8.2	10.1	12.3
110	110.0	111.0	5.3	6.6	8.1	10.0	12.3	15.1
125	125.0	126.2	6.0	7.4	9.2	11.4	14.0	17.1
140	140.0	141.3	6.7	8.3	10.3	12.7	15.7	19.2
160	160.0	161.5	7.7	9.5	11.8	14.6	17.9	21.9
生产企业	浙江中财管道科技股份有限公司等							

2）管件连接方式

（1）$dn \leqslant 110$：宜采用热熔承插连接。

（2）$dn > 110$ 或热熔施工困难场所：宜采电熔连接。

6. 硬聚氯乙烯（PVC-U）管及管件

1）管材规格尺寸见表 11-75。

硬聚氯乙烯（PVC-U）管公称压力等级和规格尺寸（mm）　　　　表 11-75

公称外径 dn	管材 S 系列、SDR 系列和公称压力						
	S16	S12.5	S10	S8	S6.3	S5	S4
	SDR33	SDR33	SDR21	SDR17	SDR13.6	SDR11	SDR9
	PN0.63	PN0.8	PN1.0	PN1.25	PN1.6	PN2.0	PN2.5
	公称壁厚						
20	—	—	—	—	—	2.0	2.3
25	—	—	—	—	2.0	2.3	2.8
32	—	—	—	2.0	2.4	2.9	3.6
40	—	—	2.0	2.4	3.0	3.7	4.5
50	—	2.0	2.4	3.0	3.7	4.6	5.6
63	2.0	2.5	3.0	3.8	4.7	5.8	7.1
75	2.3	2.9	3.6	4.5	5.6	6.9	8.4
90	2.8	3.5	4.3	5.4	6.7	8.2	10.1
110	2.7	3.4	4.2	5.3	6.6	8.1	10.0
125	3.1	3.9	4.8	6.0	7.4	9.2	11.4
140	3.5	4.3	5.4	6.7	8.3	10.3	12.7

公称外径 dn	管材 S 系列、SDR 系列和公称压力						
	S16	S12.5	S10	S8	S6.3	S5	S4
	SDR33	SDR33	SDR21	SDR17	SDR13.6	SDR11	SDR9
	PN0.63	PN0.8	PN1.0	PN1.25	PN1.6	PN2.0	PN2.5
	公称壁厚						
160	4.0	4.9	6.2	7.7	9.5	11.8	14.6
180	4.4	5.5	6.9	8.6	10.7	13.3	16.4
200	4.9	6.2	7.7	9.6	11.9	14.7	18.2
225	5.5	6.9	8.6	10.8	13.4	16.6	—
250	6.2	7.7	9.6	11.9	14.8	18.4	—
280	6.9	8.6	10.7	13.4	16.6	20.6	—
315	7.7	9.7	12.1	15.0	18.7	23.2	—
生产企业	浙江中财管道科技股份有限公司等						

2）管件种类：

（1）按照连接方式不同分为粘接式承口管件、弹性密封圈式承口管件、螺纹接头管件和法兰连接管件。

（2）按照加工成型方式不同分为注塑成型管件和管材弯制成型管件。

7. 氯化聚氯乙烯（PVC-C）管及管件

1）管材系列和规格尺寸见表 11-76。

氯化聚氯乙烯（PVC-C）管系列和规格尺寸（mm）　　　　　表 11-76

公称外径 dn	平均外径		公称壁厚		
	$de_{m,min}$	$de_{m,max}$	S6.3（PN1.6）	S5（PN2.0）	S4（PN2.5）
20	20.0	20.2	2.0	2.0	2.3
25	25.0	25.2	2.0	2.3	2.8
32	32.0	32.2	2.4	2.9	3.6
40	40.0	40.2	3.0	3.7	4.5
50	50.0	50.2	3.7	4.6	5.6
63	63.0	63.3	4.7	5.8	7.1
75	75.0	75.3	5.6	6.8	8.4
90	90.0	90.3	6.7	8.2	10.1
110	110.0	110.4	8.1	10.0	12.3
125	125.0	125.4	9.2	11.4	14.0
140	140.0	140.5	10.3	12.7	15.7
160	160.0	160.5	11.8	14.6	17.9

2）管件：按连接形式分为粘接形管件、螺纹连接形管件及法兰连接形管件。

8. 丙烯酸共聚聚氯乙烯（AGR）管及管件

1）AGR 管公称压力等级和规格尺寸见表 11-77。

AGR 管公称压力等级和规格尺寸（mm） 表 11-77

公称外径 dn	管材 S 系列、SDR 系列和公称压力						
	S16	S12.5	S10	S8	S6.3	S5	S4
	SDR33	SDR26	SDR21	SDR17	SDR13.6	SDR11	SDR9
	PN0.63	PN0.8	PN1.0	PN1.25	PN1.6	PN2.0	PN2.5
	公称壁厚						
20	—	—	—	—	—	2.0	2.3
25	—	—	—	—	2.0	2.3	2.8
32	—	—	—	2.0	2.4	2.9	3.6
40	—	—	2.0	2.4	3.0	3.7	4.5
50	—	2.0	2.4	3.0	3.7	4.6	5.6
63	2.0	2.5	3.0	3.8	4.7	5.8	7.1
75	2.3	2.9	3.6	4.5	5.6	6.9	8.4
90	2.8	3.5	4.3	5.4	6.7	8.2	10.1
110	2.7	3.4	4.2	5.3	6.6	8.1	10.0
125	3.1	3.9	4.8	6.0	7.4	9.2	11.4
160	4.0	4.9	6.2	7.7	9.5	11.8	14.6
200	4.9	6.2	7.7	9.6	11.9	14.7	18.2
250	6.2	7.7	9.6	11.9	14.8	18.4	—
315	7.7	9.7	12.1	15.0	18.7	23.2	—
生产企业	青岛水务积水科技有限公司						

2）管件种类：

（1）按连接方式不同，分为粘接式承口管件、弹性密封圈承口管件、螺纹接头管件和法兰连接管件。

（2）按加工成型方式不同，分为注塑成型管件和管材弯制成型管件。

9. 抗冲改性聚氯乙烯（PVC-M）管及管件

1）PVC-M 管公称压力等级和规格尺寸见表 11-78。

PVC-M 管公称压力等级和规格尺寸（mm） 表 11-78

公称外径 dn	管材 S 系列、SDR 系列和公称压力					
	S25	S20	S16	S12.5	S10	S8
	SDR51	SDR41	SDR33	SDR26	SDR21	SDR17
	PN0.63	PN0.8	PN1.0	PN1.25	PN1.6	PN2.0
	公称壁厚					
63	—	2.0	2.0	2.5	3.0	3.8
75	—	2.0	2.3	2.9	3.6	4.5
90	2.0	2.2	2.8	3.5	4.3	5.4
110	2.2	2.7	3.4	4.2	5.3	6.6
125	2.5	3.1	3.9	4.8	6.0	7.4
140	2.8	3.5	4.3	5.4	6.7	8.3
160	3.2	4.0	4.9	6.2	7.7	9.5

续表

公称外径 dn	管材 S 系列、SDR 系列和公称压力					
	S25	S20	S16	S12.5	S10	S8
	SDR51	SDR41	SDR33	SDR26	SDR21	SDR17
	PN0.63	PN0.8	PN1.0	PN1.25	PN1.6	PN2.0
	公称壁厚					
180	3.6	4.4	5.5	6.9	8.6	10.7
200	3.9	4.9	6.2	7.7	9.6	11.9
225	4.4	5.5	6.9	8.6	10.8	13.4
250	4.9	6.2	7.7	9.6	11.9	14.8
280	5.5	6.9	8.6	10.7	13.4	16.6
315	6.2	7.7	9.7	12.1	15.0	18.7
生产企业	浙江中财管道科技股份有限公司等					

2）管件种类：按连接方式不同，分为粘接式承口管件、弹性密封圈承口管件、螺纹接头管件和法兰连接管件。

10. 丙烯腈-丁二烯-苯乙烯（ABS）管及管件

1）ABS 管公称压力等级和规格尺寸见表 11-79。

ABS 管公称压力等级和规格尺寸（mm） 表 11-79

公称外径 dn	管材 S 系列、SDR 系列和公称压力							
	S20	S16	S12.5	S10	S8	S6.3	S5	S4
	SDR41	SDR33	SDR26	SDR21	SDR17	SDR13.6	SDR11	SDR9
	PN0.4	PN0.5	PN0.7	PN0.87	PN1.1	PN1.38	PN1.75	PN2.2
	公称壁厚							
20	—	—	—	—	—	1.8	1.9	2.3
25	—	—	—	—	1.8	1.9	2.3	2.8
32	—	—	—	1.8	1.9	2.4	2.9	3.6
40	—	—	1.8	1.9	2.4	3.0	3.7	4.5
50	—	1.8	2.0	2.4	3.0	3.7	4.6	5.6
63	1.8	2.0	2.5	3.0	3.8	4.7	5.8	7.1
75	1.9	2.3	2.9	3.6	4.5	5.6	6.8	8.4
90	2.2	2.8	3.5	4.3	5.4	6.7	8.2	10.1
110	2.7	3.4	4.2	5.3	6.6	8.1	10.0	12.3
125	3.1	3.9	4.8	6.0	7.4	9.2	11.4	14.0
160	4.0	4.9	6.2	7.7	9.5	11.8	14.6	17.9
180	4.4	5.5	6.9	8.6	10.7	13.3	16.4	20.1
200	4.9	6.2	7.7	9.6	11.9	14.7	18.2	22.4
225	5.5	6.9	8.6	10.8	13.4	16.6	20.5	25.2
250	6.2	7.7	9.6	11.9	14.8	18.4	22.7	27.9
280	6.9	8.6	10.7	13.4	16.6	20.6	25.4	31.3
315	7.7	9.7	12.1	15.0	18.7	23.2	28.6	35.2

2）管件种类：

（1）按对应的管系列 S 分为 8 类：S20，S16，S12.5，S10，S8，S6.3，S5，S4。

（2）按连接方式分为粘接型管件和法兰连接型管件。

11.3.3　复合给水管、管件

1. 内衬不锈钢复合钢管的规格尺寸见表 11-80。（CECS 205：2015）

内衬不锈钢复合钢管规格尺寸（mm）　　　　　　　　　表 11-80

公称尺寸 DN	外径	衬层最小厚度	复合钢管最小公称壁厚	复合钢管壁厚公差
20	21.3	0.25	2.8	对于螺纹连接用复合钢管壁厚不允许有负公差，正公差不限；对于非螺纹连接用复合钢管壁厚公差为：－10%，正公差不限
25	26.9	0.25	2.8	
32	33.7	0.25	3.2	
40	42.4	0.30	3.5	
50	48.3	0.35	3.5	
65	60.3	0.35	3.8	
70	76.1	0.40	4.0	
80	88.9	0.45	4.0	
100	114.3	0.50	4.0	
125	139.7	0.50	4.0	
150	168.3 (165.1)	0.60	4.5	
200	219.1	0.70	4.5	－10%，正公差不限
250	273.0	0.80	5.0	
300	323.9	0.90	5.6	
生产企业	江苏众信绿色管业科技有限公司、绍兴市水联管业有限公司等			

注：DN150 的钢管外径为 165.1mm，仅用于采用 55°锥管螺纹连接时。

2. 钢塑复合管

1）涂塑钢管规格尺寸见表 11-81。

涂塑钢管规格尺寸（mm）　　　　　　　　　表 11-81

公称尺寸 DN	内涂层厚度		外涂层厚度			
	氯乙烯	环氧树脂	氯乙烯		环氧树脂	
			普通级	加强级	普通级	加强级
15	＞0.4	＞0.3	＞0.6	＞0.8	＞0.3	＞0.35
20						
25						
32						
40						
50						
65						

公称尺寸 DN	内涂层厚度		外涂层厚度				
	氯乙烯	环氧树脂	氯乙烯		环氧树脂		
			普通级	加强级	普通级	加强级	
80	>0.5	>0.35	>0.8	>1.0	>0.35	>0.4	
100							
125							
150							
200	>0.6			>1.2			
250							
300							
生产企业	上海德士净水管道制造有限公司等						

2）内外涂塑给水复合管规格尺寸见表 11-82。

内外涂塑给水复合管规格尺寸 表 11-82

公称尺寸 DN	外径 (mm)	基管壁厚 (mm)	连接方式	公称压力 (MPa)	内、外涂层厚度 (mm)	管长 (mm)
15	2.5	21.3	螺纹	1.6、2.5	>0.3	6000_0^{+20}
20	2.5	26.9				
25	3.0	33.7				
32	3.25	42.4				
40	3.25	48.3				
50	3.25	60.3				
65	3.75	76.1	沟槽、法兰			
80	4.00	88.9				
100	4.00	114.3				
125	4.50	139.7				
150	4.50	165			>0.35	
200	6.00	219.1				
250	7.00	273.1				
300	7.00	323.9				
生产企业	浙江金洲管道科技股份有限公司					

注：1. 基管为焊接钢管或无缝钢管；
2. 产品符合现行国家标准《钢塑复合管》GB/T 28897—2012 要求。

3）外镀锌内涂塑给水复合管尺寸见表 11-83。

外镀锌内涂塑给水复合管规格尺寸 表 11-83

公称尺寸 DN	外径（mm）		基管壁厚（mm）		连接方式	公称压力 （MPa）	内涂层厚度 （mm）	管长 （mm）
	有缝	无缝	普通	加厚				
15	21.3		2.8	3.5	螺纹	0.6、1.0 1.6、2.5	>0.3	6000_0^{+20}
20	26.9		2.8	3.5				
25	33.7		3.2	4.0				
32	42.4		3.5	4.0				

续表

公称尺寸 DN	外径（mm）		基管壁厚（mm）		连接方式	公称压力（MPa）	内涂层厚度（mm）	管长（mm）
	有缝	无缝	普通	加厚				
40	48.3		3.5	4.5	螺纹		>0.3	
50	60.3	60	3.8	4.5				
65	76.1	76	4.0	4.5				
80	88.9	89	4.0	5.0	沟槽、法兰	0.6、1.0 1.6、2.5		6000^{+20}_0
100	114.3	114	4.0	5.0				
125	139.7	140	4.0	5.5				
150	165.1	159	4.5	6.0			>0.35	
200	219.1	219	6.0	7.0				
250	273.1	273	8.0					
300	323.9	325	8.0					
生产企业	浙江金洲管道科技股份有限公司							

注：1. 基管为直缝焊接钢管或无缝钢管；公称压力 0.6MPa 为普通壁厚焊接钢管；公称压力 1.0MPa 为加厚壁厚焊接钢管；公称压力≥1.6MPa 为无缝钢管涂塑。
2. 产品符合现行国家标准《钢塑复合管》GB/T 28897—2012 要求。

4）衬塑钢管规格尺寸见表11-84。

衬塑钢管规格尺寸（mm）　　　　　　　　　　　　　表 11-84

公称尺寸 DN	内衬塑料层		法兰面衬塑层		外覆塑层最小厚度
	厚度	允许偏差	厚度	允许偏差	
15	1.5	+0.2 −0.2	1.0	−0.5	0.5
20					0.6
25					0.7
32					0.8
40					1.0
50					1.1
65					1.1
80	2.0		1.5		1.2
100					1.3
125					1.4
150	2.5	−0.5	2.0		1.5
200					2.0
250	3.0		2.5		2.0
300					2.2
生产企业	上海德士净水管道制造有限公司等				

5）给水衬塑可锻铸铁管件

给水衬塑可锻铸铁管件种类见表11-85。

给水衬塑可锻铸铁管件种类　　　　表 11-85

管件名称	图示	代号	管件名称	图示	代号
90°弯头		C90	外接头		C207
90°异径弯头		C90R	异径外接头		C240
45°弯头		C120	内外螺纹		C241
三通		C130	管帽		C300
异径三通		C130R	六角管帽		C301
四通		C180	平行活接头		C330
异径四通		C180R	—		—
生产企业	浙江金洲管道科技股份有限公司、上海德士净水管道制造有限公司等				

注：1. 衬塑管件本体应符合《可锻铸铁管路连接件》GB/T 3287 的要求；
　　2. 衬塑管件内衬塑料应符合现行国家标准规定的塑料给水管原料的要求。

6) 钢衬塑复合管用 PP-R 端面保护环

(1) 端面保护环结构示意见图 11-50。

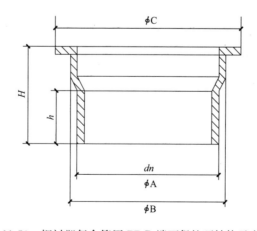

图 11-50　钢衬塑复合管用 PP-R 端面保护环结构示意图

（2）规格尺寸见表 11-86。

钢衬塑复合管用 PP-R 端面保护环规格尺寸表　　　表 11-86

公称尺寸 DN	外形尺寸（mm）					
	平均外径	ϕA	ϕB	ϕC	h	H
80	88.9	73	79	89	16	26
100	114.3	98	105.8	114.3	19	30
125	141.3	123	130	140	19	30
150	165	146.1	154	165	19	30
200	219.1	197.9	206	219.7	25.5	37.5
250	273	246.5	252	273	24	38
300	325	295	301	325.5	24.5	39.5
生产企业	上海德士净水管道制造有限公司					

3. 超薄壁不锈钢塑料复合管（SNP）规格和壁厚见表 11-87。

超薄壁不锈钢塑料复合管（SNP）管材规格尺寸及壁厚（mm）　　　表 11-87

公称外径 dn	16	20	25	32	40	50	63	75	90	110
不锈钢衬层厚度	0.25	0.25	0.28	0.30	0.35	0.40	0.45	0.50	0.55	0.60
粘结层厚度	0.10	0.10	0.10	0.10	0.10	0.20	0.20	0.20	0.25	0.25
PE 类塑料厚度	1.65	1.65	2.12	2.60	3.05	3.40	4.35	5.30	6.20	7.15
管壁总厚	2.00	2.00	2.20	3.00	3.50	4.00	5.00	6.00	7.00	8.00
聚氯类塑料厚度	1.15	1.15	1.62	2.10	2.05	2.40	2.85	3.30	3.70	4.15
管壁总厚	1.50	1.50	2.00	2.50	2.50	3.00	3.50	4.00	4.50	5.00

4. 不锈钢衬塑复合管及管件

1）预应力复合结构不锈钢衬塑复合管的规格尺寸见表 11-88。

预应力复合结构不锈钢衬塑复合管规格尺寸（mm）　　　表 11-88

公称外径 dn	管材平均外径		内管平均外径		外管壁厚		内管壁厚		不圆度≤
	最小	最大	最小	最大	壁厚	允许偏差	壁厚	允许偏差	
20	20.56	20.64	20.0	20.3	0.3		2.3	+0.40	0.013dn
25	25.26	25.64	25.0	25.3	0.3		2.8	+0.40	
32	32.56	32.64	32.0	32.3	0.3		3.6	+0.50	
40	40.76	40.84	40.0	40.4	0.4		4.5	+0.60	0.015dn
50	50.76	50.84	50.0	50.5	0.4	±0.02	5.6	+0.70	
63	63.96	64.04	63.0	63.6	0.5		7.1	+0.90	
75	75.96	76.04	75.0	75.7	0.5		8.4	+1.00	
90	91.16	91.24	90.0	90.9	0.6		10.1	+1.20	0.017dn
110	111.36	111.44	110.0	111.0	0.7		12.3	+1.40	
125	126.36	126.44	125.0	126.2	0.7		14.0	+1.50	0.018dn
160	161.56	161.64	160.0	161.5	0.8		17.9	+1.90	

注：总使用系数 C=1.25；管材内管按管系列 S 值取 4。

2）粘接复合结构不锈钢衬塑复合管

（1）以 PE 为内层材料的管材的外径、壁厚（含各层厚度）及允许偏差进行规定，应符合表 11-89。以其他塑料为内层材料的管材，其内层壁厚应保证公称压力为 0.6MPa，外径尺寸与 PE 复合管材一致，也可由供需双方商定。

粘接复合结构不锈钢衬 PE 复合管材规格尺寸（mm） 表 11-89

公称外径		总壁厚		不锈钢衬层		不圆度
dn	允许偏差	总壁厚	允许偏差	总壁厚	允许偏差	
16	+0.20 −0.10	2.0	+0.30	0.30	±0.02	≤0.013dn
20		2.0		0.30		
25		2.5		0.30		
32		3.0		0.40		
40	+0.22 −0.10	3.5	+0.40	0.40		≤0.015dn
50	+0.25 −0.10	4.0	+0.40	0.40		
63		5.0	+0.50	0.50		
75	+0.30 −0.15	6.0	+0.50	0.50		≤0.017dn
90	+0.40 −0.20	7.0	+0.60	0.60		
110	+0.50 −0.20	8.0	+0.60	0.60		
125	+0.60 −0.20	9.0	+0.70	0.80		≤0.018dn
160	+0.70 −0.20	10.0	+0.80	0.80		

（2）管件种类：按连接方式分为热熔承插连接管件和机械式连接管件。其中，热熔承插连接管件按与管材内层材料一致可分为：PP-R 管件、PB 管件、PE-RT 管件。预应力复合结构不锈钢衬塑复合管材宜采用热熔承插连接管件，粘接复合结构不锈钢衬塑复合管材宜采用机械式连接管件。

5. 塑铝稳态复合管

1）塑铝稳态复合管五层结构见图 11-51。

2）PP-R 塑铝稳态复合管规格尺寸见表 11-90。

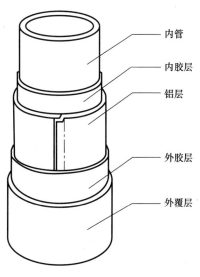

内管

内胶层

铝层

外胶层

外覆层

图 11-51 塑铝稳态复合管结构图

PP-R 塑铝稳态复合管材规格尺寸（mm）　　　　　表 11-90

公称外径 dn	铝层最小厚度	S4				S3.2				S2.5			
		管壁厚度		内管壁厚		管壁厚度		内管壁厚		管壁厚度		内管壁厚	
		最小值	最大值	公称值	公差	最小值	最大值	公称值	公差	最小值	最大值	公称值	公差
20	0.15	3.2	3.6	2.3	+0.4	3.7	4.1	2.8	+0.4	4.3	4.8	3.4	+0.5
25	0.15	3.9	4.3	2.8	+0.4	4.6	5.1	3.5	+0.5	5.3	5.9	4.2	+0.6
32	0.20	4.6	5.1	3.6	+0.5	5.5	6.1	4.4	+0.6	6.4	7.0	5.4	+0.7
40	0.20	5.6	5.2	4.5	+0.6	6.7	7.4	5.5	+0.7	7.8	8.6	6.7	+0.8
50	0.20	6.7	7.4	5.6	+0.7	8.0	8.8	6.9	+0.8	9.4	10.4	8.3	+1.0
63	0.25	8.4	9.3	7.1	+0.9	10.0	11.0	8.6	+1.0	11.8	13.0	10.5	+1.2
75	0.30	9.6	11.0	8.4	+1.0	11.5	13.0	10.3	+1.2	13.8	15.4	12.5	+1.4
90	0.35	11.5	12.9	10.1	+1.2	13.7	15.2	12.3	+1.4	16.4	18.2	15.0	+1.6
110	0.35	13.7	15.2	12.3	+1.4	16.6	18.3	15.1	+1.7	19.8	21.8	18.3	+2.0
生产企业	武汉金牛经济发展有限公司等												

3）PE-RT 塑铝稳态复合管规格尺寸见表 11-91。

PE-RT 塑铝稳态复合管规格尺寸（mm）　　　　　表 11-91

公称外径 dn	铝层最小厚度	S4				S3.2				S2.5			
		管壁厚		内管壁厚		管壁厚		内管壁厚		管壁厚		内管壁厚	
		最小值	最大值	公称值	公差	最小值	最大值	公称值	公差	最小值	最大值	公称值	公差
20	0.15	3.2	3.6	2.3	+0.4	3.7	4.1	2.8	+0.4	4.3	4.8	3.4	+0.5
25	0.15	3.9	4.3	2.8	+0.4	4.6	5.1	3.5	+0.5	5.3	5.9	4.2	+0.6
32	0.20	4.6	5.1	3.6	+0.5	5.5	6.1	4.4	+0.6	6.4	7.0	5.4	+0.7
40	0.20	5.6	5.2	4.5	+0.6	6.7	7.4	5.5	+0.7	7.8	8.6	6.7	+0.8
50	0.20	6.7	7.4	5.6	+0.7	8.0	8.8	6.9	+0.8	9.4	10.4	8.3	+1.0
63	0.25	8.4	9.3	7.1	+0.9	10.0	11.0	8.6	+1.0	11.8	13.0	10.5	+1.2
75	0.30	9.6	11.0	8.4	+1.0	11.5	13.0	10.3	+1.2	13.8	15.4	12.5	+1.4
90	0.35	11.5	12.9	10.1	+1.2	13.7	15.2	12.3	+1.4	16.4	18.2	15.0	+1.6
110	0.35	13.7	15.2	12.3	+1.4	16.6	18.3	15.1	+1.7	19.8	21.8	18.3	+2.0
160	0.60	19.8	21.7	17.9	+1.9	23.8	26.1	21.9	+2.3	28.5	31.3	26.6	+2.8
生产企业	武汉金牛经济发展有限公司等												

6. 钢塑复合压力（PSP）管及管件

1）钢塑复合压力管结构见图 11-52。

2）钢塑复合压力管规格尺寸见表 11-92。

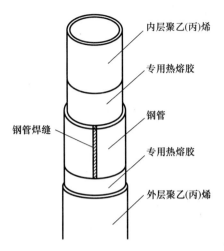

内层聚乙(丙)烯

专用热熔胶

钢管

钢管焊缝

专用热熔胶

外层聚乙(丙)烯

图 11-52　钢塑复合压力管结构图

钢塑复合压力管（PSP）规格尺寸（mm）　　　　表 11-92

公称外径 dn	最小平均外径	最大平均外径	公称压力（MPa）							
			1.25				1.6			
			内层聚乙（丙）烯最小厚度	钢带最小厚度	外层聚乙（丙）烯最小厚度	管壁厚	内层聚乙（丙）烯最小厚度	钢带最小厚度	外层聚乙（丙）烯最小厚度	管壁厚
25	25.0	25.3	—	—	—	—	1.0	0.2	0.6	2.5
32	32.0	32.3	—	—	—	—	1.2	0.3	0.7	3.0
40	40.0	40.4	—	—	—	—	1.3	0.3	0.8	3.5
50	50.0	50.5	1.4	0.3	1.0	3.5	1.4	0.4	1.1	4.0
63	63.0	63.6	1.6	0.4	1.1	4.0	1.6	0.5	1.2	4.5
75	75.0	75.7	1.6	0.5	1.1	4.0	1.7	0.6	1.4	5.0
90	90.0	90.8	1.7	0.5	1.2	4.5	1.8	0.7	1.5	5.5
100	100.0	100.8	1.7	0.6	1.2	5.0	—	—	—	—
110	110.0	110.9	1.8	0.7	1.3	5.0	1.9	0.8	1.7	6.0
160	160.0	161.6	1.8	1.0	1.5	5.5	1.9	1.3	1.7	6.5
200	200.0	202.0	1.8	1.3	1.7	6.0	2.0	1.7	1.7	7.0
250	250.0	252.4	1.8	1.6	1.9	6.5	2.0	2.1	1.9	8.0
315	315.0	317.6	1.8	2.0	1.9	7.0	2.0	2.7	1.9	8.5
生产企业	武汉金牛经济发展有限公司、浙江金洲管道科技股份有限公司、新兴铸管股份有限公司等									

公称外径 dn	最小平均外径	最大平均外径	公称压力（MPa）							
			2.0				2.5			
			内层聚乙（丙）烯最小厚度	钢带最小厚度	外层聚乙（丙）烯最小厚度	管壁厚	内层聚乙（丙）烯最小厚度	钢带最小厚度	外层聚乙（丙）烯最小厚度	管壁厚
20	20.0	20.3	0.8	0.2	0.4	2.0	0.8	0.3	0.4	2.0
25	25.0	25.3	1.0	0.3	0.6	2.5	1.0	0.4	0.6	2.5
32	32.0	32.3	1.2	0.3	0.7	3.0	1.2	0.4	0.7	3.0
40	40.0	40.4	1.3	0.4	0.8	3.5	1.3	0.5	0.8	3.5
50	50.0	50.5	1.4	0.5	1.5	4.5	1.4	0.6	1.5	4.5

续表

公称外径 dn	最小平均外径	最大平均外径	公称压力（MPa）							
			2.0				2.5			
			内层聚乙（丙）烯最小厚度	钢带最小厚度	外层聚乙（丙）烯最小厚度	管壁厚	内层聚乙（丙）烯最小厚度	钢带最小厚度	外层聚乙（丙）烯最小厚度	管壁厚
63	63.0	63.6	1.7	0.6	1.7	5.0	1.85	0.7	2.15	5
75	75.0	75.7	1.9	0.6	1.9	5.5	2.05	0.8	2.35	5.5
90	90.0	90.8	2.0	0.8	2.0	6.0	2.2	1.0	2.4	6
110	110.0	110.9	2.0	1.0	2.2	6.5	2.4	1.2	2.5	6.5
160	160.0	161.6	2.0	1.6	2.2	7.0	2.1	2	2.5	7
200	200.0	202.0	2.0	2.0	2.2	7.5	2.1	2.5	2.5	7.5
250	250.0	252.4	2.0	2.6	2.3	8.5	2.3	3.3	2.5	8.5
315	315.0	317.6	2.0	3.3	2.3	9.0	2.4	4.2	2.5	9.5
生产企业	武汉金牛经济发展有限公司、浙江金洲管道科技股份有限公司、新兴铸管股份有限公司等									

3）钢塑复合压力管用管件

管件种类：按连接方式和适用管材规格不同，分为扩口式管件（适用管材规格 $dn40 \sim dn400$）、电磁感应加热双热熔管件（适用管材规格 $dn20 \sim dn250$）和卡压式管件（适用管材规格 $dn16 \sim dn32$）。

（1）扩口式管件以球墨铸铁为主体材质，由管件体（衬套）、螺帽或螺栓、螺纹环或扩口压兰、密封胶圈组成，采用紧固螺帽或压兰的方式使管材收缩，达到管材内表面与内衬管件体上密封胶圈形成斜侧密封连接的金属管件，安装示意见图 11-53。

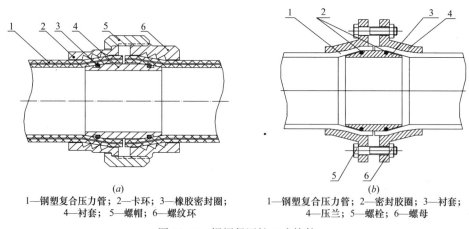

（a）
1—钢塑复合压力管；2—卡环；3—橡胶密封圈；
4—衬套；5—螺帽；6—螺纹环

（b）
1—钢塑复合压力管；2—密封胶圈；3—衬套；
4—压兰；5—螺栓；6—螺母

图 11-53　螺帽紧固扩口式管件

（2）电磁感应加热双热熔管件（e-PSP）由以内层聚乙（丙）烯为主体材质的连接件本体和设置在连接件本体两端的承插凹槽组成；通过承插凹槽将钢塑复合压力管插入连接件本体内，在电磁感应加热热熔连接时，管材的金属层在焊接夹具产生的高频磁场作用下发热，使位于其两侧的塑料层熔化，实现管材与管件牢固连接。

（3）卡压式管件以黄铜镀镍为管件主体材质、不锈钢套、橡胶密封圈及定位挡环等构成，通过安装工具将不锈钢套压紧在管材外端以实现其密封连接性能的金属管件，安装示意见图 11-54。

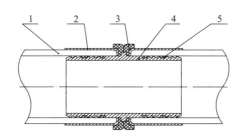

图 11-54 卡压式管件

1—钢塑复合管；2—不锈钢套；3—定位挡环；4—管件主体；5—橡胶密封圈

7. 胶圈电熔双密封聚乙烯复合管及管件

1）普通型复合管管材规格尺寸见表 11-93。

胶圈电熔双密封聚乙烯普通型复合管规格尺寸（mm）　　　　表 11-93

公称外径		公称压力（MPa）			
		0.6	0.8	1.0	1.6
dn	极限偏差	最小壁厚			
50	+1.2	—	—	—	4.6
63	+1.2	—	—	—	5.8
75	+1.2	—	—	4.5	—
90	+1.4	—	—	5.4	—
110	+1.5	4.2	5.3	—	—
140	+1.7	5.4	6.7	—	—
160	+2.0	6.2	7.7	—	—
200	+2.3	7.7	9.6	—	—
225	+2.5	8.6	10.8	—	—
250	+2.5	9.6	11.9	—	—
315	+2.7	12.1	15.0	—	—
生产企业		江苏狼博管道制造有限公司			

2）增强型复合管管材规格尺寸见表 11-94。

胶圈电熔双密封聚乙烯增强型复合管规格尺寸　　　　表 11-94

公称外径		公称压力（MPa）					
		1.0	1.4	1.6	2.0	2.5	3.5
dn	极限偏差	最小壁厚（mm）					
50	+1.2	—	—	5.5	6.5	6.5	
63	+1.2	—	—	5.5	6.5	6.5	
75	+1.2	—	—	5.0	6.0	6.5	7.0
90	+1.4	—	—	5.5	6.0	7.0	7.0
110	+1.5	5.5	6.3	7.0	7.0	8.5	10.0
140	+1.7	6.0	7.0	8.0	8.5	10.0	11.0
160	+2.0	6.5	8.0	9.0	9.5	11.0	12.5
200	+2.3	7.0	8.5	9.5	10.5	12.5	14.0
225	+2.5	8.0	9.0	10.5	12.0	13.0	—
250	+2.5	10.5	11.0	12.0	13.5	15.0	—
315	+2.7	11.5	12.0	13.0	15.0	18.0	—
生产企业		江苏狼博管道制造有限公司					

3）管件：分为普通型管件和增强型管件，公称压力应符合表 11-95 的规定。

管件公称压力（MPa）　　　　　表 11-95

管件类型	公称外径 dn			
	≤200	225	250	315
普通型管件	1.6			
增强型管件	3.5	2.5		

8. 给水用钢丝网增强聚乙烯复合管及管件

1）管材结构示意见图 11-55。

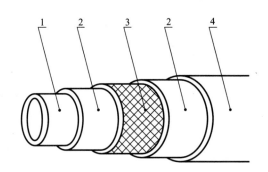

图 11-55　钢丝网增强聚乙烯复合管管材结构示意图
1—聚乙烯内层；2—粘结树脂层；3—钢丝网骨架；4—聚乙烯外层

2）管材规格尺寸见表 11-96。

钢丝网增强聚乙烯复合管规格尺寸　　　　　表 11-96

公称外径 dn	公称压力（MPa）											
	0.8		1.0		1.6		2.0		2.5		3.5	
	任一点壁厚 e 取值范围（mm）											
	≥	≤	≥	≤	≥	≤	≥	≤	≥	≤	≥	≤
50	—	—	—	—	5.0	6.2	5.5	6.7	6.0	7.5	6.5	8.0
63	—	—	—	—	5.5	6.7	6.0	7.2	6.5	8.0	7.0	8.5
75	—	—	—	—	6.0	7.2	6.5	7.7	7.0	8.5	7.5	9.0
90	—	—	—	—	6.5	8.0	7.0	8.5	7.5	9.0	8.0	9.5
110	—	—	6.0	7.5	7.0	8.5	7.5	9.0	8.0	9.5	8.5	10.0
125	—	—	6.0	7.5	7.5	9.0	8.0	9.5	8.5	10.0	9.5	11.0
140	—	—	6.0	7.5	8.0	9.5	8.5	10.0	9.5	11.0	10.5	12.0
160	—	—	6.5	8.0	9.0	10.5	9.5	11.0	10.5	12.5	11.5	13.5
200	—	—	7.0	8.5	9.5	11.0	10.5	12.5	12.5	14.5	13.0	15.2
225	—	—	8.0	9.5	10.0	12.0	10.5	12.5	12.5	14.5	—	—
250	8.0	9.5	10.5	12.5	12.0	14.2	12.0	14.2	13.0	15.2	—	—
315	9.5	11.0	12.0	14.0	13.0	15.5	13.0	15.5	14.5	17.0	—	—
生产企业	浙江中财管道科技股份有限公司等											

注：聚乙烯内层壁厚不应小于管材壁厚的 1/3。

3）管件种类：分为聚乙烯管件、机械连接管件和钢骨架聚乙烯复合管件。

11.4　管路附件

11.4.1　阀门

1. 闸阀

1）Z15T 黄铜闸阀

（1）外形及结构示意见图 11-56。

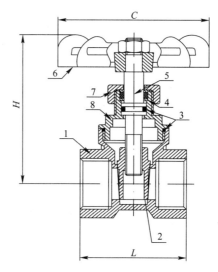

图 11-56　Z15T 黄铜闸阀外形图、结构示意图

（2）规格尺寸见表 11-97。

Z15T 黄铜闸阀规格尺寸表　　　　　　　　　　表 11-97

公称尺寸 *DN*		15	20	25	32	40	50
外形尺寸 （mm）	L	43	47	50	54	56	64
	H	67	74	82	92	106	128
生产企业		天津市国威给排水设备制造有限公司、浙江盾安智控科技股份有限公司等					

注：可安装磁性锁闭头，需专用钥匙方能开启、关闭。

2）Z15W-16T 水表专用表前、表后闸阀

（1）阀体外形见图 11-57、图 11-58。

图 11-57　Z15W-16T 机械锁闭表前闸阀、磁性加密表前闸阀、表后闸阀外形图

图 11-58　Z15W-16T 机械锁闭可伸缩表前闸阀、磁性加密可伸缩表前闸阀、
加长型防倒流表后闸阀外形图

（2）性能参数见表 11-98。

Z15W-16T 水表专用表前、表后闸阀性能参数表　　　　　表 11-98

型号	公称压力（MPa）	试验压力（MPa）		适用介质温度（℃）
		强度	密封	
Z15W-16T	1.6	2.4	1.76	≤120

（3）规格尺寸见表 11-99。

Z15W-16T 水表专用表前、表后闸阀规格尺寸表　　　　　表 11-99

公称尺寸 DN	外形尺寸（mm）		
	L	H	伸缩 ΔL
15	60.8	70	0～9.7
20	69.8	78.5	0～12
25	79	86	0～12
生产企业	泉州市沪航阀门制造有限公司、浙江盾安智控科技股份有限公司等		

3）YQZ15X-16P 螺纹连接不锈钢软密封闸阀

（1）主要性能参数见表 11-100。

YQZ15X-16P 螺纹连接不锈钢软密封闸阀性能参数　　　　　表 11-100

公称压力（MPa）	1.6
密封试验压力（MPa）	1.76
强度试验压力（MPa）	2.4
工作温度（℃）	≤80（NBR），≤120（EPDN），≤160（FPM）
连接方式	螺纹

（2）阀体结构示意见图 11-59。

（3）规格尺寸见表 11-101。

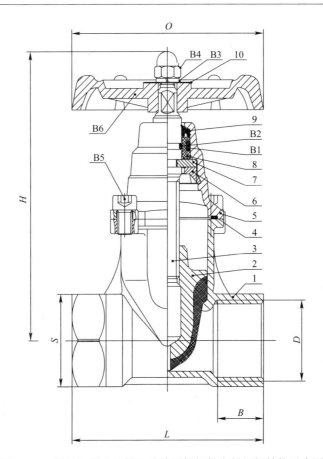

图 11-59   YQZ15X-16P 螺纹连接不锈钢软密封闸阀结构示意图

1—阀体；2—闸板；3—阀杆；4—胶垫；5—阀盖；6—止推环；7—开边卡套；8—密封套；9—防尘密封圈；10—铭牌；
B1—○形密封圈；B2—○形密封圈；B3—标准弹簧垫圈；B4—六角盖形螺母；B5—内六角圆柱头螺钉；B6—手轮

YQZ15X-16P 螺纹连接不锈钢软密封闸阀规格尺寸表　　　　　表 **11-101**

公称尺寸 DN	外形尺寸（mm）					
	L	D	B	S	H	O
15	65	RP1/2	15	26	101	65
20	70	RP3/4	16.5	32	103	65
25	80	RP1	19	38	119	80
32	95	RP1 1/4	21.5	47	131	80
40	106	RP1 1/2	21.5	54	160	100
50	130	RP2	26	66	175	100
生产企业	广东永泉阀门科技有限公司					

4）Z45X-10/16/25 软密封闸阀

（1）阀体结构示意见图 11-60。

（2）主要技术性能参数

公称压力：1.0MPa、1.6MPa、2.5MPa。

适用介质温度：4～80℃。

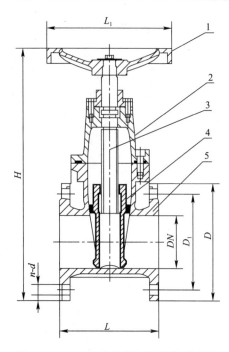

图 11-60　Z45X 软密封闸阀结构示意图

1—手轮；2—阀盖；3—阀杆；4—闸板；5—阀体

（3）规格尺寸见表 11-102。

Z45X 软密封闸阀规格尺寸表　　　　　表 11-102

公称尺寸 DN	外形尺寸（mm）													参考重量（kg）
	L			L₁	H			D			D₁			
	1.0 MPa	1.6 MPa	2.5 MPa		1.0 MPa	1.6 MPa	2.5 MPa	1.0 MPa	1.6 MPa	2.5 MPa	1.0 MPa	1.6 MPa	2.5 MPa	
40	165	—	200		185			150		—	110		—	10
50	178	—	200		300			165		—	125		—	15
65	190	—	200		350			185		—	145		—	18
80	203	—	200		410			200		—	160		—	22
100	229	300	250		500			220		235	180		190	27
125	254	—	350		550			250		—	210		—	42
150	267	350	350		620			285		300	240		250	51
200	292	400	350		730			340		360	295		310	92
250	330	—	500		870			395	405	—	350	355	—	139
300	356	500	500		970			445	460	485	400	410	430	175
生产企业	株洲南方阀门股份有限公司、浙江盾安下属安徽红星阀门有限公司等													

5）Z45X-10/16 软密封闸阀

（1）阀体结构示意见图 11-61。

（2）规格尺寸见表 11-103。

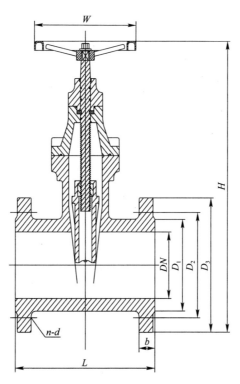

图 11-61 Z45X-10/16 软密封闸阀结构示意图

Z45X-10/16 软密封闸阀规格尺寸表　　　　表 11-103

公称尺寸 DN	外形尺寸（mm）										
	L	D_1		D_2		D_3		H	W	b	
		PN10	PN16	PN10	PN16	PN10	PN16			PN10	PN16
50	178	99		125		165		300	160	19	
65	190	118		145		185		345	160	19	
80	203	132		160		200		390	200	19	
100	229	156		180		220		430	200	19	
125	254	184		210		250		510	260	19	
150	267	211		240		285		565	260	19	
200	292	266		295		340		680	320	20	
250	330	319		350	355	395	405	820	400	22	
300	356	370		400	410	445	460	930	400	24.5	
生产企业	天津市国威给排水设备制造有限公司、浙江盾安下属安徽红星阀门有限公司等										

6）SBZ45X 加密软密封闸阀

（1）阀体外形及结构示意见图 11-62。

（2）规格尺寸见表 11-104。

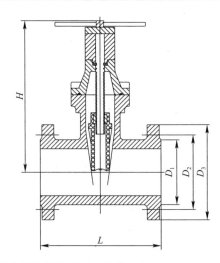

图 11-62　SBZ45X 加密软密封闸阀外形图、结构示意图

SBZ45X 加密软密封闸阀规格尺寸表　　　　　　　　　　　　　　**表 11-104**

公称尺寸 DN	外形尺寸（mm）								
	L	D_1		D_2		D_3		H	
		$PN10$	$PN16$	$PN10$	$PN16$	$PN10$	$PN16$		
50	178	99		125		165		255	
65	190	118		145		185		290	
80	203	132		160		200		330	
100	229	156		180		220		355	
150	267	211		240		285		467	
200	292	266		295		340		537	
250	330	319		350	355	395	405	605	
300	356	370		400	410	445	460	685	
生产企业	天津市国威给排水设备制造有限公司、浙江盾安下属安徽红星阀门有限公司等								

7）Z945X 电动弹性座封闸阀

（1）电动装置主要技术参数

① 电机电压：常规为 380V，50Hz。

② 适用环境温度：-20～60℃。

③ 环境相对湿度：≤90%（25℃时）。

④ 防护等级：IP55（特殊订货可达 IP68）。

⑤ 短时工作制，时间定额为 10min。

（2）阀体结构示意见图 11-63。

（3）规格尺寸见表 11-105。

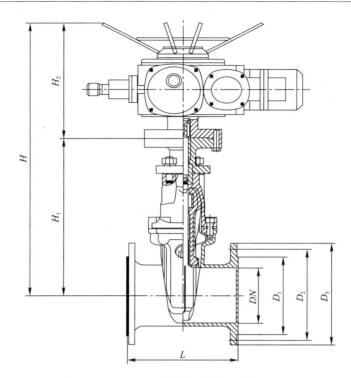

图 11-63 Z945X 电动弹性座封闸阀结构示意图

Z945X 电动弹性座封闸阀规格尺寸表　　　　　表 11-105

公称尺寸 DN	外形尺寸（mm）									
	L	D_1		D_2		D_3		H	H_1	H_2
		1.0MPa	1.6MPa	1.0MPa	1.6MPa	1.0MPa	1.6MPa			
50	178	99		125		165		511	207	304
65	190	118		145		185		528	224	304
80	203	132		160		200		561	257	304
100	229	156		180		220		586	282	304
125	254	184		210		250		716	380	336
150	267	211		240		285		753	417	336
200	292	266		295		340		836	500	336
250	330	319		350	355	395	405	914	578	336
300	356	370		400	410	445	460	985	649	336
生产企业	武汉大禹阀门股份有限公司、浙江盾安下属安徽红星阀门有限公司等									

8）ZZ45 直埋式弹性座封闸阀

（1）阀体结构示意见图 11-64。

（2）规格尺寸见表 11-106。

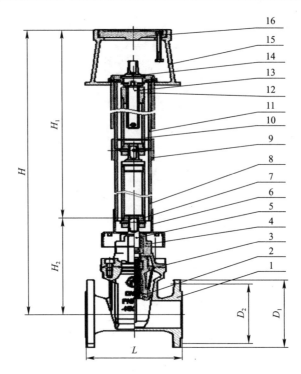

图 11-64 ZZ45 直埋式弹性座封闸阀结构示意图

1—阀体；2—包胶闸板；3—阀盖；4—压盖；5—中心轴；6—压盖罩；7—连接轴头；8—下护管；9—护管保护套；
10—套管；11—上护管；12—导向轴套；13—方轴；14—旋转轴头；15—盒子；16—盒盖

ZZ45 直埋式弹性座封闸阀规格尺寸表（mm）　　　　　　　表 11-106

公称尺寸 DN	外形尺寸（mm）							
	L	D_1		D_2		H_1	H_2	H
		1.0MPa	1.6MPa	1.0MPa	1.6MPa			
50	178	165		125		见"伸缩杆高度表"（表 11-107）	211.5	$H=H_1+H_2$
65	190	185		145			228.5	
80	203	200		160			272	
100	229	220		180			297	
125	254	250		210			372.5	
150	267	285		240			410	
200	292	340		295			493	
250	330	395	405	350	577		577	
300	356	445	460	400	648		648	
生产企业	武汉大禹阀门股份有限公司、浙江盾安下属安徽红星阀门有限公司等							

伸缩杆高度表　　　　　　　表 11-107

型号	轴头顶端到地面的高度范围（mm）		可调节高度
	实际可调范围	最佳调范围	
SS01	$270 \leqslant H_1 < 340$	$290 \leqslant H_1 < 320$	70
SS02	$300 \leqslant H_1 < 400$	$320 \leqslant H_1 < 380$	100

续表

型号	轴头顶端到地面的高度范围（mm）		可调节高度
	实际可调范围	最佳调节范围	
SS03	$350{\leqslant}H_1{<}500$	$380{\leqslant}H_1{<}450$	150
SS04	$400{\leqslant}H_1{<}600$	$450{\leqslant}H_1{<}550$	200
SS05	$450{\leqslant}H_1{<}700$	$550{\leqslant}H_1{<}650$	250
SS06	$550{\leqslant}H_1{<}900$	$650{\leqslant}H_1{<}750$	350
SS07	$650{\leqslant}H_1{<}1100$	$750{\leqslant}H_1{<}950$	450
SS08	$800{\leqslant}H_1{<}1400$	$950{\leqslant}H_1{<}1250$	600
SS09	$1100{\leqslant}H_1{<}1700$	$1250{\leqslant}H_1{<}1550$	600
SS10	$1400{\leqslant}H_1{<}2000$	$1550{\leqslant}H_1{<}1850$	600
SS11	$1700{\leqslant}H_1{<}2300$	$1850{\leqslant}H_1{<}2150$	600
SS12	$2000{\leqslant}H_1{<}2600$	$2150{\leqslant}H_1{<}2450$	600
SS13	$2300{\leqslant}H_1{<}2900$	$2450{\leqslant}H_1{<}2750$	600
SS14	$2600{\leqslant}H_1{<}3200$	$2750{\leqslant}H_1{<}3050$	600

2. 截止阀

1）J11W-16T 螺纹截止阀

（1）技术参数

公称压力：1.6MPa。

适用介质温度：4～150℃。

（2）阀体外形及结构示意见图 11-65。

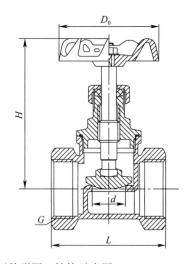

图 11-65　J11W-16T 截止阀外形图、结构示意图

（3）规格尺寸见表 11-108。

J11W-16T 截止阀规格尺寸表表 11-108

公称尺寸 DN	外形尺寸（mm）				
	G	L	d	H	D_0
15	1/2	52	14	65	53
20	3/4	56	15	74	53

续表

公称尺寸 DN	外形尺寸（mm）				
	G	L	d	H	D_0
25	1	65	19	86	59
32	1 1/4	74	25	95	79
40	1 1/2	85	32	112	79
50	2	95	40	127	90
生产企业	杭州春江阀门有限公司、浙江盾安智控科技股份有限公司等				

2）J41F-16T 法兰截止阀

（1）技术参数

公称压力：1.6MPa。

适用介质温度：4～150℃。

（2）阀体外形及结构示意见图 11-66。

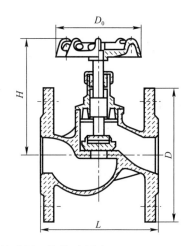

图 11-66　J41F-16T 截止阀外形图、结构示意图

（3）规格尺寸见表 11-109。

J41F-16T 截止阀规格尺寸表　　　　　　　　　表 11-109

公称尺寸 DN	外形尺寸（mm）			
	D	L	H	D_0
40	150	138	125	100
50	165	216	160	160
65	185	236	170	180
80	200	306	260	200
100	220	335	320	240
125	250	400	336	240
150	285	480	379	280
生产企业	杭州春江阀门有限公司、浙江盾安智控科技股份有限公司等			

3. 球阀

1）Q11F-20T 黄铜球阀

（1）技术参数

公称压力：2.0MPa。

工作压力：≤0.60MPa。

适用介质温度：4～110℃。

（2）阀体结构示意见图 11-67。

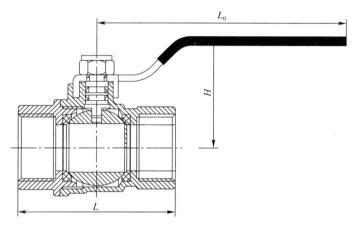

图 11-67　Q11F-20T 黄铜球阀结构示意图

（3）规格尺寸见表 11-110。

Q11F-20T 黄铜球阀规格尺寸表　　　　　　　表 **11-110**

公称尺寸 DN	外形尺寸（mm）		
	L	H	L_0
15	51	39.5	100
20	62.5	43	100
25	71.2	56	113.5
32	76.3	58	113.5
40	86.4	63.5	130
50	103	70	130
生产企业	杭州春江阀门有限公司、浙江盾安智控科技股份有限公司等		

2）偏心半球阀

（1）技术参数见表 11-111。

偏心半球阀技术参数表　　　　　　　表 **11-111**

压力等级（MPa）	1.0	1.6
强度试验（MPa）	1.5	2.4
密封试验（MPa）	1.1	1.76
适用介质温度（℃）	4～80	

（2）阀体结构示意见图 11-68。

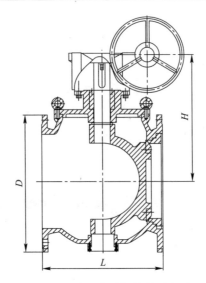

图 11-68　偏心半球阀结构示意图

（3）规格尺寸见表 11-112。

偏心半球阀规格尺寸表　　　　　　　　　　　　表 11-112

公称尺寸 DN	外形尺寸（mm）					
	L		H		D	
	PN10	PN16	PN10	PN16	PN10	PN16
50	178		165		140	
65	190		175		160	
80	203		190		190	
100	229		210		210	
125	254		245		240	
150	267		270		265	
200	292		385		340	
250	330		420		395	405
300	358		450		445	460
生产企业	泉州市沪航阀门制造有限公司、浙江盾安下属安徽红星阀门有限公司等					

4. 蝶阀

1）FBGX、FBCX、FBEX、FBPX 中线型法兰式蝶阀

（1）技术参数及部件材质见表 11-113。

中线型法兰式蝶阀技术参数及部件材质表　　　　　表 11-113

公称压力（MPa）	适用介质温度（℃）	部件材质				
		阀体	阀座	阀板	阀杆	退拔销
0.6/1.0	4～70	球墨铸铁	橡胶	不锈钢	不锈钢	不锈钢

（2）阀体结构示意见图 11-69。

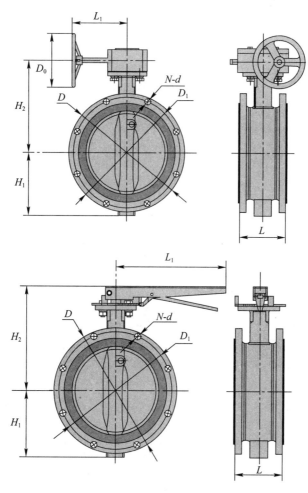

图 11-69 中线型法兰式蝶阀结构示意图

（3）规格尺寸见表 11-145。

中线型法兰式蝶阀规格尺寸表

表 11-114

公称尺寸 DN	外形尺寸（mm）													
	L	D		D_1		N-d		D_0	H_1	H_2		L_1	
		PN6	PN10	PN6	PN10	PN6	PN10			蜗轮式	手柄式	蜗轮式	手柄式
150	140	265	285	225	240	8-19	8-23	220	140	225	225	190	268
200	152	320	340	280	295	8-19	8-23	300	170	250	—	240	—
250	165	375	395	335	350	12-19	12-23	300	200	285	—	240	—
300	178	440	445	395	400	12-23	12-23	300	235	335	—	240	—
生产企业	上海冠龙阀门机械有限公司、浙江盾安下属安徽红星阀门有限公司等												

2）伸缩偏心双法兰蝶阀

（1）技术参数见表 11-115。

伸缩偏心双法兰蝶阀技术参数表　　　　　表 **11-115**

压力等级（MPa）	1.0	1.6
强度试验（MPa）	1.5	2.4
密封试验（MPa）	1.1	1.76
适用介质温度（℃）	4～80	

（2）阀体结构示意见图 11-70。

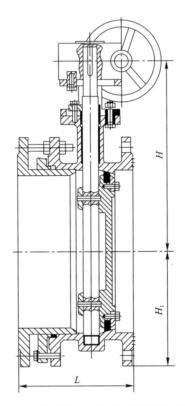

图 11-70　伸缩偏心双法兰蝶阀结构示意图

（3）规格尺寸见表 11-116。

伸缩偏心双法兰蝶阀规格尺寸表　　　　　表 **11-116**

公称尺寸 DN	外形尺寸（mm）		
	L	H	H_1
100	185	205	120
150	212	300	175
200	235	345	185
250	260	400	218
300	270	445	245
生产企业	泉州市沪航阀门制造有限公司		

3）YQD941J-10Q、16Q 电动法兰衬里中线蝶阀

（1）技术参数见表 11-117。

YQD941J 电动法兰衬里中线蝶阀技术参数表　　　　表 11-117

公称压力（bar）	10	16
密封试验压力（bar）	11	17.6
强度试验压力（bar）	15	24
介质温度（℃）	≤80	

注：电动执行器供电电源有 24V、220V、380V 三种可供用户选用。

（2）阀体结构示意见图 11-71。

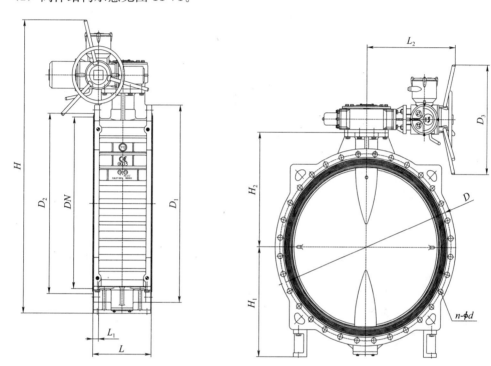

图 11-71　YQD941J 电动法兰衬里中线蝶阀结构示意图

（3）规格尺寸见表 11-118。

YQD941J 电动法兰衬里中线蝶阀规格尺寸表　　　　表 11-118

公称尺寸 DN	公称压力 PN	外形尺寸（mm）										
		D	D_1	D_2	D_3	L	L_1	L_2	$n\text{-}\phi d$	H	H_1	H_2
40	10/16	110	150	88	180	106	19	160	4-19	295.5	75	103.5
50	10/16	125	165	104	180	108	19	160	4-19	308	82.5	108.5
65	10/16	145	185	124	180	112	19	160	4-19	308.5	92.5	114
80	10/16	160	200	133	180	114	19	160	8-19	325	100	121
100	10/16	180	220	156	180	127	19	160	8-19	358	115	141
125	10/16	210	250	184	180	140	19	160	8-19	397	125	158
150	10/16	240	285	211	180	140	19	160	8-23	462	140	180
200	10	295	340	266	300	152	20	220	8-23	527	175	210
	16								12-23			

续表

公称尺寸 DN	公称压力 PN	外形尺寸（mm）										
		D	D₁	D₂	D₃	L	L₁	L₂	n-φd	H	H₁	H₂
250	10/16	355	405	320	300	165	22	220	12-29	601	205	245
300	10	400	460	372	300	178	24.5	228	12-23	673	245	275
	16	410							12-28			
生产企业		广东永泉阀门科技有限公司										

5. 止回阀

1）H14W-16T 铜止回阀

（1）技术参数见表 11-119。

H14W-16T 铜止回阀技术参数表　　　　　表 11-119

公称压力（MPa）	试验压力（MPa）		适用温度（℃）
	强度	密封	
1.6	2.4	1.76	≤120

（2）阀体结构示意见图 11-72。

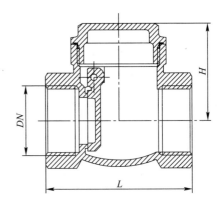

图 11-72　H14W-16T 铜止回阀外形图、结构示意图

（3）规格尺寸见表 11-120。

H14W-16T 铜止回阀规格尺寸表　　　　　表 11-120

公称尺寸 DN	外形尺寸（mm）	
	L	H
15	50	35
20	57	38.5
25	72	43
32	74	52
40	82	56
50	92	68
65	108	71

续表

公称尺寸 DN	外形尺寸（mm）	
	L	H
80	123	79
100	143	102
生产企业	泉州市沪航阀门制造有限公司、浙江盾安智控科技股份有限公司等	

2）H741T（X）静音止回阀

（1）产品技术性能和部件材质见表11-121。

H741T（X）静音止回阀技术性能和部件材质表 表 11-121

型号	公称压力 PN	适用介质温度（℃）	材料				
			阀体	导流体	弹簧	阀瓣	阀座
H741T（硬密封）	10/16/25	4～70	球墨铸铁	球墨铸铁	不锈钢	不锈钢	不锈钢
H741X（软密封）	10/16/25	4～70	球墨铸铁	球墨铸铁	不锈钢	不锈钢＋NBR	不锈钢

（2）阀体结构示意见图11-73。

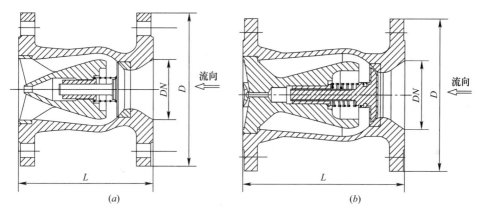

（a）　　　　　　　　　　　　　　（b）

图 11-73　H741T（X）静音止回阀结构示意图

（3）规格尺寸见表11-122。

H741T（X）静音止回阀规格尺寸表 表 11-122

公称尺寸 DN			50	65	80	100	125	150	200	250
外形尺寸（mm）	L		120	150	180	240	300	350	450	500
	D	PN10	165	185	200	220	250	285	340	395
		PN16								405
		PN25				235	270	300	360	425
重量（kg）			7	9	9.5	15	30	46	72	105
生产企业			上海冠龙阀门机械有限公司							

3）DRVZ软密封静音止回阀

（1）技术性能参数

公称压力（MPa）：*PN*0.6、*PN*1.0、*PN*1.6、*PN*2.5、*PN*4.0

适用介质温度：4～90℃。

连接方式：法兰连接。

（2）阀体结构示意见图 11-74。

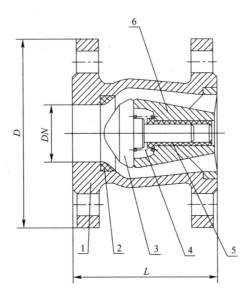

图 11-74　DRVZ 软密封静音止回阀结构示意图

1—阀体；2—密封圈；3—阀瓣；4—弹簧；5—导向套；6—导流体

（3）规格尺寸见表 11-123。

DRVZ 软密封静音止回阀规格尺寸表　　　　　　表 11-123

公称尺寸 DN	外形尺寸（mm）	
	L	D
50	105	165
60	112	185
80	114	200
100	127	220
125	140	250
150	203	285
200	248	340
250	311	405
生产企业	武汉大禹阀门股份有限公司	

4）HC42X（DRVZ）静音式止回阀

（1）阀体外形图及内壁结构示意见图 11-75。

（2）规格尺寸见表 11-124。

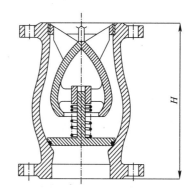

图 11-75　HC42X（DRVZ）静音式止回阀外形图、结构示意图

HC42X（DRVZ）静音式止回阀规格尺寸表　　　表 11-124

公称尺寸 DN		40	50	65	80	100	125	150	200	250	300
外形尺寸（mm）	H	110	120	150	180	229	254	267	292	330	356
生产企业		天津市国威给排水设备制造有限公司、浙江盾安下属安徽红星阀门有限公司等									

5）H41X 节能消声止回阀

（1）阀体结构示意见图 11-76。

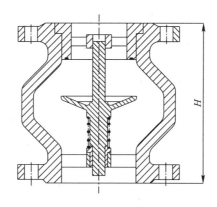

图 11-76　H41X 节能消声止回阀结构示意图

（2）规格尺寸见表 11-125。

H41X 节能消声止回阀规格尺寸表　　　表 11-125

公称尺寸 DN		40	50	65	80	100	125	150	200	250	300
外形尺寸（mm）	H	110	125	135	155	165	190	210	260	310	320
生产企业		天津市国威给排水设备制造有限公司									

6）H44X 橡胶瓣止回阀

（1）技术性能和部件材质见表 11-126。

公称压力 PN	适用介质温度 (℃)	适用介质	部件材质			
			阀体	阀瓣	阀盖	缓冲系统
10/16	4～70	水	球墨铸铁	组合件	球墨铸铁	油缸＋蓄能油罐
生产企业		上海冠龙阀门机械有限公司				

H44X 橡胶瓣止回阀技术性能和部件材质表　　　　表 11-126

（2）阀体外形及结构示意见图 11-77、图 11-78。

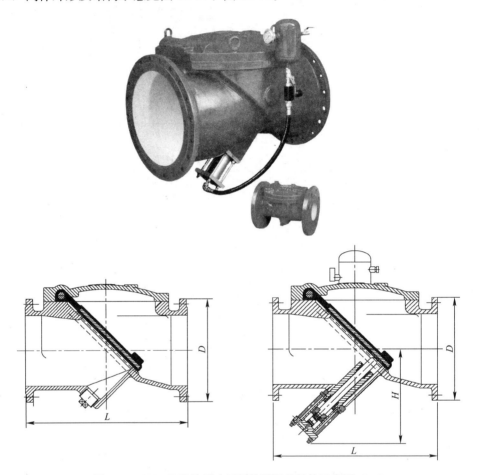

图 11-77　H44X 橡胶瓣止回阀外形图及结构示意图（一）

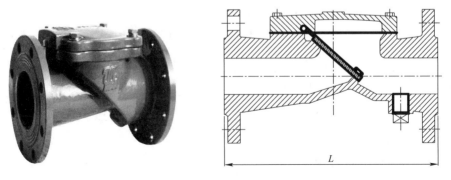

图 11-78　H44X 橡胶瓣止回阀外形图、结构示意图

（3）规格尺寸见表11-127、表11-128。

H44X 橡胶瓣止回阀规格尺寸表（一） 表 11-127

公称尺寸 DN			50	65	80	100	150	200	250	300
外形尺寸（mm）	L		203	216	241	292	381	495	622	698
	D	PN10	165	185	200	220	285	340	395	445
		PN16							405	460
	H		—	—	—	—	230	300	350	410
重量（kg）			10	12	16	24	38	92	152	236
生产企业			上海冠龙阀门机械有限公司							

H44X 橡胶瓣止回阀规格尺寸表（二） 表 11-128

公称尺寸 DN		50	65	80	100	150	200	250	300
外形尺寸（mm）	L	203	216	241	292	356	495	622	698
生产企业		天津市国威给排水设备制造有限公司、浙江盾安下属安徽红星阀门有限公司等							

7）SFCV 软密封橡胶瓣止回阀

（1）技术性能参数

公称压力（MPa）：0.6、1.0、1.6。

适用介质温度：4～90℃。

连接方式：法兰连接。

（2）阀体内部结构见图11-79。

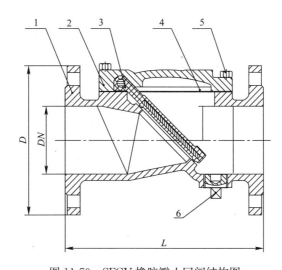

图 11-79 SFCV 橡胶瓣止回阀结构图

1—阀体；2—球墨铸铁；3—阀瓣；4—垫片；5—紧固件；6—丝堵

（3）规格尺寸见表11-129。

SFCV 橡胶瓣止回阀规格尺寸表　　　　　　　　　表 11-129

型号	公称尺寸 DN	外形尺寸（mm）		
		L	D	
			PN10	PN16
SFCV-0050	50	203	165	
SFCV-0065	65	216	185	
SFCV-0080	80	241	200	
SFCV-0100	100	292	220	
SFCV-0125	125	350	250	
SFCV-0150	150	390	285	
SFCV-0200	200	445	340	
SFCV-0250	250	570	395	405
SFCV-0300	300	664	445	—
生产企业		武汉大禹阀门股份有限公司、浙江盾安下属安徽红星阀门有限公司等		

8）对夹式蝶型止回阀

（1）技术性能参数见表 11-130。

对夹式蝶型止回阀技术性能参数表　　　　　　　表 11-130

公称压力	1.0MPa	1.6MPa
强度试验压力	1.5MPa	2.4MPa
密封试验压力	1.1MPa	1.76MPa
适用介质温度（℃）	4～80	

（2）阀体内部结构示意见图 11-80。

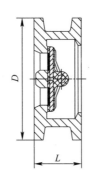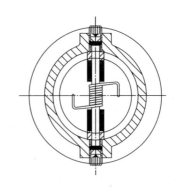

图 11-80　对夹式蝶型止回阀结构示意图

（3）规格尺寸见表 11-131。

对夹式蝶型止回阀规格尺寸表　　　　　　　表 11-131

公称尺寸 DN			50	65	80	100	125	150	200	250	300
外形尺寸（mm）	PN10	L	54	60	67	67	83	95	127	140	181
		D	105	124	137	162.5	192.5	218	273	328	379
	PN16	L	54	60	67	67	83	95	127	140	181
		D	103	124	137	162.5	192.5	218	273	328	379
生产企业			泉州市沪航阀门制造有限公司								

9) 微阻缓闭蝶式止回阀

(1) 技术性能参数见表 11-132。

微阻缓闭蝶式止回阀技术性能参数表　　　　表 11-132

公称压力	1.0MPa	1.6MPa
强度试验压力	1.5MPa	2.4MPa
密封试验压力	1.1MPa	1.76MPa
适用介质温度（℃）	4～80	

(2) 阀体结构示意见图 11-81。

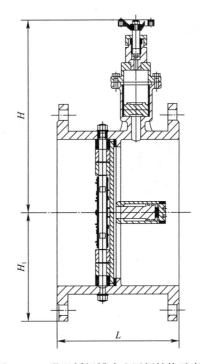

图 11-81　微阻缓闭蝶式止回阀结构示意图

(3) 规格尺寸见表 11-133。

微阻缓闭蝶式止回阀规格尺寸表　　　　表 11-133

公称尺寸 DN		50	65	80	100	125	150	200	250	300
外形尺寸（mm）	L	150	170	180	190	200	210	230	250	270
	H	200	210	225	235	245	275	310	340	365
	H_1	90	100	110	125	135	170	210	240	260
生产企业		泉州市沪航阀门制造有限公司								

10) H76X 双瓣止回阀

(1) 技术性能和部件材质见表 11-134。

H76X 双瓣止回阀技术性能和部件材质表　　　　表 **11-134**

公称压力 PN	适用介质温度（℃）	部件材质				
		阀体	阀瓣	弹簧	轴	阀座
10/16	4～70	球墨铸铁	铝青铜	不锈钢	不锈钢	橡胶

（2）阀体外形及内壁结构示意见图 11-82。

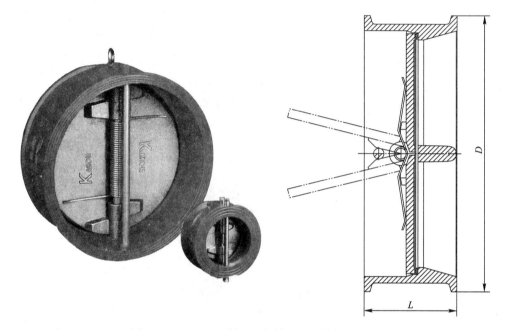

图 11-82　H76X 双瓣止回阀外形图、结构示意图

（3）规格尺寸见表 11-135。

H76X 双瓣止回阀规格尺寸表　　　　表 **11-135**

公称尺寸 DN			50	65	80	100	125	150	200	250
外形尺寸（mm）	L		54	60	67	67	83	95	127	140
	D	PN10	105	124	137	162.5	192.5	218	273	328
		PN16								329
重量（kg）			2	2	2	4	8	10	18	34
生产企业			上海冠龙阀门机械有限公司							

11）Gs743X 型直流式消水锤止回阀

（1）主要技术性能参数

公称通径：DN50～DN300

适用介质温度：≤65℃

公称压力：1.0MPa、1.6MPa、2.5MPa

关闭水锤最大压升：$\Delta H \leqslant 0.15P$（P——水泵扬程）

水头损失：$\Delta P = 0.02 \sim 0.03 MPa$

（2）阀体内部结构示意见图 11-83。

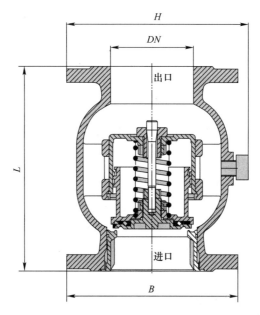

1-83 Gs743X 型直流式消水锤止回阀结构示意图

（3）规格尺寸见表 11-136。

Gs743X 型直流式消水锤止回阀规格尺寸表　　　　　　　　　表 11-136

型号		Gs743X-10C、16C、25C；Gs743X-10T、16T、25T；Gs743X-10P、16P、25P								
公称尺寸 *DN*		50	65	80	100	125	150	200	250	300
外形尺寸（mm）	L	185	210	225	250	300	340	400	460	540
	B	165	185	200	215	250	280	340	410	490
	H	190	205	225	252	290	318	370	420	500
生产企业		上海上龙供水设备有限公司								

6. Cs743X 直流式电磁控制阀

（1）主要技术性能参数

公称通径：$DN50 \sim DN300$

公称压力：1.0MPa、1.6MPa

最小允许进口压力：0.08MPa

适用介质温度：$\leqslant 65℃$

电源：交流 220V、36V；直流 24V；功率：14W

（2）阀体外形见图 11-84。

（3）规格尺寸见表 11-137。

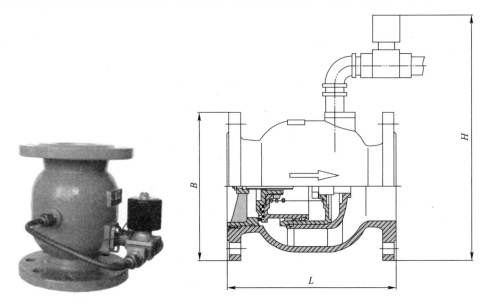

图 11-84　Cs743X 直流式电磁控制阀外形图

Cs743X 直流式电磁控制阀规格尺寸表　　　　　　　　表 **11-137**

型号		Cs743X-10C、16C；Cs743X-10P、16P；Cs743X-16T、16T								
公称尺寸 DN		50	65	80	100	125	150	200	250	300
外形尺寸（mm）	L	185	210	225	250	300	340	400	460	540
	B	165	185	200	215	250	280	340	410	490
	H	190	205	225	252	290	318	370	420	500
生产企业		上海上龙供水设备有限公司								

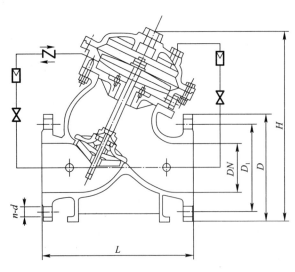

图 11-85　J_D745X 多功能水泵控制阀结构示意图

7. 多功能水泵控制阀

1）J_D745X-10/16/25 多功能水泵控制阀

（1）主要技术性能参数

公称压力：1.0MPa、1.6MPa、2.5MPa

启、闭最低动作压力：不大于 0.05MPa

适用介质温度：4～80℃

缓闭时间：3～120s（可调）

水锤峰值：≤1.3 倍水泵工作压力

（2）阀体结构示意见图 11-85。

（3）规格尺寸见表 11-138。

J_D745X 多功能水泵控制阀规格尺寸表　　　　表 11-138

| 公称尺寸 DN | 外形尺寸（mm） | | | | | | H |
| | L | | | D | | | |
	1.0MPa	1.6MPa	2.5MPa	1.0MPa	1.6MPa	2.5MPa	
50	240	240	250	165	165	165	270
65	300	300	300	185	185	185	340
80	310	310	310	200	200	200	400
100	320	320	350	220	220	235	440
125	390	390	410	250	250	270	460
150	460	460	470	285	285	300	500
200	540	540	560	340	340	360	640
250	610	640	670	395	405	425	680
300	700	750	800	445	460	485	820
生产企业	株洲南方阀门股份有限公司等						

2）JZ745X-10/16/25 增压泵自控阀

（1）主要技术性能参数

公称压力：1.0MPa、1.6MPa、2.5MPa

压力损失：＜0.03MPa（流速≤2m/s 时）

水锤峰值：≤1.5 倍增压泵工作压力

（2）阀体外形及结构示意见图 11-86。

（3）规格尺寸见表 11-139。

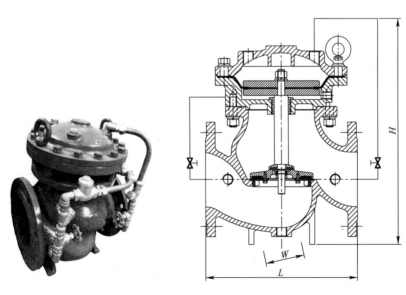

图 11-86　JZ745X-10/16/25 增压泵自控阀外形图、结构示意图

公称尺寸 DN	外形尺寸 L×W×H（mm）		
	1.0MPa	1.6MPa	2.5MPa
50	220×190×325	220×190×325	220×190×325
65	242×190×330	242×190×330	242×190×330
80	270×240×395	270×240×395	270×240×395
100	300×260×420	300×260×420	300×260×420
125	325×280×460	325×280×460	325×280×460
150	370×330×515	370×330×515	372×330×515
200	450×420×585	450×420×585	454×420×585
250	550×485×685	550×485×685	555×485×685
300	660×570×830	660×570×830	666×570×830
生产企业	天津市国威给排水设备制造有限公司		

JZ745X-10/16/25 增压泵自控阀规格尺寸表　　　　表 11-139

8. 减压阀

1）Y11X（200P）直接式可调减压阀

（1）技术性能参数见表 11-140。

Y11X（200P）直接式可调减压阀技术性能参数表　　　　表 11-140

型号	公称压力 PN	适用介质温度（℃）	出口压力设定范围
Y11X	10/16	4～60	0～0.4MPa

（2）阀体结构示意见图 11-87。

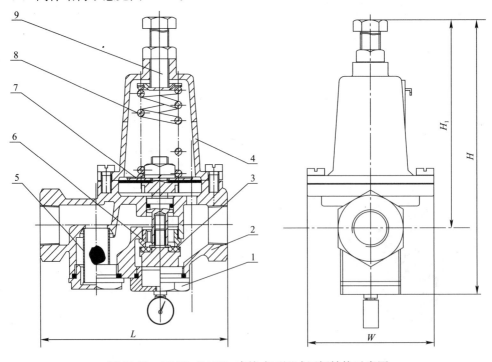

图 11-87　Y11X（200P）直接式可调减压阀结构示意图

1—底盖；2—阀体；3—密封圈；4—阀盖；5—滤网；6—阀芯；7—膜片；8—弹簧；9—调节螺栓

（3）规格尺寸见表 11-141。

Y11X（200P）减压阀规格尺寸表　　　　　　　　表 11-141

公称尺寸 DN	15	20	25	32	40	50
L	112	116	135	192	192	237
H	186	186	200	200	200	266
H_1	150	150	155	155	155	188
W	74	74	88	107	107	144
重量（kg）	2.5	2.5	5.2	5.2	9.5	9.5
生产企业	上海冠龙阀门机械有限公司					

2）Y11X（200B）直接驱动膜片式减压阀

（1）技术性能参数见表 11-142。

Y11X（200B）直接驱动膜片式减压阀的主要技术参数表　　　　表 11-142

公称压力	PN10	PN16
适用介质温度（℃）	4～65	
最大进口压力 P_1（bar）	10	16
最大出口压力 P_2（bar）	3	3
最小出口压力（bar）	≤0.12XP1	
最低进口压力（bar）	$P_2+0.5$	

（2）阀体结构示意见图 11-88。

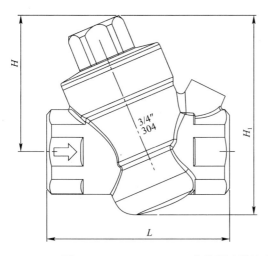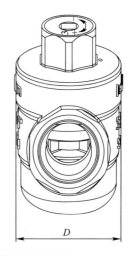

图 11-88　Y11X（200B）直接驱动膜片式减压阀结构示意图

（3）规格尺寸见表 11-143。

Y11X（200B）减压阀规格尺寸表　　　　　　　　表 11-143

公称尺寸 DN	L	H	H_1	D	重量（kg）
15	74	55	80	43	0.5
20	74	55	80	43	0.5
25	95	68	98	54	0.8
32	101	68	98	54	0.8
生产企业	上海冠龙阀门机械有限公司、浙江盾安智控科技股份有限公司等				

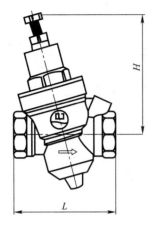

图 11-89 Y12X-16T 可调式高减压
比减压阀外形图

3）Y12X-16T 可调式高减压比减压阀（Y703）

（1）技术性能参数

公称压力：1.6MPa

调压范围：0.1～0.5MPa

适用温度：4～80℃

（2）阀体外形见图 11-89。

（3）规格尺寸见表 11-144。

4）D201 直接式减压阀

（1）技术性能参数

① 出口压力可调范围

L 型：20～400kPa

Y12X-16T 可调式高减压比减压阀规格尺寸表　　　　　表 11-144

公称尺寸 DN	外形尺寸（mm）	
	L	H
15	76	84
20	78	84
25	93	113
32	110	125
40	114	125
50	146	160
生产企业	杭州春江阀门有限公司	

M 型：140～600kPa（默认出口压力出厂通常设定为 200kPa）

H 型：350～900kPa

②介质最高长期工作温度：80℃（短时间 90～100℃）

（2）阀体外形见图 11-90。

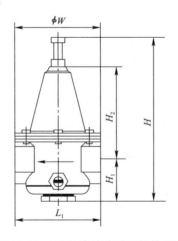

图 11-90 D201 直接式减压阀外形图

（3）规格尺寸见表11-145。

D201 直接式减压阀规格尺寸表   表 11-145

公称尺寸 DN	接口形式	外形尺寸（mm）					重量（kg）
		L_1	ϕW	H_1	H_2	H	
15	内螺纹	60	48	32	54	86	0.4
20	内螺纹	73	58	32	70	102	0.65
25	内螺纹	95	77	42	84	126	1.3
32	内螺纹	105	105	52	113	200	2.1
40	内螺纹	117	117	60	123	230	2.7
50	内螺纹	140	140	68	156	270	3.4
65	内螺纹	201	201	105	215	388	9.5
80	内螺纹	215	215	121	245	402	11.6
100	内螺纹	230	230	127	269	442	17.2
生产企业	株洲南方阀门股份有限公司						

5）Y_S45X 差压式可调减压阀（与户表配套安装）

（1）阀体外形及结构示意见图11-91。

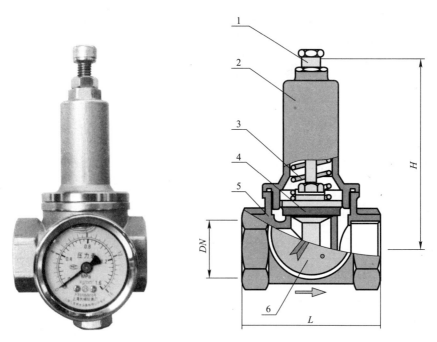

图 11-91 Y_S45X 差压式可调减压阀外形图、结构示意图

1—调节螺栓；2—阀盖；3—弹簧；4—橡胶阀瓣；5—阀体；6—出口压力表

（2）规格尺寸见表11-146。

Y_S45X差压式可调减压阀规格尺寸表 表 11-146

公称尺寸 DN	外形尺寸（mm）			阀体材质	重量（kg）
	L	H	G（in）		
15	57	69	RC1/2	铜合金 不锈钢	2.1
20	69	87	RC3/4		2.4
25	87	109	RC1		3.2
生产企业	上海上龙供水设备有限公司				

6）Y_S713X 直接作用式可调支管减压阀

（1）阀体外形及结构示意见图 11-92。

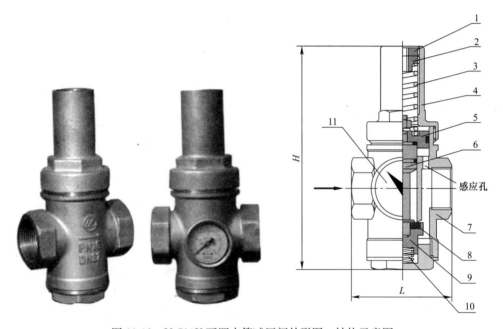

感应孔

图 11-92 Y_S713X 可调支管减压阀外形图、结构示意图

1—锁紧螺柱；2—调节螺柱；3—主弹簧；4—阀盖；5—活塞（膜片）；6—阀轴；7—阀体；8—阀瓣密封橡胶；
9—平衡式阀瓣；10—复位弹簧；11—出口压力表

（2）规格尺寸见表 11-147。

Y_S713X 可调支管减压阀规格尺寸表 表 11-147

型号	公称尺寸 DN	外形尺寸（mm）			阀体材质	重量（kg）
		L	H	G（in）		
YS713X-16P	15	60	131	1/2	S30408 不锈钢	1.9
	20	66	144	3/4		2.3
	25	80	178	1		3.6
	32	106	226	1 ¼		4.8
	40	140	233	1 ½		5.8
生产企业	上海上龙供水设备有限公司					

7）Yx741X 可调式减压阀

（1）技术性能参数

① 公称压力：1.0MPa、1.6MPa、2.5MPa

② 压力可调范围：

PN1.0：调节范围 0.1～0.8MPa

PN1.6：调节范围 0.2～1.4MPa

PN2.5：调节范围 0.3～2.0MPa

③ 适用介质温度：4～80℃

（2）阀体结构示意见图 11-93。

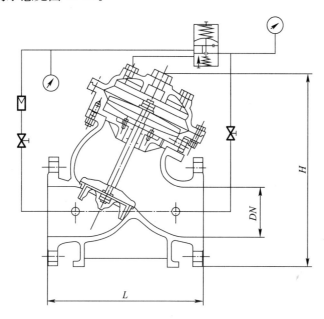

图 11-93　Yx741X 可调式减压阀结构示意图

（3）规格尺寸见表 11-148。

Yx741X 可调式减压阀规格尺寸表　　表 11-148

公称尺寸 DN	外形尺寸（mm）			
	L			H
	PN10	PN16	PN25	
50	240	240	250	270
65	300	300	300	340
80	310	310	310	400
100	320	320	350	440
125	390	390	410	460
150	460	460	470	500
200	540	540	560	640
250	610	610	670	680
300	700	800	800	820
生产企业	株洲南方阀门股份有限公司			

8）Ys743X 直流式可调减压阀（立式）

（1）阀体外形及结构示意见图 11-94。

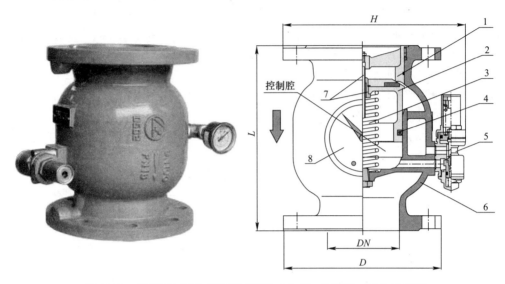

图 11-94　Ys743X 直流式可调减压阀（立式）外形图、结构示意图
1—阀座；2—阀瓣；3—弹簧；4—密封圈；5—减压先导阀；6—主阀阀体阀盖；
7—通针通孔节流装置；8—出口压力表

（2）规格尺寸见表 11-149。

Ys743X 直流式可调减压阀（立式）规格尺寸表　　　　表 11-149

型号	公称尺寸 DN	外形尺寸（mm）			阀体材质	重量（kg）
		L	H	D		
YS743X—10C、16C YS743X—10T、16T YS743X—10P、16P YS743X—10Q、16Q （立式）	50	185	190	165	铸钢 C 铜合金 T 不锈钢 P 球铁 Q	12
	65	210	205	185		17
	80	225	225	200		23
	100	250	252	220		28
	150	340	318	285		56
	200	400	370	340		78
生产企业	上海上龙供水设备有限公司					

9）Ys745X 先导式可调稳压减压阀

（1）技术性能参数

公称压力：1.0MPa、1.6MPa

适用介质温度：≤65℃

最小允许进出口压差：0.1MPa

最大进出口压比：3∶1

连接方式：法兰连接

（2）阀体结构示意见图 11-95。

（3）规格尺寸见表 11-150。

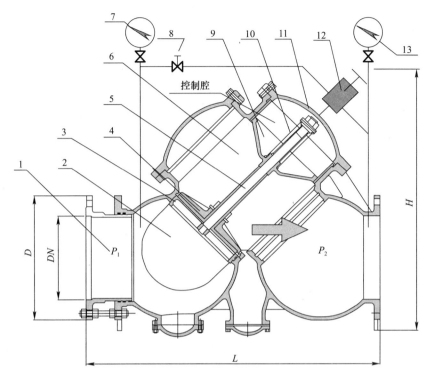

图 11-95 Ys745X 先导式可调减压阀结构示意图

1—伸缩法兰；2—过滤网；3—阀座；4—阀瓣；5—阀杆；6—主阀阀体；7—进口压力表；8—节流阀；
9—活塞；10—弹簧；11—阀盖；12—减压先导阀；13—出口压力表

Ys745X 先导式可调稳压减压阀规格尺寸表 表 11-150

型号	公称尺寸 DN	外形尺寸（mm）			阀体 材质	重量（kg）
		L	H	D		
YS745X—10Q、16Q（Y 型）（自带过滤器）（自带伸缩法兰）	65	420±10	330	185	球铁 Q	43
	80	450±15	350	200		61
	100	500±15	385	220		90
	150	570±20	490	285		128
	200	750±20	665	340		218
	300	1040±25	920	455		490
生产企业	上海上龙供水设备有限公司					

10）Y/FXy41X（Y 型）隔膜先导式减压阀

（1）技术性能参数

公称压力：$PN10$、$PN16$、$PN25$

适用介质温度：4～90℃

（2）阀体结构示意见图 11-96。

（3）规格尺寸见表 11-151。

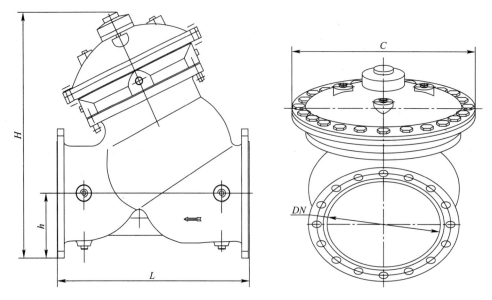

图 11-96 Y/FXy41X（Y 型）隔膜先导式减压阀结构示意图

Y/FXy41X（Y 型）隔膜先导式减压阀规格尺寸表　　　表 11-151

公称尺寸 DN	外形尺寸（mm）			
	L	C	H	h
50	220	163	282	82.5
65	220	163	292	92.5
80	250	163	306	100
100	320	371	595	182.8
125	400	326	488	142.5
150	415	326	487	142.5
200	500	390	585	170
250	605	480	702	202.5
300	725	560	877	230
生产企业	武汉大禹阀门股份有限公司			

注：表中数据为公称压力 PN16 的外形尺寸。

11）Y42X 减压阀（200X）

（1）技术性能参数见表 11-152。

Y42X 减压阀的技术性能参数表　　　表 11-152

型号	公称压力 PN	适用介质温度（℃）
Y42X	10/16/25	4～60

（2）阀体外形见图 11-97。

（3）规格尺寸见表 11-153。

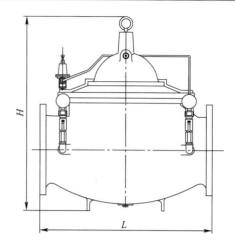

图 11-97　Y42X 减压阀外形图

Y42X 减压阀规格尺寸表　　　　　　　　　　　**表 11-153**

公称尺寸 DN		50	65	80	100	125	150	200	250
外形尺寸 （mm）	L	241	234	280	360	430	455	585	790
	H	250	250	271	375	455	502	636	781
重量（kg）		18	23	30	56	88	104	196	333
生产企业		上海冠龙阀门机械有限公司、浙江盾安下属安徽红星阀门有限公司等							

12）HA001-4X-10/16Q 型可调减压阀

（1）技术性能参数见表 11-154。

HA001-4X 型减压阀的主要技术参数表　　　　　**表 11-154**

公称压力	1.0MPa	1.6MPa
强度试验压力	1.5MPa	2.4MPa
密封试验压力	1.1MPa	1.76MPa
适用介质温度（℃）	4～80	

（2）法庭提外形及结构示意见图 11-98。

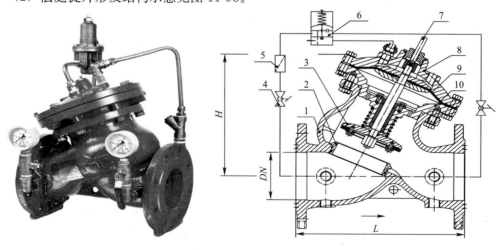

图 11-98　HA001-4X 型减压阀外形图、结构示意图

1—主阀体；2—阀座；3—阀瓣；4—球阀；5—过滤器；6—可调减压阀；7—铜丝堵；8—阀盖；9—膜片；10—控制室体

317

（3）规格尺寸见表 11-155。

HA001-4X 型减压阀规格尺寸表 表 11-155

公称尺寸 DN	外形尺寸（mm）		公称尺寸 DN	外形尺寸（mm）	
	L	H		L	H
40	225	170	150	413	335
50	225	170	200	526	380
65	240	190	250	615	480
80	270	220	300	700	558
100	310	270	—	—	—
生产企业	泉州市沪航阀门制造有限公司				

13）YM745/744X 型减压阀

（1）技术性能参数

① 公称压力：1.0MPa、1.6MPa、2.5MPa

② 可调压力范围：

PN1.0：调节范围 0.07～0.9MPa

PN1.6：调节范围 0.15～1.35MPa

PN2.5：调节范围 0.86～2.35MPa

③ 适用介质温度：4～80℃

（2）阀体结构示意见图 11-99。

（3）规格尺寸见表 11-156。

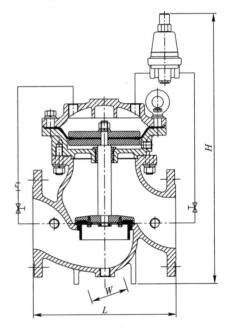

图 11-99　YM745/744X 型减压阀结构示意图

YM745/744X 型减压阀规格尺寸表 表 11-156

公称尺寸 DN	外形尺寸 L×W×H（mm）		
	1.0MPa	1.6MPa	2.5MPa
50	220×190×375	220×190×375	220×190×375
65	242×190×380	242×190×380	242×190×380
80	270×240×445	270×240×445	270×240×445
100	300×260×470	300×260×470	300×260×470
125	325×280×510	325×280×510	325×280×510
150	370×330×565	370×330×565	372×330×565
200	450×420×585	450×420×585	454×420×585
250	550×485×685	550×485×685	555×485×685
300	660×570×830	660×570×830	666×570×830
生产企业	天津市国威给排水设备制造有限公司		

14）13X、Ys43X 比例式减压阀

（1）技术性能参数

螺纹连接：Ys13X-16C/P　Ys13X-16T

法兰连接：Ys43X-16C/P　Ys43X-16T

减压比：2：1　3：1（也可以根据客户需求定制）

公称压力：1.0MPa、1.6MPa

适用介质温度：≤65℃

（2）阀体内部结构示意见图 11-100、图 11-101。

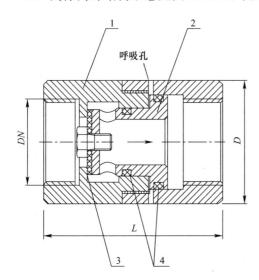

图 11-100　Ys13X 型比例式减压阀

1—阀体；2—活塞型阀瓣；

3—橡胶密封垫圈；4—"○"形密封圈

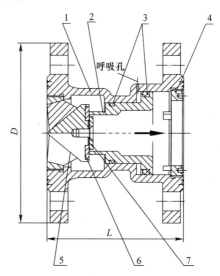

图 11-101　Ys43X 型比例式减压阀

1—阀体；2—活塞型阀瓣；3—"○"形密封圈；

4—定位圈；5—阀座；6—阀座橡胶垫圈；7—固定垫

（3）规格尺寸见表 11-157。

<table>
<tr><td colspan="9" align="center">比例式减压阀规格尺寸表　　表 11-157</td></tr>
</table>

型号	减压比	减压比类型	公称尺寸 DN	外形尺寸（mm）		阀体材质	重量（kg）
				L	D		
Ys13X-16T Ys13X-16P	2：1 3：1		15	82	50	铜合金 T 不锈钢 P	1.3
			20	105	60		2.3
			25	130	75		3.4
Ys43X-16C Ys43X-16T Ys43X-16P	2：1 3：1 4：1	动压比	50	132	165	铸钢 C 铜合金 T 不锈钢 P	7.5
			65	140	185		9.6
			80	155	200		12.5
			100	200	220		17.5
			125	210	250		26.5
			150	230	285		32.0
生产企业			上海上龙供水设备有限公司				

15）FQYL43X 防气蚀大压差可调式减压阀

（1）技术性能参数见表 11-158。

FQYL43X 防气蚀大压差减压阀的技术性能参数表　　　表 11-158

公称压力（MPa）	1.0	1.6	2.5
阀体强度试验压力（MPa）	1.5	2.4	3.75
密封试验压力（MPa）	1.1	1.76	2.75
适用介质温度（℃）	4～60		

（2）阀体内部构造示意见图 11-102。

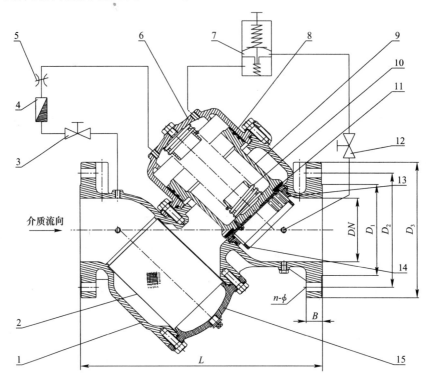

图 11-102　FQYL43X 防气蚀大压差减压阀结构示意图

1—阀体；2—过滤网；3—球阀；4—过滤器；5—针型调节阀；6—缸盖；7—导阀；8—活塞密封圈；
9—活塞；10—弹簧；11—阀瓣密封圈；12—球阀；13—阀座；14—防蚀罩；15—阀盖

（3）规格尺寸见表 11-159、表 11-160。

FQYL43X 防气蚀大压差减压阀（PN10、PN16）规格尺寸表　　　表 11-159

公称尺寸 DN	外形尺寸（mm）								
	L	D_1		D_2		D_3	$n\text{-}\phi$		B
		PN10	PN16	PN10	PN16		PN10	PN16	
40	260	84	84	110	110	150	4-19	4-19	20
50	300	99	99	125	125	165	4-19	4-19	22
65	340	118	118	145	145	185	4-19	4-19	22
80	380	132	132	160	160	200	8-19	8-19	23
100	430	156	156	180	180	220	8-19	8-19	23
125	500	184	184	210	210	250	8-19	8-19	24
150	550	211	211	240	240	285	8-23	8-23	25
200	650	266	266	295	295	340	8-23	12-23	27
250	775	319	319	350	355	405	12-23	12-28	29.5
生产企业	广东永泉阀门科技有限公司								

公称尺寸 DN	外形尺寸（mm）					
	L	D_1	D_2	D_3	$n-\phi$	B
40	260	84	110	150	4-19	20
50	300	99	125	165	4-19	22
65	340	118	145	185	8-19	22
80	380	132	160	200	8-19	23
100	430	156	190	235	8-23	23
125	500	184	220	270	8-28	24
150	550	211	250	300	8-28	25
200	650	274	310	360	12-28	27
250	775	330	370	425	12-31	29.5
生产企业	广东永泉阀门科技有限公司					

表 11-160 标题：**FQYL43X 防气蚀大压差减压阀（PN25）规格尺寸表**

16）Y13X 活塞式减压阀

（1）主要技术参数

公称压力：1.6MPa

适用介质温度：≤80℃

出口压力可调节范围：0.1～0.6MPa

压力表测量范围：0.0～1.0MPa

连接方式：螺纹连接

（2）阀体结构见图 11-103。

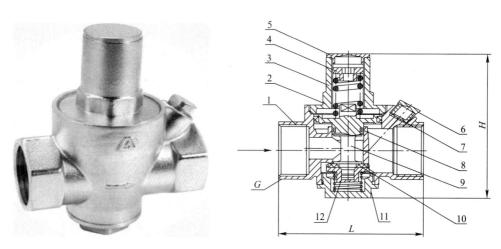

图 11-103　Y13X 活塞式减压阀结构简图

1—阀体；2—阀盖；3—压缩弹簧；4—调节螺丝；5—盖帽；6—堵头；

7—矩形密封圈；8—O 形密封圈；9—阀瓣；10—密封圈；11—弹簧座；12—端盖

（3）规格尺寸表见表 11-161。

型号	公称尺寸 DN	外形尺寸（mm）			阀体材质	重量（kg）
		L	H	G（in）		
Y13X-16T	DN 15	78	87	G1/2	HPb59-1 铜	0.487
	DN 20	80	90	G3/4		0.563
	DN 25	87	108	G1		0.791
	DN 32	90.5	113	G1¼		0.963
	DN 40	103	151	G1½		1.985
	DN 50	118	180	G2		3.27
生产企业	浙江盾安智控科技股份有限公司					

Y13X 活塞式减压阀规格尺寸表　　　　表 11-161

17）Y13X 过滤型活塞式减压阀

（1）主要技术参数

公称压力：1.6MPa

适用介质温度：≤80℃

出口压力可调节范围：0.1～0.6MPa

压力表测量范围：0.0～1.0MPa

连接方式：螺纹连接

（2）阀体结构见图 11-104。

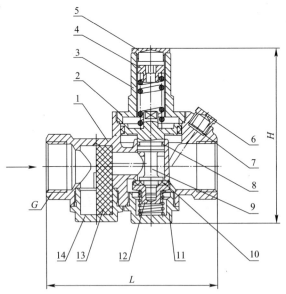

图 11-104　Y13X 过滤型活塞式减压阀结构简图

1—阀体；2—阀盖；3—压缩弹簧；4—调节螺丝；5—盖帽；6—堵头；7—矩形密封圈；
8—O 形密封圈；9—阀瓣；10—密封圈；11—端盖；12—弹簧座；13—过滤网；14—堵盖

（3）规格尺寸见表 11-162。

Y13X 过滤型活塞式减压阀规格尺寸表　　　　　　　表 11-162

型号	公称尺寸 DN	外形尺寸（mm）			阀体材质	重量（kg）
		L	H	G（in）		
Y13X-16T	DN 15	92.5	93	G1/2	HPb59-1 铜	0.664
	DN 20	100	93	G3/4		0.739
	DN 25	117	115	G1		1.136
	DN 32	123	117.7	G1¼		1.220
	DN 40	145	151	G1½		2.401
	DN 50	167	180	G2		3.848
生产企业	浙江盾安智控科技股份有限公司					

18）YHX743X 轴流先导式可调稳压减压阀

（1）主要性能参数

公称压力：1.0MPa、1.6MPa

适用介质温度：≤65℃

最小允许进、出口压差：0.1MPa

最大允许进、出口压差：0.4MPa

连接方式：法兰连接

（2）结构简图

YHX743X 轴流先导式可调稳压减压阀结构见图 11-105。

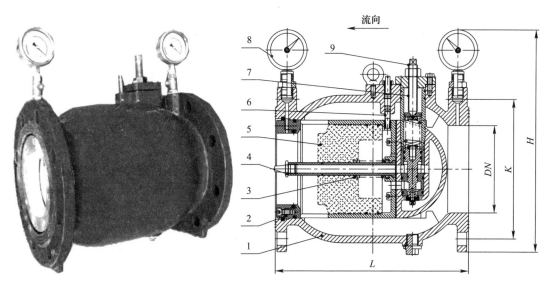

图 11-105　YHX743X 轴流先导式可调稳压减压阀结构简图

1—阀体；2—阀座；3—弹簧；4—出口压力感应管；

5—阀瓣；6—针阀；7—减压先导阀；8—压力表；9—调压螺丝

（3）规格尺寸见表 11-163。

YHX743X 轴流先导式可调稳压减压阀规格尺寸表　　表 11-163

型号	公称尺寸 DN	外形尺寸（mm）			阀体材质	重量 （kg）
		L	H	K		
YHX743X—10C/10Q/10P YHX743X—16C/16Q/16P （立式）	50	185	253	125	铸钢 C 不锈钢 P 球铁 Q	12
	65	210	270	145		17
	80	225	290	160		23
	100	250	320	180		28
	125	250	360	210		35
	150	340	400	240		56
	200	400	445	295		78
生产企业	浙江盾安智控科技股份有限公司（及下属安徽红星阀门有限公司）					

9. 浮球阀

1）FS713X 型水力平衡浮球阀（螺纹连接）

（1）阀体结构示意见图 11-106。

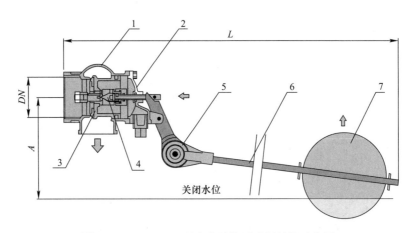

图 11-106　FS713X 型水力平衡浮球阀结构示意图

1—阀体；2—阀盖；3—主阀瓣组件（橡胶密封）；4—先导阀瓣组件；

5—水位调节器；6—浮球连杆；7—浮球

（2）规格尺寸见表 11-164。

FS713X 型水力平衡浮球阀规格尺寸表　　表 11-164

型号	公称尺寸 DN	外形尺寸（mm）			阀体 材质	重量 （kg）
		L	A	G（in）		
FS713X-16P	50	500	50～150	RC2″	S30408 不锈钢	5.2
	80	600	50～150	RC3″		7.3
	100	720	50～150	RC4″		11.5
生产企业	上海上龙供水设备有限公司					

2）Fs743X 型直流式遥控浮球阀

（1）技术性能参数

公称尺寸：$DN50\sim DN300$

公称压力：1.0MPa、1.6MPa、2.5MPa

最小允许进口压力：0.08MPa

适用介质温度：$\leqslant65℃$

（2）阀体外形见图 11-107。

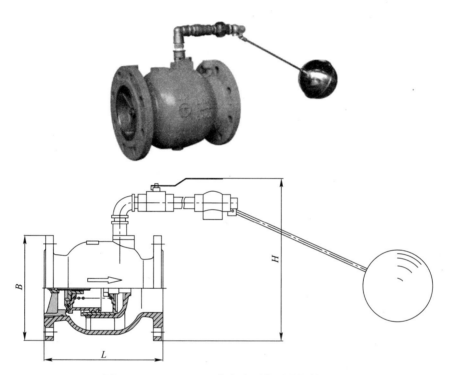

图 11-107　Fs743X 型直流式遥控浮球阀外形图

（3）规格尺寸见表 11-165。

Fs743X 型直流式遥控浮球阀规格尺寸表　　　　表 11-165

型号		Fs743X-16C、Fs743X-16T、Fs743X-16P								
公称尺寸 DN		50	65	80	100	125	150	200	250	300
外形尺寸 （mm）	长度	185	210	225	250	300	340	400	460	540
	宽度	165	185	200	215	250	280	340	410	490
	高度	190	205	225	252	290	318	370	420	500
生产企业		上海上龙供水设备有限公司								

3）FCs743X 电动遥控浮球阀

（1）技术性能参数

公称通径：$DN50\sim DN300$

公称压力：1.0MPa、1.6MPa

最小允许进口压力：0.08MPa

适用介质温度：≤65℃

电磁阀性能参数：交流 220V、36V，直流 24V，功率 14W

（2）阀体外形见图 11-108。

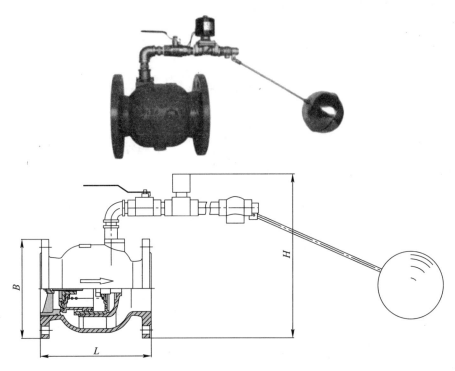

图 11-108 FCs743X 电动遥控浮球阀外形图

（3）规格尺寸见表 11-166。

FCs743X 电动遥控浮球阀规格尺寸表　　　　　　　　　表 11-166

型号		FCs743X-16C、FCs743X-16P、FCs743X-16T								
公称尺寸 DN		50	65	80	100	125	150	200	250	300
外形尺寸 （mm）	L	185	210	225	250	300	340	400	460	540
	B	165	185	200	215	250	280	340	410	490
	H	190	205	225	252	290	318	370	420	500
生产企业		上海上龙供水设备有限公司								

4）F745X-10 水力（遥控）浮球阀

（1）主要性能参数

公称压力：1.0MPa

工作压力：0.05～1.0MPa

适用介质温度：≤80℃

（2）阀体结构示意见图 11-109。

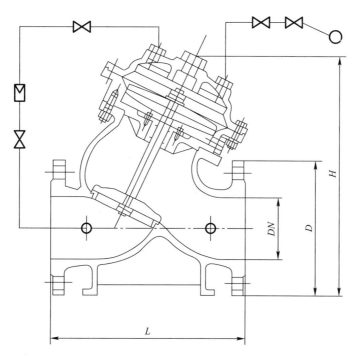

图 11-109 F745X-10 水力（遥控）浮球阀结构示意图

（3）规格尺寸见表 11-167。

F745X-10 水力（遥控）浮球阀规格尺寸表　　　　　　　表 **11-167**

公称尺寸 DN	外形尺寸（mm）						
	L			H	D		
	1.0MPa	1.6MPa	2.5MPa		1.0MPa	1.6MPa	2.5MPa
50	240	240	250	270	165	165	165
65	300	300	300	340	185	185	185
80	310	310	310	400	200	200	200
100	320	320	350	440	220	220	235
125	390	390	410	460	250	250	270
150	460	460	470	500	285	285	300
200	540	540	560	640	340	340	360
250	610	640	670	680	395	405	425
300	700	750	800	820	445	460	485
生产企业	株洲南方阀门股份有限公司						

5）F745/744X 节水型浮球阀

（1）阀体结构示意见图 11-110。

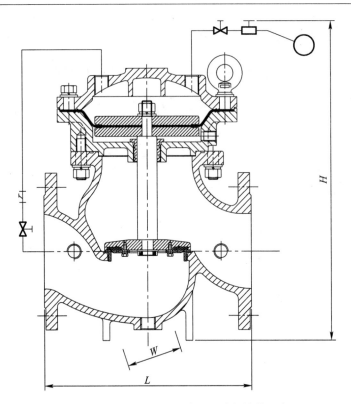

图 11-110　F745/744X 节水型浮球阀结构示意图

（2）规格尺寸见表 11-168。

F745/744X 节水型浮球阀规格尺寸表　　　　　　　　　　表 11-168

公称尺寸 DN	外形尺寸（mm）			
	HZ	L×W×H		
	1.0MPa	1.0MPa	1.6MPa	2.5MPa
50	95	220×190×375	220×190×375	220×190×375
65	102	242×190×380	242×190×380	242×190×380
80	115	270×240×445	270×240×445	270×240×445
100	125	300×260×470	300×260×470	300×260×470
125	145	325×280×510	325×280×510	325×280×510
150	165	370×330×565	370×330×565	372×330×565
200	190	450×420×635	450×420×635	454×420×635
250	225	550×485×735	550×485×735	555×485×735
300	300	660×570×880	660×570×880	666×570×880
生产企业	天津市国威给排水设备制造有限公司			

6) 100X 遥控浮球阀

(1) 阀体结构示意见图 11-111。

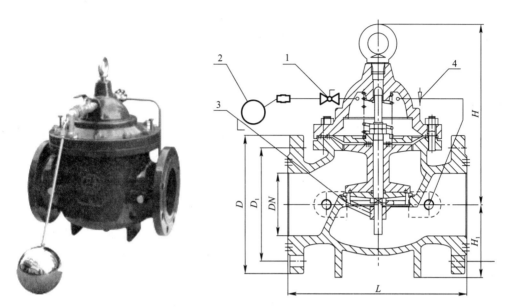

图 11-111　100X 遥控浮球阀结构示意图

1—球阀；2—主阀；3—针形阀；4—浮球阀

(2) 规格尺寸见表 11-169。

100X 遥控浮球阀外形尺寸表　　　　　　　　　　　表 11-169

公称尺寸 DN		40	50	65	80	100	125	150	200	250	300
外形尺寸 （mm）	L	200	203	216	241	292	330	356	495	622	698
	H_1	260	280	300	315	350	365	385	505	590	620
	H	345	380	400	425	470	505	535	690	815	865
生产企业		杭州春江阀门有限公司、浙江盾安下属安徽红星阀门有限公司等									

7) HA008-4X-10/16Q 型遥控液位控制阀

(1) 技术性能参数见表 11-170。

HA008-4X 遥控浮球阀技术性能参数表　　　　　　　表 11-170

公称压力（MPa）	1.0	1.6
强度试验压力（MPa）	1.5	2.4
密封试验压力（MPa）	1.1	1.76
适用介质温度（℃）	4～80	

(2) 阀体结构示意见图 11-112。

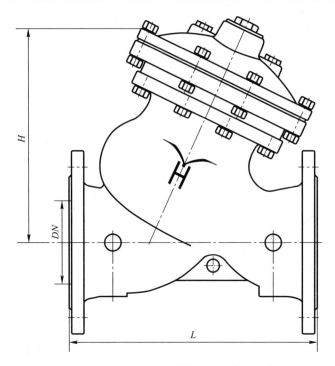

图 11-112 HA008-4X遥控浮球阀结构示意图

（3）规格尺寸见表11-171。

HA008-4X遥控浮球阀规格尺寸表　　　　　　　　　　　表 11-171

公称尺寸 DN	外形尺寸（mm）		公称尺寸 DN	外形尺寸（mm）	
	L	H		L	H
40	225	170	150	413	335
50	225	170	200	526	380
65	240	190	250	615	480
80	270	220	300	700	558
100	310	270	—	—	—
生产企业	泉州市沪航阀门制造有限公司				

8）FHX743X 虹吸式水位自动控制阀

（1）主要技术参数

公称压力：1.0MPa、1.6MPa

最小允许进口压力：0.05MPa

阀体材质：球钢喷塑、304 不锈钢

过流部件材质：304 不锈钢

适用介质温度：≤65℃

水池、水箱液位调节高度：100～500mm；400～5000mm

（2）阀体结构示意见图 11-113。

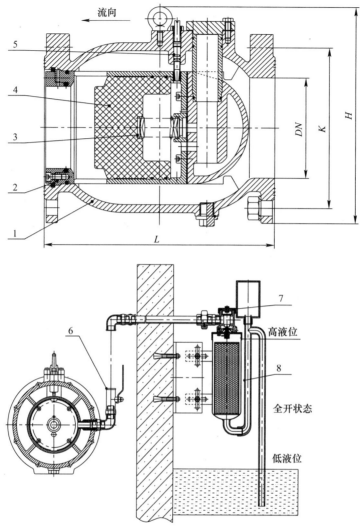

图 11-113　FHX743X 虹吸式水位自动控制阀结构示意图

1—阀体；2—阀座；3—弹簧；4—阀瓣；5—针阀；6—控制管接口；7—差压式先导阀；8—虹吸式液位控制器

（3）规格尺寸见表 11-172。

FHX743X 虹吸式水位自动控制阀规格尺寸表　　　　　　　　　表 11-172

型号	公称尺寸 DN	外形尺寸（mm）			阀体材质	重量 (kg)
		L	H	K		
FHX743X—10C/10Q/10P FHX743X—16C/16Q/16P （立式）	50	185	203	125	铸钢 C 不锈钢 P 球铁 Q	14
	65	210	220	145		19
	80	225	240	160		24
	100	250	270	180		28
	125	250	310	210		40
	150	340	350	240		52
	200	400	395	295		60
生产企业	浙江盾安智控科技股份有限公司（及下属安徽红星阀门有限公司）					

10. 排气阀

1）KGPQ-50-P/T 卡箍式自动进排气阀

（1）阀体结构示意见图 11-114。

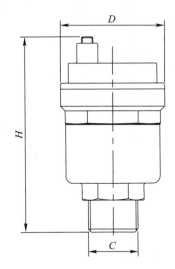

图 11-114　KGPQ-50-P/T 卡箍式自动进排气阀结构示意图

（2）规格尺寸见表 11-173。

KGPQ-50-P/T 卡箍式自动进排气阀规格尺寸表　　　　表 11-173

公称尺寸 DN	外形尺寸（mm）	
	H	D
15	100	54
20	105	54
25	110	54
生产企业	天津市国威给排水设备制造有限公司、浙江盾安智控科技股份有限公司等	

2）ARSX、ARDX、ARCX 自动排气阀

（1）技术性能参数见表 11-174。

ARSX、ARDX、ARCX 自动排气阀技术性能参数表　　　　表 11-174

公称压力 PN	适用介质温度（℃）	部件材质					
		阀体	阀盖	浮球	密封座	顶塞	杠杆架
10/16/25	≤70	球墨铸铁	球墨铸铁	不锈钢	不锈钢	橡胶	不锈钢

（2）阀体结构示意见图 11-115。

（3）规格尺寸见表 11-175。

3）HA009-10Q/16Q 型复合式高速进、排气阀

（1）性能曲线见图 11-116。

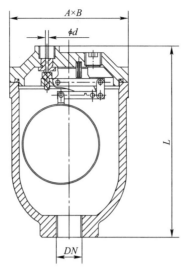

图 11-115　ARSX、ARDX、ARCX 自动排气阀结构示意图

ARSX、ARDX、ARCX 自动排气阀规格尺寸表　　　　　表 11-175

型号	公称尺寸 DN	外形尺寸（mm）			重量（kg）
		排气孔尺寸	$A \times B$	L	
ARSX	15	$\phi 1.6$		115×115	130	2.35
	20	$\phi 1.6$		115×115	130	2.35
	25	$\phi 1.6$		115×115	130	2.35
ARDX	15	$\phi 2.5$		95.5×95.5	149.5	3
	20	$\phi 2.5$		95.5×95.5	149.5	3
	25	$\phi 2.5$		95.5×95.5	149.5	3
ARCX	25	$\phi 4.8$	$\phi 3.97$	163×163	250	11
	40	$\phi 4.8$	$\phi 3.97$	163×163	250	11
	50	$\phi 4.8$	$\phi 3.97$	163×163	250	11
生产企业		上海冠龙阀门机械有限公司			

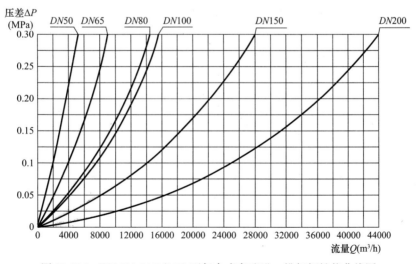

图 11-116　HA009-10Q/16Q 型复合式高速进、排气阀性能曲线图

（2）阀体结构示意见图 11-117。

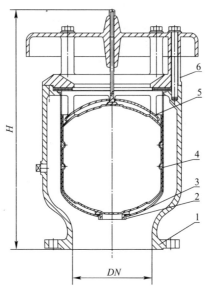

图 11-117　HA009-10Q/16Q 型复合式高速进、排气阀结构示意图
1—阀体；2—缓冲垫；3—浮体罩；4—浮体；5—升降罩；6—阀盖

（3）规格尺寸见表 11-176

HA009-10Q/16Q 型复合式高速进、排气阀规格尺寸表　　　　表 11-176

公称尺寸 DN	外形尺寸（mm）	公称尺寸 DN	外形尺寸（mm）
	H		H
50	300	150	495
65	300	200	558
80	385	250	634
100	385	300	650
生产企业	泉州市沪航阀门制造有限公司		

4）GWP-100-F-10/16/25 防盗式智能排气阀

（1）技术性能参数

密封机构：膜片式密封结构和特殊的镶入式密封

传动机构：机械导向传动

工作压力（MPa）：1.0、1.6、2.5

（2）阀体结构示意见图 11-118。

（3）规格尺寸见表 11-177。

5）SLPQ 型压力式进排气阀

（1）技术性能参数

公称尺寸：$DN50$、$DN100$、$DN150$、$DN200$

公称压力：$PN0.6$、$PN10$、$PN16$

介质温度：≤80℃

（2）阀体外形见图 11-119。

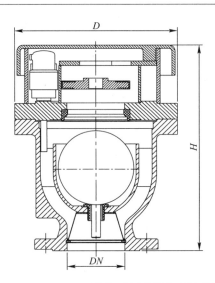

图 11-118　GWP-100-F 防盗式智能排气阀结构示意图

GWP-100-F 防盗式智能排气阀规格尺寸表　　　　　　表 11-177

公称尺寸 DN		50	80	100	150	200	300
外形尺寸 （mm）	D	175	215	260	345	400	510
	H	225	250	290	360	430	600
生产企业		天津市国威给排水设备制造有限公司					

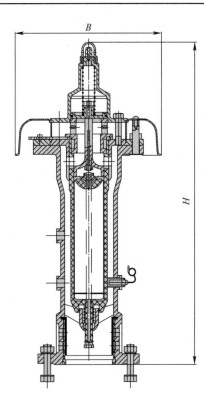

图 11-119　SLPQ-6Q/10Q/16Q-B 型压力式进排气阀外形图

（3）规格尺寸见表 11-178。

SLPQ-6Q/10Q/16Q-B 型压力式进排气阀外形尺寸表　　表 11-178

公称尺寸 DN		50	100	150	200
外形尺寸 （mm）	H	495	555	585	625
	B	220	260	280	320
生产企业		上海上龙供水设备有限公司			

6）PZ45X-10/16 排气软密封闸阀

（1）技术性能参数

公称压力：1.0MPa、1.6MPa

公称尺寸：DN50～DN1200

大量排气口直径：主阀通径的 1/5～1/8

微量排气口直径：≥2mm

适用介质温度：4～80℃

（2）阀体结构示意见图 11-120。

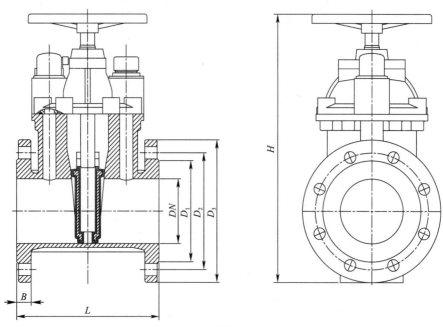

图 11-120　PZ45X-10/16 排气软密封闸阀结构示意图

（3）规格尺寸见表 11-179。

PZ45X-10/16 排气软密封闸阀规格尺寸表　　表 11-179

公称尺寸 DN	外形尺寸（mm）									
	L	D_1		D_2		D_3		B		H
		PN10	PN16	PN10	PN16	PN10	PN16	PN10	PN16	
50	178	99		125		165		19		300
65	190	118		145		185		19		345

续表

公称尺寸 DN	外形尺寸（mm）									
	L	D_1		D_2		D_3		B		H
		PN10	PN16	PN10	PN16	PN10	PN16	PN10	PN16	
80	203	132		160		200		19		390
100	229	156		180		220		19		430
125	254	184		210		250		19		510
150	267	211		240		285		19		565
200	292	266		295		340		20		680
250	330	319		350	355	395	405	22		820
300	356	370		400	410	445	460	24.5		930
生产企业	天津市国威给排水设备制造有限公司									

11. 流量控制阀

1）HA003-4X-10Q/16Q 流量控制阀

（1）技术性能参数见表 11-180。

HA003-4X-10Q/16Q 流量控制阀技术性能参数表		表 11-180
公称压力（MPa）	1.0	1.6
强度试验（MPa）	1.5	2.4
密封试验（MPa）	1.1	1.76
适用介质温度（℃）	≤80	

（2）阀体结构示意见图 11-121。

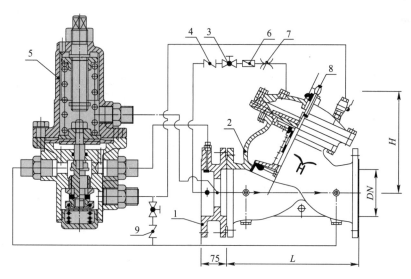

图 11-121　HA003-4X 流量控制阀结构示意图

1—孔板；2—主阀；3—球阀；4—止回阀；5—导阀；6—止回阀；
7—球阀；8—过滤器；9—针型阀

（3）规格尺寸见表 11-181。

HA003-4X 流量控制阀规格尺寸表 表 11-181

公称尺寸 DN	外形尺寸（mm）	
	L	H
40	300	170
50	300	170
65	315	190
80	345	220
100	385	270
150	488	335
200	601	380
250	690	480
300	775	558
生产企业	泉州市沪航阀门制造有限公司	

2）调流调压阀

（1）技术性能参数见表 11-182。

调流调压阀技术性能参数表 表 11-182

公称压力（MPa）	1.0	1.6	2.5
强度试验压力（MPa）	1.5	1.76	3.75
密封试验压力（MPa）	1.1	2.4	2.75
适用介质温度（℃）	≤135		

（2）阀体结构示意见图 11-122。

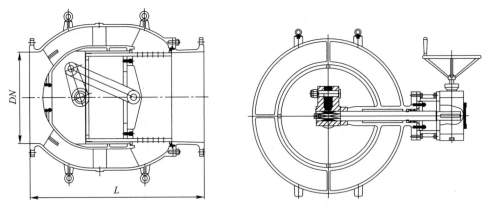

图 11-122 调流调压阀结构示意图

（3）规格尺寸见表 11-183。

调流调压阀规格尺寸表 表 11-183

公称尺寸 DN	阀体长度 L（mm）
100	325
125	325
150	350
200	400

公称尺寸 DN	阀体长度 L（mm）
250	500
300	600
生产企业	泉州市沪航阀门制造有限公司、浙江盾安下属安徽红星阀门有限公司等

3）ZLF-GF 动态流量平衡阀

（1）主要技术参数

公称压力：1.6MPa

适用介质温度：≤80℃

工作压差范围：0.02～0.15MPa；0.02～0.2MPa；0.03～0.3MPa；

流量控制精度：≤±7%

连接方式：螺纹连接

（2）阀体结构见图 11-123。

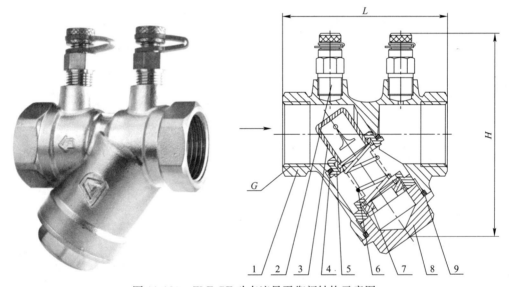

图 11-123　ZLF-GF 动态流量平衡阀结构示意图

1—阀体；2—测压接口；3—阀芯；4—矩形密封圈；5—阀芯壳体；6—弹簧；7—锁紧螺丝；8—阀盖；9—O 形密封圈

（3）规格尺寸见表 11-184。

ZLF-GF 动态流量平衡阀规格尺寸表　　　表 11-184

型号	公称尺寸 DN	外形尺寸（mm）			阀体材质	最大流量（m³/h）	重量（kg）
		L	H	G（in）			
Y13X-16T	15	78	70	G1/2	HPb59-1 铜	0.92	0.585
	20	78	75	G3/4		2.3	0.637
	25	78	103	G1		2.2	0.71
	32	101	101	G1¼		4.07	1.762
	40	127	111	G1½		4.32	2.117
	50	127	131	G2		4.07	2.4
生产企业	浙江盾安智控科技股份有限公司						

11.4.2　倒流防止器

1. 减压型倒流防止器

1）螺纹连接减压型倒流防止器

（1）阀体结构示意见图 11-124。

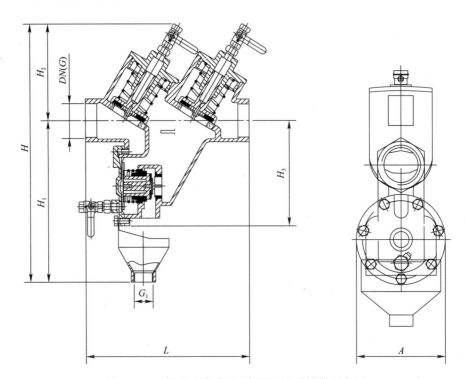

图 11-124　螺纹连接减压型倒流防止器结构示意图

（2）规格尺寸见表 11-185。

螺纹连接减压型倒流防止器规格尺寸表　　　　　　表 11-185

公称尺寸 DN	外形尺寸（mm）						重量 （kg）
	L	H	H_1	H_2	H_3	A	
15	232	361	217	144	140	104	6
20	232	361	217	144	140	104	6
25	232	361	217	144	140	104	6
32	232	361	217	144	140	104	6
40	289	424	258	166	181	136	13.5
50	289	424	258	166	181	136	13.5
生产企业	上海冠龙阀门机械有限公司						

2）JHDF21X-10/16 螺纹连接减压型倒流防止器

（1）阀体外形结构见图 11-125。

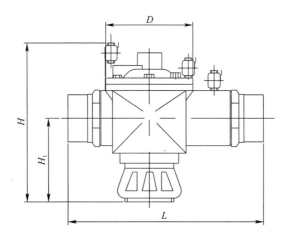

图 11-125 JHDF21X 螺纹连接减压型倒流防止器外形图

（2）规格尺寸见表 11-186。

JHDF21X 螺纹连接减压型倒流防止器规格尺寸表 　　　　表 11-186

公称尺寸 DN	外形尺寸（mm）					
	L	H		H₁		D
		1.0MPa	1.6MPa	1.0MPa	1.6MPa	
15	260	240	255	125	140	100
20	260	240	255	125	140	100
25	280	255	280	145	160	110
32	280	255	280	145	160	110
40	320	280	295	155	170	130
50	320	280	295	155	170	130
生产企业	株洲南方阀门股份有限公司					

3）YQJDFQ（G）4TX-10Q、（P）16Q（P）减压型倒流防止器

（1）阀体外形结构见图 11-126。

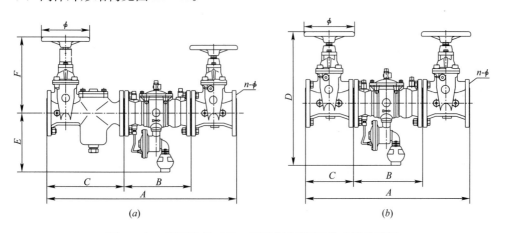

图 11-126　YQJDFQ（G）4TX 减压型倒流防止器外形图
（a）阀组进水端带桶形过滤器；（b）阀组进水端不带桶形过滤器

（2）规格尺寸见表 11-187。

YQJDFQ（G）4TX 减压型倒流防止器规格尺寸表　　　表 11-187

公称尺寸 DN	外形尺寸（mm）						重量 （kg）
	A	B	C	D	E	F	
65	770（619）	279	320（170）	185	220	350（315）	69.5（65）
80	873（691）	331	360（180）	200	235	415（365）	87.5（81）
100	1060（795）	415	400（190）	220	245	445（400）	121（112）
150	1260（950）	530	520（210）	285	300	545（505）	190.5（176）
200	1505（1105）	645	630（230）	340	350	650（595）	288.5（262）
250	1755（1250）	750	755（250）	400	415	740（675）	501（455）
300	2030（1400）	860	880（270）	455	475	850（792）	664（603）
生产企业	广东永泉阀门科技有限公司						

注：表中括弧内数字为阀组进水端不带桶形过滤器产品的数据。

4）JDFQ4LX-10/16 减压型倒流防止器

（1）阀体外形见图 11-127。

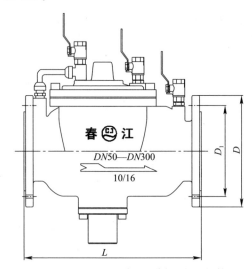

图 11-127　JDFQ4LX 减压型倒流防止器外形图

（2）规格尺寸见表 11-188。

JDFQ4LX 减压型倒流防止器规格尺寸表　　　表 11-188

公称尺寸 DN	安装方式	外形尺寸（mm）		
		L	D	D_1
50		230	165	125
65		290	176	140
80		310	200	160
100	水平安装	360	220	180
150		480	285	245
200		600	340	295
250		730	395	350
300		850	445	400
生产企业	杭州春江阀门有限公司			

5）DYJDFQ-10 轨道式减压型倒流防止器

（1）阀体结构示意见图 11-128。

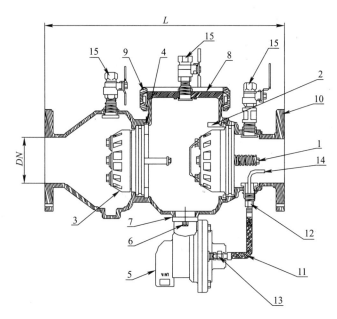

图 11-128　DYJDFQ-10 轨道式减压型倒流防止器结构示意图

1—1 号止回阀组件；2—1 号卡箍；3—2 号止回阀组件；4—2 号卡箍；5—泄水阀组件；
6—螺栓；7—密封圈；8—阀盖；9—沟槽管接头；10—阀体；11—软管；
12—变径管接头；13—变径管接头；14—导管；15—测试球阀

（2）规格尺寸见表 11-189。

DYJDFQ-10 轨道式减压型倒流防止器规格尺寸表　　　　表 11-189

公称尺寸 DN	外形尺寸（mm）
	倒流防止器长度 L
65	403
80	403
100	495
150	597
200	959
250	959
300	965
生产企业	武汉大禹阀门股份有限公司

6）HA005-4X-10Q/16Q 减压型倒流防止器

（1）阀体结构示意见图 11-129。

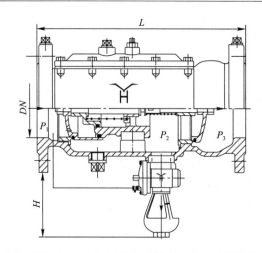

图 11-129　HA005-4X-10Q/16Q 减压型倒流防止器结构示意图

（2）规格尺寸见表 11-190。

HA005-4X-10Q/16Q 减压型倒流防止器规格尺寸表　　　　表 11-190

公称尺寸 DN	外形尺寸（mm）		公称尺寸 DN	外形尺寸（mm）	
	L	H		L	H
40	225	165	150	413	185
50	225	165	200	526	190
65	240	165	250	615	195
80	270	175	300	700	200
100	310	180	—	—	—
生产企业	泉州市沪航阀门制造有限公司				

7）SBP741X-10/16-J 减压型倒流防止器

（1）阀体结构示意见图 11-130。

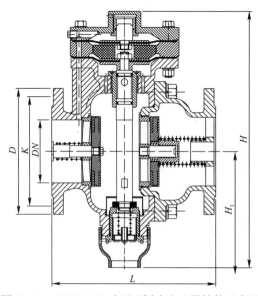

图 11-130　SBP741X 减压型倒流防止器结构示意图

（2）规格尺寸见表 11-191。

公称尺寸 DN	外形尺寸（mm）						
	L	H	H_1	D		K	
				PN10	PN16	PN10	PN16
50	230	282	131	165	165	125	125
65	236	300	136	185	185	145	145
80	270	365	168	200	200	160	160
100	295	438	206	220	220	180	180
125	330	440	206	250	250	210	210
150	360	545	270	285	285	240	240
200	470	630	293	340	340	295	295
250	610	840	390	395	405	350	355
300	710	960	450	445	460	400	410
生产企业	天津市国威给排水设备制造有限公司						

SBP741X 减压型倒流防止器规格尺寸表   表 11-191

2. 低阻力倒流防止器

1）LHS711X/712X-16P 型内置排水式低阻力倒流防止器

（1）LHS711X 型内置排水式低阻力倒流防止器阀体结构见图 11-131。

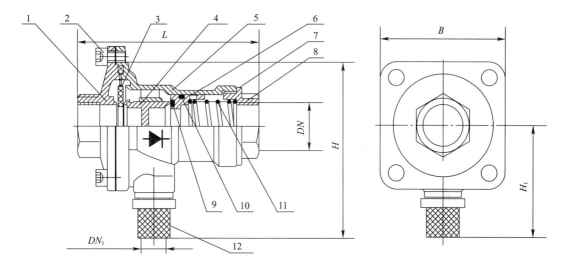

图 11-131 LHS711X 型低阻力倒流防止器结构图

1—阀盖；2—螺栓；3—橡胶隔膜；4—前止回阀瓣；5—阀体；6—后止回阀瓣；
7—出口密封圈；8—出口接头；9—出口阀瓣密封垫；10—出口阀瓣密封圈；
11—复位弹簧；12—排水口防虫罩

（2）LHS712X 型内置排水式低阻力倒流防止器阀体结构见图 11-132。

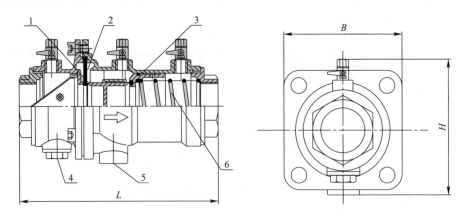

图 11-132　LHS712X 型低阻力倒流防止器结构图
1—滤网；2—进口接头；3—进口密封圈；4—阀盖；5—进口测试球阀；6—螺栓

（3）规格尺寸见表 11-192。

LHS711X/712X-16P 型内置排水式低阻力倒流防止器规格尺寸表　　表 11-192

公称尺寸 DN	外形尺寸（mm）				排水口径 DN₁	重量（kg）	连接方式	部件材质	结构特点
	L	H	H₁	B					
15	107	115	58	75	10	1.7	锥管螺纹	阀件：全不锈钢 密封件：橡胶	自动排水 无检测阀
20	107	115	58	75	10	1.7			
25	115	125	72	94	10	2.6			
32	235	176	96	112	15	4.6			自动排水 在线监测 自带过滤装置
40	235	176	96	112	15	4.6			
50	255	208	122	132	15	6.5			
生产企业	上海上龙供水设备有限公司								

2）LHS743X-10/16P（Q）型直流式低阻力倒流防止器

（1）阀体结构示意见图 11-133。

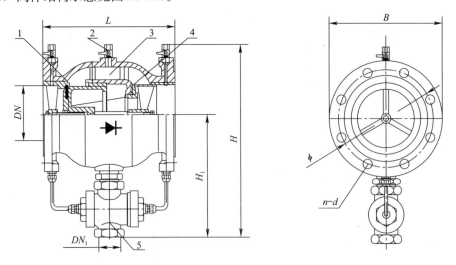

图 11-133　LHS743X 型直流式低阻力倒流防止器结构示意图
1—进口止回装置；2—测试球阀；3—主阀中间腔；4—出口止回装置；5—自动排水器

（2）规格尺寸见表 11-193。

LHS743X 型直流式低阻力倒流防止器规格尺寸表　　　　　表 11-193

公称尺寸 DN	外形尺寸（mm）						排水口径 DN₁	重量（kg）	阀体材质	连接方式
	L	H	H_1	B	ϕ	$n\text{-}d$				
50	185	270	160	165	125	4-Φ18	25	13.5	球墨铸铁或不锈钢	法兰
65	210	285	166	185	145	4-Φ18	25	16.6		
80	225	310	176	200	160	8-Φ18	25	21.8		
100	250	335	195	220	180	8-Φ18	25	29.5		
125	260	365	195	250	180	8-Φ18	25	35.3		
150	340	410	235	285	240	8-Φ22	40	55.5		
200	400	466	266	340	295	8/12-Φ22	40	81	球墨铸铁	
250	410	506	296	405	295	12-Φ22/26	40	96.5		
300	700	675	415	460	400	12-Φ22/26	40	182		
生产企业	上海上龙供水设备有限公司									

3）LHS745X-10/16Q 型在线维护式低阻力倒流防止器

（1）阀体结构见图 11-134。

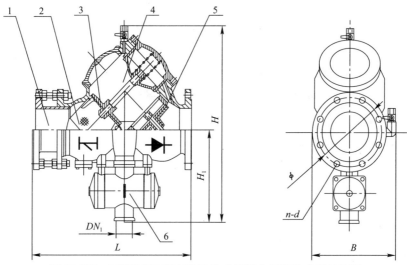

图 11-134　LHS745X 型在线维护式低阻力倒流防止器结构图

1—伸缩法兰；2—过滤网；3—进口止回装置；4—进口阀板感应活塞；5—出口止回装置；6—自动排水器

（2）规格尺寸见表 11-194。

LHS745X 型在线维护式低阻力倒流防止器规格尺寸表　　　　　表 11-194

公称尺寸 DN	外形尺寸（mm）							排水通径 DN₁	重量（kg）	阀体材质	连接方式
	L		H	H_1	B	ϕ	$n\text{-}d$				
	无伸缩节	带伸缩节									
65	350	420±10	330	190	185	145	4-ϕ18	25	31	球墨铸铁	法兰
80	380	450±15	350	210	200	160	8-ϕ18	25	43		
100	420	500±15	385	230	220	180	8-ϕ18	32	61		
150	500	570±20	510	285	285	240	8-22	40	110		
200	670	750±20	656	200	340	295	8/12-ϕ22	50	170		
300	960	1040±20	940	285	445	400	12-ϕ22/26	65	320		
生产企业	上海上龙供水设备有限公司										

（3）流量——压力损失曲线见图 11-135。

4）DSBP721X-10/16 低阻力倒流防止器

（1）阀体结构见图 11-136。

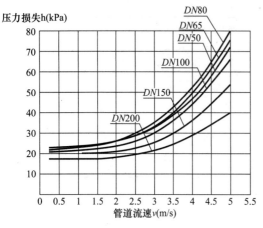

图 11-135　LHS745X 型在线维护式
低阻力倒流防止器流量——
压力损失曲线图

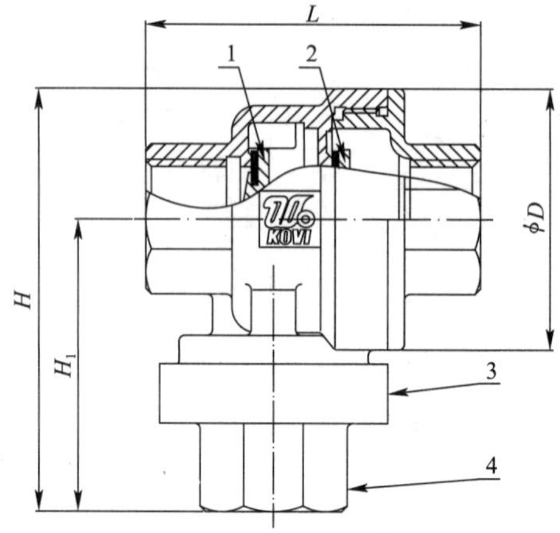

图 11-136　DSBP721X-10/16 低阻力倒流防止器结构图
1—进口止回装置；2—出口止回装置；
3—泄水装置；4—排水口

（2）规格尺寸见表 11-195。

DSBP721X-10/16 低阻力倒流防止器规格尺寸表　　　　　　　表 11-195

公称尺寸 DN	接口螺纹	外形尺寸（mm）		
		L	H	H_1
15	G1/2″	60	78	55
20	G3/4″	65	85	60
25	G1″	75	90	62
32	G1 1/4″	80	115	75
40	G1 1/2″	85	118	77
生产企业	天津市国威给排水设备制造有限公司			

5）低阻力倒流防止器

（1）阀体内部结构见图 11-137。

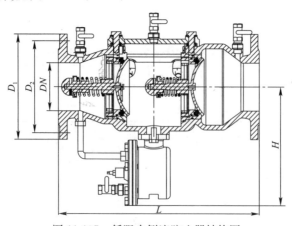

图 11-137　低阻力倒流防止器结构图

（2）规格尺寸见表 11-196。

低阻力倒流防止器规格尺寸表　　　　　　表 **11-196**

公称尺寸 DN	外形尺寸（mm）					
	L	D_1		D_2		H
		PN10	PN16	PN10	PN16	
65	340	185		145		228
80	380	200		160		235
100	430	220		180		250
150	550	285		240		285
200	650	340		295		402
250	775	395	405	350	355	440
300	900	445	460	400	410	480
生产企业	上海冠龙阀门机械有限公司					

6）DSBP741X-10/16-S 双膜片低阻力倒流防止器

（1）阀体结构见图 11-138。

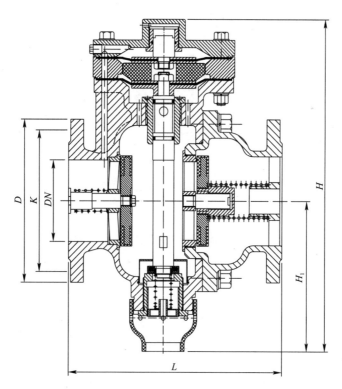

图 11-138　DSBP741X-10/16-S 双膜片低阻力
倒流防止器结构图

（2）规格尺寸见表 11-197。

DSBP741X-10/16-S 双膜片低阻力倒流防止器规格尺寸表　　　　表 11-197

公称尺寸 DN	外形尺寸（mm）						
	L	H	H_1	D		K	
				PN10	PN16	PN10	PN16
50	230	282	131	165	165	125	125
65	236	300	136	185	185	145	145
80	270	365	168	200	200	160	160
100	295	438	206	220	220	180	180
125	330	440	206	250	250	210	210
150	360	545	270	285	285	240	240
200	470	630	293	340	340	295	295
250	610	840	390	395	405	350	355
300	710	960	450	445	460	400	410
生产企业	天津市国威给排水设备制造有限公司						

7) DFZX741X-10/16Q/P 在线检修低阻力倒流防止器

(1) 阀体外形见图 11-139。

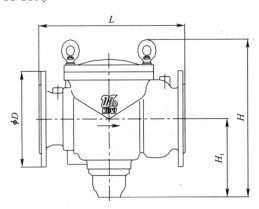

图 11-139　DFZX741X 在线检修低阻力倒流防止器外形图

(2) 规格尺寸见表 11-198。

DFZX741X 型在线检修低阻力倒流防止器规格尺寸表　　　　表 11-198

公称尺寸 DN	外形尺寸（mm）				
	L	H	H_1	D	
				PN10	PN16
50	300	295	160	165	165
65	310	320	170	185	185
80	325	330	175	200	200
100	400	365	190	220	220
125	425	415	220	250	250
150	480	460	230	285	285
200	550	520	260	340	340
生产企业	天津市国威给排水设备制造有限公司				

8）LHS41X 减压型倒流防止器（低阻力型）

（1）主要技术参数

公称压力：1.0MPa、1.6MPa

强度试验压力：1.5PN

密封试验压力：1.1PN

进口止回阀关闭正向压差：$\Delta P_{\mathrm{j}}=P_1-P_2\geqslant20\mathrm{kPa}$

出口止回阀关闭正向压差：$\Delta P_{\mathrm{c}}=P_2-P_3\geqslant7\mathrm{kPa}$

整机压力损失：$\Delta P=P_1-P_3\leqslant0.03\mathrm{MPa}$（介质流速 $V\leqslant2\mathrm{m/s}$）

部件材质：阀体（球铁、304 不锈钢）；过流组件（304 不锈钢）

（2）阀体结构见图 11-140。

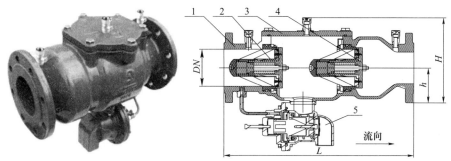

图 11-140　LHS41X 减压型倒流防止器（低阻力型）结构示意图
1—阀体；2—进口磁性止回阀；3—阀盖；4—出口磁性止回阀；5—自动泄水阀

（3）规格尺寸见表 11-199。

LHS41X 减压型倒流防止器（低阻力型）规格尺寸表 表 11-199

型号	公称尺寸 DN	结构长度（mm）L	排水器有效通径（mm）
LHS41X-10Q/10P LHS41X-16Q/16P	50	240	25
	65	260	
	80	300	
	100	360	
	150	500	40
	200	670	
生产企业	浙江盾安智控科技股份有限公司（及下属安徽红星阀门有限公司）		

9）LHS745X 低阻力倒流防止器（在线维护型）

（1）主要技术参数

公称压力：1.0MPa、1.6MPa

强度试验压力：1.5PN

密封试验压力：1.1PN

进口止回阀关闭正向压差：$\Delta P_{\mathrm{j}}=P_1-P\geqslant7\mathrm{kPa}$

出口止回阀关闭正向压差：$\Delta P_{\mathrm{c}}=P_2-P_3\geqslant3.5\mathrm{kPa}$

整机压力损失：$\Delta P=P_1-P_3\leqslant0.03\mathrm{MPa}$（介质流速 $V\leqslant2\mathrm{m/s}$）

部件材质：阀体（球铁、304 不锈钢）；过流组件（304 不锈钢）

（2）阀体结构见图 11-141。

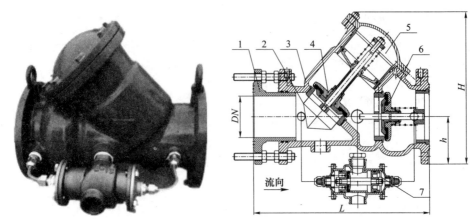

图 11-141　LHS745X 低阻力倒流防止器（在线维护型）结构示意图

1—伸缩法兰；2—过滤网；3—主阀体；4—进口止回阀；5—活塞感应腔；6—出口止回阀；7—自动排水器

（3）规格尺寸见表 11-200。

LHS745X 低阻力倒流防止器（在线维护型）规格尺寸表　　　　表 11-200

型号	公称尺寸 DN	结构长度 L（mm）		排水器有效通径（mm）
		无伸缩法兰	带伸缩法兰	
LHS745X-10Q/10P LHS745X-16Q/16P	50	240	300	25
	65	260	320	
	80	300	360	
	100	360	420	
	150	500	580	40
	200	670	760	
生产企业	浙江盾安智控科技股份有限公司（及下属安徽红星阀门有限公司）			

3. 双止回阀型倒流防止器

1）DYSDFQ-10 轨道式双止回阀倒流防止器

（1）阀体结构示意见图 11-142。

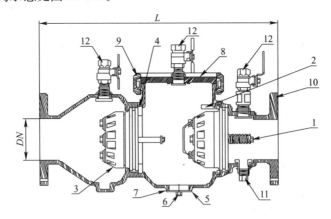

图 11-142　DYSDFQ-10 轨道式双止回阀倒流防止器结构示意图

1—1 号止回阀组件；2—1 号卡箍；3—2 号止回阀组件；4—2 号卡箍；5—端盖；6—螺栓；

7—密封圈；8—阀盖；9—沟槽管接头；10—阀体；11—管塞；12—测试球阀

（2）规格尺寸见表 11-201。

DYSDFQ-10 轨道式双止回阀倒流防止器规格尺寸表 表 11-201

5公称尺寸 DN	外形尺寸（mm）
	倒流防止器长度 L
65	403
80	403
100	495
150	597
200	959
250	959
300	965
生产企业	武汉大禹阀门股份有限公司

2）YQSDFQ4TX 型双止回阀倒流防止器

（1）阀体结构示意见图 11-143。

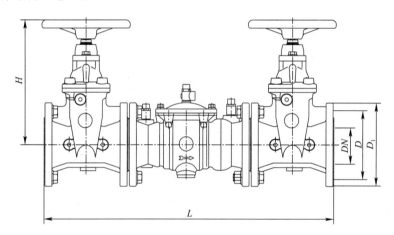

图 11-143　YQSDFQ4TX 型双止回阀倒流防止器结构示意图

（2）规格尺寸见表 11-202。

YQSDFQ4TX 型双止回阀倒流防止器规格尺寸表 表 11-202

公称尺寸 DN	外形尺寸（mm）					重量 （kg）
	L	D_1	H	D		
				PN10	PN16	
65	619（770）	185	315	145	145	65
80	691（873）	200	365	160	160	81
100	795（1060）	220	400	180	180	112
150	950（1260）	285	505	240	240	176
200	1105（1505）	340	595	295	295	262
250	1250（1755）	400	675	350	355	455
300	1400（2030）	455	792	400	410	603
生产企业	广东永泉阀门科技有限公司、浙江盾安下属安徽红星阀门有限公司等					

注：表中括号内数字为带过滤器产品尺寸。

3）GWSDFQ4X-10/16-D 双止回阀倒流防止器

（1）阀体结构示意见图 11-144。

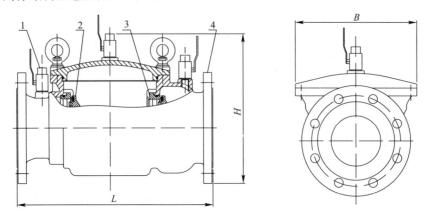

图 11-144　GWSDFQ 双止回阀倒流防止器结构示意图
1—检测球阀；2—进口止回阀；3—出口止回阀；4—阀体

（2）规格尺寸见表 11-203。

GWSDFQ 双止回阀倒流防止器外形尺寸表　　　　　　表 11-203

公称尺寸 DN	外形尺寸（mm）		
	L	H	B
50	305	295	190
65	310	320	200
80	325	330	220
100	400	365	250
125	425	415	270
150	498	460	300
200	565	520	350
300	850	780	550
生产企业	天津市国威给排水设备制造有限公司		

4. 入户防回流阀门

1）ZDF711X-10/16T 倒流防止闸阀

（1）阀体外形见图 11-145。

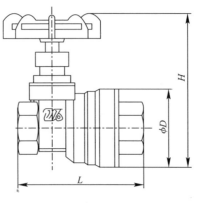

图 11-145　ZDF711X-10/16T 倒流防止闸阀外形图

（2）规格尺寸见表 11-204。

ZDF711X-10/16T 倒流防止闸阀规格尺寸表　　　　　表 **11-204**

公称尺寸 DN	外形尺寸（mm）		
	L	D	H
15	70	42	85
20	80	45	100
生产企业	天津市国威给排水设备制造有限公司、浙江盾安智控科技股份有限公司等		

2）DSBP721X-10/16P/T-SB-Q/H 入户水表用倒流防止器

（1）入户水表用倒流防止器外形见图 11-146。

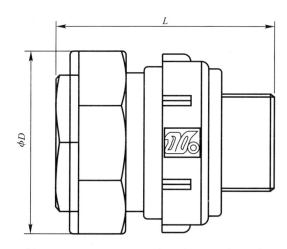

图 11-146　DSBP721X-10/16P/T-SB-Q/H 入户
水表用倒流防止器外形意图

（2）规格尺寸见表 11-205。

DSBP721X-10/16P/T-SB-Q/H 入户水表用倒流防止器规格尺寸表　　　　表 **11-205**

公称尺寸 DN	外形尺寸（mm）		备注
	L	D	
15	57	48	配胶垫
20	62	55	配胶垫
25	69	70	配胶垫
32	79	85	配胶垫
40	83	95	配胶垫
生产企业	天津市国威给排水设备制造有限公司、浙江盾安下属安徽红星阀门有限公司等		

3）DSBP711X/721X-10/16N/P/T 微型倒流防止器

（1）阀体外形见图 11-147。

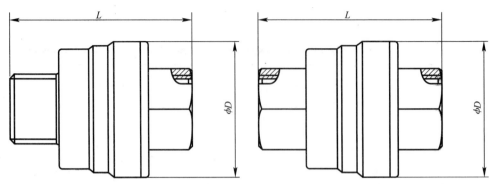

图 11-147　DSBP711X（内螺纹）/721X（外螺纹）-10/16N/P/T 微型倒流防止器外形图

（2）规格尺寸见表 11-206。

DSBP711X-10/16N/P/T 微型倒流防止器规格尺寸表　　　　表 11-206

公称尺寸 DN	外形尺寸（mm）			
	L		D	
	内螺纹	外螺纹	内螺纹	外螺纹
15	58	58	42	42
20	58	60	45	45
25	75	105	54	54
32	80	110	80	80
40	82	118	80	80
生产企业	天津市国威给排水设备制造有限公司			

4）ZHB711X-10/16T 防回流多功能户表阀

（1）阀体外形见图 11-148。

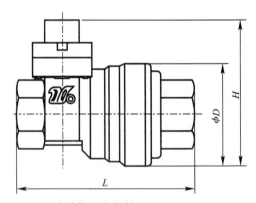

图 11-148　ZHB711X-10/16T 防回流多功能户表阀外形图

（2）规格尺寸见表 11-207。

ZHB711X-10/16T 防回流多功能户表阀规格尺寸表　　　　表 11-207

公称尺寸 DN	外形尺寸（mm）		
	L	D	H
15	76	42	85
20	86	45	100
生产企业	天津市国威给排水设备制造有限公司、浙江盾安智控科技股份有限公司等		

11.4.3　真空破坏器

1. 大气型真空破坏器

1）ZP3X-10P 水平直通大气型真空破坏器

（1）阀体结构示意见图 11-149。

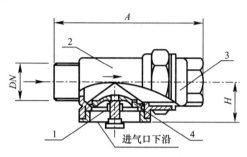

图 11-149　ZP3X-10P 水平直通大气型真空破坏器结构示意图

1—进气阀；2—阀体；3—阀盖；4—密封圈

（2）规格尺寸见表 11-208。

ZP3X-10P 水平直通大气型真空破坏器规格尺寸表　　　表 11-208

公称尺寸 DN	外形尺寸（mm）		重量（kg）
	A	H	
15	82	26	0.4
20	88	31	0.6
25	100	36	0.9
32	108	41	1.4
40	130	52	2.4
50	162	62	4.0
生产企业	上海上龙供水设备有限公司		

2）ZPD3X-10P 管顶大气型真空破坏器

（1）阀体结构示意见图 11-150。

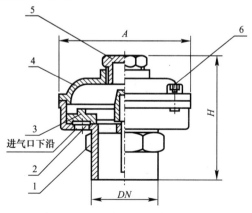

图 11-150　ZPD3X-10P 管顶大气型真空破坏器结构示意图

1—进气阀体；2—进气孔；3—进气阀瓣；4—进气阀盖；5—丝堵；6—连接螺丝

357

（2）规格尺寸见表 11-209。

ZPD3X-10P 管顶大气型真空破坏器规格尺寸表　　　表 11-209

公称尺寸 DN	外形尺寸（mm）		重量（kg）
	A	H	
15	50	60	0.5
20	65	70	0.8
25	76	76	1.2
32	86	92	1.8
40	97	96	2.4
50	118	108	3.1
生产企业	上海上龙供水设备有限公司		

3）ZPQ3X-10P 大气型真空破坏器

（1）阀体结构示意见图 11-151。

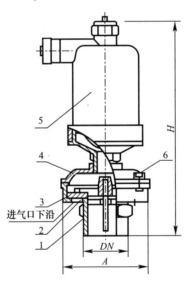

图 11-151　ZPQ3X-10P 大气型真空破坏器结构示意图
1—进气阀体；2—进气孔；3—进气阀瓣；4—进气阀盖；5—丝堵；6—连接螺丝

（2）规格尺寸见表 11-210。

ZPQ3X-10P 大气型真空破坏器规格尺寸表　　　表 11-210

公称尺寸 DN	外形尺寸（mm）		重量（kg）
	A	H	
15	50	208	1.8
20	65	220	2.1
25	76	226	2.6
32	86	285	4.9
40	97	290	5.5
50	118	301	5.8
生产企业	上海上龙供水设备有限公司		

2. 压力型真空破坏器

1）ZYC3X-10P 水平直通压力型真空破坏器

（1）阀体结构示意见图 11-152。

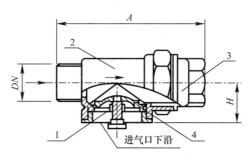

图 11-152 ZYC3X-10P 水平直通压力型真空破坏器结构示意图
1—进气阀；2—阀体；3—密封圈；4—止回阀

（2）规格尺寸见表 11-211。

ZYC3X-10P 水平直通压力型真空破坏器规格尺寸表 表 11-211

公称尺寸 DN	外形尺寸（mm）		重量（kg）
	A	H	
15	82	26	0.5
20	88	31	0.7
25	100	36	1.2
32	108	41	1.8
40	130	52	2.7
50	162	62	4.8
生产企业	上海上龙供水设备有限公司		

2）ZHY3X-10P 带压力型真空破坏器组合水嘴

（1）水嘴外形构造示意见图 11-153。

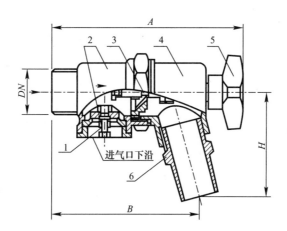

图 11-153 ZHY3X-10P 带压力型真空破坏器组合水嘴构造示意图
1—进气阀；2—阀体；3—截止止回阀；4—阀盖；5—调节手柄；6—软管接头

（2）规格尺寸见表 11-212。

ZHY3X-10P 压力型组合水嘴规格尺寸表　　　　表 11-212

公称尺寸 DN	外形尺寸（mm）			重量（kg）
	A	B	H	
15	121	91	63	1.2
20	131	100	72	1.6
25	146	111	80	2.4
生产企业	上海上龙供水设备有限公司			

3. 软管型真空破坏器

1）ZRJ3X-10P 软管型真空破坏器结构示意见图 11-154。

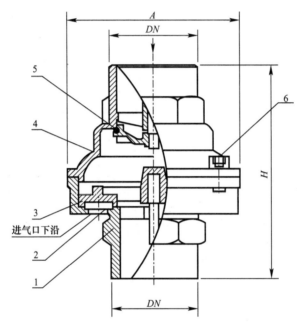

图 11-154　ZRJ3X-10P 软管型真空破坏器结构示意图

1—进气阀体；2—进气口；3—进气阀瓣；4—阀盖；5—止回阀；6—连接螺栓

2）规格尺寸见表 11-213。

ZRJ3X-10P 软管型真空破坏器规格尺寸表　　　　表 11-213

公称尺寸 DN	外形尺寸（mm）		重量（kg）
	A	H	
15	50	69	0.8
20	65	85	1.2
25	76	93	1.5
生产企业	上海上龙供水设备有限公司		

11.4.4　管道过滤器

1. GL11-16T 管道过滤器

1）技术性能参数见表 11-214。

GL11-16T 管道过滤器技术性能参数表　　表 11-214

公称压力（MPa）	试验压力		适用介质温度（℃）
	强度试验压力（MPa）	密封试验压力（MPa）	
1.6	2.4	1.76	≤120

2）外形及结构示意见图 11-155。

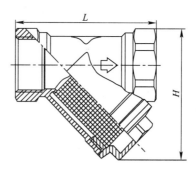

图 11-155　GL11-16T 管道过滤器外形图、结构示意图

3）规格尺寸见表 11-215。

GL11-16T 管道过滤器规格尺寸表　　表 11-215

公称尺寸 DN	外形尺寸（mm）	
	L	H
15	55	53
20	67	64
25	82	75
32	102	93
40	115	105
50	133	129
生产企业	泉州市沪航阀门制造有限公司、浙江盾安智控科技股份有限公司等	

2. YST 型过滤器、YSTF 型拉杆伸缩管道过滤器

1）技术性能及部件材质见表 11-216。

YST 型过滤器、YSTF 型拉杆伸缩管道过滤器技术性能及部件材质表　　表 11-216

公称压力（MPa）	适用介质温度（℃）	部件材质				
		阀体	滤网	伸缩拉杆	止水橡胶	端盖
PN10/16	≤70	球墨铸铁	不锈钢	球墨铸铁	NBR	球墨铸铁

2）结构示意见图 11-156。

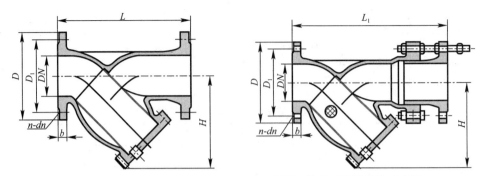

图 11-156 YST 型（左图）、YSTF 型（右图）管道过滤器结构示意图

3）规格尺寸见表 11-217。

YST 型、YSTF 型管道过滤器规格尺寸表　　　　　　　　　　表 11-217

型号	公称尺寸 DN	外形尺寸（mm）									
		L	L_1	H	D		D_1		b	
					PN10	PN16	PN10	PN16	PN10	PN16
YSTF-0050	50	225	300±12	145	165	165	125	125	19	19
YSTF-0065	65	260	340±15	170	185	185	145	145	19	19
YSTF-0080	80	300	380±15	205	200	200	160	160	19	19
YSTF-0100	100	340	430±15	235	220	220	180	180	19	19
YSTF-0150	150	450	559±15	320	285	285	240	240	19	19
YSTF-0200	200	550	675±25	440	340	340	295	295	20	20
生产企业	上海冠龙阀门机械有限公司、浙江盾安智控科技股份有限公司等									

3. SY4P 型过滤器、YSTF 型拉杆伸缩管道过滤器

1）技术性能参数见表 11-218。

SY4P 型、YSTF 型拉杆伸缩管道过滤器技术性能参数表　　　　表 11-218

公称压力 PN（MPa）	阀体试验压力（MPa）	工作压力（MPa）
1.0	1.5	1.0
1.6	2.4	1.6
2.5	3.75	2.5

2）结构示意见图 11-157。

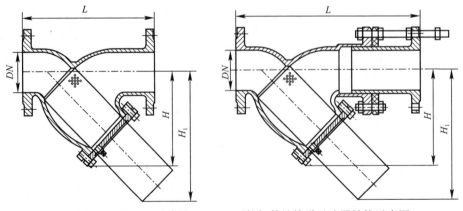

图 11-157 SY4P 型过滤器、YSTF 型拉杆伸缩管道过滤器结构示意图

3）规格尺寸见表 11-219。

SY4P 型过滤器、YSTF 型拉杆伸缩管道过滤器规格尺寸表　　表 **11-219**

公称尺寸 *DN*			50	65	80	100	125	150	200	250	300
外形尺寸 （mm）	SY4P- 10/16/25	*L*	230	260	300	340	380	430	500	600	700
		H	160	180	210	240	250	270	380	410	500
		H_1	230	250	295	334	370	400	530	620	740
	YSTF- 10/16	*L*	340	380	430	480	530	600	710	815	930
		H	160	180	210	240	250	270	380	410	500
		H_1	230	250	295	334	370	400	530	620	740
生产企业			杭州春江阀门有限公司								

4. YQT44-10Q、16Q T 型扩散管道过滤器

1）技术性能参数见表 11-220。

YQT44-10Q、16Q T 型扩散管道过滤器技术性能参数表　　表 **11-220**

公称压力（MPa）	1.0	1.6
壳体强度试验压力（MPa）	1.5	2.4
密封试验压力（MPa）	1.25	2.0
适用介质温度（℃）	≤100	

2）结构示意见图 11-158。

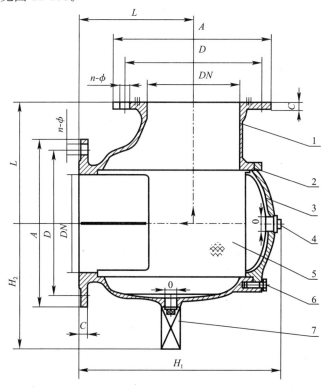

图 11-158　YQT44-10Q、16Q T 型扩散管道过滤器结构示意图

1—阀体；2—O 形密封圈；3—阀盖；4—螺塞；5—过滤网；6—螺钉；7—球阀

3）规格尺寸见表 11-221。

YQT44-10Q、16Q T 型扩散管道过滤器规格尺寸表　　表 11-221

公称尺寸 DN	外形尺寸（mm）						
	A	D		C	L	H_1	H_2
		PN10	PN16				
80	200	160		19	131	245	201
100	220	180		19	146	300	212
125	250	210		19	178	350	240
150	285	240		19	203	410	260
200	340	295		20	248	500	301
250	405	350	355	22	311	630	342
300	460	400	410	24.5	350	700	420
生产企业	广东永泉阀门科技有限公司						

5. GLT41H-10/16 T 型管道过滤器

1）结构示意见图 11-159。

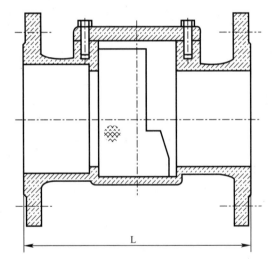

图 11-159　GLT41H-10/16 T 型管道过滤器结构示意图

2）规格尺寸见表 11-222。

GLT41H-10/16 T 型管道过滤器规格尺寸表　　表 11-222

公称尺寸 DN	50	65	80	100	150	200	250	300	400
L（mm）	200	205	235	275	300	355	380	400	580
生产企业	天津市国威给水排水设备制造有限公司								

11.4.5　水锤消除器

1. YQHXNQ4X 活塞式水锤吸纳器

1）技术性能参数见表 11-223。

YQHXNQ4X 活塞式水锤吸纳器主要技术参数表 表 11-223

公称压力（MPa）	充氮气压力（MPa）	适用介质温度（℃）
1.0/1.6/2.5	0.5	≤70

2）阀体结构示意见图 11-160。

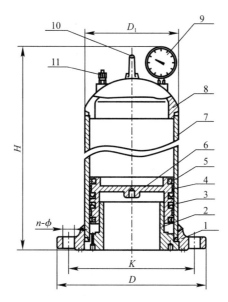

图 11-160　YQHXNQ4X 活塞式水锤吸纳器结构示意图
1—挡圈；2—○形圈；3—Y 形圈；4—导向环；5—孔用方形圈；6—活塞；7—缸体；
8—封头；9—压力表；10—吊环；11—充气阀

3）规格尺寸见表 11-224。

YQHXNQ4X 活塞式水锤吸纳器规格尺寸表 表 11-224

公称尺寸 DN	外形尺寸（mm）					气压腔容积（L）
	D			D_1	H	
	PN10	PN16	PN25			
65	185	185	185	76	468	1
80	200	200	200	89	720	2.8
100	220	220	235	112	757	6
125	250	250	270	135	796	16
150	285	285	300	162	832	16
200	340	340	360	219	880	25
250	405	405	425	273	968	42
300	460	460	485	325	997	55
生产企业	广东永泉阀门科技有限公司					

2. YQJXNQ4X 胶胆式水锤吸纳器

1）技术性能参数见表 11-225。

YQJXNQ4X 胶胆式水锤吸纳器技术性能参数表		表 11-225
公称压力（MPa）	充氮气压力（MPa）	适用介质温度（℃）
1.0/1.6/2.5	0.5	≤70

2）结构示意见图 11-161。

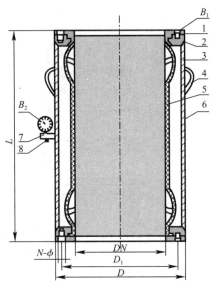

图 11-161 YQJXNQ4X 胶胆式水锤吸纳器结构示意图

1—压盖；2—端盖；3—橡胶内胆；4—提手；5—多孔管；6—壳体；7—接头；8—充气阀

3）规格尺寸见表 11-226。

YQJXNQ4X 胶胆式水锤吸纳器规格尺寸表					表 11-226

公称尺寸 DN	外形尺寸（mm）				
	L	D			
		PN16	PN25	PN40	
65	290	165	165	165	
80	320	185	185	185	
100	365	200	200	200	
125	440	220	235	235	
150	515	250	270	270	
200	610	285	300	300	
250	700	340	360	375	
300	780	405	425	450	
生产企业	广东永泉阀门科技有限公司				

11.4.6 管道补偿器（伸缩器）

1. JALF、JATF 双法兰管路松套补偿接头

1）结构示意见图 11-162。

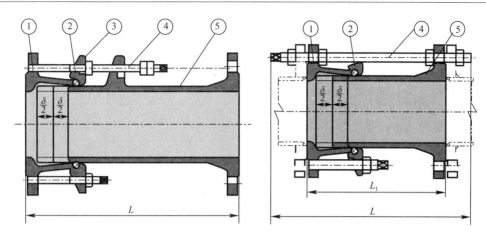

图 11-162 JALF、JATF 双法兰管路松套补偿接头结构示意图
1—套盘；2—密封圈；3—压盖；4—螺栓、螺母；5—补偿接头

2）JALF 双法兰松套限位伸缩接头、JATF 双法兰松套传力接头的安装长度见表11-227。

JALF 双法兰松套限位伸缩接头、JATF 双法兰松套传力接头的安装长度表 表 11-227

JALF 双法兰松套限位伸缩接头		
公称尺寸 DN	50~250	
安装长度 L（mm）	340	
允许伸缩量 δ（mm）	50	
JATF 双法兰松套传力接头		
公称尺寸 DN	50~250	300
总长 L（mm）	340	380
最大安装长度 L_{1max}（mm）	220	245
最小安装长度 L_{1min}（mm）	180	195
允许伸缩量 δ（mm）	40	50
生产企业	上海冠龙阀门机械有限公司	

11.5 仪表

11.5.1 压力表、真空表

1. Y 型压力表

Y 型压力表规格及性能参数见表 11-228。

Y 型压力表规格及性能参数表 表 11-228

表盘外径（mm）	测量范围（MPa）	精度等级	接头螺栓	重量（kg）
60	0~0.1、……、0~16	2.5	M14×1.5	0.2
100	0~0.06、……、0~25	1.5	M20×1.5	0.2
		2.5		
150	0~0.06、……、0~25	1.5	M20×1.5	0.9

2. Z 型真空表

Z 型真空表规格及性能参数见表 11-229。

Z 型真空表规格及性能参数表　　　　表 11-229

表盘外径（mm）	测量范围（mmHg）	精度等级	接口螺栓	重量（kg）
60		2.5	M14×1.5	0.18
100	−760～0.0	0.5	M20×1.5	0.5
150		1.5	M20×1.5	0.9

3. YZ-150 型电接点压力表、真空表

YZ-150 型电接点压力表、真空表规格及性能参数见表 11-230。

YZ-150 型电接点压力表、真空表规格及性能参数表　　　　表 11-230

表盘外径（mm）	测量范围（MPa）	精度等级	接口螺栓	接点容量
150	0～0.1、……、−0.1～2.4	1.5	M20×1.5	220V、10VA

11.5.2　水表、流量计

1. 机械水表

1）机械水表分类

（1）按测量原理分为旋翼式水表和螺翼式水表。

旋翼式水表又分为单流束旋翼式水表和多流束旋翼式水表，其中以多流束旋翼式水表使用最为广泛；螺翼式水表又分为水平螺翼式水表和垂直螺翼式水表。

（2）按计量等级分为 1 级水表和 2 级水表，当前国内一般采用 2 级水表。

（3）按计数器是否浸没在水中分为干式水表和湿式水表。

（4）按安装形式分为水平安装水表和立式安装水表。立式安装时一般要求水流方向从下往上。

（5）按公称尺寸分为小口径水表和大口径水表。

公称口径 40mm 及以下的水表通常称为小口径水表，公称口径 50mm 及以上的水表称为大口径水表。这二种水表有时又分别被称为民用水表和工业用水表；同时，这二种水表也可以从表壳的连接形式区别开来，公称口径 40mm 及以下的水表多用螺纹连接，50mm 及以上的水表多用法兰连接。

2）旋翼干式水表

旋翼干式水表性能参数见表 11-231。

旋翼干式水表性能参数表　　　　表 11-231

公称尺寸 DN	量程范围 Q_3/Q_1	过载流量 Q_4（m³/h）	常用流量 Q_3（m³/h）	分界流量 Q_2（L/h）	最小流量 Q_1（L/h）
15	80	3.125	2.5	50.0	31.3
20	80	5.0	4.0	80.0	50.0
25	80	7.875	6.3	128.0	78.75
32	80	12.5	10.0	200.0	125.0
40	160	20.0	16.0	320.0	200.0
50	250	31.25	25.0	500.0	312.5

3）LXS多流束旋翼湿式水表

（1）LXS多流束旋翼湿式水表一般为小口径民用水表，早年在供水系统中广泛使用，近年来已经逐渐被由其改造升级而来的智能水表所替代。

（2）表壳材质一般采用球墨铸铁或铸造铅黄铜。近年来不锈钢及塑料材质的水表也有少量应用。

（3）一般为2级水表，量程范围 Q_3/Q_1 一般为80，$Q_2/Q_1=1.6$。

（4）LXS旋翼湿式水表外形尺寸见表11-232。

LXS旋翼湿式水表外形尺寸表　　　　　表 11-232

公称尺寸 DN	外形尺寸（mm）			连接螺纹	
	长度 L	宽度 B	高度 H	D	d
15	258	99	109	R1/2	G 3/4 D
20	299	99	111	R3/4	G1 D
25	345	101	117	R1	G1 1/4 D
40	373	125	153	R1 1/2	G2 3/4 D
生产企业	杭州水表有限公司				

4）WPD水平螺翼式水表

（1）WPD水平螺翼式水表是LXL水平螺翼式的升级版，一般为大口径水表，特别适用于特大流量的计量，如水泵后方、二次供水等场所。

（2）WPD水平螺翼式水表外形及内部流道示意见图11-163。

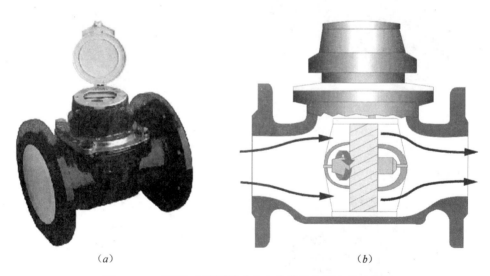

（a）　　　　　　　　　　　　　　　（b）

图 11-163　WPD水平螺翼式水表外形及内部流道示意图

（a）外形图；（b）内部流道示意图

（3）采用抽真空铜封计数器，防水等级IP68，表面不起雾。

（4）表壳材质一般采用球墨铸铁，法兰连接。

（5）一般为2级水表，量程范围 $Q_3/Q_1=200$，$Q_2/Q_1=1.6$。

（6）WPD水平螺翼式水表外形尺寸见表11-233。

WPD 水平螺翼式水表外形尺寸表（mm） 表 **11-233**

公称尺寸 DN		40	50	65	80		100	125	150	200	250	300
外形尺寸	长度 L	220	200	200	200	225	250	250	300	350	450	500
	高度 H	189	193	205	245		255	278	312	368	425	482
连接法兰	外径	150	165	185	200	220	250	285	340	405	460	580
	螺孔中心距	110	125	145	160	180	210	240	295	355	410	525
	螺栓 n-φ	4-φ19			4/8-φ19	8-φ19		8-φ23	8/12-φ23	12-φ28		16-φ31
重量（kg）		7.4	7.7	10.0	13.6	14	18	20.5	35.5	50.5	72.3	99.3
生产企业		杭州水表有限公司										

5）WS/WSD 垂直螺翼式水表

（1）WS/WSD 垂直螺翼式水表一般为大口径水表，适用于中小流量且水流波动较大的场所，如住宅小区总表、企事业单位贸易结算表、消防水表等场所。WSD 水表为 WS 水表的升级版。

（2）WS 垂直螺翼式水表外形及内部流道示意见图 11-164。

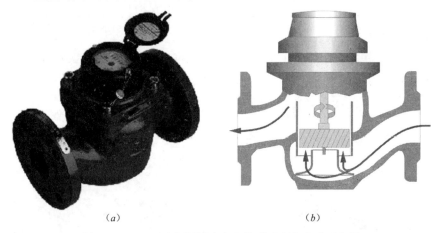

（a）   （b）

图 11-164　WS 垂直螺翼式水表外形及内部流道示意图
（a）外形图；（b）内部流道示意图

（3）WSD 垂直螺翼式水表外形及内部流道示意见图 11-165。

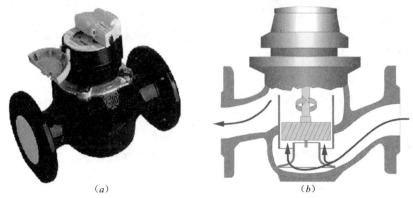

（a）   （b）

图 11-165　WSD 垂直螺翼式水表外形及内部流道示意图
（a）外形图；（b）内部流道示意图

（4）采用抽真空铜封计数器，防水等级 IP68，表面不起雾。

（5）表壳材质一般采用球墨铸铁，法兰连接。

（6）一般为 2 级水表，量程范围 $Q_3/Q_1=200$，$Q_2/Q_1=1.6$。

（7）WS 水表外形尺寸见表 11-234，WSD 水表外形尺寸见表 11-235：

WS 垂直螺翼式水表外形尺寸表 　　　　　表 11-234

公称尺寸 DN		40	50	50 (S)	65	80	80 (S)	100	100 (S)	150	200
外形尺寸 (mm)	长度 L	245	280	200	300	370	225	370	250	500	500
	高度 H	220	228	233	238	290	294	306	311	445	564
连接法兰 (mm)	外径	G2″	165		185		200		220		285	340
	螺孔中心距		125		145		160		180		240	295
	螺栓 n-ϕ		4-ϕ19			4/8-ϕ19			8-ϕ19		8-ϕ23	8/12-ϕ23
重量（kg）		7	13	12	18	21	19	24	23	58	94
生产企业		杭州水表有限公司									

WSD 垂直螺翼式水表外形尺寸表 　　　　　表 11-235

公称尺寸 DN		40	50	65	80	100	150
外形尺寸 (mm)	长度 L	245/300	280	300	370	370	500
	高度 H	226	231	261	261	301	481
连接法兰 (mm)	外径	G2B″	165	185	200	220	285
	螺孔中心距		125	145	160	180	240
	螺栓 n-ϕ		4-ϕ19		4/8-ϕ19	8-ϕ19	8-ϕ23
重量（kg）		7.2/7.6	12.5	16.5	18.5	31.5	89.5
生产企业		杭州水表有限公司					

2. 智能水表

1）智能水表分类

通常分为预付费水表和电子远传水表。

（1）预付费水表分为 IC 卡水表和 TM 卡水表等，近年来已逐渐被电子远传水表所取代。

（2）电子远传水表根据机电转换原理一般分为脉冲式远传水表和直读式远传水表。直读式远传水表常见的有光电编码直读式远传水表、摄像直读式远传水表，其中光电编码直读式远传水表是当前主流产品。根据通信方式一般分为有线式电子远传水表、无线式电子远传水表和物联网无线电子远传水表。

2）预付费水表

（1）预付费水表采用一户一表一卡，凭卡用水；已付费可使用的水量记录在芯片卡里，当卡中的充值流量用完后将自动关闭，用户需重继续充值才能再次开阀用水。

（2）预付费水表的机电转换原理一般采用脉冲原理，计量显示方式采用机械字轮显示加液晶显示相结合。

（3）一般为 2 级水表，量程范围 $Q_3/Q_1=80$，$Q_2/Q_1=1.6$。

3）电子远传水表

摄像直读式远传水表使用较少，本《手册》重点介绍光电编码直读式远传水表。

（1）光电编码直读式远传水表一般为小口径水表，适用于新建高层一户一表远程抄收。

（2）光电编码直读式远传水表通常采用光电对射式。其原理为在水表字轮的端面按一定规律分布有码道，具有挡光和透光的作用，字轮两侧分别是沿同一圆周均匀分布的 5 组或 7 组发光管和接收管。抄表时点亮发光管，光线照射在字轮端面上，由于字轮位置不同，对应相应码道产生挡光和透光的作用，接收管由此得到一组明暗信号。经过集成电路的处理，就可以确定字轮的位置，从而得到水表的读数。原理示意见图 11-166。

图 11-166　光电编码直读式远传水表读数原理示意图

（3）考虑到电子元器件防水防潮以及长久运行的可靠性，光电编码直读式远传水表一般采用干式水表。

（4）采用抽真空计数器，防水等级 IP68，表面不起雾。

（5）表壳材质一般采用球墨铸铁或铸造铅黄铜，螺纹连接。

（6）一般为 2 级水表，量程范围 $Q_3/Q_1=80$，$Q_2/Q_1=1.6$。

（7）水表外形尺寸见表 11-236。

光电编码直读式远传水表外形尺寸表（mm）　　　表 11-236

安装方式	公称尺寸 DN	长度 L	宽度 B	高度 H	连接螺纹
水平安装	15	165	93	118	G3/4″
	20	195	93	118	G1″
	25	225	99	125	G1 1/4″
	40	245	125	160	G2″
立式安装	15	105	95	144	G3/4″
	20	105	95	148	G1″
	25	110	99	165	G1 1/4″
生产企业	杭州水表有限公司				

（8）组网方式及应用

光电编码直读式远传水表抄表组网一般采用简抄式集抄系统、GPRS 无线远传抄表系统和有线联网抄表系统三种方式。

① 简抄式集抄系统

简抄式集抄系统由远传水表、简抄盒、便携式抄表包、智能抄表手机等几部分组成。每 100 只远传水表接入一只简抄盒，简抄盒安装在住宅单元门口或地下室。抄表时只需使用便携式抄表包至简抄盒处进行抄表，现场无需任何数据采集设备和电源，使用成本相对较低。简抄式集抄系统见图 11-167。

简抄式集抄系统具有如下特点：

a. 一次性投入成本较低，性价比高。

b. 无需配套设备，组网简单，高可靠性，安装维护简易便捷。

c. 现场无需供电电源，不受外界供电条件及电池寿命制约。

d. 简抄盒内无电子元器件，可用于低温、暴晒等极端不利环境。

e. 单表抄收时间小于 1s，单人可日抄 5000 只水表。

f. 也可采用手机 APP 抄表，通过 GPRS 网络传输数据，免去抄表人员来回奔波。

② GPRS 无线远传抄表系统

GPRS 无线远传抄表系统由光电编码直读式远传水表、GPRS 远传集中器及远程抄表管理系统等几部分组成。水表数据通过 GPRS 无线网络自动定时传输至监控中心，实现水表数据实时监控。GPRS 无线远传抄表系统见图 11-168。

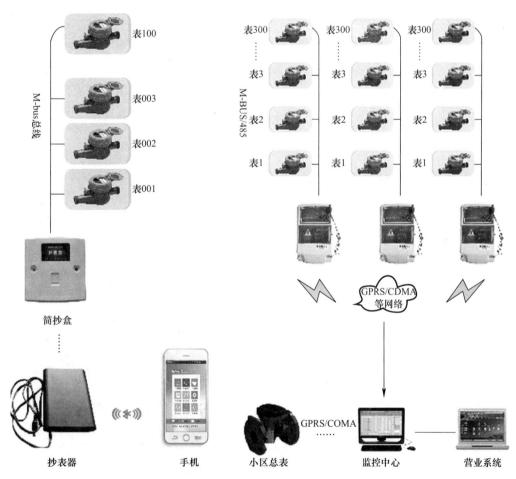

图 11-167 光电编码直读式远传水表
简抄式集抄系统示意图

图 11-168 编码式直读远传水表 GPRS 无线
远传抄表系统示意图

GPRS 无线远传抄表系统具有如下特点：

a. 采用移动 GPRS 无线网络传输，信号覆盖面广。

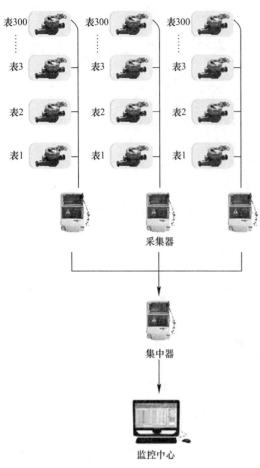

图 11-169　编码式直读远传水表有线
联网抄表系统示意图

b. 无需信号采集器，采用"水表——GPRS 集中器——服务器"三级组网结构，网络简单，运行可靠。

c. 每个集中器可带 300 只水表，集中器数量大为减少，有效降低组网成本。

d. 通过 GPRS 网络直接将数据发送至监控中心，集中器之间无需联网布线。

e. 内置简抄口，特殊情况下可携带抄表设备至现场集抄。

③ 有线联网抄表系统

有线联网抄表系统由光电编码直读式远传水表、采集器、集中器、计算机和抄表管理软件等几部分组成，所有水表数据通过有线网络传输至小区物业中控机房。有线联网抄表系统见图 11-169。

有线联网抄表系统具有如下特点：

a. 采用 M-BUS/RS485 以太网有线网络传输，无网络通信费用，可降低运行成本。

b. 采用 M-BUS 组网，可随意布线，组网便捷。

④ 物联网无线远传水表

物联网无线远传水表是在光电编码直读式远传水表基础上结合最新物联网通信技术研制成功的新一代远传水表，无需穿管布线，安装方便，特别适合于旧城改造、三供一业改造等场所。物联网无线远传水表外形见图 11-170。

a. 物联网无线远传水表的通讯方式采用 Lora 或 NB-IoT 等新一代物联网技术。

b. 考虑到电子元器件防水防潮以及长久运行的可靠性，物联网无线远传水表一般采用干式水表。

c. 采用抽真空计数器，防水等级 IP68，表面不起雾。

d. 表壳材质一般采用球墨铸铁或铸造铅黄铜，螺纹连接。

e. 一般为 2 级水表，量程范围 $Q_3/Q_1 = 80$，$Q_2/Q_1 = 1.6$。

f. 物联网无线远传水表外形尺寸见表 11-237。

图 11-170　物联网无线远传水表外形图

物联网无线远传水表外形尺寸表（mm）				表 11-237
公称尺寸 DN	长度 L	宽度 B	高度 H	连接螺纹
15	165	96	145	G3/4″
20	195	93	118	G1″
25	225	99	125	G1 1/4″
生产企业	杭州水表有限公司			

g. 物联网无线远传水表性具有如下特点：

（a）机电转换采用成熟可靠的光电对射直读方式，确保远传数据准确可靠。

（b）采用 LoRa/NB-IoT 等低功耗广域网通信技术，传输距离远，抗干扰能力强。

（c）水表内置锂电池供电，安装使用不受外界供电条件限制，功耗低。

h. 物联网无线远传水表抄表系统组网模式见图 11-171。

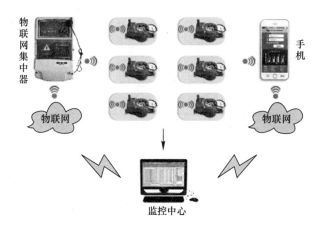

图 11-171　物联网无线远传水表抄表系统组网模式示意图

3. 超声水表

超声水表通常采用时差法原理，适用于贸易结算总表、考核表等场所。

1）DW 型超声水表

（1）DW 型超声水表性能参数见表 11-238。

DW 型超声水表技术性能参数		表 11-238
项目名称	技术性能参数	
公称压力	1.0MPa、1.6MPa	
压力损失等级	$\triangle P16$	
工作环境	$-25\sim55℃$，湿度≤100％（RH）	
温度等级	T50	
上下游流场敏感度等级	U0 D0	
气候和机械环境安全等级	C 级	
电磁兼容性等级	E2 级	
数字显示	LCD 液晶屏 9 位数显，可显示：累积流量、瞬时流量、错误代码、流向、红外通讯、脉冲开关、滴漏等状态标识	

项目名称	技术性能参数
数据存储	可存储最近 7×24h 累积量、365×1 日累积量和 72×1 月累积量（失电后数据永久保存）
接口与输出	1. M_BUS+脉冲；2. RS485+脉冲；3. 40~20mA；4. 脉冲
输入	红外光电接口
工作电源	3.6V 锂电池，可正常用 10 年以上
规格范围	$DN50 \sim DN500$
防护等级	IP68
功耗	<0.5mW
输出电缆长度	标配 1m（特殊需要请在订货时说明）
测量流向	可双向计量
可选配测量	压力、温度

（2）DW 型超声水表流量参数见表 11-239。

DW 型超声水表流量参数表　　　　　　　　　　　表 **11-239**

规格	DN	50	65	80	100	125	150	200	250	300	400	500
	英寸	2″	2 1/2″	3″	4″	5″	6″	8″	10″	12″	16″	20″
始动流量 Q_{start}(L/h)		5	8	12	19	30	44	77	121	174	309	483
最小流量 Q_1(m³/h)		0.08	0.126	0.13	0.20	0.32	0.50	0.80	2.00	2.00	3.20	5.00
分界流量 Q_2(m³/h)		0.13	0.20	0.20	0.32	0.51	0.80	1.28	3.20	3.20	5.12	8.00
常用流量 Q_3(m³/h)		40	63	63	100	160	250	400	1000	1000	1600	2500
过载流量 Q_4(m³/h)		50	78.75	78.75	125	200	312.5	500	1250	1250	2000	3125
量程比 $R=Q_3/Q_1$		500										
Q_2/Q_1		1.6										

（3）DW 型超声水表外形见图 11-172。

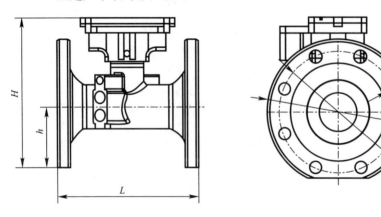

图 11-172　DW 型超声水表外形图

（4）DW 型超声水表外形尺寸见表 11-240。

DW 型超声水表外形尺寸表（mm） 表 11-240

公称尺寸 DN	50	65	80	100	125	150	200	250	300	400	500
公称压力（MPa）	1.6	1.6	1.6	1.6	1.6	1.6	1.0	1.0	1.0	1.0	0.6
L	200	200	225	250	250	300	350	450	500	600	600
H	204	213	236	256	276	300	342	397	448	530	620
h	65	68	90	105	117	130	155	194	230	287	325
D	152	177	191	229	254	279	340	395	445	565	645
$d \times n$	18×4	18×4	18×8	18×8	18×8	22×8	22×8	22×12	22×12	22×16	22×20
K	125	145	160	180	210	240	295	350	400	515	600
重量（kg）	6.7	7.0	10.6	15	17.2	21.3	36	55	78	145	240
生产企业	上海迪纳声科技股份有限公司										

2）Octave 超声水表

（1）产品特点

① 量程范围宽，始动流量小，尤其适用于考核、检漏及区域计量。

② 双声道＋整流器结构设计，对前、后直管段长度要求较低。

③ 功耗低，电池寿命可达 10 年以上。

④ 可任意方向安装。

（2）Octave 超声水表性能参数见表 11-241。

Octave 超声水表性能参数 表 11-241

公称尺寸 DN	量程范围 Q_3/Q_1	过载流量 m³/h	常用流量 m³/h	分界流量 m³/h	最小流量 m³/h	始动流量 m³/h
40	667	50	40	0.125	0.06	0.025
50	667	65	40	0.125	0.06	0.025
65	715	80	50	0.15	0.07	0.025
80	787	100	63	0.2	0.08	0.025
100	1000	150	100	0.32	0.1	0.025
150	625	320	250	0.6	0.4	0.2
200	500	510	400	1	0.8	0.2
250	500	1250	1000	3.2	2	0.5
300	500	1250	1000	3.2	2	0.5
温度等级	T50					
压力等级	MAP16					
防护等级	IP68					
压损等级	$\Delta P10$					
屏幕显示	可显示十二位累计流量（小数点位可调整）；四位瞬时流量					

3）Octave 超声水表外形见图 11-173。

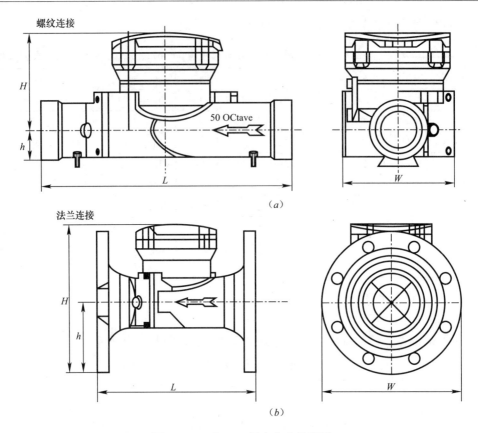

图 11-173 Octave 超声水表外形图

(a) 螺纹连接超声水表（DN40）；(b) 法兰连接超声水表（DN50~300）

4）Octave 超声水表外形尺寸见表 11-242。

Octave 超声水表外形尺寸表（mm） 表 11-242

<table>
<tr><td colspan="3">公称尺寸 DN</td><td>40</td><td>50</td><td>65</td><td>80</td><td>100</td><td>150</td><td>200</td><td>250</td><td>300</td></tr>
<tr><td rowspan="5">外形尺寸</td><td colspan="2">长度 L</td><td>300</td><td>200</td><td>200</td><td>225</td><td>250</td><td>300</td><td>350</td><td>449</td><td>499</td></tr>
<tr><td rowspan="2">高度</td><td>H</td><td>155</td><td>194</td><td>210</td><td>210</td><td>223</td><td>280</td><td>332</td><td>383</td><td>456</td></tr>
<tr><td>h</td><td>35</td><td>40</td><td>90</td><td>90</td><td>103</td><td>140</td><td>165</td><td>203</td><td>245</td></tr>
<tr><td colspan="2">宽度 W</td><td>113</td><td>165</td><td>185</td><td>200</td><td>220</td><td>285</td><td>340</td><td>406</td><td>489</td></tr>
<tr><td colspan="2">重量（kg）</td><td>1.4</td><td>9</td><td>11.5</td><td>13</td><td>15</td><td>32</td><td>45</td><td>68</td><td>96</td></tr>
<tr><td colspan="3">生产企业</td><td colspan="9">杭州水表有限公司</td></tr>
</table>

3. 二供专用智能电磁流量计

1）二供专用智能电磁流量计的主要技术性能及应用特点见表 11-243。

二供专用智能电磁流量计主要技术性能及应用特点 表 11-243

<table>
<tr><td colspan="2">项目名称</td><td>主要技术性能及应用特点</td></tr>
<tr><td colspan="2">产品型号</td><td>KEFS 系列</td></tr>
<tr><td rowspan="5">主要技术性能</td><td>规格</td><td>DN40~DN300</td></tr>
<tr><td>额定压力</td><td>1.0MPa、1.6MPa、2.5MPa</td></tr>
<tr><td>测量精度</td><td>流速≥0.5m/s，误差±0.5%R；流速<0.5m/s，误差±2.5mm/s</td></tr>
<tr><td>工作环境</td><td>温度：−25~60℃；相对湿度：5%~90%</td></tr>
<tr><td>防护等级</td><td>IP68</td></tr>
</table>

项目名称	主要技术性能及应用特点	
产品型号	KEFS 系列	
应用特点	计量精度	符合电磁环境等级 E2 级，抗干扰能力强，变频供水设备的运行不会影响流量计的计量精度
	安装条件	适宜在二次供水设备及泵房出水管上安装
	多数据采集	提供 2 路以上模拟量输入接口，可采集压力及水质信号
	水质预警	监测立管水龄，间接分析立管水质
	能耗分析	通过计算耗电量与用水量的比值指标，评估二次供水设备的实际能耗
	无线抄表与数据远传	配置 RS-485 输出接口、蓝牙或其他无线远程传输装置
	常规报警	具有瞬时流量上、下限及流量反向、空管、励磁、485 通信故障报警功能
	用水异常报警	具备零流量及流量突变报警功能

2）KEFS 系列二供专用智能电磁流量计外形见图 11-174。

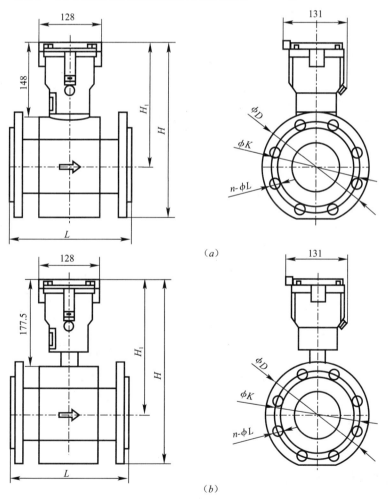

（a）

（b）

图 11-174　KEFS 系列二供专用智能电磁流量计外形图
（a）DN40～DN50；（b）DN65～DN300

3）KEFS 系列二供专用智能电磁流量计外形尺寸见表 11-244。

KEFS 系列二供专用智能电磁流量计外形尺寸表（mm）　　表 11-244

规格 DN	L	H	H_1	1.0			1.6			2.5		
				D	K	$n-\phi$	D	K	$n-\phi$	D	K	$n-\phi$
40	200	306	243	150	110	4—ϕ18	150	110	4-ϕ18	150	110	4-ϕ18
50	200	313	243	165	125	4—ϕ18	165	125	4—ϕ18	165	125	4—ϕ18
65	200	306	223	185	145	8—ϕ18	185	145	8—ϕ18	185	145	8—ϕ18
80	200	323	232	200	160	8—ϕ18	200	160	8—ϕ18	200	160	8—ϕ18
100	250	339	237	220	180	8—ϕ18	220	180	8—ϕ18	235	190	8—ϕ22
125	250	363	247	250	210	8—ϕ18	250	210	8—ϕ18	270	220	8—ϕ26
150	300	392	262	285	240	8—ϕ22	285	240	8—ϕ22	300	250	8—ϕ26
200	350	439	279	340	295	8—ϕ22	340	295	12—ϕ22	360	310	8—ϕ22
250	450	486	296	395	350	12—ϕ22	405	355	12—ϕ26	425	370	12—ϕ30
300	500	544	319	445	400	12—ϕ22	460	410	12—ϕ26	485	430	12—ϕ30
生产企业			上海肯特仪表股份有限公司									

4）KEFS 系列二供专用智能电磁流量计安装

（1）安装要求

① 流量计距离变频器等电磁干扰源的距离不宜小于 0.1m，并应充分预留施工安装必须空间。

② 流量计的供电电源以及通讯电缆必须采用金属穿线管独立布线。

③ 应保证流体满管测量，并宜满足表前 5D、表后 3D 的直管段安装要求。

（2）安装示意见图 11-175。

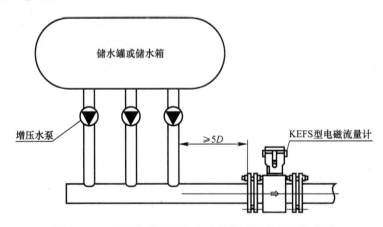

图 11-175　KEFS 系列智能电磁流量计泵房安装示意图

11.6　消毒器材

11.6.1　AOT 光催化灭菌设备

1. AOT 光催化灭菌设备性能参数

AOT 光催化灭菌设备性能参数见表 11-245。

AOT 光催化灭菌设备性能参数表　　　　　　　　　表 11-245

型号	AOT-5-DN32	AOT-10-DN40	AOT-25-DN50	AOT-50-DN100	AOT-75-DN125	AOT-100-DN150
额定流量（m^3/h）	4.5	9	22.5	45	68	90
额定总净水量（m^3）	$4.05×10^4$	$8.1×10^4$	$20.25×10^4$	$40.5×10^4$	$61.2×10^4$	$81×10^4$
进出水口口径	1 1/4″	11/2″	2″	DN100 PN1.0	DN125 PN1.0	DN150 PN1.0
灯功率（W）	90	90	180	360	540	720
最高工作压力	1.0MPa					
介质温度（℃）	4～70					
环境温度（℃）	5～50					
压力降	<0.01MPa					
反应器防护等级	IP64					
电控柜防护等级	IP65					
额定电压（V）	220±10%					
额定频率（H_Z）	50					
紫外灯使用寿命	9000h					

2. AOT 光催化灭菌设备外形

AOT 光催化灭菌设备外形见图 11-176。

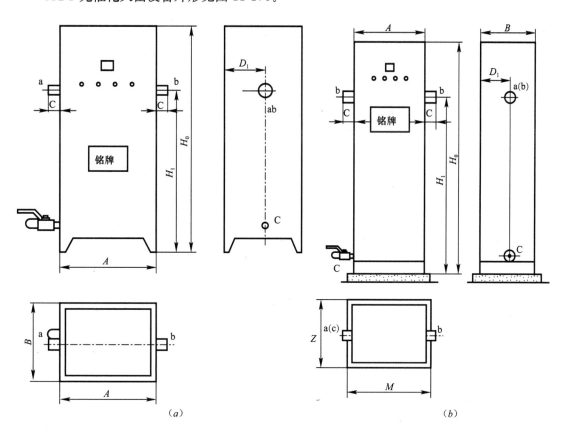

图 11-176　AOT 光催化灭菌设备外形图

(a) AOT-5（10）型；(b) AOT-25 型

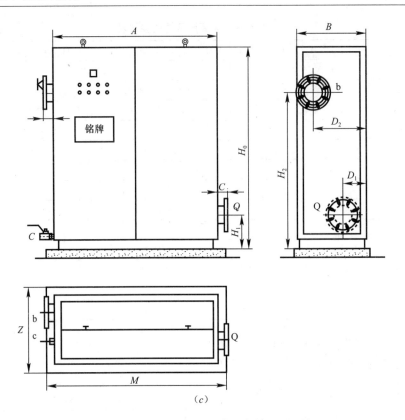

图 11-176　AOT 光催化灭菌设备外形图（续）

（c）AOT-50（75）（100）型

3. AOT 光催化灭菌设备外形尺寸

AOT 光催化灭菌设备外形尺寸见表 11-246。

AOT 光催化灭菌设备外形尺寸表　　　　　　　表 11-246

型号	AOT-5-DN32	AOT-10-DN40	AOT-25-DN50	AOT-50-DN100	AOT-75-DN125	AOT-100-DN150
流量（m³/h）	5	10	25	50	75	100
功率（W）	90	90	180	360	540	720
接口形式	螺纹			法兰		
A（进水口）	$11/4''$	$11/2''$	$2''$	$DN100\ PN1.0$	$DN125\ PN1.0$	$DN150\ PN1.0$
B（出水口）	$11/4''$	$11/2''$	$2''$	$DN100\ PN1.0$	$DN125\ PN1.0$	$DN150\ PN1.0$
C（排水口）	$1/2''$	—	$1/2''$	$1''$	$1''$	$1''$
A	350	350	450	890	1270	1650
B	350	350	350	630	650	730
C	70	70	70	70	80	80
D_1	190	190	190	310	300	320
D_2	—	—	—	516	519	562
H_1	110	110	1085	230	260	260
H_2	995	995	—	1143	1186	1199
H_0	1300	1300	1420	1480	1530	1550
M	—	—	650	1090	1470	1850
N	—	—	550	830	850	930
生产企业	河北保定太行集团有限责任公司					

11.6.2 HXYJ 紫外线消毒器

1. HXYJ 紫外线消毒器性能参数

HXYJ 紫外线消毒器性能参数见表11-247。

HXYJ 紫外线消毒器性能参数表 　　　　　表 11-247

序号	型号	最大处理水量（m³/h）	进出水管口径 DN	工作压力（MPa）	总功率（kW）	外形尺寸（mm）A×B×L
1	HXYJ-ZX-30-4-65	12	65	≤0.6	0.12	250×250×1100
2	HXYJ-ZX-30-5-65	15	65	≤0.6	0.15	300×300×1100
3	HXYJ-ZX-30-6-80	18	80	≤0.6	0.18	320×320×1100
4	HXYJ-ZX-30-8-100	24	100	≤0.6	0.24	350×350×1100
5	HXYJ-ZX-30-10-100	30	100	≤0.6	0.3	370×370×1100
6	HXYJ-ZX-30-12-125	36	125	≤0.6	0.36	380×380×1100
7	HXYJ-ZX-30-14-150	42	150	≤0.6	0.42	390×390×1100
8	HXYJ-ZX-30-16-150	48	150	≤0.6	0.48	400×400×1100
9	HXYJ-ZX-30-18-150	54	150	≤0.6	0.54	410×410×1100
10	HXYJ-ZX-30-20-200	60	200	≤0.6	0.6	420×420×1100
11	HXYJ-ZX-30-22-200	66	200	≤0.6	0.66	430×430×1100
生产企业	北京华夏源洁水务科技有限公司					

2. HXYJ 紫外线消毒器外形

HXYJ 紫外线消毒器外形见图11-177。

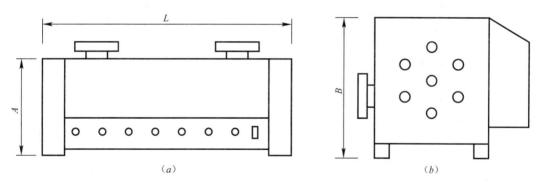

图 11-177　HXYJ 紫外线消毒器外形图
(a) 平面图；(b) 左视图

3. HXYJ 紫外线消毒器选用、使用注意事项

1) 选用注意事项

（1）当处理水量大于消毒器的最大能力时，可采用两台及以上消毒器以并联方式安装在管路上。

（2）当用水量不稳定时，宜以系统最大供水流量作为选型依据，低流量时可根据用户实际情况进行自动控制。

2) 使用注意事项

（1）石英玻璃套管及紫外线灯管属于易碎品，在运输、安装、使用过程中应避免磕碰。

（2）合理选择安装位置，注意电控部分的防水、防雨、防潮。

（3）按标牌上的电压、功率合理配置电源插座及供电导线。

（4）供电电源为 AC220V/50Hz，如电压波动过大，应加装稳压设备。

（5）严禁含有硬质杂质的水进入紫外线消毒器，以免导致石英管破裂。

（6）当紫外线灯管累计使用时间达到额定工作时间时，应及时进行更换。

11.6.3 YJCZX 臭氧自洁消毒器

1. YJCZX 臭氧自洁消毒器性能参数

YJCZX 臭氧自洁消毒器性能参数见表 11-248。

YJCZX 臭氧自洁消毒器性能参数表　　　表 11-248

序号	型号	药剂投加量（mg/L）	储水箱适用容积（m³）	外形尺寸（mm）$A \times B \times C$	接管口径 dn	用电总功率（kW）
1	YJCZX-A-4g	0.5～0.7	10～30	600×450×1600	20	0.97
2	YJCZX-A-10g	0.5～0.7	30～50	700×450×1600	25	3.45
3	YJCZX-A-15g	0.5～0.7	50～80	750×500×1800	32	5.95
4	YJCZX-A-20g	0.8～1.0	80～120	750×500×1800	40	6.15
生产企业	北京华夏源洁水务科技有限公司					

2. YJCZX 臭氧自洁消毒器外形及内部布置

YJCZX 臭氧自洁消毒器外形及内部布置见图 11-178。

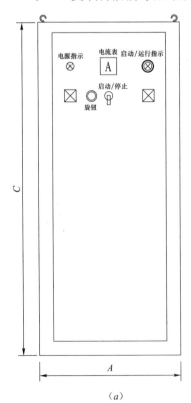
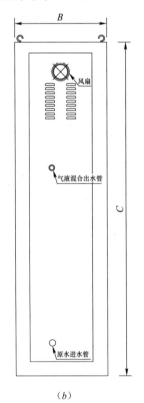
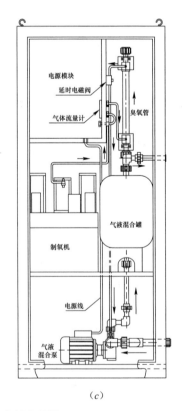

（a）　　　　　　　　　　（b）　　　　　　　　　　（c）

图 11-178　YJCZX 臭氧自洁消毒器外形图、内部布置图

（a）立面图；（b）侧视图；（c）内部布置图

3. YJCZX 臭氧自洁消毒器安装、使用注意事项

1）将消毒器设置在储水箱外部，连接电源线，并确保循环水泵中心线低于水箱最低水位。

2）消毒器安装部位应干燥、通风并有防雨、防水措施。

3）需清理维护水箱、水池时，应先切断消毒器供电电源。

11.6.4 SES 电解盐次氯酸钠发生器

1. SES 电解盐次氯酸钠发生器规格参数

SES 电解盐次氯酸钠发生器规格参数见表 11-249。

SES 电解盐次氯酸钠发生器规格参数表 表 11-249

型号	有效氯产量（g/h）	自来水进水口径	软水出水口径	再生盐水出水口径	盐泵入口口径	排污管口径	消毒液出口口径	氢气管出口口径
SES-125	110	DN15	DN15	DN15	DN15	DN25	DN25	DN80
SES-250	220	DN15	DN15	DN15	DN15	DN25	DN25	DN80
SES-500	450	DN15	DN15	DN15	DN15	DN25	DN25	DN80
SES-1000	900	DN15	DN15	DN15	DN15	DN25	DN25	DN80
SES-2000	1800	DN15	DN15	DN15	DN15	DN25	DN25	DN80
生产企业	格兰富水泵（苏州）有限公司							

注：有效氯产量的单位是 g/h，表示次氯酸钠发生器在额定工况下、单位时间内（每小时）产生的有效氯的质量。

2. SES 电解盐次氯酸钠发生器的性能参数

SES 电解盐次氯酸钠发生器性能参数见表 11-250。

SES 电解盐次氯酸钠发生器性能参数表 表 11-250

型号	自来水进水流量（L/h）	自来水进水水压（bar）	自来水进水温度（℃）	次氯酸钠溶液流量（L/h）	有效氯浓度（g/L）	稀释风量（m³/h）	单位盐耗（kg/kg）	电耗（kW/kg）
'SES-125	19			20.1～21.1				
SES-250	38	3～4	10～20	41.4～42.2	5.5～6.5	90～140	4～4.5	5.5～6.5
SES-500	75			81.8～83.2				
SES-2000	285			309～315		90～220		

3. SES 电解盐次氯酸钠发生器外形及内部布置

SES 电解盐次氯酸钠发生器外形及内部布置见图 11-179。

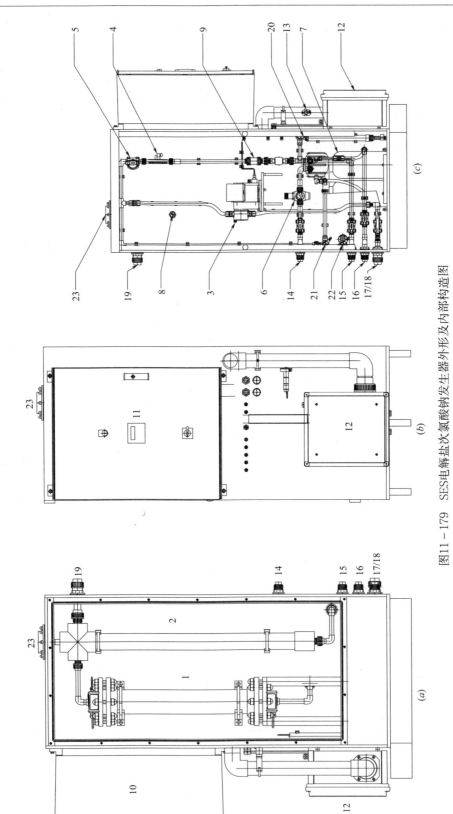

图11-179 SES电解盐次氯酸钠发生器外形及内部构造图

(a) 正立面图; (b) 左视图; (c) 背立面内部布置图

1—电解槽; 2—脱氢柱; 3—盐水柱; 4—流量计; 5—水量调节阀; 6—减压阀; 7—软水器; 8—（脱氢柱）液位计; 9—止回阀; 10—控制柜; 11—显示屏; 12—稀释风机; 13—风量传感器; 14—自来水入口; 15—软水出口（接溶盐罐软水入口）; 16—软水器再生（盐）水入口; 17—软水器排污口; 18—饱和食盐水入口; 19—盐水投加计量泵（接溶盐罐出口）; 20—软水取样阀; 21—盐水取样阀; 22—次氯酸钠溶液取样阀; 23—氢气排放口

11.7 降噪减振装置

11.7.1 ZD型阻尼弹簧复合减振器

1. ZD型阻尼弹簧复合减振器外形

ZD型阻尼弹簧复合减振器外形见图11-180。

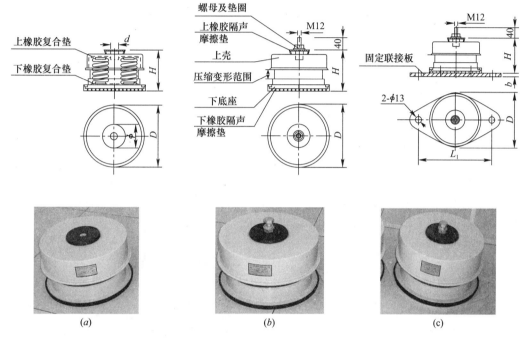

图11-180 ZD型阻尼弹簧复合减振器外形图

(a) ZD型; (b) ZDⅠ型; (c) ZDⅡ型

2. ZD型阻尼弹簧复合减振器技术性能及外形尺寸

ZD型阻尼弹簧复合减振器技术性能及外形尺寸见表11-251。

ZD型阻尼弹簧复合减振器技术性能及外形尺寸表　表11-251

型号	最佳载荷（kg）	预压载荷（kg）	极限载荷（kg）	竖向刚度（kg/mm）	额定载荷点水平刚度（kg/mm）	外形尺寸（mm）						
						H	D	L_1	d	b	ϕ	H_1
ZD-12	12	9	16.8	0.75	0.54	65	84	110	10	5	32	60
ZD-18	18	11.5	21.8	0.95	1.4	65	128	160	10	5	42	58
ZD-25	25	15.3	28.8	1.25	1.9	65	128	160	10	5	42	58
ZD-40	40	26.2	51.8	2.2	1.6	72	144	175	10	6	42	66
ZD-55	55	33.6	68	3	2.16	72	144	175	10	6	42	65
ZD-80	80	54.5	105	4.1	2.87	88	163	195	10	6	52	83
ZD-120	120	80	156	4.4	3.1	104	185	225	10	8	52	95
ZD-160	160	115	218	6.3	3.3	104	185	225	10	8	52	97
ZD-240	240	160	310	8.5	3.56	120	210	250	16	8	62	112

续表

型号	最佳载荷（kg）	预压载荷（kg）	极限载荷（kg）	竖向刚度（kg/mm）	额定载荷点水平刚度（kg/mm）	外形尺寸（mm）							
						H	D	L_1	L_2	d	b	$\emptyset$	H_1
ZD-320	320	215	422	12.7	7	144	230	270	310	18	8	84	136
ZD-480	480	295	575	17.5	7.7	144	230	270	310	18	8	84	134
ZD-640	640	417	830	18	12.5	154	282	320	360	20	8	104	142
ZD-820	820	530	1055	23	14	154	282	320	360	20	8	104	142
ZD-1000	1000	605	1250	42	17	156	282	320	360	20	8	104	147
生产企业	上海青浦环新减振器厂												

注：表中 H_1 为最佳载荷时压缩后的高度。

11.7.2 ZT 型阻尼弹簧复合减振器

1. ZT 型阻尼弹簧复合减振器外形

ZT 型阻尼弹簧复合减振器外形见图 11-181。

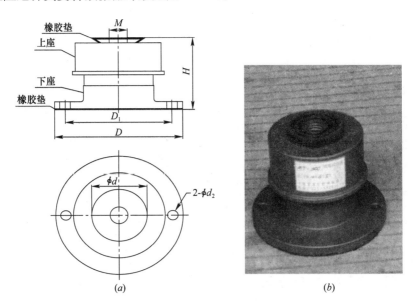

图 11-181 ZT 型阻尼弹簧减振器外形图
（a）平、立面图；（b）外形图

2. ZT 型阻尼弹簧复合减振器技术性能及外形尺寸

ZT 型阻尼弹簧复合减振器技术性能及外形尺寸见表 11-252。

ZT 型阻尼弹簧复合减振器技术性能及外形尺寸表　　　表 11-252

型号	最佳载荷（kg）	载荷范围（kg）	竖向刚度（kg/cm）	外形尺寸（mm）						
				D	D_1	d	d_2	M	H	H_1
ZT-15	15	8-20	8	101	85	28	8	10	58	48
ZT-25	25	13-35	13	106	90	28	8	10	62	52
ZT-40	40	20-50	20	113	97	28	8	10	68	58
ZT-60	60	30-75	30	119	103	28	8	10	72	62
ZT-80	80	40-100	41	133	113	38	10	14	80	70

续表

型号	最佳载荷（kg）	载荷范围（kg）	竖向刚度（kg/cm）	外形尺寸（mm）						
				D	D_1	d	d_2	M	H	H_1
ZT-100	100	50-125	50	133	113	38	10	14	80	70
ZT-150	150	75-180	75	133	113	48	10	14	85	75
ZT-200	200	100-250	103	133	113	48	10	14	85	75
ZT-250	250	130-300	128	133	113	48	10	14	92	82
ZT-300	300	150-370	154	133	113	48	10	14	92	82
ZT-400	400	200-480	204	147	123	58	12	16	105	95
ZT-500	500	250-600	255	147	123	58	12	16	105	95
ZT-600	600	300-750	303	141	117	58	12	16	120	110
ZT-800	800	400-950	395	147	123	78	12	16	125	115
ZT-1000	1000	500-1200	510	159	133	78	14	16	138	128
生产企业	上海青浦环新减振器厂									

注：H_1 为最佳载荷时压缩后的高度。

11.7.3　JG 型、JSD 型橡胶剪切隔振器

1. JG 型、JSD 型橡胶剪切隔振器外形

JG 型、JSD 型橡胶剪切隔振器外形见图 11-182、图 11-183。

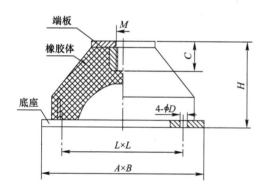

图 11-182　JG 型橡胶剪切隔振器外形图

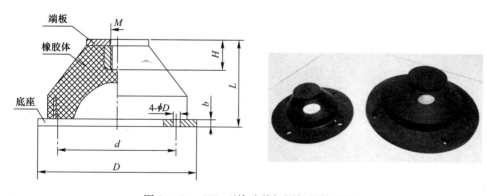

图 11-183　JSD 型橡胶剪切隔振器外形图

2. JG 型、JSD 型橡胶剪切隔振器技术性能及外形尺寸

JG 型、JSD 型橡胶剪切隔振器技术性能及外形尺寸见表 11-253、表 11-254。

JG 型橡胶剪切隔振器技术性能及外形尺寸表　　　　表 11-253

型号	载荷范围 (kg)	额定变形量 (mm)	固有频率 (Hz)	阻尼比	安装方式	外形尺寸（mm）						
						H	A	B	M	L	D	C
JG1-1	5～10	5±2	7±1	≥0.05	平置式	50	75	75	10	61	7	10
JG1-2	10～20	6±2	7±1	≥0.05	平置式	50	75	75	10	61	7	10
JG2-1	20～40	7±2	7±1	≥0.05	平置式	60	95	95	12	75	10	12
JG2-2	40～80	7±2	7±1	≥0.05	平置式	60	95	95	12	75	10	12
JG3-1	80～160	7±2	7±1	≥0.05	平置式	80	132	132	16	106	13	15
JG3-2	160～320	7±2	7±1	≥0.05	平置式	80	132	132	16	106	13	15
JG4-1	320～640	8±2.5	7±1	≥0.05	平置式	110	195	195	20	160	16	30
JG4-2	640～1280	8±2.5	7±1	≥0.05	平置式	110	195	195	20	160	16	30
生产企业	上海青浦环新减振器厂											

注：表中 C 为螺纹深度。

JSD 型橡胶剪切隔振器技术性能及外形尺寸表　　　　表 11-254

型号	载荷范围 (kg)	额定静变形 (mm)	固有频率 (Hz)	外形尺寸（mm）					
				L	D	d	M	φ	H
JSD-50	20～50	8±2	8±2	72	150	120	12	13	10
JSD-85	50～85	8±2	8±2	72	150	120	12	13	10
JSD-120	85～120	8±2	8±2	83	200	170	14	15	14
JSD-160	120～160	8±2	8±2	83	200	170	14	15	14
JSD-210	160～210	8±2	8±2	83	200	170	14	15	14
JSD-330	210～330	8±2	8±2	83	200	170	14	15	14
JSD-540	330～540	8±2	8±2	83	200	170	14	15	14
JSD-650	540～650	8±2	8±2	83	200	170	14	15	14
JSD-850	650～850	8±2	8±2	110	297	260	16	17	20
JSD-1300	6501300	8±2	8±2	110	297	260	16	17	20
生产企业	上海青浦环新减振器厂								

注：表中 H 为螺纹深度。

11.7.4　SD 型橡胶隔振垫

1. SD 型橡胶隔振垫外形

SD 型橡胶隔振垫外形见图 11-184。

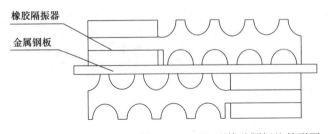

图 11-184　SD 型橡胶隔振垫外形图（2 层叠加）

2. SD 型橡胶隔振垫技术性能参数

SD 型橡胶隔振垫技术性能参数表 11-255。

SD 型橡胶隔振垫技术性能参数表 表 11-255

隔振垫			组合简图	竖向许可载荷（kN）	竖向变形 F（mm）	竖向固有频率（Hz）	钢板	
型号	层	块					块	尺寸（mm）
SD-41-1				0.32～0.86	2.5～5.0	12.9～9.1		
SD-61-1	1	1		0.88～2.37	2.5～5.0	12.9～9.1	—	—
SD-81-1				2.22～5.92	2.5～5.0	12.9～9.1		
SD-42-1				0.32～0.86	4.0～9.0	10.3～6.5		
SD-62-1	2	2		0.88～2.37	4.0～9.0	10.3～6.5	1	
SD-82-1				2.22～5.92	4.0～9.0	10.3～6.5		
SD-43-1				0.32～0.86	5.5～13.0	8.4～5.4		
SD-63-1	3	3		0.88～2.37	5.5～13.0	8.4～5.4	2	96×96×3
SD-83-1				2.22～5.92	5.5～13.0	8.4～5.4		
SD-44-1				0.32～0.86	7.0～17.0	7.4～4.8		
SD-64-1	4	4		0.88～2.37	7.0～17.0	7.4～4.8	3	
SD-84-1				2.22～5.92	7.0～17.0	7.4～4.8		
SD-41-2				0.64～1.72	2.5～5.0	12.9～9.1		
SD-61-2	1	2		1.76～4.74	2.5～5.0	12.9～9.1	—	
SD-81-2				4.44～11.84	2.5～5.0	12.9～9.1		
SD-42-2				0.64～1.72	4.0～9.0	10.3～6.5		
SD-62-2	2	4		1.76～4.74	4.0～9.0	10.3～6.5	1	
SD-82-2				4.44～11.84	4.0～9.0	10.3～6.5		
SD-43-2				0.64～1.72	5.5～13.0	8.4～5.4		
SD-63-2	3	6		1.76～4.74	5.5～13.0	8.4～5.4	2	96×182×3
SD-83-2				4.44～11.84	5.5～13.0	8.4～5.4		
SD-44-2				0.64～1.72	7.0～17.0	7.4～4.8		
SD-64-2	4	8		1.76～4.74	7.0～17.0	7.4～4.8	3	
SD-84-2				4.44～11.84	7.0～17.0	7.4～4.8		
SD-45-2				0.64～1.72	8.5～21.0	7.4～4.1		
SD-65-2	5	10		1.76～4.74	8.5～21.0	7.4～4.1	4	
SD-85-2				4.44～11.84	8.5～21.0	7.4～4.1		
SD-41-3				0.96～2.58	2.5～5.0	12.9～9.1		
SD-61-3	1	3		2.64～7.11	2.5～5.0	12.9～9.1	—	
SD-81-3				6.66～17.7	2.5～5.0	12.9～9.1		
SD-42-3				0.96～2.58	4.0～9.0	10.3～6.5		
SD-62-3	2	6		2.64～7.11	4.0～9.0	10.3～6.5	1	
SD-82-3				6.66～17.7	4.0～9.0	10.3～6.5		96×268×3
SD-43-3				0.96～2.58	5.5～13.0	8.4～5.4		
SD-63-3	3	9		2.64～7.11	5.5～13.0	8.4～5.4	2	
SD-83-3				6.66～17.7	5.5～13.0	8.4～5.4		
SD-44-3				0.96～2.58	7.0～17.0	7.4～4.8		
SD-64-3	4	12		2.64～7.11	7.0～17.0	7.4～4.8	3	
SD-84-3				6.66～17.7	7.0～17.0	7.4～4.8		

续表

隔振垫			组合简图	竖向许可载荷（kN）	竖向变形 F（mm）	竖向固有频率（Hz）	钢板	
型号	层	块					块	尺寸（mm）
SD-45-3	5	15		0.96~2.58	8.5~21.0	7.4~4.1	4	96×268×3
SD-65-3				2.64~7.11	8.5~21.0	7.4~4.1		
SD-85-3				6.66~17.7	8.5~21.0	7.4~4.1		
生产企业			上海青浦环新减振器厂					

11.7.5　XGD1 型橡胶挠性管接头

1. XGD1 型橡胶挠性管接头性能参数

XGD1 型橡胶挠性管接头性能参数见表 11-256。

XGD1 型橡胶挠性管接头性能参数表（DN25～DN500）　　表 11-256

型号　　项目	XGD1-XX-Ⅰ（10）	XGD1-XX-Ⅱ（16）	XGD1-XX-Ⅲ（25）
公称压力（MPa）	1.0	1.6	2.5
试验压力（MPa）	1.5	2.4	3.75
配用法兰（MPa）	1.0	1.6	2.5
真空度（mmHg）	650	650	750
适用环境温度	−20～115℃		
偏转角	15°		
适用介质	冷水、热水、海水、压缩空气、弱酸、油、碱		

2. XGD1 型橡胶挠性管接头外形

XGD1 型橡胶挠性管接头外形见图 11-185。

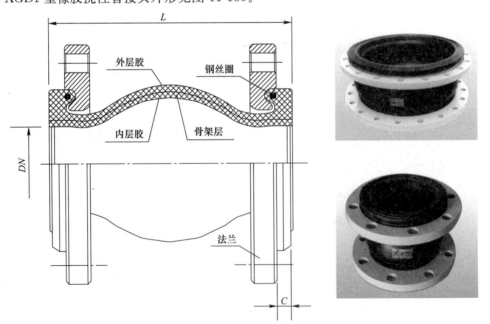

图 11-185　XGD1 型橡胶挠性管接头外形图

3. XGD1 型橡胶挠性管接头外形尺寸

XGD1 型橡胶挠性管接头外形尺寸见表 11-257。

XGD1 型橡胶挠性管接头外形尺寸表（DN25～DN300）　　表 11-257

型号	规格		外形尺寸（mm）		许可位移（mm）	
	DN	英寸（in）	L	C	压缩	拉伸
XGD1-25	25	1	95	8	9	6
XGD1-32	32	1 1/4	95	8	9	6
XGD1-40	40	1 1/2	95	8	10	6
XGD1-50	50	2	105	8	10	7
XGD1-65	65	2 1/2	115	8	13	7
XGD1-80	80	3	135	9	15	8
XGD1-100	100	4	150	9	19	10
XGD1-125	125	5	165	9	19	12
XGD1-150	150	6	185	10	20	12
XGD1-200	200	8	200	10	25	16
XGD1-250	250	10	240	11	25	16
XGD1-300	300	12	255	11	25	16
生产企业	上海青浦环新减振器厂					

11.7.6　XTGD 型同心异径橡胶挠性管接头

1. XTGD 型同心异径橡胶挠性管接头外形

XTGD 型同心异径橡胶挠性管接头外形见图 11-186。

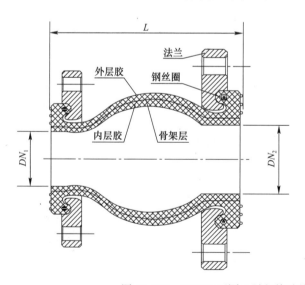

图 11-186　XTGD 型同心异径橡胶挠性管接头外形图

2. XTGD 型同心异径橡胶挠性管接头性能参数及外形尺寸

XTGD 型同心异径橡胶挠性管接头性能参数及外形尺寸见表 11-258。

规格		外形尺寸（mm）	许可位移（mm）		横向位移（mm）
DN_1-DN_2（mm）	英寸（in）	L	压缩	拉伸	
32—40	1 1/4—1 1/2	95	8	6	6
32—50	1 1/4—2	140	9	8	9
32—65	1 1/4—2 1/2	152	10	8	10
40—50	1 1/2—2	140	9	8	9
40—65	1 1/2—2 1/2	152	10	8	10
50—65	2—2 1/2	152	10	8	10
50—80	2—3	152	10	8	10
65—80	2 1/2—3	152	12	8	12
65—100	2 1/2—4	152	12	8	12
80—100	3—4	152	14	9	12
80—125	3—5	152	14	9	12
100—125	4—5	152	18	10	12
100—150	4—6	152	18	12	12
125—150	5—6	152	18	12	13
125—200	5—8	152	18	12	13
100—200	4—8	202	20	13	15
150—200	6—8	202	20	13	15
150—250	6—10	202	20	13	15
200—250	8—10	202	25	17	23
200—300	8—12	202	25	17	23
250—300	10—12	202	25	17	23
生产企业		上海青浦环新减振器厂			

XTGD 型同心异径橡胶挠性管接头性能参数及外形尺寸表　　　表 11-258

11.7.7　XPGD 型偏心异径橡胶挠性管接头

1. XPGD 型偏心异径橡胶挠性管接头外形

XPGD 型偏心异径橡胶挠性管接头外形见图 11-187。

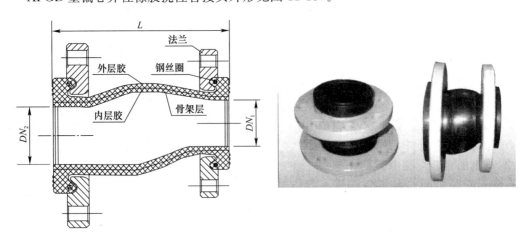

图 11-187　XPGD 型偏心异径橡胶挠性管接头外形图

394

2. XPGD 型偏心异径橡胶挠性管接头性能参数及外形尺寸

XPGD 型偏心异径橡胶挠性管接头性能参数及外形尺寸见表 11-259。

XPGD 型偏心异径橡胶挠性管接头性能参数及外形尺寸表　　　表 11-259

公称尺寸		外形尺寸（mm）	许可位移（mm）		横向位移（mm）
$DN_1—DN_2$	英制（in）	L	压缩	拉伸	
40—50	1 1/2—2	110	8	6	10
50—80	2—3	125	10	8	11
65—100	2 1/2—4	138	11	9	12
80—100	3—4	138	11	9	12
100—150	4—6	178	18	13	14
125—200	5—8	216	19	16	16
150—200	6—8	216	19	16	16
200—250	8—10	242	24	18	20
250—300	10—12	245	24	18	20
生产企业		上海青浦环新减振器厂			

11.7.8　RGF、RGS 型不锈钢金属软管

1. RGF、RGS 型不锈钢金属软管外形

RGF、RGS 型不锈钢金属软管外形见图 11-188。

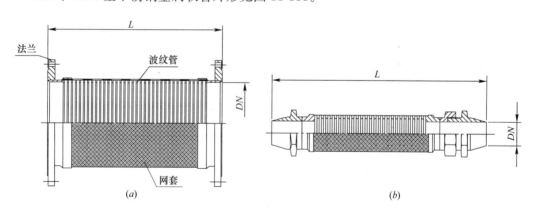

图 11-188　不锈钢金属软管外形图

（RGF 型为法兰连接，RGS 型为螺纹连接）

（a）RGF 型金属软管；（b）RGS 型金属软管

2. RGF、RGS 型不锈钢金属软管性能参数及外形尺寸

RGF、RGS 型不锈钢金属软管性能参数及外形尺寸见表 11-260、表 11-261。

RGF 型不锈钢金属软管性能参数及外形尺寸表　　　表 11-260

型号	规格		L（mm）	偏转角	压缩（mm）	拉伸（mm）	法兰螺孔（D）		
	DN	英制（in）					1.0MPa	1.6MPa	2.5MPa
RGF-25	25	1	300	45°	15	10	4-Φ14	4-Φ14	4-Φ14
RGF-32	32	1 1/4	300	45°	15	10	4-Φ17.5	4-Φ17.5	4-Φ17.5

续表

型号	规格		L (mm)	偏转角	压缩 (mm)	拉伸 (mm)	法兰螺孔 (D)		
	DN	英制 (in)					1.0MPa	1.6MPa	2.5MPa
RGF-40	40	1 1/2	300	40°	15	10	4-Φ17.5	4-Φ17.5	4-Φ17.5
RGF-50	50	2	300	30°	20	10	4-Φ17.5	4-Φ17.5	4-Φ17.5
RGF-65	65	2 1/2	300	20°	20	10	4-Φ17.5	4-Φ17.5	8-Φ17.5
RGF-80	80	3	300	15°	20	10	8-Φ17.5	8-Φ17.5	8-Φ17.5
RGF-100	100	4	300	15°	20	10	8-Φ17.5	8-Φ17.5	8-Φ22
RGF-125	125	5	300	15°	20	10	8-Φ17.5	8-Φ17.5	8-Φ26
RGF-150	150	6	300	10°	20	10	8-Φ22	8-Φ22	8-Φ26
RGF-200	200	8	300	10°	20	10	8-Φ22	12-Φ22	12-Φ26
RGF-250	250	10	300	5°	20	10	12-Φ22	12-Φ26	12-Φ30
RGF-300	300	12	300	5°	20	10	12-Φ22	12-Φ26	16-Φ30
生产企业			上海青浦环新减振器厂						

RGS 型不锈钢金属软管外形尺寸表　　　　　　　　表 11-261

型号	规格		L (mm)		
	DN	英制 (in)	0.6MPa	1.0MPa	1.6MPa
RGS-15	15	1/2	300	300	300
RGS-20	20	3/4	300	300	300
RGS-25	25	1	300	300	300
RGS-32	32	1 1/4	300	300	300
RGS-40	40	1 1/2	300	300	300
RGS-50	·50	2	300	300	300
生产企业			上海青浦环新减振器厂		

注：各种规格不锈钢金属软管的长度还可根据用户需要定制。

11.7.9　GZ 型管夹橡胶隔振座、GJ 型管夹隔振器

1. GZ 型管夹橡胶隔振座

1) GZ 型管夹橡胶隔振座外形见图 11-189。

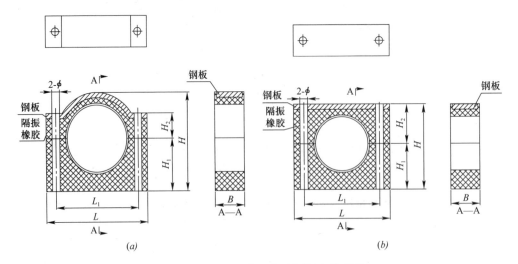

图 11-189　GZ 型管夹橡胶隔振座外形图

(a) GZ-25～GZ-80 型管夹橡胶隔振座外形图；(b) GZ-100～GZ-300 型管夹橡胶隔振座外形图

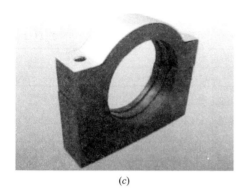
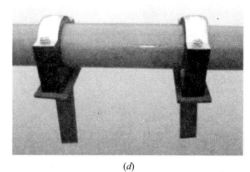

(c)　　　　　　　　　　　　　　　　　(d)

图 11-189　GZ 型管夹橡胶隔振座外形图（续）

（c）GZ-25～GZ-80 型管夹橡胶隔振座实物照片；（d）GZ-100～GZ-300 型管夹橡胶隔振座实物照片

2）GZ 型管夹橡胶隔振座外形尺寸见表 11-262。

GZ 型管夹橡胶隔振座外形尺寸表　　　　　　　　　　表 11-262

型号	外形尺寸（mm）						
	L	L_1	B	H	H_1	H_2	$2-\Phi$
GZ-25	95	65	32	68	34	34	$2-\Phi 13$
GZ-32	100	71	32	79	42	37	$2-\Phi 13$
GZ-40	107	78	32	86	46	40	$2-\Phi 13$
GZ-50	120	90	32	98	52	46	$2-\Phi 13$
GZ-65	138	109	32	117	61	56	$2-\Phi 13$
GZ-80	150	122	32	130	68	62	$2-\Phi 13$
GZ-100	170	141	48	149	77	42	$2-\Phi 13$
GZ-125	210	175	48	174	89	45	$2-\Phi 15$
GZ-150	260	210	48	220	117	55	$2-\Phi 15$
GZ-200	300	262	48	265	137	55	$2-\Phi 15$
GZ-250	350	316	48	319	164	60	$2-\Phi 15$
GZ-300	413	370	48	371	190	70	$2-\Phi 19$
生产企业	上海青浦环新减振器厂						

2. GJ 型管夹隔振器

1）GJ 型管夹隔振器外形见图 11-190。

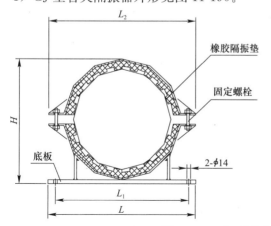

图 11-190　GJ 型管夹隔振器外形图

2）GJ 型管夹隔振器外形尺寸见表 11-263。

GJ 型管夹隔振器外形尺寸表 表 11-263

型号	外形尺寸（mm）			
	L	L_1	L_2	H
GJ-50	200	150	195	108
GJ-65	220	170	215	128
GJ-80	233	183	228	141
GJ-100	252	202	247	160
GJ-125	278	228	273	186
GJ-150	326	276	321	236
GJ-200	386	336	381	296
GJ-250	440	390	435	350
GJ-300	497	447	492	409
生产企业	上海青浦环新减振器厂			

第 12 章　施工安装与验收

12.1　施工安装准备

1）二次供水工程施工单位应按二次供水工程设计文件和施工技术标准进行施工安装，不得擅自修改设计文件。

2）二次供水工程施工单位进场前，应编制施工方案或施工组织设计。施工现场应备有相关施工技术标准、施工质量管理体系和工程质量检验制度。

3）施工人员、施工场地及施工机具，应具备安全作业条件。

4）二次供水工程施工前应具备下列条件：

（1）施工图设计文件应经相关机构审查批准或备案；

（2）设计单位已向建设、施工、监理单位进行过技术交底；

（3）主要设备、组件、管材管件及其他器材的进场应能保证正常施工的需要；

（4）施工现场及施工中使用的水、电、气能满足施工要求。

5）二次供水工程的施工过程质量控制，应按下列规定进行：

（1）应复核设计图纸是否同施工现场情况一致，有疑问或存在与现场不一致情况时，应提交建设单位和设计单位及时处理；

（2）设备、器材进场应进行检查验收并作好记录；

（3）各施工工序应按相关技术标准进行质量控制，每道工序完成后，应及时进行检查，并在检查合格后再安排进行下道工序作业；

（4）施工过程中相关各专业工种之间应进行交接检验，并应经监理工程师签证后再进行下道工序施工；

（5）二次供水工程安装完成后，施工单位应按照相关规定进行调试；

（6）调试完成后，施工单位应向建设单位提供质量控制资料文件和施工过程质量检查记录。

12.2　施工安装

12.2.1　水泵安装

1）水泵安装前应检查产品合格证，核对其规格、型号和性能参数与设计文件一致。

2）复核水泵基础的平面位置、平面尺寸、顶面标高、螺栓孔和混凝土强度、隔振装置是否符合要求。

3）水泵的安装应符合现行国家标准《机械设备安装工程施工及验收通用规范》GB

50231、《压缩机、风机、泵安装工程施工及验收规范》GB 50275 的有关规定。

4）水泵吸水管上的控制阀应在水泵固定后安装。

5）水泵吸水管水平管段变径连接时，应采用偏心异径管件并应采用管顶平接。

6）水泵隔振器材及进、出水柔性管接头的设置应符合设计要求，并按照产品说明书的要求进行安装。

12.2.2　二次供水设备安装

1）二次供水设备安装前应检查产品合格证，核对其规格、型号和性能参数与设计文件一致。

2）二次供水设备安装时，其安装环境温度不应低于5℃，不宜高于40℃。

3）施工人员应熟悉二次供水设备的性能和基本组成。

4）二次供水设备的安装应按下列步骤进行：

（1）设备就位、安装；

（2）设备进、出口管道连接安装；

（3）设备进、出口管道试压；

（4）设备进、出口管道冲洗；

（5）系统消毒；

（6）设备调试。

5）二次供水设备的安装应考虑日常运行和维护管理的需要。

6）设备安装的垂直度控制值不应大于 5mm/m；水泵机组安装的泵体垂直度不应大于0.1mm/m。

7）不得利用供水设备自身进行其进、出口管道的试压和冲洗。

12.2.3　水池和水箱安装

1）水池和水箱的材质、平面位置、规格尺寸、有效容积应符合设计要求。

2）水池、水箱的施工和安装，应符合现行国家标准《给水排水构筑物工程施工及验收规范》GB 50141 和《建筑给水排水及采暖工程施工质量验收规范》GB 50242 的有关规定。

3）水池、水箱安装时，池（箱）外壁与建筑本体结构墙面或相邻池壁之间的净距，应满足施工、装配和检修的需要。

4）钢筋混凝土水池（箱）进、出水等管道设置部位应加设防水套管。

5）水池、水箱的溢流管、泄水管应采用间接排水方式。

6）水池、水箱的通气管应加设防虫网罩。

7）水池、水箱的检修人孔应加锁。

12.2.4　二次供水管道安装

1）严禁二次供水生活给水管道与非饮用水管道直接连接。

2）二次供水管道的敷设应符合现行国家标准《建筑给水排水及采暖工程施工质量验收规范》GB 50242 及其他相关标准的规定。

3）二次供水系统的建筑物引入管与污水排出管之间的管外壁水平净距不宜小于1.0m，且引入管应有不小于0.003的坡度坡向室外管网或阀门井、水表井。引入管的拐弯处宜设置支墩。当引入管穿越承重墙或建筑物基础时，应预留洞口或设置钢套管；穿越地下室外墙处应预埋防水套管。

4）二次供水室外管道与建筑物外墙平行敷设时，其净距不宜小于1.0m，且不得影响建筑物基础；供水管与污水管平行敷设时的最小水平净距不应小于0.8m，交叉敷设时供水管应在污水管上方，且接口部位不应重叠，其最小垂直净距不应小于0.1m，达不到要求的应采取相应保护措施。

二次供水埋地给水管不宜穿越建筑物、构筑物基础，当必须穿越时，应采取设置护套管等保护措施。严禁二次供水给水管道在雨污水检查井及排水管渠内穿越。

二次供水埋地给水管应敷设在土壤冰冻线以下。

二次供水埋地给水管管顶覆土深度，人行道下不宜低于600mm，车行道下不宜低于1000mm，达不到要求的应采取相应保护措施。

5）二次供水室外埋地球墨铸铁给水管外壁应刷沥青漆防腐；埋地管道中连接阀件等用的螺栓、螺母以及垫片等应采用防腐蚀材料，或涂覆沥青等防腐涂层。

6）埋地钢塑复合管不应采用沟槽式连接方式。

7）二次供水管道安装时，管道内和接口处应清洁无污物；安装过程中应防止施工碎屑等异物落入管中，施工中断和结束后应对敞口部位采取临时封堵措施。

8）钢塑复合管套丝时应采取水溶性润滑油；螺纹连接时，宜采取聚四氟乙烯生料带密封，不得使用会对水质产生污染的密封材料。

9）球墨铸铁给水管采用承插连接时，应符合现行国家标准《给水排水管道工程施工及验收规范》GB 50268的有关规定。

10）钢丝网骨架塑料复合给水管材、管件以及管道附件的连接应符合下列规定：

（1）钢丝网骨架塑料复合给水管材、管件以及管道附件，应采用同一品牌的产品；管道连接宜采用同种牌号级别，且压力等级相同的管材、管件以及管道附件。不同牌号的管材以及管道附件之间的连接，应经过试验，并应判定连接质量能得到保证；

（2）应采用电熔连接或机械连接，电熔连接宜采用电熔承插连接或电熔鞍形连接，机械连接宜采用锁紧型或非锁紧型承插式连接、法兰连接、钢塑过渡连接；

（3）钢丝网骨架塑料复合给水管道与金属管道或金属管道附件的连接，应采用法兰或钢塑过渡接头连接，与直径小于等于DN50的镀锌管道或内衬塑镀锌管的连接，宜采用锁紧型承插式连接；

（4）钢丝网骨架塑料复合给水管道各种连接应采用相应的专用连接工具；

（5）钢丝网骨架塑料复合管材、管件与金属管、管道附件的连接，当采用钢制喷塑或球墨铸铁过渡管件时，其过渡管件的压力等级不应低于管材的公称压力；

（6）在−5℃以下或大风环境条件下进行热熔或电熔连接操作时，应采取相应保护措施或调整连接机具的相关工艺参数；

（7）当钢丝网骨架塑料复合给水管材、管件以及管道附件存放处与施工现场温差较大时，连接前应将钢丝网骨架塑料复合管管材、管件以及管道附件在施工现场放置一段时间，并应使管材的温度与施工现场的温度大致相当；

（8）钢丝网骨架塑料复合给水管道连接时，管材切割应采用专用割刀或切管工具，切割断面应平整、光滑、无毛刺，且应垂直于管轴线；

（9）钢丝网骨架塑料复合给水管道合拢连接时的环境温度宜为常年平均温度，且宜为第二天上午的 8 点～10 点；

（10）钢丝网骨架塑料复合给水管道连接后，应及时检查接头处的外观质量。

11）钢丝网骨架塑料复合给水管材、管件电熔连接应符合下列规定：

（1）电熔连接机具的输出电流、电压应稳定，并应符合电熔连接的工艺要求；

（2）电熔连接机具与电熔管件应正确连通。连接时，通电加热的电压和加热时间应符合电熔连接机具和电熔管件生产企业的规定；

（3）电熔连接冷却期间，不应移动连接件或在连接件上施加任何外力；

（4）电熔承插连接应符合下列规定：

① 测量管件承口长度，并在管材插入端标出插入长度标记，用专用工具刮除插入段表皮；

② 用洁净棉布擦净管材、管件连接面上的污物；

③ 将管材插入管件承口内，直至长度标记位置；

④ 通电前，应校直两对应的待连接件，使其在同一轴线上，用整圆工具保持管材插入端的圆度。

（5）电熔鞍形连接应符合下列规定：

① 电熔鞍形连接应采用机械装置固定连接部位管段，并确保管道的直线度和圆度；

② 干管连接部位应使用洁净棉布擦净污物，并用专用工具刮除连接部位表皮；

③ 通电前，应将电熔鞍形连接管件用机械装置固定在干管连接部位。

12）钢丝网骨架塑料复合给水管材、管件法兰连接应符合下列规定：

（1）钢丝网骨架塑料复合管管端法兰盘（背压松套法兰）连接，应先将法兰盘（背压松套法兰）套入待连接的聚乙烯法兰连接件（跟形管端）的端部，再将法兰连接件（跟形管端）平口端与管道按电熔连接的要求进行连接；

（2）两法兰盘上螺孔应对中，法兰面应相互平行，螺孔与螺栓直径应配套，螺栓长短应一致，螺帽应在同一侧。紧固螺栓时应按对称顺序分次均匀紧固，螺栓拧紧后宜伸出螺帽 1 丝扣～3 丝扣（螺距）；

（3）法兰垫片材质应符合现行国家标准《钢制管法兰、法兰盖及垫片》GB 9112～GB 9113 的有关规定，松套法兰表面宜采用喷塑防腐处理；

（4）法兰盘应采用钢质法兰盘且应采用磷化镀铬防腐处理。

13）钢丝网骨架塑料复合给水管道钢塑过渡接头连接应符合下列规定：

（1）钢塑过渡接头的钢丝网骨架塑料复合管管端与聚乙烯管道连接，应符合热熔连接或电熔连接的规定；

（2）钢塑过渡接头钢管端与金属管道连接应符合相应的钢管焊接、法兰连接或机械连接的规定；

（3）钢塑过渡接头钢管端与钢管应采用法兰连接，严禁采用焊接连接，当必须焊接时，应采取相应降温措施；

（4）公称外径大于或等于 dn110 的钢丝网骨架塑料复合管与管径大于或等于 DN100

的金属管连接时，可采用人字形柔性接口配件，配件两端的密封胶圈应分别与聚乙烯管和金属管相配套；

（5）钢丝网骨架塑料复合管和金属管、阀门相连接时，其规格尺寸应相互配套。

14）薄壁不锈钢管的安装应符合下列规定：

（1）从事二次供水薄壁不锈钢管道施工的人员应经过专业培训并考核合格，方可上岗作业。

（2）对进场的薄壁不锈钢管材、管件及配件应由监理或建设单位人员进行验收。

（3）对进场的每批薄壁不锈钢管材和管件，应按产品的来件资料进行核对，内容包括：①供方名称、②产品名称、③材料牌号、④标准号、⑤批号、净重或根数。开箱后，按现行国家标准《不锈钢卡压式管件组件》GB/T 19228 和生产企业产品标准规定进行规格尺寸、外观和气密性的抽样检查或进行全面检验。必要时，供需双方和监理方可共同见证，向有资质的检测单位进行送检。

（4）对进场的薄壁不锈钢管材、管件及配件还应验收其产品使用说明书、产品合格证、质量保证书、各项性能检验报告（含材料牌号和化学成分检验报告）等相关资料，同时应具有国家主管部门认可的检测机构出具的产品质量检验合格报告。

（5）薄壁不锈钢管材和管件应存放在无腐蚀性介质环境的仓库内，严禁与其他金属接触，也不得与混凝土及砂砾等物质接触，露天堆放时应采取防雨淋和防浸泡的措施。

（6）薄壁不锈钢管材应将不同规格分别堆放，并做好标识，管材两端应加装堵帽。管件应装箱并逐层堆放整齐，不宜过高，应确保不倒塌，并便于存取和管理。

（7）不锈钢管材、管件搬动时，应小心轻放，不得抛摔和拖拽，尤其注意现场不得踩踏，严禁剧烈撞击；当管材需要吊装时，应采用非金属绳捆扎。

（8）薄壁不锈钢管的切割应采用无显著温升的切割方式。切割工具应采用专用的电动切管机或手动切管器、手动管割刀，不宜采用会产生高温的切割工具，避免切口过热而发生材料热变，产生应力腐蚀。

（9）薄壁不锈钢管的法兰连接应符合现行行业标准《建筑给水金属管道工程技术规程》CJJ/T 154 的规定。不锈钢法兰使用的非金属垫片，其氯离子含量不得超过 50×10^{-6}。

（10）薄壁不锈钢管道安装应确认走向放线，保证水平垂直度符合施工验收规范。

（11）薄壁不锈钢管道支架孔位要准确，以保证管线的平直度。

（12）管道支架安装前应对孔位进行校核，支架安装要牢固，横平竖直；支架的根部应支撑在地面或钢筋混凝土柱、架、墙面上。

（13）用手动割刀或不锈钢专用机械齿锯切割钢管、计量配管尺寸，管子切口端面的倾斜率见表 12-1。

薄壁不锈钢管端部的切斜（单位：mm） 表 12-1

薄壁不锈钢管外径 D_w	切斜
≤20	≤1.5
>20～50.8	≤2.0
>50.8～101.6	≤3.0

（14）用毛刺清理工具将端口内外毛刺清除，消除端口锋利管边，严防刮伤密封圈；切口端面应平整，无裂纹、毛刺、凹凸、严重缩口、火色残渣等，并将管子内的料渣清理干净。

（15）管材插入管件前，用画线笔在管端作插入深度标记，以保证插入到位。

（16）检查管件中的密封圈有无损伤、污染、错位。

（17）管材插入管件承口内的深度与画线标识相吻合，插入长度偏差不应大于3mm，且不得刮伤管件内的密封圈。

（18）卡压连接时，应检查卡压钳口与管件的规格是否匹配。

（19）卡压连接后用专用量规检查卡压接头是否符合要求，不得有漏卡或卡压不到位的情况；在更换卡压工具后和每天开工前应对首次卡压的三个接口进行检查，作业中间的抽查数量不应少于5%。

15）钢塑复合管的安装应符合下列规定：

（1）钢塑复合管的安装施工程序应符合下列要求：

① 室内埋地管应在底层土建地坪施工前安装；

② 室内埋地管道安装至外墙外不宜小于0.5m，管口应及时封堵；

③ 钢塑复合管不得埋设于钢筋混凝土结构层中；

④ 管道安装宜从大口径逐渐接驳到小口径。

（2）管道穿越楼板、屋面、水箱（池）壁（底），应预留孔洞或预埋套管，并应符合下列要求：

① 预留洞孔尺寸应为管道外径加40mm；

② 管道在墙板内暗敷需开管槽时，管槽宽度应为管道外径加30mm，且管槽的坡度应为管坡；

③ 在钢筋混凝土水池（箱）进水管、出水管、泄水管、溢水管等穿越处应预埋防水套管，并应用防水胶泥嵌填密实；

（3）管径不大于50mm时可用弯管机冷弯，但其弯曲曲率半径不得小于8倍管径，弯曲角度不得大于10°。

（4）埋地、嵌墙敷设的管道，在进行隐蔽工程验收后应及时填补。

16）无规共聚聚丙烯（PP-R）给水管的安装应符合下列规定：

（1）搬运管材和管件时，应小心轻放，避免油污，严禁剧烈撞击，不得与尖锐物品碰触和抛、摔、滚、拖。

（2）管材和管件应存放在通风良好的库房或简易棚内，不得露天存放，防止阳光直射，注意防火安全，距离热源不得小于1.0m。

（3）管材应水平堆放在平整的地面上，应避免管材受外力弯曲，堆高不得超过1.5m；管件宜装在纸箱内逐层码堆。

（4）管道嵌墙、直埋敷设时，宜在砌墙时预留凹槽，凹槽尺寸为：深度等于$dn+20$mm；宽度为$dn+40$mm～60mm。凹槽表面平整，不得有尖角等突出物，管道试压合格后，凹槽用M7.5级水泥砂浆填补密实。

若在墙体上人工凿槽，应先确认墙体强度。强度不足时或墙体不允许凿槽时不得凿槽，只能在墙面上固定敷设后用M7.5水泥砂浆抹平，或加贴侧砖加厚墙体。

（5）管道在楼（地）面垫层内直埋时，预留的管槽深度不应小于 $dn+5mm$，当达不到此深度时应加厚地坪垫层；管槽宽度宜为 $dn+40mm$。管道试压合格后，管槽用与地坪面层相同标号的水泥砂浆填补密实。

（6）直埋敷设的管道必须有埋设位置的施工记录，竣工时交业主存档。商品房出售时，应将管道位置标注在房屋装修、使用说明书上。

（7）管道安装时，不得有轴向扭曲。穿墙或穿楼板时，不宜强制校正。与其他金属管道平行敷设时，应有一定的保护距离，净距不宜小于 100mm，且 PP-R 管宜在金属管道的内侧。

（8）室内明装 PP-R 管道，宜在土建粉刷或贴面装饰完毕后进行，安装前应配合土建正确预留孔洞或预埋套管。（薄的墙体或楼板，亦可在安装时钻洞）

（9）PP-R 管道穿越楼板时，应设置钢套管，套管高出地面 50mm，并有防水措施。当 PP-R 管道穿越屋面时，应采取严格的防水措施。穿越管段的前端应设固定支架。（套管内径＝$dn+30\sim40mm$）

（10）PP-R 管道穿墙敷设时，可预留孔洞，孔洞内径宜为 $dn+50mm$。

（11）当 PP-R 管道直埋敷设在楼（地）坪面层及墙体管槽内时，应在封闭前做好试压和隐蔽工程的验收记录工作。

（12）建筑物埋地 PP-R 引入管或室内埋地 PP-R 管的敷设要求如下：

① 室内、外地坪±0.00 以下管道敷设宜分两阶段进行。先进行室内段的敷设，至基础墙外壁处为止。待土建施工结束，外墙脚手架拆除后，再进行户外连接管的敷设；

② 室内地坪以下管道的敷设，应在土建工程回填土夯实以后，重新开挖管沟，将管道敷设在管沟内。严禁在回填土之前或在未经夯实的土层中敷设管道；

③ 管沟底应平整，不得有突出的尖硬物体。土壤的颗粒粒径不宜大 12mm，必要时可铺 100mm 厚的砂垫层；

④ 管沟回填时，管周围的回填土不得夹杂尖硬物体。应先用砂土或过筛粒径不大于 12mm 的泥土，回填至管顶以上 0.3m 处，经洒水夯实后再用原土回填至管沟顶面。室内埋地管道的埋深不宜小于 0.3m；

⑤ 管道出地坪处，应设置保护套管，其高度应高出地坪 100mm；

⑥ 管道在穿越房屋墙壁基础处，应设置金属套管。套管顶与房屋墙壁基础预留孔洞顶之间的净空高度应按建筑物的沉降量确定，但不应小于 0.1m；

⑦ PP-R 管道在穿越车行道时，管顶覆土深度不应小于 0.7m。当达不到此深度时，应采取相应的保护措施。

（13）PP-R 管材和管件之间，应采用热熔连接或电熔连接，熔接时应使用专用的热熔或电熔焊接机具。直埋在墙体或地坪面层内的管道，只能采用热熔或电熔连接，不得采用丝扣或法兰连接。

（14）当 PP-R 管材与金属管件（或管路附件）相连接时，应采用带金属嵌件的聚丙烯管件作为过渡，该管件与 PP-R 管材采用热熔或电熔连接，与金属管件或管路附件则采用丝扣连接。

（15）热熔连接、电熔连接、法兰连接的步骤和要求详见现行《建筑给水聚丙烯管道（PP—R）工程技术规程》DBJ/CT501 的规定。

17）二次供水埋地管道的连接方式和基础、支墩的做法应符合下列要求：

（1）地震烈度在 7 度及 7 度以上地区宜选用柔性连接的金属管道或钢丝网骨架塑料复合管等；

（2）当选用球墨铸铁给水管时宜采用承插连接；

（3）当选用钢丝网骨架塑料复合管时应采用电熔连接；

（4）埋地给水管道的基础和支墩应符合设计要求，当设计对支墩没有要求时，应在管道三通或转弯处设置混凝土支墩。

18）二次供水架空管道的敷设位置应符合设计要求，并应符合下列规定：

（1）架空管道的敷设不应影响建筑功能的正常使用，不应影响和妨碍人员通行以及门窗开启；

（2）当给水管穿越地下室外墙、构筑物墙壁以及屋面等有防水要求的部位时，应设置防水套管；

（3）当给水管穿过建筑物承重墙或基础时，应预留洞口，洞口高度应保证管顶上部净空不小于建筑物的沉降量，且不宜小于 0.1m，并应填充不透水的弹性材料；

（4）给水管穿过墙体或楼板时应加设套管，套管长度不应小于墙体厚度，或应高出楼面或地面 50mm。套管与管道的间隙应采用不燃材料填塞，管道的接口不应位于套管内；

（5）当给水管必须穿过房屋伸缩缝及沉降缝时，应采用波纹管和补偿器等技术措施；

（6）当给水管可能发生冰冻时，应采取防冻保温技术措施。

19）二次供水架空管道的支吊架设置应符合下列规定：

（1）架空管道支架、吊架、防晃或固定支架的设置应牢固，其型式、材质及安装应符合设计要求；

（2）支、吊架的设计应考虑在管道的每一支撑点处应能承受 5 倍于充满水的管重，且管道系统支撑点应能支撑整个给水系统；

（3）管道支、吊架的支撑点宜设置在建筑物的结构上，其结构在管道悬吊点应能承受充满水管道重量另加至少 114kg 的阀门、法兰和接头等附加荷载；

（4）当管道需穿梁敷设时，穿梁处可作为一个吊架考虑；

（5）二次供水架空管道的下列部位应设置固定支架或防晃支架：

① 配水管宜在中间点设置一个防晃支架，但当管径小于 $DN50$ 时可不设；

② 当配水干管及配水管、配水支管的长度超过 15m 时，每 15m 长度管段内应至少设 1 个防晃支架，但当管径不大于 $DN40$ 可不设；

③ 管径大于 $DN50$ 的管道拐弯、三通及四通位置处应设置 1 个防晃支架；

④ 防晃支架的强度，应考虑能满足管道、配件及管内水的重量再加 50% 的水平方向推力时不损坏或不产生永久变形。当管道穿梁敷设时，且再用紧固件将管道固定于混凝土结构上，可作为 1 个防晃支架考虑；

⑤ 每段架空管道设置的防晃支架不应少于 1 个。当管道改变方向时，应增设防晃支架。立管应在其始端和终端设防晃支架或采用管卡固定。

20）当地震烈度在 7 度及 7 度以上时，二次供水架空管道的安装应符合下列要求：

（1）宜采用沟槽连接件的柔性接头或接头间隙保护系统的整体安全性。

（2）应采用支架将管道牢固地固定在建筑物结构上。

（3）管道应有固定部分和可活动部分组成。

（4）当管道穿越连接地面以上部分建筑物的地震接缝时，无论管径大小，均应设置带柔性配件的管道地震保护装置。

（5）所有穿越墙、楼板、平台以及基础的管道周围应留有间隙。管道周围间隙的大小：$DN25 \sim DN80$ 管径的管道，不应小于 25mm；$DN100$ 及以上管径的管道，不应小于 50mm。间隙内应填充腻子等防火柔性材料；

（6）管道抗震竖向支撑应符合下列规定：

① 二次供水管道系统应有能承受横向和纵向水平载荷的支撑体系；

② 竖向支撑应牢固且同心，支撑的所有部件和配件应在同一直线上；

③ 对供水主管，竖向支撑的间距不应大于 24m；

④ 立管的顶部应采用四个方向受力的支撑固定；

⑤ 供水主管上的横向固定支架，其间距不应大于 12m。

12.2.5 给水阀门安装

1）给水阀门与管道的连接一般有法兰、螺纹、对夹和卡箍等方式。阀门安装时应考虑阀门的结构长度、整个阀门外形尺寸、阀门开启和关闭高度方向的尺寸和安全操作距离等。

2）给水减压阀组安装注意事项：

（1）给水减压阀组安装前，应认真阅读产品安装和使用说明书，并注意到货产品的性能参数及规格应与设计要求一致。

（2）给水减压阀组应在连接管道检验合格后安装。安装前，应将阀组上游管道冲洗干净；管道内不得残留有泥沙、石子、焊渣等杂物；并认真检查阀组各组件内部是否清洁。

（3）安装时，给水减压阀组各组件上标示的流向应与管道水流方向一致。

（4）比例式减压阀在水平安装时，其呼吸孔不应朝上。

（5）过滤器的排污口应向下布置。

（6）减压阀组件与周围墙壁、管道、阀门之间应留有拆卸和维修空间。

（7）减压阀组的安装高度距地面不宜超过 1.8m。

12.3 调试

二次供水设施施工完成后应全面进行调试，调试的目的就是要确保供水设施可以正常工作，为验收提供依据，也为了后续的移交提供保障。

二次供水设施的调试包括：管网试压、贮水容器满水试验、消毒设备调试、水泵运转试验、系统通水试验、管道冲洗和管道消毒。

12.3.1 管网试压

二次供水系统管网安装完毕后，应对其进行强度试验和严密性试验。

1）系统管网强度试验

（1）系统管网强度试验前的准备工作：

① 埋地管道的位置及管道基础、支墩等经复查符合设计要求。管件的支墩、锚固设

施应达到设计强度，未设支墩及锚固设施的管件，应采取加固措施；

② 试压用的压力表不应少于 2 只，精度不应低于 1.5 级，量程应为试验压力值的 1.5～2 倍；

③ 所有敞口部位应封堵严实，不得有渗水现象，不得采用闸阀做堵板；

④ 不得连接止回阀、角阀、水咀、水锤消除器、安全阀等附件一起试压。对不能参与试压的设备、仪表、阀门及附件应加以隔离或拆除。加设的临时盲板应具有突出于法兰的边耳，且应做明显标志，并记录临时盲板的位置和数量。

（2）系统管网强度试验要求

二次供水系统管网安装完成后应进行水压强度试验。水压试验必须符合设计要求，不得用气压试验代替水压试验。水压强度试验若设计无特殊要求可按现行国家标准《建筑给水排水及采暖工程施工质量验收规范》GB 50242 的规定执行，见表 12-2。暗装管道必须在隐蔽前试压。热熔连接管道水压试验应在连接完成 24h 后进行。

二次供水管道水压强度试验的试验压力   表 12-2

管材种类	系统工作压力 P（MPa）	试验压力（MPa）
薄壁不锈钢管、钢塑复合管	P	$1.5P$，且不应小于 0.6MPa
球墨铸铁给水管	≤0.5	$2P$
	>0.5	$P+0.5$
PP-R 给水管	P	$1.5P$，且不应小于 0.9MPa

金属管材试压管段长度不宜超过 1.0km。非金属管材试压管段长度不宜超过 0.5km。各种材质的管道系统试验压力应为管道工作压力的 1.5 倍，且不得小于 0.6MPa。

系统管网强度试验应满足下列要求：

① 水压试验时环境温度不宜低于 5℃。当低于 5℃时，水压试验应采取防冻措施，并采用温度计进行全数检查。

② 管道试压前充水浸泡不应少于 12h。管道充水后应对未回填的外露连接点（包括管道与管道附件连接部位）进行检查，发现渗漏应实施排除。充水装置应在整个试压管段的最低处，充水时应尽量缓慢，在试验管段的上游管顶及管段中的凸起点部位应设排气阀。

③ 水压强度试验的测试点应设在系统管网的最低点。管网注满水后，应缓慢升压，达到试验压力后，稳压 30min，管网应无泄漏、无变形，且压力降不应大于 0.05MPa，并应进行全数直观检查。

④ 系统试压过程中，当出现泄漏时，应停止试压，并应放空管网中的试验介质，消除缺陷后，再重新试压。

⑤ 系统试压完成后，应及时拆除所有临时盲板及供试验用的管道，并应与记录核对无误。

2）系统管网严密性试验

在系统管网水压强度试验合格后，连接上系统的设备、仪表、阀门及附件，进行水压严密性试验。试验压力应为系统工作压力，稳压 24h，应无泄漏，并应进行全数直观检查。

系统严密性试验经验收合格后，应按设计要求对埋地管道进行回填、暗装管道进行隐蔽。

12.3.2 贮水容器满水试验

对水池（箱）等贮水容器做满水试验，不但可以检查水池（箱）渗漏情况，还可以检验其安装质量、抗水压强度及水池（箱）附件的质量。

满水试验要求：

焊接式水箱制作完毕后，将水箱完全充满水，静置 2～3h 后，用重 0.5～1.5kg 的铁锤沿焊缝两侧约 150mm 的地方轻敲，不漏水为合格；如发现有漏水，需重新焊接，再进行试验。

装配式水池（箱）安装完毕后，装满水静置 24h，无渗漏且水箱标准版凸变形量小于 10mm 为合格。

12.3.3 消毒设备调试

二次供水消毒设备通常有紫外线消毒器、紫外线协同防污消毒器、水箱臭氧自洁器、光媒触灭菌消毒器等。

二次供水消毒设备应按照产品说明书或国标图集《二次供水消毒设备选用及安装》14S104 进行调试。

12.3.4 水泵运转试验

根据各地反馈情况，在二次供水系统调试时，由于缺水、断水、气蚀或水中杂质影响，造成水泵损坏事故时有发生，故在水泵运转试验时应在水泵点动正常进入模拟运转状态后再对系统压力、流量、液位、频率等参量进行调节试验，避免设备及管网损坏。

水泵进行点动及连续运转试验，当泵后压力达到设定值时，对压力、流量、液位等自动控制环节应进行人工扰动试验，且均应达到设计要求。系统调试模拟运转时间不应低于30min。

12.3.5 系统通水试验

二次供水系统应做通水试验。

在系统通水试验前应按设计文件要求将控制阀门置于相应的通、断位置，并将电控装置逐级通电，工作电压应符合要求。

12.3.6 管道冲洗和消毒

管道冲洗和消毒是为了防止施工过程中，可能存在的异物和污染物影响用户用水安全。供水设备和管道的清洗消毒是否充分、方法是否得当，直接关系到管网水质检测能否合格。

1）管道冲洗应满足下列要求

（1）冲洗前，应对管道支吊架、防晃支架等进行检查，必要时应采取加固措施；

（2）冲洗前应对系统管网中的易损部件或设备进行保护或临时拆除；

（3）管网冲洗宜设置临时专用排水管道，冲洗时应保证排水管路畅通；

（4）冲洗顺序应为先室外，后室内；先地下，后地上；室内部分的冲洗应分区、分段，按供水干管、水平管和立管的顺序进行；管网冲洗的水流方向应与供水时的水流方向一致；

（5）管网冲洗宜采用市政自来水进行；

（6）冲洗时应避开临近用户用水高峰，以流速不小于 1.5m/s 的水流连续冲洗，并打开系统配水点末梢多个龙头，直至出水口处浊度、色度与入水口处冲洗水相同为止；

（7）当被冲洗管道管径大于 DN100 时，应对其死角和底部适当振动，但不应损伤管道；

（8）管网冲洗结束后，应将管网内的水排除干净，对临时拆除设备和冲洗后可能存留脏物、杂物的管段，应在进行清理后重新安装复位。

2）管道消毒

消毒时，应根据二次供水设施类型和管网材质选择相应的消毒剂。

为了防止氯离子腐蚀管道，薄壁不锈钢配水管道经试压后，消毒宜采用 0.03% 的高锰酸钾消毒液进行消毒，浸泡 24h 以上排空；其余材质管道宜采用含 20～30mg/L 的游离氯浓度的消毒水进行消毒，浸泡 24h 以上排空。

消毒合格后，再用市政自来水进行冲洗，经水质管理部门取样化验合格为止。

12.4　验收

12.4.1　竣工验收文件资料准备

竣工验收时应提供下列文件资料：

1）施工图、设计变更文件、竣工图；

2）图纸会审记录；

3）隐蔽工程验收资料；

4）项目的设备、材料合格证、质保卡、说明书等相关资料；

5）涉水产品的卫生许可批件；

6）混凝土、砂浆、防腐及焊接质量检验记录；

7）回填土压实度的检验记录；

8）系统试压、调试、冲洗、消毒检查记录；

9）具有国家法定资质的水质检验部门出具的系统管网水质检验合格报告；

10）环境噪声监测报告；

11）中间试验和隐蔽工程验收记录；

12）竣工验收报告；

13）工程质量评定和质量事故记录；

14）工程影像资料。

12.4.2　竣工验收检查项目

1）竣工验收一般检查项目

（1）供电电源的安全性、可靠性检查；

（2）泵房位置、泵房及周边环境、水泵机组运行状况和扬程、流量等参数的检查；

（3）系统管材、管件、附件、设备的材质和管网口径与设计要求一致性的检查；

（4）水池（箱）材质的检查；

（5）供水设备显示仪表的准确度检查；

（6）供水设备控制与数据传输功能的检查；

（7）用电设备接地、防雷等保护功能的检查；

（8）泵房排水、通风及管路保温的检查。

2）竣工验收重点检查项目

（1）系统运行可靠性的检查；

（2）防回流污染设施的安全性、可靠性检查；

（3）消毒设备的安全性、可靠性检查；

（4）供水设备的减振措施及环境噪声控制检查。

12.4.3 资料归档

施工单位整理移交建设单位归档的技术资料应包括以下内容：

1）管材、管件、设备等出厂合格证书、涉水产品的卫生检验报告；

2）工程竣工图纸；

3）二次供水设备的使用说明书、控制原理图等资料；

4）系统水压试验、管网清洗和消毒记录、水质部门的水质检验报告。

第 13 章　运行、维护管理

二次供水直接关系到人民群众的身体健康和生命安全，因此应重视二次供水的安全运行与设施维护管理，配备专门的机构、人员，制定相关管理制度和应急预案，以保证二次供水运行的安全稳定。

13.1　运行

13.1.1　泵房及操作要求

1）泵房内应保持良好的照明和通风换气，保证室内空气清新，保持泵房现场环境整洁、卫生，排水系统通畅。

泵房内严禁存放有毒、有害、易燃、易爆、易腐蚀及可能造成环境污染的物品。巡检人员应加强泵房温度、湿度控制，做好防火、防盗、防触电工作，检查门及门锁（门禁系统）是否处于完好状态，确保设备安全可靠运行。

2）二次供水设施设备的所有操作均应由专责人员负责，其他人员不得擅动，无关人员不得进入泵房。

3）二次供水设施设备运行管理人员应全面了解供水设备的性能、用途、系统管线走向和控制阀门的位置及相互关系，了解各用水设备和用水点的布局，不得随意更改已设定的运行控制参数。

4）二次供水设备在正常状态下应置于自动运行位置，所有操作标志应简单明了；在设备故障、停用、维修情况下应设置警示标志牌。

5）运行管理人员应定期巡视现场情况，并对二次供水设备进行例行安全检查，按时养护储水、增压、消毒装置及输水管道、控制系统等设施，确保二次供水系统不间断安全运行。

13.1.2　储水设施

1）二次供水储水设施应无跑、冒、滴、漏现象；目测水质无杂质、无异味、无漂浮物；水位水面在正常范围内，水位控制阀等各类阀门应保证启闭灵活、性能可靠；液位计指示正确、性能良好。

2）水池（箱）本体及检修人孔完好无损，封闭严密，周边环境卫生良好。

3）水池（箱）溢流管和通气管的防虫网罩无堵塞、锈蚀、脱落、破损等情况，溢流管应间接排水，并有不小于 0.2m 的空气间隙。

4）水池（箱）的内、外爬梯应牢固，无锈蚀、无开焊。

13.1.3 增压设施

1. 操作要求

1）巡检人员应定时检查水泵运转状况，查看水压、电压、电流等仪表指示正常；旋转机械外露的旋转部件应有安全护罩。

2）首次开泵或停水后开泵，启动泵前应先检查市政管网压力或水池（箱）的水位是否适合开机，检查管路系统中的阀门是否处于开启状态，对水泵应先进行排气；以手动方式点启动，如无异常声响，转至自动状态，检查泵前和泵后压力表是否读数相近；如发现异常噪声或水压指针波动大等现象，及时关闭电源，并报修。

3）察看仪表读数及泵的轴承温度、振动和声音是否正常，发现异常情况应及时处理；当水池（箱）水位低于规定的最低水位时应立即查找原因并及时处理。

4）操作人员应熟悉电气装置的额定容量、保护装置的整定值和保护元件的规格，不得任意更改电气装置的额定容量和保护元件的规格；发现电气装置的绝缘或外壳损坏，应立即停止使用，并及时修复或更换。

5）泵站运行期间，不得单人独自进行电气修理工作；长期放置不用或新使用的用电设备应经过安全检查或安全检验后才能使用。

2. 设备要求

1）水泵等设备无跑、冒、滴、漏现象；水泵的流量、扬程、轴功率等技术参数应符合铭牌标示；对水泵水压每半年检测不应少于一次，保证水压符合设计正常工况；当发现异常时应立即停机，启用备用泵，并对异常情况进行检查和处理。

水泵运行时应符合下列要求：

（1）泵进口处有效汽蚀余量应大于水泵规定的必需汽蚀余量。进水水位不应低于规定的最低水位；

（2）水泵应运转平稳，振动速度小于 2.8mm/s，水泵的噪声应小于 85dB（距设备 1m、离地 1m 处测量）。

（3）水泵应运转在高效区，泵的效率偏移额定效率应在 12％以内。工况点长期在低效区工作时，应对水泵进行更新或改造。

（4）水泵轴承温升不高于 35℃，滚动轴承内极限温度不得超过 75℃，滑动轴承瓦温度不得超过 70℃。水流通过轴承冷却箱的温升不应大于 10℃，进水水温不应超过 28℃。除机械密封及其他无泄漏密封外，填料室有水滴出时宜为（30～60）滴/min。

（5）检查排气阀，及时排除管网积存的空气。

（6）检查压力表、电流表、电压表、温度计有无异常情况，水泵出水口压力表值应在正常范围内，当发现仪表损坏或显示数值有误时应及时更换。

（7）与水泵相连的各种配件，应无锈蚀、不滴油、不漏水。

（8）在出水管阀门关闭的情况下，离心泵连续工作时间不应超过 3min。

（9）新安装的水泵首次启动时，应对其配电设备、继电保护、线路及接地线、远程装置和操作装置、电气仪表等进行检查，对电动机的绝缘电阻进行测量，并检查电源三相电压是否在正常范围内。

2）气压水罐运行时应无跑、冒、滴、漏现象，压力值应在正常使用范围内。

3）水泵电机运行时应确保状态正常，具体要求如下：

（1）电动机应处于良好工作状态，无异常声响。

（2）电动机应在额定电压的±10％范围内运行。运行电流不超过额定值，电流指示稳定，无周期性摆动。三相不平衡电流不超过10％。

（3）电动机温升可通过用手触摸电机表面查看是否异常。

13.1.4　管道、阀门

运行时应检查管道和阀门无渗漏、无污损、无锈蚀，阀门启闭状态正确、启闭灵活，阀门零、配件齐全。管道支、托、吊架、管卡等安装牢固无松动、无锈蚀。管道保温、防腐设施应保持完好。

13.1.5　配电装置

1）信号灯显示正常，配电柜上各种检测仪表正常显示，配电柜通风状况良好，无异常气味，接插件应无松动、裂纹、破损及变形，电器元件触头动作可靠、无卡阻现象。

2）电控柜的接地和接零正常，电控柜通风扇正常运转，通风孔无堵塞。

13.1.6　自控系统

二次供水自控系统应符合下列要求：

1）自控系统的所有设备、软件、配件和材料符合要求。

2）逐步建立集散型计算机控制系统，实现对二次供水管网运行中的水量、水质、水压等数据采集、传送、备份。若供水企业需要实时运行数据，应设置必要的接口。

3）对二次供水泵房、水池（箱）等重点部位逐步建立远程监控系统，远程监控系统可与现场监控系统并存。

13.2　管理

二次供水管理主要包括管理模式、管理制度、维护管理人员、设施的日常维护、安全管理及应急事故处置等六个方面。

13.2.1　管理模式

长期以来，我国城镇二次供水设施建成后多采取由单位自建自管及居民住宅小区委托物业管理部门负责日常维护两种管理模式，因而普遍处于人员素质较低、管理不到位、设备年久失修、管网跑冒滴漏严重、事故频发、二次供水水质难以保证等低标准、低水平管理状态，群众呼声强烈，因而引起国家有关部门的高度重视。

近年来，我国城镇二次供水管理现状有了较大改观。目前各地模式不尽相同，各有特色，大致可分为分建分管、分建统管、统建统管、特许经营、合同能源管理等模式，并取得了较好成效。具体采用哪种模式，应该结合当地实际而定。总体来看，分建统管与统建统管两种模式较容易得到大家的认可与推崇，政府管理部门较为放心，也较受用户业主的欢迎，并有利于今后的管理技术升级，有利于最终实现智联供水，因此也较为常见。就统管而言，各地又先后推出了二次供水专业公司管理与水务部门统一管理两种模式。

1. 二次供水专业公司管理

为了加强对二次供水设施的日常管理，简化水务部门的业务负担，我国部分城市积极鼓励组建从事二次供水设施运行维护管理的二次供水专业管理公司。

该模式下的城镇公共供水分为市政供水和二次供水两个管理网络，市政供水设施由水务部门自己负责管理，二次供水设施则由专业二次供水公司负责管理。

专业二次供水管理公司依据当地的二次供水相关政策，可承担用户"一户一表"工程的改造安装、维护和管理；也可负责各建筑小区二次加压供水设施的建设（建设费用纳入商品房开发成本，产权属全体业主所有），建成后由二次供水公司实施专业化运行、专业化维护和专业化管理。

采用二次供水专业公司管理模式对二次供水的建设与管理均较为方便，二次供水涉及的各类服务与管理工作可更加专业，更加可靠。

2. 水务部门统一管理

在该模式下，市政供水设施与居民二次供水设施的管理均由水务部门负责。水务部门全面负责居民住宅小区二次供水设施的日常运行管理、维护和抄表收费等工作；实现水务部门供水到户、按表计量收费和供水服务同网同质，确保二次供水水质符合国家饮用水卫生标准。

对于城镇老旧小区的二次供水设施改造，一般由当地政府负责解决老旧泵房设备升级改造、管网改造及用户"一户一表"工程改造的建设资金，改造完成后的日常维护管理可以维持由原来的物业公司负责，也可以另行委托二次供水专业公司或水务部门负责管理。

13.2.2 管理制度

二次供水管理单位应有健全的管理制度（如设备台账、技术档案管理制度、日常巡视制度、设备维护与检修制度、用电安全制度、事故应急处置程序等），对于关键岗位和重要设备，应有操作、检修、调试等方面的技术要求或规则。

1) 应完整收集、妥善保管二次供水设施的有关技术资料，主要包括：

（1）地上及地下管网、供水泵房、储水池（箱）及附属设施的设计、竣工图纸；

（2）二次供水泵房管路系统原理图；

（3）系统试压、验收资料；

（4）二次供水设施接管验收过程相关资料。

2) 应有系统的设备采购、封存、使用、转移、报废制度，以及健全的设备台账管理制度（设备的分类与编号，详细台账）。

3) 应有健全的操作、维护、保养制度。内容包括操作要求、操作程序、故障处理、安全生产和日常保养维护要求等。主要包括：

（1）明确规定设备及设施维护、保养的具体要求；

（2）重点设备维护、保养的具体操作步骤及责任人；

（3）设备及设施维护、保养过程应有详细的记录。

4) 应有健全的设备及设施检修制度，具体要求如下：

（1）建立以设备正常工作时数为基准的例行检查检修制度，配备必要的设备工作状态监测和故障诊断仪器仪表；

（2）建立设备及设施的日常巡检、抽检制度；

（3）适时分析设备工作状态（如每台设备运行时间、转动部件温度、水泵振动和噪声、机件磨损及腐蚀情况、性能参数对比、安全防护装置完好程度、控制系统状态良好、计量仪表准确无误、动力消耗是否正常等），据此确定设备检修计划；

（4）设备检修过程的详细记录。对于水泵，检修记录应包括下列内容：检修中发现的问题、修复的主要内容和更换零件明细；关键部件和电气设备检修记录；填装的润滑剂牌号；因故未能解决的问题等。检修后应对泵组的运行效率作出评价。

5）应建立健全相应的报表制度（含电子报表），包括设备运行情况、水质检测情况、维修清单、服务和收费的日报、月报、年报。报表不仅能真实反映二次供水系统的运行情况，也是二次供水设施进行日常维护和更新改造的重要依据。

13.2.3　维护管理人员

二次供水设施管理单位应当配备必要的维护管理人员。

1）二次供水管理和维修人员应每年进行一次身体健康检查、参加饮水卫生安全知识培训、持健康证明上岗。凡患有痢疾、伤寒、病毒性肝炎、活动性肺结核、化脓性或渗出性皮肤病及其他有碍饮用水卫生安全的疾病和病原携带者，不得直接从事二次供水涉水卫生和涉水器具的清洁工作。

2）二次供水管理和维修人员应接受相关技能培训和应急预案演练，经考评合格上岗。具体要求如下：

（1）熟悉设备性能及操作要领，严格执行设备安全操作规程，充分发挥设备潜力，不断摸索和积累经验，严禁野蛮操作；

（2）保持设备及附件、工具的完好整洁，认真执行保养操作规定；

（3）熟悉设备结构，掌握设备性能，能熟练排除一般故障，较大故障应与维修人员共同排除。

13.2.4　二次供水设施的日常维护

二次供水设施的日常维护工作是保证二次供水设施持续正常运行的基础，应根据实际情况制定日常维护制度，并严格组织实施。二次供水日常维护可分为日常巡检和定期维保两个部分。日常巡检是指每日应对二次供水设施进行认真的巡视和检查，检查设施的运行状态，并记录运行情况和发现的问题；定期维保是指定期例行对二次供水设施进行清洁、润滑、除锈、防腐等维护保养工作。当发现隐患或一般性故障时，应及时组织维修，恢复设施正常使用功能，保证安全运行。

二次供水设施维护所使用的管材、管件以及防护涂料等涉及饮用水卫生安全的产品应取得卫生许可批件。

二次供水设施运行不得间断。因设备维修、水池（箱）清洗等原因确需停水的，应提前24h通知用户；因不可预见原因造成停水的，应在安排抢修的同时通知用户；超过24h不能恢复正常供水的，应采取应急供水措施，解决居民基本生活用水。

1. 储水设施

二次供水设施中的水池（箱）内壁容易滋生细菌或致病性微生物，若不定期清洗、消毒或清洗、消毒不规范，将导致系统水质的二次污染。主要表现在微生物、红虫滋长和浊度增加等，这一现象在我国南方城市炎热潮湿的春夏两季尤为普遍。

对于储水设施，应每周检查其水位是否保持在有效容积之内，检查水池（箱）内壁是否光滑清洁，外表面保温层是否完好，发现有影响水质的情况应及时处理。

承担二次供水设施清洗消毒的单位应具备法人资格，有固定的营业场所，且必须取得当地卫生行政主管部门颁发的《卫生许可证》。

二次供水设施的清洗消毒要求如下：

1）清洗

（1）清洗频率：每半年不少于一次，并根据实际情况增加频次；

（2）清洗消毒所使用的清洁用具、清洗剂、除垢剂、消毒剂等必须符合国家有关标准的规定；

（3）清洗顺序：通常按照自来水的流向，先地下，后地上；先源头，后末端；

（4）清洗前要提早向用户发出清洗通告，包括：停水及恢复供水时间、用户储水准备等，尽量减少因停水对用户带来的不便。

2）消毒

（1）水池（箱）清洗完成后应进行消毒；

（2）应根据水池（箱）的材质选择相应的消毒剂。

3）清洗、消毒前的准备工作

（1）清洗人员进入储水设施清洗现场后，应首先关闭水池（箱）进水阀门，然后打开储水设施泄水阀排水。若泄水阀失灵，可使用潜水泵排水。

（2）水池（箱）内属于相对密闭空间，存在供氧不足、触电、高处坠落等安全风险。现场责任人应对进入水池（箱）作业的人员、设备、供电、通风等事宜进行检查，确认安全后方可允许人员进入水箱作业（有条件时，应使用"四合一"气体检测仪对水箱内的空气进行检测，作业人员随身佩戴"四合一"气体检测仪进入水箱操作）。

（3）在水池（箱）清洗作业过程中，宜采用鼓风机往水池（箱）内连续送风至作业结束，保证空气中含氧量符合要求。

（4）清洗消毒人员应身穿工作服、头戴工作帽、脚穿防滑雨靴，消毒操作人员还应佩戴防护用品，如手套、口罩、眼镜、安全绳等。发现有人员身体不适要及时更换，操作完毕要清点人数、工具等。

（5）应使用 12V 安全电压照明灯，导线绝缘良好，用电设备应接入有漏电保护开关的配电箱。

4）水池（箱）清洗、消毒方法

（1）使用棕刷、钢刷，采用人工洗刷和高压水枪冲洗相结合的方式对水池（箱）进行全面清洗，并在冲洗的同时排除污水。不得采用洗洁精、洁厕灵等非生活饮用清洁药剂。不宜采用竹扫把等容易折断的工具。

（2）用符合国家有关卫生标准的消毒剂配制有效氯含量为 $300\sim500mg/L$ 的消毒液，用棕刷、高压水枪、喷雾器等专用工具对储水设施内壁进行全面消毒，接触时间不低于

30min。

5）储水设施应清洗、消毒两次或以上，清洗完毕后，将污水排净。

6）将水池（箱）注满自来水，清洗消毒从业单位应及时向有资质的水质检测部门申请采样检测。为真实反映水池（箱）清洗消毒效果，且便于取水样，水质检测采样取水点宜选择在水池（箱）出水口。检测项目至少应包括色度、浑浊度、臭和味、肉眼可见物、pH值、总大肠杆菌、菌落总数、余氯含量等，根据需要也可适当增加检测项目。检测结果应符合现行国家标准《生活饮用水卫生标准》GB 5749及《二次供水设施卫生规范》GB 17051的规定方可投入使用。

水质检测结果要向用户公布，检测记录应存档备案。

7）清洗消毒从业单位操作人员撤离前，应将设施现场清理干净，同时将水池（箱）检修人孔密封严密，并检查各阀门开、关是否正常，检查水位仪是否正常显示；检查通气管、溢流管是否用筛网包扎完好，避免蚊虫进入水池（箱）。

2. 水泵

1）水泵的日常维护保养

水泵是二次供水系统的心脏，应加强对它的日常维护和管理。

水泵的日常维护保养按其间隔时间可分为周保养、月保养、半年保养和年保养四种：

周保养：内容为水泵清洁，泵体加油。

月保养：内容为补充轴承内润滑油，更换填料或机械密封，紧固地脚螺栓等。

半年保养：内容为检查电机与水泵的联轴节，发现损伤应进行更换。

年保养：内容为检修平衡盘与平衡环，检修轴瓦，调整泵轴线与泵体基础平面的平行度，修理更换叶轮等主要零件，调整填料压盖的松紧度，根据水泵机械密封或填料磨损情况及时更换新机械密封或填料，检查水泵基础及水泵减振装置，调整水泵水平度及水泵与电机的同心度，对整机和辅机进行清洗、除锈、刷漆防腐。

具体做法及要求如下：

（1）滑动轴承的水泵首次运行100h应更换润滑油，以后每工作300～500h换油1次。

（2）滚动轴承的水泵运行1200～1500h应补充润滑油，每年宜换油1次。

（3）每周检查泵体运行情况，发现异常应及时检查、处理。

（4）水泵停止运行后，应每周擦拭泵体表面及管路、附件上的油渍。

（5）每月补充水泵轴承内的润滑脂，保证油位正常，并检查油质变化情况，按周期更换新油。

（6）每月对水泵地脚螺栓和其他连接螺栓进行检查、紧固。

（7）每半年对电机与水泵间的联轴节进行检查，对联轴器进行校正，发现联轴节损伤，应及时更换。

（8）每年更换填料或检修机械密封，根据填料磨损情况及时更换填料；更换填料时，每根相邻填料接口应错开大于90°；水封管应对准水封环，最外层填料开口应向下；当使用软填料密封时，根据使用情况随时添加填料，防止泄漏。

（9）每年检查、修理平衡盘与平衡环的端面接触以及各段间、叶轮轮毂、轴套、平衡盘轮毂、轴肩、紧固螺母的端面接触。

（10）每年检查或修理轴瓦，调整泵轴线与泵体基础平面的平行度。

（11）每年修理或更换叶轮等各主要零件，更换轴承垫片和其他易损件。

（12）每年调整填料压盖的松紧度，填料密封滴水每分钟滴水数应符合使用说明书要求。

（13）每年根据水泵机械密封或填料磨损情况及时更换新机械密封或填料。

（14）每年检查水泵基础及水泵减振装置，确保完好。

（15）每年调整水泵水平度及水泵与电机的同心度。

（16）每年对整机和辅机进行清洗，除锈、涂漆防腐。

维护保养后的水泵性能应符合《离心泵技术条件（Ⅲ类）》GB/T 5657 相关要求。

水泵保养时应对与泵体相连的阀门、压力表、管道等同时保养。

2）水泵维修

当泵组出现压力、流量、功率、温度、机组效率、振动、噪音等参数异常时，应及时查找原因并进行维修。维修后水泵的振动级别评价达到《泵的振动测量与评价方法》GB/T 29531 中 C 级，水泵运转应润滑、无异响，噪声在正常范围内，轴承温升和最高温度应符合产品技术说明书的规定，水泵各项运行参数应符合《离心泵技术条件（Ⅲ类）》GBT 5657 要求，电机运行参数及维修质量应符合《中小型旋转电机通用安全要求》GB 14711 的规定，水泵及附属部件的密封应无漏水、漏油等渗漏现象。

（1）维修前的准备工作

① 在检修设备停电前，必须将与停电设备有关的变压器和电压互感器从高、低两侧断开，防止向停电检修设备反送电。当验明设备确已无电压后，立即将检修设备接地并三相短路。装设接地线必须由两人进行；接地线时须先接接地端，后接导体端，拆接地线的顺序相反，装、拆接地线均应使用绝缘棒或绝缘手套。

② 在机械及电气设备进行检修前，停电、验电操作过程中应装设临时遮拦和标示牌，标示牌的悬挂和拆除应按照检修命令执行；严禁随意移动或拆除遮拦、接地线和标示牌；标示牌应采用绝缘材料制作，标示牌的样式应符合规定。

③ 使用喷灯时，火焰与带电部分必须保持一定的安全距离：电压在 10kV 及以下者，不小于 1.5m。

④ 雷电时，禁止在室外变电所或室内架空引入线上进行检修。

⑤ 电器绝缘工具应在专用房间存放，由专人管理，并按规定进行试验。

（2）维修要求

① 泵轴的检查、修整、更换应符合下列规定：泵轴光洁、无残损、丝扣无锈蚀；与轴承配合处表面粗糙度不低于 1.6um；卧式泵泵轴径向跳动允许公差小于 0.02mm；当镀铬泵轴、传动轴的镀铬层脱落或磨损严重时应更换；泵轴两端面应平整，中心孔完好，运输中应保护轴头丝扣并防止弯曲变形。

② 对于滑动巴氏合金轴承的检查、修整、更换，应符合下列规定：无裂纹和斑点；轴承应磨损均匀、无显著划痕，轴间隙应在允许范围内；大修加工后应进行刮研，在负荷面 $60°±5°$ 范围内应达到每平方厘米不少于 2 个接触点；轴承与轴的间隙在检修前后均应精确测量并记录。

③ 滚动轴承的检查、修整、更换应符合下列规定：内外座圈、滚道、滚动体、保持架应无残损磨蚀；当滚道有麻坑、保持架磨损、滚动体破碎或有麻点时，应更换；当过热

变色时，需更换；当径向摆动超标时，应更换。

④ 轴套的检查、修整、更换应符合下列规定：应检测轴套外径磨损情况，保持光洁、无残损；轴套、轴、锁紧螺母相配合的螺纹应完好，配合间隙应适当；轴套键槽应完好；轴套与压母丝扣应完好，配合间隙应适当。

⑤ 弹性圈柱销联轴器的检查、修整应符合下列规定：表面应光洁、无残损；联轴器与轴配合应符合现行国家标准《公差与配合》GB 1801 中 K7/h6 配合公差要求；对较大型机泵，应在运行中实测电机轴线升高值，并予以调整，保证电机和水泵在运行中达到同心；水泵联轴器与电机联轴器外径应相同，轮缘对轴的跳动偏差应小于 0.05mm，其他联轴器应按说明书要求检修。

⑥ 当叶轮修复后或更换叶轮时，应做静平衡试验，叶轮最大直径上的静平衡允许偏差应符合现行国家标准《单级单吸清水离心泵技术条件》GB 5657 的规定；去除静不平衡重量时，应磨削均匀、保持平滑，最大磨削厚度不大于原盖板厚度的 1/3。

（3）水泵维修后应达到以下技术要求：

① 水泵的振动级别评价达到《泵的振动测量与评价方法》GB/T 29531—2013 中 C 级；测试记录应分别记录振动速度和最大位移两种参数；当振动超过标准规定时，应查找原因并修复；

② 水泵运转应平稳，噪声在正常范围内；

③ 轴承温升和最高温度符合产品技术说明书的要求；

④ 水泵各项运行参数符合《离心泵技术条件（Ⅲ类）》GBT 5657 要求，电机运行参数及维修质量符合《中小型旋转电机通用安全要求》GB 14711 要求，同时满足设备厂家参数要求；

⑤ 水泵及附属部件的密封无漏水、漏油等渗漏现象；

⑥ 泵壳或导流壳、叶轮的检修应符合下列规定：去除积垢、铁锈，非加工面可涂无毒耐水防锈涂层；冷却水孔、压力表孔、排气孔畅通；外形与配合公差应符合相关技术要求。

⑦ 闭式叶轮与轴的配合公差应符合现行国家标准《公差与配合》GB 1801 中 H8/h7 配合要求；

⑧ 半开式叶轮与锥形套的锥度应相符，接触面积不应小于配合面积的 60%；

⑨ 闭式叶轮密封环与叶轮配合的运转间隙应符合相关规定，当磨损超过规定间隙的 50% 以上时，应更换密封环。

3. 电气设备

1）电机维护保养

电机的维保保养分为半年保养和年度保养，具体要求如下：

（1）电机每半年进行全面检查，并宜在季节变换时进行。

（2）每半年摇测电机绝缘，相对地绝缘电阻大于 0.5MΩ。

（3）每半年采用专用仪器，检测电机接线端子温升，温升值符合产品技术说明书的规定；每半年采用专用仪器，检测电机控制部分元件温升，温升值符合产品技术说明书的规定。

（4）目测电机外壳，无锈蚀。

（5）每年检查电机的滚动轴承，其工作面应光滑、清洁，无麻点、裂纹及锈蚀；轴承的滚动体与内、外圈接触良好，无松动，转动灵活无卡涩，其间隙符合规定。

（6）每年应添加轴承润滑脂，填满其内部空隙的 2/3，同一轴承内严禁填入不同品种的润滑脂。

（7）每年应检查运转电机的三相电流平衡，电机额定工作电流符合铭牌规定。

（8）电机进行解体检修后各项参数应符合产品说明书中各技术参数要求。电机绕组温升不超过铭牌规定，电机热保护系统正常工作，冷态绝缘电阻不低于 5MΩ。

（9）电机解体保养后，其各项性能指标应符合《中小型旋转电机通用安全要求》GB 14711 的相关规定。

（10）每年应采用专用仪器，对接线端子温升进行测试，温升值符合产品技术说明书的规定。

2）电机维修

电机维修的主要内容和技术要求如下：

（1）当电机的电流、电压出现异常时，应及时查找原因并维修。

（2）检测电机绝缘、接地电阻的摇表，应每年进行校验。

（3）经专用仪器检测后，对温升超标或相对较高的接线端子做适当的紧固处理。当温升值仍较高，须进行全面检查，发现损坏时及时更换电气元件。

（4）检测电机三相电压，任意两相电压的差数不超过 5%。电流不超过铭牌上的额定值，同时任意两相间的电流差值不大于额定电流的 10%。

（5）电机维修安装、接线完毕后，在试运行前，须检查电动机的电源进线和地线，符合要求后方可试车。

（6）泵组维修后需带负荷试运行 24h，各部位无异常，各部分电流、温度和振动等参数符合规定，方可投入正式运行。

4. 管道、阀门

1）管道、阀门维护保养

（1）应定期巡检二次供水设施的室外埋地管网，不得在管线上压、埋、围、占，及时消除影响供水安全的因素；定期检查并及时维护室内管道，保持室内管道无渗漏；及时调整并记录减压阀工作情况，包括水压、流量。

（2）二次供水系统中管道、阀门的维护保养按其间隔时间可分为周保养、月保养、年保养三种。

周保养：内容包括阀门启闭灵活。

月保养：内容包括清洗阀前过滤器，发现过滤网破损，应及时更换；保障阀门启闭件（阀瓣）的清洁；对阀门的传动装置进行加油；对阀门进行一次启闭动作，确保阀门启闭灵活。

年保养：内容包括对水泵吸入口滤网、止回阀和管道阀门进行一次全面清理、检修；对供水系统的设施和附件进行除锈刷漆；对比例减压阀疏通和检查阀体上的通气小孔；进入冬季前对室外供水管道、相关的供水附件包括水箱、管线、阀门等保温情况进行检查、修复，电伴热装置应完好。

具体要求如下：

① 每周进行阀门启闭操作一次，保持阀门启闭灵活。

② 每月清洗阀前过滤器，及时更换破损的过滤网，保障阀门启闭件（阀瓣）的清洁。

③ 每月对阀门的传动装置进行加油。

④ 冬季前应检查室外供水管道、相关的供水附件包括水箱、管线、阀门等保温情况。

⑤ 每年对水泵吸入口滤网、止回阀和管道阀门进行一次清理、检修。

⑥ 每年对供水系统的设施和附件表面进行除锈刷漆。

⑦ 比例式减压阀应注意疏通和检查阀体上的通气小孔，每年保养一次。

2）管道、阀门的维修

当二次供水系统总水表与分水表流量值相差较大时，应及时检查管道、阀门的破损、漏水的情况，及时维修或更换。维修过程中接触饮用水的工具、器具、产品应符合《二次供水设施卫生规范》GB 17051 的规定。

5. 气压水罐

气压水罐应每年进行一次专业性检测，确保气囊无破裂。

6. 电气控制系统

1）电气控制系统的维护保养

二次供水系统电气控制系统的维护保养应符合下列要求：

（1）季节性保养宜安排在夏季或冬季换季之前。

（2）检查电控柜的接地和接零性能，电机的绝缘电阻不应小于 $0.5M\Omega$。

（3）对电控柜和电控设备清扫除尘。

（4）控制电路的显示接插件应无松动、裂纹、破损及变形。

（5）采用专业仪器检查电器元件的接线端子温升应在正常范围内。

（6）检查电器元件触头可靠动作，无卡阻现象。

（7）检查电器元件端子接线无松动。

（8）检查全部接线端子接地良好，无松动。

（9）监测仪表应正确、显示清晰。

（10）电控柜通风扇（如有）应正常运转，通风孔无堵塞。

2）电气控制系统的维修

电气控制系统的维修应符合下列要求：

（1）电气控制系统的维修或元器件更换应在断电情况下进行。

（2）控制柜主进线开关更换时，所更换断路器的型号应与断路器保持一致，断路器的整定电流值应与原断路器保持一致。

（3）当电气控制系统继电保护元件发生异常时，应及时更换电器元件，所更换电器元件的规格、技术参数应与原电器元件一致。

（4）如需更换控制柜的电源指示灯，所更换指示灯的规格、技术参数、颜色应与原指示灯保持一致。

（5）当采用专业仪器发现接线端子温升过高时，应对系统进行全面检查，发现触头松动时应进行紧固。

7. 消毒设备的维护保养

应对二次供水系统中的消毒设备定期保养，当发现有失效、损坏情况时应及时更换或维修。紫外线消毒灯管每半年应更换一次。

13.2.5 安全管理

为保障人民群众的身体健康和生命财产安全，对二次供水设施除加强日常安全管理外，还应采取必要的安全防范措施，应对突发事件的发生。

1）应在泵房、水池（箱）等重点部位采取加锁、加防护罩、安装电子监控等相关安全防范措施。

2）任何单位和个人不得擅自改动、拆除、损坏和侵占二次供水设施。

3）定期巡视检查二次供水设备、设施运行及室外庭院埋地管网线路沿线情况。如发现系统运行异常或周边施工有可能危及管网时，应及时检修设备及提醒有关方面注意保护供水管网。

当埋地管道发生爆管时，应立即关断受损管段所涉及楼栋的进水阀门，避免泥沙、污水进入管内。在爆管处挖好检修坑，用水泵将泥水排除，在保证泥水不会流入室内管网的情况下，将爆管段管网排空，然后进行维修。修复后，应对新修复管段进行冲洗，至水质符合要求后再恢复正常供水。

应定期检查室内管线无漏水和渗水现象。定期检查压力表工作情况，记录压力参数。定期检查系统管网自动排气阀工作情况，发现问题，及时处理。

4）定期分析设施供水及用户用水情况，积累运行管理经验，及时排除影响系统正常供水的各类故障。

5）二次供水设施中的泵房、配电室、控制室等部位应有安全防范措施。上述部位室内严禁存放有毒、有害物品，严禁堆放各类杂物。

泵房、配电室、控制室需配备灭火器材，并放置在明显、方便取用处。

水池（箱）人孔盖应加锁。

泵房、水箱间应建立出入登记管理制度。

6）建立二次供水系统水质管理制度，定期对水箱进行维护、保养、清洗、消毒，并进行水质监测，宜设置水质在线监测系统。当水质受到污染或者出现异常，应立即停止供水，并组织清洗、消毒、换水，消除安全隐患。

7）对泵房内的排水设施、生活水池（箱）的液位控制装置、消毒设备以及各类仪器仪表进行定期检查，以保证二次供水系统的安全正常运行。

阀门漏水、生锈应及时维修或更换，以免影响管网水质。

室外阀门井盖如出现破损、丢失应及时处置，以防发生安全事故。

为防止回流污染，确保市政供水安全，应经常检查二次供水系统中倒流防止器的运行情况。

8）电机、水泵的转动部位应有防护罩。设备运行时不得触碰电机、水泵的转动部件。

9）二次供水维护工作中使用的过滤、净化、消毒、防腐器材，要有卫生部门颁发的"产品卫生安全性评价报告"。

10）叠压供水方式有严格的使用条件。如果采用叠压供水的用户变更用水性质，特别是变更为用于医疗、医药、造纸、印染、化工等可能对公共供水造成回流污染危害的用途，应在变更前征得供水企业的同意。

13.2.6　应急事故处置

1）当发现二次供水受到污染时，应立即停止供水，并采取应急措施，保障居民日常生活用水，同时报告相关管理部门并协助相关部门进行调查处理。

2）二次供水管理单位应根据实际情况制订应急处置预案，并应每年进行预案演练。预案应包括：处置突发事件的人员分工和各自职责；处置突发事件的工作流程；应急物资储备和存放；发现突发事件应立即报告的上级行政主管部门的负责人紧急联系电话。

突发事件处置完毕后，应对处置过程进行总结，对产生突发事件的原因进行分析，对应急处置过程的人员、职责分工、应急处理流程、应急物资调配、通信联络是否畅通等情况进行回顾梳理，总结经验教训，提高团队实战能力。

3）应急预案编制后，应定期组织演练和评价，不断充实完善。

第14章 二次供水设施改造

近年来，随着我国城镇化进程的不断加快，居民生活水平与用水需求同步提高。然而，由于各地城镇供水设施建设年代不一，市政供水条件存在差异，二次供水系统形式不尽相同，城镇小区二次供水的安全性、可靠性不断面临新的挑战。

为了解决城镇居民二次供水系统跑冒滴漏严重、设备老旧能耗较高、存在二次污染风险等突出问题，国家四部委（住房和城乡建设部、发改委、公安部、卫计委）于2015年3月联合发文，要求在五年内完成对不符合要求的二次供水设施进行改造，以确保"最后一公里"供水的水质安全。为此，各级地方政府和水务部门都在行动。

以上海市为例：根据2015年《上海市生活饮用水卫生监督白皮书》，全市使用二次供水的居民小区有7033个，二次供水设施121632个，中心城区约有15万个老旧水箱、水池在继续使用；有近2亿 m² 的居民住宅存在二次供水设施年久失修、材质老化及贮水箱（池）污物沉淀、微生物繁殖现象，极易造成对自来水水质的二次污染。为提高居民龙头水水质，改善供水服务，提升供水安全保障，市政府曾先后启动两次规模较大的全市范围二次供水设施改造实践；力争到2020年，基本完成对中心城区居民住宅二次供水设施的改造任务，并逐步实现供水企业管水到表；通过设施改造和加强管理，使居民住宅水质与水务部门出厂水水质基本保持同一水平。某试点小区改造前后水质检测指标见表14-1。

上海二次供水改造工程某试点小区改造前后水质比较　　　　表14-1

项目	《生活饮用水卫生标准》（GB 5749—2006）指标	改造前检测指标	改造后检测指标
细菌总数（CFU/ml）	100	20	0
化合余氯（mg/L）	0.05	<0.05	0.6
色度（度）	15	10	10
浊度（NTU）	1	1.6	0.42
铁（mg/L）	0.3	0.23	0.03

天津市政府也连续几年将居民小区老旧二次供水设施改造列入民心工程，重点解决生活和消防混用、水箱材质不合格、二次供水设施老化损毁、供水管道锈蚀漏水及管理不善等问题。

2017年上半年，福建省泉州市部署开展为期三个月的中心城区二次供水设施专项整治活动。要求摸清中心城区现有二次供水设施现状，明确二次供水设施管理责任，规范供水设施管理，督促二次供水设施管理单位切实履职，落实居民小区老旧二次供水设施改造进程，消除卫生安全隐患，保障二次供水安全。

我国城镇二次供水设施改造的主要内容包括二次供水老旧泵房改造、原有水箱（水池）改造和原有二次供水管网改造等三个方面。

14.1　二次供水老旧泵房改造

老旧二次供水泵房的改造通常会面临以下问题：设备陈旧，效率低下；泵房面积及空间不足，或以往不需要增压而未预留泵房；泵房建筑破旧，隔音效果差，需要对设备噪声加以控制等。

二次供水老旧泵房根据其改造的目的可以分为泵房老旧设备的更新换代改造、泵房增压设备及控制方式的技术升级改造、泵房节能改造、泵房智能化标准化改造等几种类型。根据工程项目具体情况及业主实际需要，上述改造类型既可以单项组织实施，也可以在一个二次供水泵房改造项目中多种类型同时实施。

此外，与新建小区相比，老旧小区的入住率相对较高、用水量也相对稳定，因此对建设年代较久远的拟改造小区进行居民用水量、用水特性改造前现场测试，对改造后的供水可靠性有着十分重要的意义。

14.1.1　二次供水老旧泵房改造分类

1. 泵房老旧设备的更新换代改造

对泵房原有老旧二次供水设备进行整体更换，包括增压泵组、电气控制设备、泵房配管、管路附件及与设备配套的水箱等设施设备的更新换代改造。

2. 泵房增压设备及控制方式的技术升级改造

对泵房原有二次供水设备进行局部或整体技术升级，如更换高能效比的新型水泵，将早期微机单变频控制系统升级为数字集成全变频控制系统，用传感器替代原有的指针式仪表，采用更加卫生、环保、耐用的管路附件等。

3. 泵房节能改造

对泵房原有二次供水设备进行技术性能优化，淘汰低效高能耗水泵，对建设年代相对久远的二次供水增压泵房重新进行设计优化，将早期采用微机单变频控制系统的两用一备、三用一备、四用一备泵组优化为数字集成多泵联动控制全变频运行模式，改用叠压供水方式等。

4. 泵房智能化、标准化改造

对泵房二次供水设备实施远程监控和智能化运行管理，对泵房的平面与空间布置、设备配置、管路布置等实施标准化改造。例如：对泵房出水水量、水压、水质、用电量等信息进行适时在线监控；对二次增压设备运行的各类数据集中采集并通过计算机软件进行分析，快速生成相应的管理报表；对泵房内通风、排水、安防、视频等相关设施的运行情况纳入数据中心平台集中管理；对二次增压设备的日常维保及远程操作控制信息进行智能化升级改造等。

14.1.2　老旧泵房改造中二次供水设备的选用原则

老旧泵房二次供水增压设备应根据工程项目所在城镇市政供水管网条件、当地水务部门的有关规定及项目具体情况合理选用。目前我国各地二次供水设施改造常用的增压形式及增压设备主要有以下几种：

1. 变频泵组——水箱联合供水

适用于市政供水高峰时段存有缺口、需要用户具有一定水量储存调蓄能力的场合。可以选用数字集成全变频控制恒压供水设备（见图 14-1）或微机控制单变频、多变频恒压供水设备。

图 14-1　数字集成全变频控制恒压供水设备

2. 管网叠压供水

适用于市政供水能力相对充足、市政管网压力相对稳定且当地水务部门允许的场合。可以选用数字集成全变频控制叠压供水设备（见图 14-2）或微机控制单变频、多变频叠压供水设备。

3. 户外型增压供水泵站与地埋式一体化预制泵站

适用于没有二次供水设施的早期多层建筑小区（如当时可由市政管网压力直供），而在二供改造中又无设置室内增压泵房条件的场合，以及市政管网末梢、城乡结合部或乡镇给水的增压。可以选用户外型增压供水泵站（见图 14-3）或地埋式一体化预制泵站（见图 14-4）。

图 14-2　数字集成全变频控制
叠压供水设备

图 14-3　数字集成全变频户外型增压供水泵站　　图 14-4　地埋式一体化预制泵站

户外型增压供水泵站、地埋式一体化预制泵站可以采用数字集成全变频控制方式或微机控制单变频、多变频控制方式。

4. 静音小型增压机组及小型增压供水设备

适用于原有建筑未设置给水增压泵房或原有建筑给水增压泵房面积与空间过小的场合。可以选用微机控制变频静音小型增压供水机组（见图 14-5）或数字集成全变频微型家用恒压供水设备（见图 14-6）。

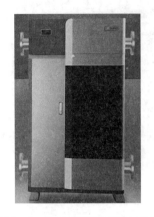

图 14-5　静音小型增压供水机组

图 14-6　全变频微型家用恒压供水设备

14.1.3　老旧小区用水数据现场测试

对于二次供水老旧泵房改造，由于城市地域及季节差别，各居民小区用水量差异较大，为了能满足改造后居民用水需求，宜选择高峰用水季节对小区高峰用水时段进行水量和水压测试，一般连续测试 15 天到 1 个月即可。

用于进行小区现场水量和水压数据测试的仪器仪表有：流量测量单元、压力测量单元和泵组能耗测量单元（测量电流、电压、功率因数、功耗）。用高精度无线传输压力传感器替换增压设备出水管上的指针式压力表，在泵房出水管上安装带通信功能的电磁流量计，采用能量计监测原有二次供水设备的能耗。

通过现场数据的采集和监测，可以得到改造前小区的实际用水流量、水压和泵组能耗数据。借助云计算数据平台，根据测得的流量数据图表（见表 14-2）及 24h 变化曲线（见图 14-7）就可以确定改造项目二次供水系统的设计流量。

居住小区二次供水系统改造前流量数据采集汇总表　　　　　表 14-2

序号	测试日期	系统最小流量		系统最大流量		平均流量（m³/h）	夜间最小流量（m³/h）	夜间最小流量占比（％）
		m³/h	出现时间	m³/h	出现时间			
1	8.12	0.0	00：05	12.0	11：14	2.9	0.0	0.00
2	8.13	0.0	01：20	11.1	12：28	2.2	0.0	0.00
3	8.14	0.0	00：18	12.0	09：35	2.9	0.0	0.00
4	8.15	0.0	00：16	11.5	16：53	2.8	0.0	0.00
5	8.16	0.0	00：11	11.4	07：50	2.7	0.0	0.00
6	8.17	0.0	00：33	12.0	09：48	3.3	0.5	0.15
7	8.18	0.0	00：42	12.3	06：50	3.1	0.3	0.10
8	8.19	0.0	00：16	11.4	13：36	3.2	0.0	0.00

续表

序号	测试日期	系统最小流量		系统最大流量		平均流量（m³/h）	夜间最小流量（m³/h）	夜间最小流量占比（%）
		m³/h	出现时间	m³/h	出现时间			
9	8.20	0.0	01：05	12.4	12：29	3.4	0.3	0.09
10	8.21	0.0	00：32	11.6	06：59	2.7	0.0	0.00
11	8.22	0.0	00：40	12.1	16：57	2.5	0.0	0.00
12	8.23	0.0	00：04	12.2	07：13	3.0	0.0	0.00
13	8.24	0.0	03：25	11.7	11：53	2.8	0.0	0.00
14	8.25	0.0	02：33	11.8	08：22	2.8	0.1	0.04
15	8.26	0.0	00：05	12.1	17：16	3.6	0.0	0.00

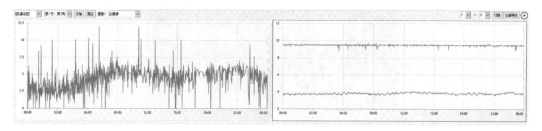

图 14-7 改造前流量和压力 24h 变化曲线图

14.1.4 二次供水老旧泵房改造工程案例

1. 北京国家纺织中心二次供水系统泵房改造

北京国家纺织中心二次供水泵房 1998 年投入使用。改造前，铸铁水泵泵体已锈迹斑斑，单台功率 7.5kW，采用微机一对多（单变频）控制方式（见图 14-8），效率较低，水泵故障频发，泵房卫生条件较差。改造实施过程中，根据中心实际用水量测试优化供水设备性能参数，采用数字集成全变频叠压供水设备，不锈钢立式多级泵，单台功率 5.5kW。改造后节能效果明显，年节电 42340 度；泵房内整洁明亮、干净卫生（见图 14-9）。

图 14-8 泵房改造前

图 14-9 泵房改造后

2. 沈阳水务集团大北泵站节能改造

沈阳大北泵站建于 1988 年，1997 年 11 月份开始由沈阳市水务集团接管。泵站服务区域居民住宅建筑面积约 7.55 万 m²，供给 19 栋楼（最高 13 层）1296 户，约 3890 人。原设计 500m³ 钢筋混凝土水池一座，DL80×3 和 DL80×2 立式铸铁多级泵共 4 台、采用微机一对多（单变频）控制方式。设备耗电量日均 321 度，且由于年代较久，设备故障频发，影响正常供水，居民反应强烈。

2010 年 4 月，为创建"星级泵站"，沈阳水务集团着手启动大北泵站节能改造。用不锈钢立式多级泵替换原来的 DL 铸铁水泵，优化采用数字集成全变频控制方式，于 2010 年 6 月完成改造并投入运行（见图 14-10）。

图 14-10　改造后的沈阳大北泵站

通过 7 年的连续运行，沈阳水务集团对泵站各项运行数据进行了持续观察统计，其中日均耗电量指标由改造前的 321 度下降至 144 度，平均能耗下降了 55%，年均节电约 6.5 万度。而且，设备运行安全可靠，供水压力稳定。

14.2　原有二次供水系统水箱、水池改造

长期以来，我国各地城镇为居民二次供水建造了为数众多的泵房水池和屋顶水箱，以缓解自来水厂不能满足高峰时段居民用水需求的突出矛盾。这些水池、水箱，大部分是钢筋混凝土材质，也有少部分砖砌水箱、钢板水箱和玻璃钢水箱。

进入新世纪以后，在城镇居民生活给水系统中，砖砌水箱、钢板水箱已鲜见使用，但钢筋混凝土水箱、水池仍是随处可见。这些水箱、水池内壁粗糙，易附着污物、滋生藻类和细菌，加之日常管理不善，很容易使二次供水水质受到污染。

图 14-11　水池内壁粘贴的瓷砖脱落

对原有混凝土水箱、水池进行改造，较早采用的方法是在内壁粘贴瓷砖，随后又有在内壁涂刷食品级纳米涂料的做法。但经多年实践验证，这两种方法都由于存在不足而被逐渐淘汰。

在原有水池、水箱内壁粘贴瓷砖，经使用一段时间后极易发生脱落（见图 14-11），其次市场所购瓷砖也难以保证其卫生性能，故后来基本上不再采用。

而在水池、水箱内壁涂刷食品级纳米涂料，由于操作时施工人员需身着防护服，且会散发出一种强烈的刺鼻气味，

小区居民见后对其自身卫生性能存有疑虑而提出反对意见。所以，现在也基本上极少采用。

在水池内壁衬贴不锈钢薄板和聚乙烯（PE）板材内胆（见图 14-12），是近年来使用较多的原有二次供水混凝土水箱、水池改造方法。这两种方法中，又以衬贴聚乙烯（PE）内胆施工操作方便快捷、材质卫生性能有保证、价格也相对较低而逐渐受到水务部门和用户的青睐与欢迎。而在内壁衬贴不锈钢薄板，由于水箱、水池人孔较小，需要将不锈钢薄板裁剪成小块才能放入，在水箱、水池内拼缝焊接的焊缝自然也多；其次，304 材质不锈钢焊缝部位容易被水中的氯离子腐蚀导致渗漏，而改用 316 材质不锈钢又会大幅度增加改造成本。故本节结合上海万朗管业有限公司在二次供水设施改造中的工程实践，侧重介绍用内衬聚乙烯（PE）薄板内胆方法改造水箱（池）这一做法。

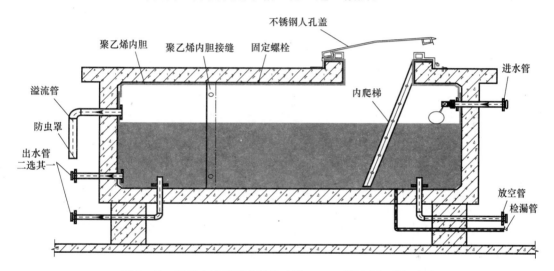

图 14-12 屋顶水箱采用内衬聚乙烯（PE）薄板内胆进行改造

14.2.1 用内衬聚乙烯（PE）薄板内胆改造水箱（池）的综合优势

用内衬聚乙烯（PE）薄板内胆改造水箱（池）具有如下综合优势：

1）内衬聚乙烯（PE）薄板水箱（池）内胆拼接安装后密封性能好，可有效防止外部地下水及雨水的渗透。

2）内衬聚乙烯（PE）薄板水箱（池）内胆表面光洁，污物不易沉积和粘结，日常维护简便。

3）严格采用符合卫生性能要求的聚乙烯（PE）板材，确保水质安全。

4）内衬聚乙烯（PE）薄板水箱（池）内胆可依据水箱（池）内壁实际尺寸现场拼接组装，搬运方便、安装快捷，对于施工条件复杂苛刻的场所尤为适应。

5）综合造价较低，有利于城镇二次供水设施改造大批量采用。

14.2.2 对内衬聚乙烯（PE）薄板水箱（池）内胆的材料性能要求

内衬聚乙烯（PE）薄板水箱（池）内胆的材料性能应符合现行国家标准《高分子防水材料 第 1 部分：片材》GB 18173.1（表 14-3）的要求。

内衬聚乙烯（PE）水箱（池）内胆的材料性能要求　　　　表 14-3

序号	项目		性能指标
1	断裂拉伸强度（MPa）	常温	≥16
		60℃	≥6
2	拉断伸长率（%）	常温	≥550
		−20℃	≥350
3	撕裂强度（kN/m）		≥60
4	不透水性，30min		0.3MPa 时，无渗漏
5	低温弯折温度（℃）		≤−35，无裂纹
6	加热伸缩量（mm）	横向延伸	≤2
		纵向收缩	≤6
7	热空气老化（80℃×168h）	断裂拉伸强度保持率（%）	≥80
		扯断伸长保持率（%）	≥70
8	耐碱性〔饱和 Ca（OH)$_2$ 溶液〕，常温，168h	断裂拉伸强度保持率（%）	≥80
		拉断伸长保持率（%）	≥90
9	人工气候老化	断裂拉伸强度保持率（%）	≥80
		拉断伸长保持率（%）	≥70
10	粘结剥离强度（片材与片材）	标准试验条件（N/mm）	≥1.5
		浸水保持率，常温 168h（%）	≥70

14.2.3　用内衬聚乙烯（PE）薄板内胆改造水箱（池）的具体做法要求

采用内衬聚乙烯（PE）薄板内胆改造水箱（池），是在原有水箱（池）内壁铺设聚乙烯（PE）板材，采用不锈钢膨胀螺栓固定，聚乙烯（PE）板材之间的搭接拼缝采用热风熔接焊使内胆形成完整的密封结构。施工安装具体做法要求如下：

1) 改造前，应对原有水箱（池）内壁表面受损部位进行修复，做好水箱（池）迎水面基层处理；

2) 采用的聚乙烯（PE）薄板厚度应大于 3mm，板材拼缝搭接宽度≥100mm；

3) 水箱（池）进水、出水、溢流、泄空、通气等穿壁管应采用与内胆材质相同或符合卫生性能要求的聚乙烯（PE）管，并预留转换接头便于与外部管道或阀门相连接；

4) 为防止形成死水区，水箱（池）的进水管与出水管应呈相对方向设置。若无相对设置条件或水箱（池）容积偏大，应在水箱（池）内部设置导流隔板；

5) 水箱（池）内安装的水位自动控制装置应设置在人孔附近便于维护的位置；

6) 水箱（池）的通气管、溢流管口应加装防虫网罩；

7) 水箱（池）应设置不锈钢人孔盖，并加装锁具；

8) 改造完成后的水箱（池）必须进行防渗漏检测和消毒、冲洗。

14.3　小区原有二次供水管网改造

二次供水设施改造中的小区原有二次供水管网改造主要包括以下几方面内容：将生活用水系统管网与室内消防用水系统管网分离；把住宅供水主立管及分户水表移至户外公共部位；更换材质不合格、损毁渗漏严重及经长期使用后管内壁产生锈蚀而污染水质的管道、阀门及配件；对寒冷季节存在冰冻风险的户外及室内公共部位管道、设备及管路附件采取必要的抗寒保暖措施。

14.3.1 原有二次供水系统管网改造

1. 管材选用

1）生活用水管道必须符合《生活饮用水输配水设备及防护材料的安全性评价标准》GB/T 17219 的要求，确保居民用水安全。

2）小区室外埋地给水管道应具有耐腐蚀和能承受相应地面荷载的能力。当管径 $DN>80$mm 时可采用带内衬的球墨铸铁给水管、塑料给水管（图 14-13）和复合给水管；当 $DN\leqslant80$mm 时可采用塑料给水管、复合给水管。

3）室内给水管应选用耐腐蚀和安装连接可靠方便的管材。明敷或嵌墙敷设可采用建筑给水薄壁不锈钢管、内衬不锈钢复合钢管、钢塑复合给水管、无轨共聚聚丙烯（PP-R）给水管、建筑给水铜管等管材。严禁采用镀锌钢管。

图 14-13 聚乙烯（PE）给水管

4）高层建筑给水立管不宜采用塑料管；给水泵房内及输水干管宜采用法兰、沟槽卡箍连接的建筑给水薄壁不锈钢管、内衬不锈钢复合钢管、钢塑复合给水管。

5）明敷室内给水管道不应采用透光性好的塑料管材及配件。

2. 管道布置

1）小区室外给水管道布置

（1）小区室外给水管道应沿道路敷设，宜平行于建筑物敷设在道路或草坪下，但不宜布置在底层住户的庭院内。

（2）给水管道外壁距建筑物外墙的净距不宜小于 1.0m，且不得影响建筑物基础。

（3）室外给水管道的埋设深度，应根据土壤冰冻深度、地面荷载、管材强度及与其他管道交叉等因素综合确定。

2）室内给水管道布置

（1）宜将住宅供水主立管及分户水表布置在公共部位（如管井、楼道）。

（2）给水管宜沿墙、梁、柱布置，并尽可能布置在吊顶内及墙角边。

（3）给水管不宜穿越卧室、书房及贮藏间；不宜穿越橱窗、壁柜。

（4）给水管不宜穿越伸缩缝、沉降缝和变形缝。当必须穿越时，应设置补偿管道伸缩和剪切变形的装置（如安装软管、波纹补偿器等）。

（5）金属给水管、金属复合给水管与各类配电设施的距离应大于 30cm 以上。

（6）给水管道穿越墙壁和楼板部位应设置金属或塑料套管；套管与管道之间的缝隙应采用阻燃密实材料及防水油膏填充密实。

3. 阀门

1）$DN\leqslant50$mm 宜采用全铜截止阀、球阀，$DN>50$mm 宜采用铜质或不锈钢球阀、铁壳铜芯闸阀、软密封闸阀、蝶阀等。

2）安装空间小的部位宜采用球阀、蝶阀。

3）在经常启闭的管段上，宜采用截止阀。

4）给水管道阀门应具耐腐蚀性。

4. 住宅分户水表与水表箱的设置

1）住宅水表应出户，新表位可设在各层管道井或嵌墙表箱内，也可将各层住户水表集中设置在首层水表间或公共水表箱。

2）水表应安装在便于检修及不受曝晒、不易被污染、无冰冻危害的部位；如无法避免，则应采取相应的防护措施。

3）安装水表时，水表标示的箭头方向应与水流方向一致；表外壳距墙面净距宜为10～30mm。

4）楼层分户水表箱底边距地面的高度宜为 0.2～0.8m；表箱后背墙面应涂刷防水界面剂。

14.3.2 原有二次供水系统抗寒保温改造

在我国长江流域（夏热冬冷）及南方部分地区，住宅设计建造时通常不设置集中供暖系统，但在冬季也会出现低于冰点的极寒天气。如 2016 年元月下旬，一股强冷空气持续几天袭击上海各区县，24 日清晨最低气温跌破 35 年同期极值（市区达零下 7.2℃）。这次寒流侵袭，据不完全统计有 20 多万户居民家中水管被冻裂导致日常生活受到严重影响。为此，市水务部门随即组织修订下发了《上海市居民住宅二次供水设施改造工程技术标准·防冻保温细则》，要求对居民住宅二次供水设施全面提升抗寒防冻级别，将过去规定耐零下 5℃低温提升至零下 10℃。因此，在二次供水设施改造时应结合当地气候条件，对管道系统采取必要的抗寒保温措施。

这里，特摘录《上海市居民住宅二次供水设施改造工程技术标准·防冻保温细则》的有关做法规定，以及上海万朗管业有限公司的二次供水设施管网抗寒保温改造实践经验，供其他城市供水部门借鉴参考。

1. 二次供水设施改造涉及的以下部位应有保温措施

1）户外及楼道内明敷的给水管；

2）管路中明敷的阀门、配件；

3）水表和表箱；

4）户外地上蓄水池、屋顶水箱；

5）屋顶水箱溢流管、放空管。

2. 给水管道及设备保温结构应包含保温层和保护层

1）保温层

（1）保温材料选用原则

① 保温材料的防火性能：应选用不低于《建筑材料燃烧性能分级方法》GB 8624 中规定的 B1 级材料，其氧指数应不低于 30％，室内使用时应不低于 32％；

② 应选用导热系数小、密度低、便于施工、使用寿命长的保温材料制品；

③ 保温材料应无毒、无味、不易变质，能长期使用。

（2）保温材料选用种类

应选择导热系数、容重、机械强度、难燃性能符合要求以及经过吸水性、吸湿性、憎水性能检测并能提供检测合格证明的产品。常用的有橡塑发泡保温材料、聚乙烯发泡保温材料等柔性闭孔发泡材料。

（3）保温层厚度

保温层厚度应依据当地气候条件经计算确定。

① 表14-4为上海地区按极端最低环境温度－10℃、水温5℃、抗冻时间5h设定的管道、阀门及管配件保温层厚度：

二次供水管道、阀门及管配件采用柔性泡沫橡塑保温层厚度　　　　表14-4

管材种类	户外管道及阀门		楼道内管道及阀门	
	管径	保温层厚度（mm）	管径	保温层厚度（mm）
PP—R塑料管	$dn63$	32	$dn25\sim dn63$	16
钢塑复合管	$DN50$	32	—	—
	$DN50\sim DN200$	25	$DN20\sim DN150$	16
不锈钢管	$DN50$	32	—	—
	$DN80\sim DN200$	25	$DN20\sim DN150$	16

② 水表及表箱保温层厚度：

采用内衬柔性闭孔发泡材料保温时，保温层厚度不应低于16mm。

③ 户外地上蓄水池、屋顶水箱保温层厚度：

采用涂刷基层涂料保温时，保温涂料厚度不应小于0.5mm。

2）保护层

（1）材料选用原则

① 抗老化、防水，使用寿命不低于12年；

② 机械强度高，受到外力冲击时不易损坏变形；

③ 在正常环境因素影响下不渗漏、不开裂、耐低温；

④ 安装简便、外表美观，易做标识；

⑤ 防火性能要求同保温层。

（2）保护层材料选用种类

① 室外给水管道保温保护层种类

a. 塑料合金防护套（图14-14、图14-17）；

b. 不锈钢薄板；

c. 镀锌钢板等。

② 楼道内给水管道及管路附件保温保护层种类

a. 塑料合金防护套（图14-15、图14-16）；

b. 不锈钢薄板；

c. 镀锌钢板等。

（3）保护层基本结构形式

保护层按其断面形状可分为圆形护套保护层和矩形护套保护层两大类。以塑料合金保护层为例，圆形护套保护层主要用于单根给水管的保温层防护（图14-14～图14-16），矩形护套保护层主要用于多根给水管并排布置时的整体保温层防护（图14-17）。

图 14-14　塑料合金户外保温圆形保护层

图 14-15　塑料合金阀门保护套

图 14-16　塑料合金水表保护套

图 14-17　塑料合金户外保温矩形保护层

3. 二次供水管道、阀门及管配件抗寒保温做法示意图

二次供水管道、阀门及管配件抗寒保温做法见图 14-18～图 14-21。

1）直管保温做法

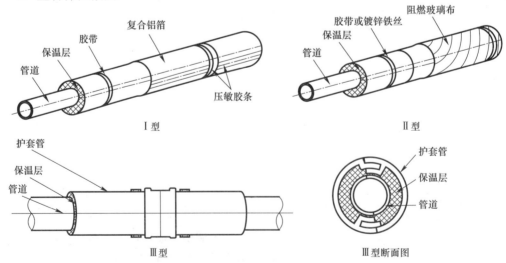

图 14-18　直管保温做法示意图

说明：图中Ⅰ型、Ⅱ型用于楼道内管道保温；Ⅲ型用于楼道内及室外管道保温。

2) 弯管保温做法

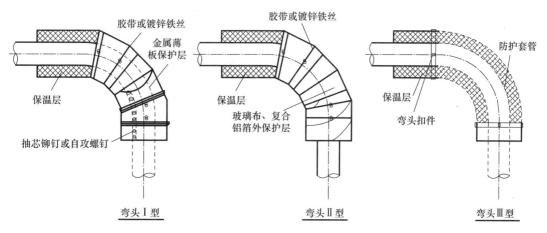

图 14-19 弯管保温做法示意图

说明：1. 图中Ⅱ型仅用于楼道内管道保温；Ⅰ型、Ⅲ型可用于楼道内及室外管道保温。

2. 弯管保温层及金属薄板保护层应根据管径大小分节施工；保温层扎紧后，其接缝应靠紧，无缝隙。

3) 三通保温做法

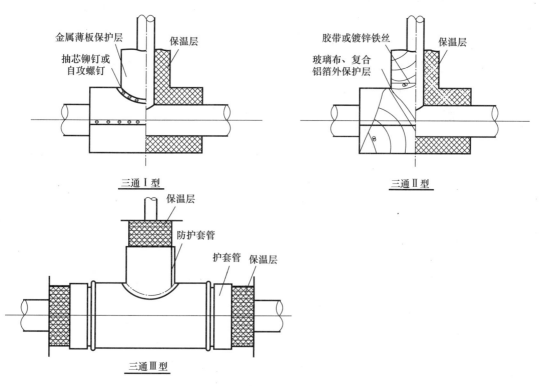

图 14-20 三通保温做法示意图

说明：图中Ⅱ型用于楼道内管道保温；

Ⅰ型、Ⅲ型可用于楼道内及室外管道保温。

4）法兰、阀门可拆卸保温做法

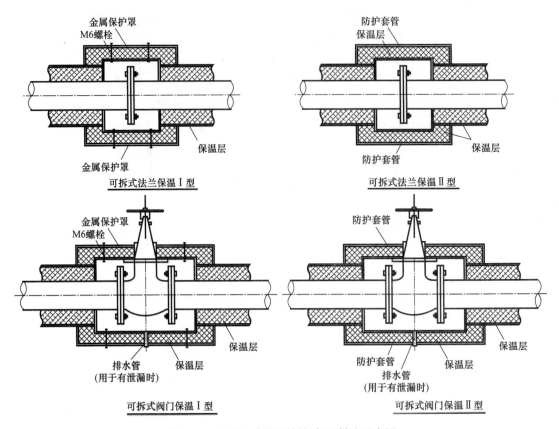

图 14-21　法兰、阀门可拆卸保温做法示意图

说明：1. 图中 Ⅱ 型用于楼道内管道保温；Ⅰ 型可用于楼道内及室外管道保温。

　　　2. 法兰、阀门保温层厚度与连接管道的保温层厚度相同。

第 15 章　相关技术标准

15.1　工程建设标准

《二次供水设施卫生规范》GB 17051—1997

《室外给水设计规范》GB 50013—2006

《建筑给水排水设计规范（2009 年版）》GB 50015—2003

《住宅设计规范》GB 50096—2011

《民用建筑隔声设计规范》GB 50118—2010

《给水排水构筑物工程施工及验收规范》GB 50141—2008

《公共建筑节能设计标准》GB 50189—2015

《建筑给水排水及采暖工程施工质量验收规范》GB 50242—2002

《泵站设计规范》GB 50265—2010

《给水排水管道工程施工及验收规范》GB 50268—2008

《工业金属管道设计规范》GB 50316—2000（2008 版）

《建筑中水设计规范》GB 50336—2002

《住宅建筑规范》GB 50368—2005

《民用建筑节水设计标准》GB 50555—2010

《城镇给水排水技术规范》GB 50788—2012

《建筑机电工程抗震设计规范》GB 50981—2014

《薄壁不锈钢管道技术规范》GB/T 29038—2012

《绿色建筑评价标准》GB/T 50378—2014

《泵站更新改造技术规范》GB/T 50510—2009

《绿色办公建筑评价标准》GB/T 50908—2013

《工业企业设计卫生标准》GBZ 1—2010

《城镇供水厂运行、维护及安全技术规程》CJJ 58—2009

《埋地塑料给水管道工程技术规程》CJJ 101—2016

《二次供水工程技术规程》CJJ 140—2010

《建筑给水塑料管道工程技术规程》CJJ/T 98—2014

《建筑给水金属管道工程技术规程》CJJ/T 154—2011

《建筑给水复合管道工程技术规程》CJJ/T 155—2011

《埋地硬聚氯乙烯（PVC-U）给水管道工程技术规程》CECS 17：2000

《建筑给水硬聚氯乙烯管道工程技术规程》CECS 41：2004

《水泵隔振技术规程》CECS 59：1994

《建筑给水铝塑复合管道工程技术规程》CECS 105：2000

《建筑给水减压阀应用技术规程》CECS 109：2013

《建筑给水钢塑复合管管道工程技术规程》CECS 125：2001

《埋地给水排水玻璃纤维增强热固性树脂夹砂管管道工程施工及验收规程》CECS 129：2001

《给水排水多功能水泵控制阀应用技术规程》CECS 132：2002

《建筑给水超薄壁不锈钢塑料复合管道工程技术规程》CECS 135：2002

《建筑给水氯化聚氯乙烯（PVC-C）管管道工程技术规程》CECS 136：2002

《给水排水工程水塔结构设计规范》CECS 139：2002

《给水排水工程埋地钢管管道结构设计规程》CECS 141：2002

《给水排水工程埋地铸铁管管道结构设计规程》CECS 142：2002

《水力控制阀应用设计规程》CECS 144：2002

《沟槽式连接管道工程技术规程》CECS 151：2003

《建筑给水薄壁不锈钢管管道工程技术规程》CECS 153：2003

《给水排水仪表自动化控制工程施工及验收规程》CECS 162：2004

《建筑给水铜管管道工程技术规程》CECS 171：2004

《给水钢丝网骨架塑料（聚乙烯）复合管管道工程技术规程》CECS 181：2005

《给水系统防回流污染技术规程》CECS 184：2005

《给水排水埋地玻璃纤维增强塑料夹砂管管道结构设计规程》CECS 190：2005

《城镇供水长距离输水管（渠）道工程技术规程》CECS 193：2005

《内衬（覆）不锈钢复合钢管管道工程技术规程》CECS 205：2015

《叠压供水技术规程》CECS 221：2012

《建筑铜管管道工程连接技术规程》CECS 228：2007

《给水钢塑复合压力管管道工程技术规程》CECS 237：2008

《低阻力倒流防止器应用技术规程》CECS 259：2009

《给水排水丙烯腈-丁二烯-苯乙烯（ABS）管管道工程技术规程》CECS 270：2010

《真空破坏器应用技术规程》CECS 274：2010

《建筑给水排水薄壁不锈钢管管道连接技术规程》CECS 277：2010

《住宅远传抄表系统应用技术规程》CECS 303：2011

《环压连接管道工程技术规程》CECS 305：2011

《超高分子量聚乙烯钢骨架复合管管道施工及验收规程》CECS 306：2012

《钢骨架聚乙烯塑料复合管管道工程技术规程》CECS 315：2012

《建筑给水纤维增强无规共聚聚丙烯复合管道工程技术规程》CECS 337：2013

《插合自锁卡簧式管道连接技术规程》CECS 383：2015

《数字集成全变频控制恒压供水设备应用技术规程》CECS 393：2015

《胶圈电熔双密封聚乙烯复合供水管道工程技术规范》CECS 395：2015

《一体化预制泵站应用技术规程》CECS 407：2015

《中小型给水泵站设计规程》CECS 419：2015

《抗震支吊架安装及验收规程》CECS 420：2015

《卡粘式连接薄壁不锈钢管道工程技术规程》CECS 423：2016

《水锤吸纳器应用技术规程》CECS 425：2016

《减压型倒流防止器应用技术规程》CECS 426：2016

《双止回阀倒流防止器应用技术规程》CECS 446：2016

《村镇供水工程技术规范》SL 310—2004

《村镇供水工程设计规范》SL 687—2014

15.2 产品标准

15.2.1 设备

《封闭满管道中水流量的测量饮用冷水水表和热水水表 第1部分》GB/T 778.1—2007

《离心泵效率》GB/T 13007—2011

《离心泵、混流泵、轴流泵与旋涡泵系统经济运行》GB/T 13469—2008

《离心泵技术条件（Ⅰ类）》GB/T 16907—2014

《生活饮用水输配水设备及防护材料的安全性评价标准》GB/T 17219—1998

《节水型产品通用技术条件》GB/T 18870—2011

《城市给排水紫外线消毒设备》GB/T 19837—2005

《箱式叠压给水设备》GB/T 24603—2016

《罐式叠压给水设备》GB/T 24912—2015

《无负压管网增压稳流给水设备》GB/T 26003—2010

《1kV 以上不超过 35kV 的通用变频调速设备 第1部分：技术条件》GB/T 30843.1—2014

《1kV 及以下通用变频调速设备 第1部分：技术条件》GB/T 30844.1—2014

《矢量无负压供水设备》GB/T 31853—2015

《静音管网叠压给水设备》GB/T 31894—2015

《不锈钢环压管件》GB/T 33926—2017

《节水型生活用水器具》CJ/T 164—2014

《生活饮用水紫外线消毒器》CJ/T 204—2000

《管网叠压供水设备》CJ/T 254—2014

《无负压给水设备》CJ/T 265—2016

《箱式无负压供水设备》CJ/T 302—2008

《稳压补偿式无负压供水设备》CJ/T 303—2008

《高位调蓄叠压供水设备》CJ/T 351—2010

《微机控制变频调速给水设备》CJ/T 352—2010

《无负压一体化智能给水设备》CJ/T 381—2011

《城镇供水管网加压泵站无负压供水设备》CJ/T 415—2013

《无负压静音管中泵给水设备》CJ/T 440—2013

《静音管网叠压给水设备》CJ/T 444—2014

《气体保压式叠压供水设备》CJ/T 456—2014

《直连式加压供水机组》CJ/T 462—2014

《矢量变频供水设备》CJ/T 468—2014

《水系统 泵站用水箱 型式与尺寸》JB/T 2001.66—1999

《水系统 泵站用水箱支架 型式与尺寸》JB/T 2001.67—1999

《玻璃纤维增强塑料水箱 第1部分：SMC组合式水箱》JC/T 658.1—2007

《玻璃纤维增强塑料水箱 第2部分：手糊成型整体式水箱》JC/T 658.2—2011

《隔膜式气压给水设备》JG/T 3010.1—1994

《补气式气压给水设备》JG/T 3010.2—1994

15.2.2 管道及其附件

《管道元件DN（公称尺寸）的定义和选用》GB/T 1047—2005

《低压流体输送用焊接钢管》GB/T 3091—2015

《可锻铸铁管路连接件》GB/T 3287—2011

《流体输送用热塑性塑料管材 公称外径和公称压力》GB/T 4217—2008

《输送流体用无缝钢管》GB/T 8163—2008

《钢制管法兰 类型与参数》GB 9112—2010

《整体钢制管法兰》GB 9113—2010

《板式平焊钢制管法兰》GB/T 9119—2010

《翻边环板式松套钢制管法兰》GB/T 9122—2010

《给水用硬聚氯乙烯（PVC-U）管材》GB/T 10002.1—2006

《给水用硬聚氯乙烯（PVC-U）管件》GB/T 10002.2—2003

《给水用硬聚氯乙烯（PVC-U）阀门》GB/T 10002.3—2011

《热塑性塑料管材通用壁厚表（包含修改单1）》GB/T 10798—2001

《铜管接头 第1部分：钎焊式管件》GB/T 11618.1—2008

《铜管接头 第2部分：卡压式管件》GB/T 11618.2—2008

《流体输送用不锈钢焊接钢管》GB/T 12771—2008

《水及燃气用球墨铸铁管、管件和附件》GB/T 13295—2013

《钢板制对焊管件》GB/T 13401—2005

《给水用聚乙烯（PE）管材》GB/T 13663—2000

《给水用聚乙烯（PE）管道系统 第2部分：管件》GB/T 13663.2—2005

《流体输送用不锈钢无缝钢管》GB/T 14976—2012

《整体铸铁法兰》GB/T 17241.6—2008

《无缝钢管尺寸、外形、重量及允许偏差》GB/T 17395—2008

《球墨铸铁管外表面锌涂层 第1部分：带终饰层的金属锌涂层》GB/T 17456.1—2009

《球墨铸铁管外表面锌涂层 第2部分：带终饰层的富锌涂料涂层》GB/T 17456.2—2010

《球墨铸铁管和管件 水泥砂浆内衬》GB/T 17457—2009

《球墨铸铁管沥青涂层》GB/T 17459—1998

《无缝铜水管和铜气管》GB/T 18033—2007

《热塑性塑料压力管材和管件用材料分级和命名 总体使用（设计）系数》GB/T 18475—2001

《冷热水用聚丙烯管道系统 第1部分：总则》GB/T 18742.1—2002

《冷热水用聚丙烯管道系统 第2部分：管材》GB/T 18742.2—2002

《冷热水用聚丙烯管道系统 第3部分：管件》GB/T 18742.3—2002

《冷热水系统用热塑性塑料管材和管件》GB/T 18991—2003

《冷热水用交联聚乙烯（PE-X）管道系统 第1部分：总则》GB/T 18992.1—2003

《冷热水用交联聚乙烯（PE-X）管道系统 第2部分：管材》GB/T 18992.2—2003

《冷热水用交联聚乙烯（PE-X）管道系统 第3部分：管件》GB/T 18992.3—2003

《冷热水用氯化聚氯乙烯（PVC-C）管道系统 第1部分：总则》GB/T 18993.1—2003

《冷热水用氯化聚氯乙烯（PVC-C）管道系统 第2部分：管材》GB/T 18993.2—2003

《冷热水用氯化聚氯乙烯（PVC-C）管道系统 第3部分：管件》GB/T 18993.3—2003

《铝塑复合压力管 第1部分：铝管搭接焊式铝塑管》GB/T 18997.1—2003

《铝塑复合压力管 第2部分：铝管对接焊式铝塑管》GB/T 18997.2—2003

《不锈钢卡压式管件组件 第1部分：卡压式管件》GB/T 19228.1—2011

《不锈钢卡压式管件组件 第2部分：连接用薄壁不锈钢管》GB/T 19228.2—2011

《不锈钢卡压式管件组件 第3部分：O形橡胶密封圈》GB/T 19228.3—2012

《冷热水用聚丁烯（PB）管道系统 第1部分：总则》GB/T 19473.1—2004

《冷热水用聚丁烯（PB）管道系统 第2部分：管材》GB/T 19473.2—2004

《冷热水用聚丁烯（PB）管道系统 第3部分：管件》GB/T 19473.3—2004

《丙烯腈-丁二烯-苯乙烯（ABS）压力管道系统 第1部分：管材》GB/T 20207.1—2006

《丙烯腈-丁二烯-苯乙烯（ABS）压力管道系统 第2部分：管件》GB/T 20207.2—2006

《卡压式铜管路连接件》GB/T 22755—2008

《球墨铸铁管和管件 聚氨酯涂层》GB/T 24596—2009

《水暖管道配件 铜管路连接件》GB/T 31069—2015

《球墨铸铁管和管件 水泥砂浆内衬密封涂层》GB/T 32488—2016

《铝塑复合压力管（搭接焊）》CJ/T 108—2015

《铝塑复合管用卡套式铜制管接头》CJ/T 111—2000

《建筑用铜管管件（承插件）》CJ/T 117—2000

《给水涂塑复合钢管》CJ/T 120—2016

《薄壁不锈钢水管》CJ/T 151—2001

《薄壁不锈钢卡压式和沟槽管件》CJ/T 152—2010

《铝塑复合压力管（对接焊）》CJ/T 159—2015

《冷热水用耐热聚乙烯（PE-RT）管道系统》CJ/T 175—2002

《钢塑复合压力管》CJ/T 183—2008

《不锈钢衬塑复合管材与管件》CJ/T 184—2012

《铝塑复合管用卡压式管件》CJ/T 190—2015

《无规共聚聚丙烯（PP-R）塑铝稳态复合管》CJ/T 210—2005

《给水用丙烯酸共聚聚氯乙烯管材及管件》CJ/T 218—2010

《薄壁不锈钢内插卡压式管材及管件》CJ/T 232—2006

《耐热聚乙烯（PE-RT）塑铝稳态复合管》CJT 238—2006

《铜分集水器》CJ/T 251—2007

《铝合金衬塑复合管材与管件》CJ/T 321—2010

《冷热水用无规共聚聚丁烯管材及管件》CJ/T 372—2011

《薄壁不锈钢承插压合式管件》CJ/T 463—2014

《卡压式铜管件》CJ/T 502—2016

《卡压式铜管路连接件》GB/T 22755—2008

《塑覆铜管》YS/T 451—2012

《内覆或衬里耐腐蚀合金复合钢管规范》SY/T 6623—2012

15.2.3 表具及阀门

《一般压力表》GB/T 1226—2010

《精密压力表》GB/T 1227—2010

《铁制和铜制螺纹连接阀门》GB/T 8464—2008

《工业阀门标志》GB/T 12220—2015

《钢制阀门一般要求》GB/T 12224—2015

《通用阀门法兰连接铁制闸阀》GB/T 12232—2005

《通用阀门铁制截止阀与升降式止回阀》GB/T 12233—2006

《法兰和对夹连接弹性密封蝶阀》GB/T 12238—2008

《安全阀一般要求》GB/T 12241—2005

《弹簧直接载荷式安全阀》GB/T 12243—2005

《减压阀一般要求》GB/T 12244—2006

《先导式减压阀》GB/T 12246—2006

《铁制旋启式止回阀》GB/T 13932—2016

《法兰连接铁制和铜制球阀》GB/T 15185—2016

《金属密封球阀》GB/T 21385—2008

《比例式减压阀》GB/T 21386—2008

《阀门术语》GB/T 21465—2008

《平板闸阀》GB/T 23300—2009

《供水系统用弹性密封闸阀》GB/T 24924—2010

《减压型倒流防止器》GB/T 25178—2010

《法兰和对夹连接钢制衬氟塑料蝶阀》GB/T 26144—2010

《球阀球体技术条件》GB/T 26147—2010

《压力表误差表》GB/T 27504—2011

《压力控制器》GB/T 27505—2011

《先导式安全阀》GB/T 28778—2012

《供水系统用弹性密封轻型闸阀》GB/T 32290—2015

《倒流防止器》CJ/T 160—2002

《双止回阀倒流防止器》CJ/T 160—2010

《多功能水泵控制阀》CJ/T 167—2016

《给水排水用软密封闸阀》CJ/T 216—2015

《给水排水用蝶阀》CJ/T 261—2015

《建筑给水水锤吸纳器》CJ/T 300—2013

《中间腔空气隔断型倒流防止器》CJ/T 344—2010

《活塞平衡式水泵控制阀》CJ/T 373—2011

《城镇给水用铁制阀门通用技术要求》CJ/T 481—2016

《液压水位控制阀》CJ/T 3067—1997

《安全阀技术要求和性能试验方法》CB/T 3021—2013

《低阻力倒流防止器》JB/T 11151—2011

《机械式水泵压力控制器》JB/T 11435—2013

《电子式水泵压力控制器》JB/T 11436—2013

《浮球阀》QB/T 1199—2014

15.2.4 其他

《生活饮用水卫生标准》GB 5749—2006

附录一：关于概率法计算生活给水管道
设计秒流量的探讨

编者按：

　　《二次供水工程设计手册》（以下简称《手册》）启动之初，宁波市建筑设计研究院给排水高级工程师陈和苗先生提出，要求参加《手册》编写，编委会同意了其要求。由于浙江没有独立的《手册》参编团队，便按《手册》章节内容将陈工编入湖北团队。陈工还要求由他负责主要承担"生活给水管道设计秒流量概率法计算方法"文稿的编写，对此，我们也表示同意。因为这个课题有一定的深度和难度，且现在学术环境与 20 世纪 80～90 年代以前不同，涉猎这个领域的专家人数寥寥，而陈工在这一领域已孜孜追求、辛勤耕耘了多年，并在国内给水排水权威刊物上刊登过多篇专题论文。为了不与现行国家标准《建筑给水排水设计规范》GB 50015 采用的计算公式产生矛盾，经过编委会多次慎重讨论，暂未将其研究成果编入《手册》正文，而作为《手册》附录推荐给广大读者，供业内同行在研究、探索采用更为先进、更为科学的建筑生活给水管道设计秒流量计算方法时参考。

　　我国《规范》采用的生活给水管道管径计算方法，按其技术发展的时序，依次是经验法、平方根法和概率法，且一般认为概率法是最先进的。正因为如此，前苏联有关《规范》在 20 世纪就以概率法替代了平方根法；我国也在 2003 年版《建筑给水排水设计规范》GB 50015 的住宅生活给水管道设计秒流量计算中以概率法替代了平方根法，并在该《规范》的 2009 年局部修订版中继续沿用了这一做法。经过几年的工程设计实践应用，业内设计师普遍欢迎并肯定了这一重大改进，但也提出了诸多不同看法和合理建议。这些不同看法和建议，归纳起来主要有：（1）概率法有美国、日本和苏联三种模式，应进行全面研究并加以剖析，但 03 版《规范》采用的是近似苏联模式的概率法计算公式；（2）03 版《规范》中，住宅建筑改用概率法计算，而公共建筑仍保留、维持平方根法计算公式，不尽合理，应通盘考虑、全面解决；（3）从工程设计实际应用出发，概率计算应尽量简便，而 03 版《规范》的计算方法较为繁琐；（4）概率法计算结果应基本符合工程实际系统使用秒流量，误差应在容许范围以内，但几年来据各地同行反映按 03 版《规范》计算结果选用的住宅小区供水设备流量普遍偏大较多；（5）03 版《规范》住宅给水计算采用了概率法，而住宅排水计算仍旧采用平方根法不变，给水与排水相互不同步、不配套。

　　我国业界对采用概率法计算生活给水管道设计秒流量这一问题的关注，最早可追溯到 1958 年。当时，建工部市政工程研究所的许维钧先生根据美国的亨脱概率理论和北京百万庄小区的流量测试数据，试图建立我国的生活给水管道设计秒流量概率计算公式，遗憾的是在首次科研鉴定中未获通过而致搁浅。之后，机械工业部第一设计研究院的周信卿、中国建筑西南设计研究院的潘振钦、广东省建筑设计研究院的何冠钦等都曾在这个领域做过努力并取得成绩。但必须指出，我国在概率法计算生活给水管道设计秒流量这一领域，和国外相比还有不小的差距；而涉足这个领域又有相当难度，陈和苗先生能够做到几年来坚持不懈、竭尽全力钻研探索，实属不易，精神非常可嘉！因此，根据编委会的意见，将他的研究成果引录在此，希望能引起业内人士的广泛关注，并积极推动这项工作的研究进程。

关于用概率法计算建筑生活给水管道设计秒流量的探讨，我们寄希望于业内同行中的年轻一代设计师、工程师们，并坚信只要我们不懈努力，定能取得积极的成果！

《二次供水工程设计手册》编委会

附录二：概率法计算生活给水管道设计秒流量的原理与方法

陈和苗

1. 概率法计算生活给水管道设计秒流量的原理

实测发现卫生器具的使用规律基本符合泊松分布。

1）若生活给水系统管道中只有单一种类的卫生器具，卫生器具的额定流量为 q_d、在最大用水时卫生器具平均出流概率为 p、器具总个数为 N，则满足保证率为 P_m 时的同时使用器具数量 m、设计秒流量 q_s 可分别按公式（1-1）、（1-2）计算：

$$m = x\sqrt{N \cdot p} + N \cdot p + k \tag{1-1}$$

$$q_g = q_d \cdot m \tag{1-2}$$

式中 x——与保证率 P_m 有关的系数，见表 1-1；

k——泊松分布简化为正态分布的修正系数，见表 1-2。

按公式（1-1）、（1-2），可以得到为单一卫生器具时的生活给水系统、含自闭式冲洗阀给水系统、直饮水系统的设计秒流量。

2）若系统管道存在多种卫生器具，各类器具的额定流量为 q_{di}、在最大用水时卫生器具平均出流概率为 p_i、器具总个数为 N_i，则满足保证率为 P_m 时的设计秒流量 q_g 可按公式（1-3）计算：

$$q_g = x \cdot \sigma + \mu + k \cdot q_{max} \tag{1-3}$$

$$\sigma^2 = \sum q_{di}^2 \cdot N_i \cdot p_i \tag{1-4}$$

$$\mu = \sum q_{di} \cdot N_i \cdot p_i \tag{1-5}$$

式中 q_{max}——最大一个卫生器具的给水额定流量；

σ——正态分布的标准差；

μ——正态分布的均值。

若系统中只有单一卫生器具，公式（1-3）即可简化为公式（1-2）。

从公式（1-4）可知，额定流量较大的卫生器具对 σ^2 的值有较大影响，因而在生活给水系统中应单列计算大便器自闭式冲洗阀产生的流量。

公式（1-3）可简化，按公式（2-1）、（2-2）可得：

$$Q_s = \sum q_{di} \cdot N_i \cdot p_i \tag{1-6}$$

故公式（1-3）可简化为：

$$q_g = x \cdot \sqrt{q_d}\sqrt{Q_s} + Q_s + k \cdot q_{max} \tag{1-7}$$

在公式（1-7）中，q_d 为具有主要使用的使用频率的卫生器具的额定流量。当用水器具（即水龙头）超压出流时，应考虑用水器具的实际出流量大于额定流量这一因素对设计秒流量计算值的影响。

3）上述公式中的系数 x 与保证率 P_m 有关，可查"正态概率积分表"得到。常见保证率 P_m 对应的 x 值详见表 1-1。

				P_m 与 x 的关系				表 1-1
P_m	0.90	0.917	0.958	0.97	0.983	0.99	0.997	0.998	0.999
x	1.28	1.38	1.730	1.88	2.12	2.33	2.75	2.88	3.09

4）保证率

一般可取保证率 $P_m = 0.99$。当需要更高的用水安全性时，可取略微更高的保证率。$P_m = 0.99$，相当于设计秒流量为用水高峰 72s 的平均秒流量。

5）卫生器具的使用频率

把给水系统在最大用水时卫生器具的平均出流概率记为使用频率 p，按公式 2-2 计算；延时自闭式冲洗阀的 p 按 2 中的第 4）条采用。

6）k 值

上述公式中的 k 值为泊松分布简化为正态分布的修正系数，可按表 1-2 选用。

				P_m 与 k 的对应数值				表 1-2
P_m	0.90	0.917	0.95	0.97	0.99	0.997	0.998	0.999
k	0.60	0.64	0.76	0.90	1.21	1.55	1.66	1.87

2. 概率法计算生活给水管道设计秒流量的方法

1）生活用水定额、小时变化系数、卫生器具给水额定流量、当量等应符合现行国家标准《建筑给水排水设计规范》GB 50015（以下简称《建水规》）的规定。

2）生活给水管道设计秒流量的保证率宜按 99%。

3）居住小区、公共建筑、民用建筑、工业建筑的生活给水管道设计秒流量，应按下列步骤和方法计算。

（1）可统计实际使用人员数量的建筑，根据该建筑配置的卫生器具给水当量、使用人数、生活用水定额、使用时数及小时变化系数，按公式（2-1）计算最大小时流量的平均秒流量 Q_s、再按公式 2-2 计算最大用水时卫生器具给水当量平均出流概率 p。

$$Q_s = \frac{q_0 m K_h}{T \cdot 3600} \tag{2-1}$$

$$p = \frac{q_0 m K_h}{0.2 \cdot N_g \cdot T \cdot 3600} \tag{2-2}$$

式中　Q_s——生活给水管道最大小时流量的平均秒流量（L/s）；

　　　p——生活给水管道最大用水时卫生器具给水当量的平均出流概率；

　　　q_0——最高日生活用水定额（L/人·d 等）；

　　　m——使用人数或床、顾客、座位等使用数量；

　　　K_h——小时变化系数；

　　　0.2——一个卫生器具给水当量的额定流量（L/s）；

　　　N_g——设置的卫生器具给水当量总数；

　　　T——使用时数（h）。

（2）客运站、公共厕所等难以统计实际使用人数的建筑，其最大用水时卫生器具给水当量的平均出流概率 p 可取 0.36。

（注：大便器延时自闭式冲洗阀的平均出流概率 p 按 4) 采用）

（3）幼儿园、办公楼、学校教学楼等公共建筑无法按公式（2-2）计算最大用水时卫生器具给水当量平均出流概率 p 等公共建筑，可按表 2-1 选用。

（4）根据计算管段上卫生器具的给水当量总数，按公式（2-3）或公式（2-4）计算该管段的设计秒流量：

$$q_g = 0.2(2.33 \sqrt{\beta \cdot N_g \cdot p} + N_g \cdot p + 1) \tag{2-3}$$

$$q_g = 1.04 \sqrt{\beta \cdot Q_s} + Q_s + 0.2 \tag{2-4}$$

式中　q_g——生活给水管道设计秒流量（L/s）；

　　2.33——保证率为 99% 时对应的概率系数（见表 1-1，如采用其他保证率，则应作相应调整）；

　　β——考虑管道系统在短时内有可能集中用水的系数，取值见表 2-1。

4) 设置有大便器延时自闭式冲洗阀的给水管段，应将冲洗阀的流量叠加其他卫生器具产生的流量作为生活给水管道设计秒流量，大便器延时自闭式冲洗阀的设计秒流量应按公式（2-5）计算：

$$q_g = 1.2(2.33 \sqrt{N \cdot p} + N \cdot p + 1) \tag{2-5}$$

式中　N——大便器延时自闭式冲洗阀个数；

　　p——大便器延时自闭式冲洗阀平均出流概率。客运站、公共厕所等不便于统计使用人员数量的建筑，p 取 0.03～0.035，其他建筑按公式（2-6）计算。

$$p = \beta(0.0008 \sim 0.0013)m \tag{2-6}$$

式中　β——考虑系统管道短时内有可能集中用水的系数。取值见表 2-1；

　　m——每个大便器延时自闭式冲洗阀服务人数。

（注：在计算其他卫生器具产生的流量时，其分项给水百分数应符合现行国家标准《民用建筑节水设计标准》GB 50555 的规定）

公共建筑中系数 p、β 的值　　　　　　　　　　表 2-1

建筑物名称	p 值	β 值
幼儿园、托儿所、养老院	0.04	2
门诊部、诊疗所	0.11	1
办公楼、商场	0.17	1
图书馆	0.05	1
书店	0.14	1
教学楼	0.2	2
医院、疗养院、休养所	0.075	2
酒店式公寓	0.03	2
宿舍（Ⅰ、Ⅱ类）、旅馆、招待所、宾馆	0.075	2
客运站、航站楼、会展中心、公共厕所	0.36	1

5) 按上述第 1)～4) 条计算生活给水管道设计秒流量时，还应遵循以下规定：

（1）当计算值小于该管段上一个最大卫生器具额定流量时，应采用一个最大的卫生器具额定流量作为设计秒流量；

（2）当计算值大于该管段上按卫生器具给水额定流量累加所得流量值时，应按卫生器具给水额定流量累加流量值作为设计秒流量；

（3）当给水干管有两条或两条以上具有同一高峰用水时段、不同最大用水时卫生器具给水当量平均出流概率的给水支管时，应分别计算各支管的 $N_g \cdot p$、$N \cdot p$ 或 Q_s，并以各支管累加的 $N_g \cdot p$、$N \cdot p$ 或 Q_s，代入公式（2-3）～公式（2-5），计算该干管的设计秒流量；

（4）当不同建筑或不同使用功能部位的用水高峰出现在不同时段时，生活给水干管的设计秒流量应采用高峰时用水量最大的主要建筑（或高峰时最大用水使用功能部位）的设计秒流量与其余部分的平均时给水秒流量的叠加值。

3. 概率法计算结果与实测数据、《建水规》计算法的对比

1）算例一

《给水排水》2013 年 Vol. 39 No. 11 第 146 页上刊登的《基于用水规律的住宅二次供水系统优化及节能设计》一文中实测数据如下：404 户，户均当量数 5.88，每户 2.6 人，用水定额 137L/（人·日），时变化系数 1.44，高峰时段最大 2min 的平均秒流量为 4.08L/s。

（1）按照概率法计算给水管道设计秒流量如下：

① 流量为 2min 的平均秒流量，则流量的保证率为 $1-2/(2\times60)=0.983$。查表 1-1 得正态分布的标准差为 $x=2.12$。

② 计算最大小时流量的平均秒流量 Q_s 和 $N \cdot p$：
$$Q_s = 404 \times 2.6 \times 0.137 \times 1.44/24 = 8.6 \text{m}^3/\text{h} = 2.4\text{L/s},$$
$$N \cdot p = 2.4/0.2 = 12$$

③ 计算设计秒流量，根据公式（2-3）：
$$q_g = 0.2m = 0.2(2.12\sqrt{N \cdot p} + N \cdot p + 1) = 0.2(2.12\sqrt{12} + 12 + 1) = 4.1\text{L/s}$$

④ 若考虑卫生器具可能存在超压出流的情形，则取 $x=2.33$，则计算设计秒流量为：
$$q_g = 0.2m = 0.2(2.33\sqrt{N \cdot p} + N \cdot p + 1) = 0.2(2.33\sqrt{12} + 12 + 1) = 4.2\text{L/s}$$

或依公式（2-4）计算为：
$$q_g = 1.04\sqrt{Q_s} + Q_s + 0.2 = 4.2\text{L/s}$$

上述概率法计算所得流量 4.1L/s 或 4.2L/s，与实测流量 4.08L/s 非常接近。

（2）若按现行《建水规》GB 50015 进行计算，则所得的流量为 10.97L/s，与实测数值严重不符。

若计算时按实测的用水定额和 K_h 代入《建水规》计算公式，则有
$$U_0 = \frac{100q_L mK_h}{0.2 \cdot N_g \cdot T \cdot 3600} = \frac{100 \times 137 \times 2.6 \times 1.44}{0.2 \times 5.88 \times 24 \times 3600} = 0.50(\%)$$

U_0 小于可计算的下限值（即 1%），本例无法按《建水规》计算。

2）算例二

《给水排水》2008，Vol. 34 NO5：78～79 刊登的《浅谈"集体宿舍"的设计秒流量计算》，文中主要数据如下：厂区两幢宿舍，均为 5 层，每层 20 间，每间 8 人，每间设有单独的卫生间（内有延时自闭式冲洗阀大便器）。两幢宿舍共有 1600 床，最高日用水定额 150L/（人·日），平均日用水定额 105L/（人·日）；小时变化系数 2.7。使用中发现按《建

水规》设计的给水设备供水流量不能满足实际使用。后经实测，流量为 16.7～19.4L/s。

（1）按概率法计算设计秒流量如下：

查《民用建筑节水设计标准》GB 50555，得到分项给水百分数：冲厕用水占 30％，非冲厕用水占 70％。

最大时用水量为：

$$Q_s = 1600 \times 150 \times 2.7/(24 \times 1000) = 27(\text{m}^3/\text{h}) = 7.5\text{L/s}$$

非冲厕最大时用水量为：

$$Q_s = 7.5 \times 70\% = 5.25(\text{L/s})$$

延时自闭式冲洗阀的平均使用概率 p 按公式（2-6）计算：

$$p = 2 \times (0.0008 \sim 0.0013) \times 8 = 0.013 \sim 0.021。$$

延时自闭式冲洗阀的平均使用概率取 0.013～0.021 的平均值，即 $p=0.017$。

先按公式（2-4）计算非冲厕部分的设计流量：

$$q_{g1} = 1.04 \sqrt{Q_s} + Q_s = 1.04 \sqrt{5.25} + 5.25 = 7.6(\text{L/s})$$

再按公式（2-5）单列计算延时自闭式冲洗阀的设计流量：

$$q_{g2} = 1.2(2.33 \sqrt{N \cdot p} + N \cdot p + 1)$$

$$= 1.2(2.33 \sqrt{200 \times 0.017} + 200 \times 0.017 + 1) = 10.44\text{L/s}$$

两者相加，即得系统设计秒流量：

$$q_g = 7.6 + 10.44 = 18.04(\text{L/s})$$

此计算值在实测流量数据 16.7～19.4L/s 范围之内。

（2）按《建水规》GB 50015 方法计算（计算过程记录在该论文第 79 页），抄录如下：两幢宿舍，给水当量总计为 500。设计秒流量为：

$$q_g = 0.2 \times 2.5 \times \sqrt{500} + 1.2 = 12.4\text{L/s}$$

可见，按《建水规》计算值与实测流量严重不符。

3）算例三

本算例摘自《建水规》GB 50015—2003，P152～P154。

（1）立管 JLA 和 JLB 服务于每层六户的 10 层 Ⅱ 型普通住宅，每户一厨一卫，生活热水由家用燃气热水器制备，每户的卫生器具及当量为：洗涤盆 1 只（$N_g=1.0$），坐便器 1 具（$N_g=0.5$），洗脸盆 1 只（$N_g=0.75$），淋浴器 1 个（$N_g=0.75$），洗衣机水嘴 1 个（$N=1.0$）。

小计：每户当量 $N_g=4.0$，用水定额 250L/（人·d），户均人数 3.5 人，立管 JLA 和 JLB 共服务 $6 \times 10 \times 2=120$ 户，用水时数为 24h，时变化系数 $K_h=2.8$。

（2）立管 JLC 和 JLD 服务于每层四户的 10 层 Ⅲ 型普通住宅，每户一厨两卫，生活热水由家用燃气热水器制备，每户的卫生器具及当量为：洗涤盆 1 只（$N_g=1.0$），坐便器 2 具（$N_g=0.5 \times 2=1.0$），洗脸盆 2 只（$N_g=0.75 \times 2=1.5$），浴盆 1 只（$N_g=1.2$），淋浴器 1 个（$N_g=0.75$），洗衣机水嘴 1 个（$N=1.0$）。

小计：户当量 $N_g=6.45$，用水定额 280L/（人·d），户均人数 4 人，立管 JLC 和 JLD 共服务 $4 \times 10 \times 2=80$ 户，用水时数为 24h，时变化系数 $K_h=2.5$。

（3）计算要求：计算管段 3～4 的设计秒流量。

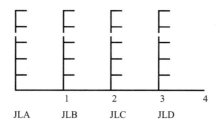

JLA   JLB   JLC   JLD

① 按概率法计算给水管道设计秒流量如下：

先计算管段 3~4 最大小时流量的平均秒流量 Q_s：

$$Q_s = (250 \times 3.5 \times 120 \times 2.8 + 280 \times 4 \times 80 \times 2.5)/24 \times 3600 = 6.0 \text{L/s}$$

再按公式 2-4 计算管段 3~4 的设计秒流量：

$$q_s = 1.04 \sqrt{Q_s} + Q_s + 0.2 = 8.7 \text{L/s}$$

② 按列于《建水规》GB 50015—2003（P152~P154）计算给水管道设计秒流量，步骤如下：

a. 分别计算各立管的 U_0；

b. 加权计算 4 条立管汇合后的加权 U_0；

c. 合计 4 条立管所负载的给水当量总数 N_g；

d. 按加权 U_0、N_g 查表或计算确定设计秒流量。

由上可见，按《建水规》计算方法，过程较概率法繁琐。

附录三：《二次供水工程设计手册》参编企业信息表

序号	企业名称	法定代表人	通信地址	邮编	联系人	联系人职务/职称	电话	备注
1	格兰富水泵（上海）有限公司	POUL DUE JENSEN	上海市闵行区苏虹路 33 号虹桥天地 10 层	201106	王小鹏	高级销售经理	13656228821	
2	上海熊猫机械（集团）有限公司	池学聪	上海市盈港东路 6355 号	201704	谭红全	总监	15901678366 021-59863888-8801	
3	上海中韩杜科泵业制造有限公司	咸明哲	上海市青浦区练塘工业区章练塘路 239 号	201715	沈月生	市场部部长 高级系统工程师	021-67679390-240 13585702763	
4	上海凯泉泵业（集团）有限公司	林凯文	上海市曹安公路 4255 号、4287 号	201804	张伟毅	副总经理 工程师	021-69597525 18621682152	
5	新兴铸管股份有限公司	李成章	河北省邯郸市复兴区石化街 4 号复合管部	056017	张红斌	主任工程师	0310-5797150 18630077276	
6	江苏铭星供水设备有限公司	丁巧珍	江苏省建湖县科技创业园铭星北路 1 号	224700	刘华	副总经理	18105116658	
7	江苏狼博管道制造有限公司	徐冶锋	南京市六合经济开发开时代大道 138 号	211500	徐冶锋	总经理	13705184021	
8	株洲南方阀门股份有限公司	黄靖	湖南省株洲市天元区黄河南路 215 号	412007	欧立涛	部门经理	15292142630	
9	杭州春江阀门有限公司	柴为民	浙江省桐庐经济开发区宝心路 369 号	311500	路远航	技术部副经理	15868852659	
10	浙江金洲管道科技股份有限公司	沈盈荣	浙江省湖州市吴兴区二里桥路 57 号	313000	魏安家	经理高工	13757075664	
11	江苏众信绿色管业科技有限公司	孟宪虎	南京市江宁区湖熟街道金迎路 6 号	211121	陈祥	厂长	15195772177	
12	无锡康宇水处理设备有限公司	蒋介中	江苏省宜兴市官林镇新官东路 89 号	214251	王奇	副总经理工程师	15370087518	
13	深圳市雅昌科技股份有限公司	史援朝	深圳市龙华新区清祥路一号宝能科技园宝汇大厦 B 座 15 楼	518000	王岚	副总/高工	13602658580	

454

续表

序号	企业名称	法定代表人	通信地址	邮编	联系人	联系人职务/职称	电话	备注
14	南京尤孚泵业有限公司	潘晓彬	南京溧水经济开发区南区罗马工业园18号	210016	葛艳丽	总经理助理	15996294852	
15	浙江正康实业股份有限公司	黄建聪	浙江省温州市滨海园区丁香路678号	325025	王国林	总经理工程师	13806697678	
16	赛莱默（中国）有限公司	吕淑祥	上海市遵义路100号南丰丰城A座30楼	200051	顾遥	产品经理 高工	021-22082927 / 13816682295	
17	上海德士净水管道制造有限公司	蒋鑫明	上海市闵行区都会路2338号57栋	201108	蒋鑫明	总经理	021-51796129	
18	武汉大禹阀门股份有限公司	李习洪	武汉经济技术开发区全力北路189号	430056	金兰	营销经理	15902717859	
19	浙江中财管道科技股份有限公司	边锡明	浙江省新昌县 新昌大道东路658号	312500	陆亦飞	总助	13587318040	
20	广东永泉阀门科技有限公司	陈键明	广东省佛山市南海区九江镇 龙高路梅东段1号	528203	赵秋凤	市场推广部经理	13521013697	
21	河北保定太行集团有限责任公司	赵泓悦	河北省保定市太行路888号室	071000	闫红霞	市场部经理	13613220720	
22	上海上龙供水设备有限公司	金梦	上海市长寿路1076号809室	200042	顾贤	总经理	13061772229	
23	德房家（中国）管道系统有限公司	Andreas Brockow	江苏省无锡市锡山区锡沪路东段105-1号	214107	李亚涛	产品和市场 开发总监	13661426986	
24	沪航科技集团有限公司（泉州市沪航阀门制造有限公司）	陈思良	福建省南安市仑苍美宇阀门园9号	362304	陈思良	董事长	13599280011	
25	上海冠龙阀门机械有限公司	李政宏	上海市嘉定区安亭镇联星路88号	201804	余家荣	厂长	021-31198065 / 13661909606	
26	青岛水务积水科技有限公司	魏成吉	青岛市经济技术开发区延河路273号	266500	王方朋	技术科/科长	0532-86837875 / 15865516856	
27	绍兴市水联管业有限公司	马仁方	浙江省绍兴市霞西路362号	312001	李华	副总经理	13757508886	
28	武汉金牛经济发展有限公司	陈厚忠	武汉市汉阳区黄金口工业园金福路8号	430051	郭兵	副总经理/总工、高工	027-84469091 / 13886089285	
29	北京华夏源洁水务科技有限公司	赵秀英	北京市海淀区蓝靛厂东路金源时代商务中心2号楼C座6D	102400	丁欣伟	技术部经理	13426092117	
30	上海海泉泵业有限公司	陈裕团	上海市普陀区陕西北路1283弄9号2204室（玉城大厦）	200060	林维雄	总经理	13681986047	
31	广东立丰管道科技有限公司	汤家符	上海市松江区松汇东路115弄14号101室	201699	汤正才	经理	18933811109	

续表

序号	企业名称	法定代表人	通信地址	邮编	联系人	联系人职务/职称	电话	备注
32	维格斯（上海）流体技术有限公司	赵锦添	上海市松江区新浜都市工业园区环区北路39号	201605	屠建群	市场部总监	021-57891783＊8025 15901636768	
33	天津市国威给排水设备制造有限公司	刘水	天津市东丽开发区一纬路27号增2号	300300	王敏	经理	13821787065 022-24951441	
34	重庆长城峰二次供水设备有限责任公司	万平	重庆市璧山区兴旺正街14号	402760	陈浦中	总经理	13527590666	
35	成都共同管业集团股份有限公司	陈模	成都市温江区海科路西段498号	611130	隐瑶	客服部部长	13880040142	
36	上海海德曼缝流体工程有限公司	胡莉苹	上海市奉贤区南桥镇程普路155号	201400	鲁娟	市场经理	18816596901	
37	天津晨天白动化设备工程有限公司	许圣传	天津市北辰经济技术开发区景远路南	300402	马莎莎	市场部主管	15022237118	
38	安徽国禹禹水务股份有限公司	李广宏	安徽省合肥市双风经济开发区金江路32号	231131	邓令志	副总经理主管工程师	13339293210	
39	山东国泰创新供水技术有限公司	洪涛	山东省济南市临港经济开发区临港路5559号	250107	孔令红	副总经理	18653195636	
40	武汉邦信智慧供水有限公司	范正义	武汉市东湖高新区左岭路117号光电子配套产业园1号楼	430078	宁星任	总经理	13971333914	
41	上海迪纳纳声科技股份有限公司	邵旭东	上海市青浦区盈港东路6555号	201703	王运波	副总经理	13764292922 021-61912222	
42	上海青浦环新减震器厂	李其根	上海市青浦区商榻镇商阁路333号	201719	李杨	总经理	13916121998	
43	安徽皖工水务发展有限公司	张朝臣	合肥市桃花工业区汤口路39号	231202	张朝臣	总经理	13083009622	
44	荏原机械（中国）有限公司	野路伸冶	山东省烟台市福山区福桃路66号	265400	李修东	技术主管工程师	18503357752	
45	杭州中美埃梯梯泵业有限公司	吕夏峡	浙江省杭州市天目山西路289号中博大厦B座4F	311122	吕亚军	总经理 总工程师	0571-85859008 18058817888	
46	上海万朗水务科技有限公司	王留芳	上海市胶州路941号长久商务中心22F	200060	王建斌	副总经理	18321597776	
47	上海青特仪表股份有限公司	费战波	上海市金山区亭林工业区（西部）康发路169号	201504	沈仰平	营销支持总监	13564476796	
48	苏州工业园区清华衍水务有限公司	王广伟	江苏省苏州工业园区星港街33号	215021	李耀	研发管理	15962221678	
49	杭州水表有限公司	刘健	浙江省杭州市清江口路11号	310016	许伦	副总经理工程师	13588885245	
50	上海上源泵业制造有限公司	胡孝恩	上海市金山区亭卫公路2285号	201508	刘玉新	副总经理	021-33692388 17317232728	
51	武汉奇力士科技发展有限公司	魏桂芝	武汉市东湖高新技术开发区光谷大道77号金融港B5栋1603室	430070	郭海玲	董事长助理	13720338511	
52	浙江盾安智控科技股份有限公司	赵智勇	浙江省诸暨市店口镇解放路689号	311835	陈金胜	市场推广总监	0575-89003517	

参 考 文 献

1. 《二次供水工程技术规程》CJJ 140—2010
2. 《罐式叠压给水设备》GB/T 24912—2010
3. 《箱式无负压供水设备》CJ/T 302—2008
4. 建筑给水排水设计规范 GB 50015—2003（2009 年版），上海市城乡建设和交通委员会，中国计划出版社，2010
5. 水工业工程设计手册：建筑和小区给水排水，聂梅生，中国建筑工业出版社，2000
6. 建筑给水排水丛书：气压给水技术，姜文源，中国建筑工业出版社，1993
7. 给水排水设计手册（第 02 册）建筑给水排水（第二版），核工业第二研究设计院，中国建筑工业出版社，2001
8. 全国民用建筑工程设计技术措施：给排水技术（2009 年版），住房和城乡建设部工程质量安全监管司，中国建筑标准设计研究院，中国计划出版社，2009
9. 建筑给排水设计手册（第二版），中国建筑设计研究院，中国建筑工业出版社，2008
10. 我国城镇二次供水技术六十年发展历程回顾，陈怀德、姜文源，建筑给排水资深专家文集，2015
11. 村镇给排水，王宪国、张丽芳，中国建筑工业出版社，1993

格兰富欧洲之旅随记

姜文源　金　雷

2016年12月上旬，作为全球泵类行业领军企业的格兰富集团为促进业内同行对国际、国内二次供水行业发展情况有更全面的了解，并积极推进探讨和研究最新相关技术在中国的推广应用，特邀请国内部分专家、学者、企业家组团赴欧洲，先后在格兰富丹麦哥本哈根总部、德国吕贝克工厂和匈牙利布达佩斯工厂参观、访问并作技术交流，此即格兰富欧洲之旅。

尤为关键的是，成行之前我们曾对二次供水的一些主要技术问题进行过一些梳理，这些问题通过参观、交流逐一得到解决，此前梳理的主要问题有：二次供水设备的精准化、全变频控制技术的完整体系、建筑与小区生活给水变压变流量供水技术、变频调速供水与配套组件、永磁电机实施方案的三部曲、二次供水水质的在线检测技术和二次供水技术的前景展望等，下面分别作简介。

1. 二次供水设备的精准化

二次供水设备在给人的通常印象中，似乎已趋于程式化、模块化了，无非是几台泵组，加上管道、阀门、仪表、控制柜、机组底座等。但在参观格兰富公司过程中发现，诸如设备中水泵吸水管与吸水总管连接的管顶平接、分流管件是采用90°正三通还是45°斜三通、不锈钢三通成型工艺、二次供水设备的隔振降噪、变频控制器的设置位置等问题，与我们通常理解和所见大相径庭，且将上述问题归纳在二次供水设备的精准化中进行介绍。

1.1 关于管顶平接

泵房中水泵吸水管一般要求三通管件管顶平接，异径管需采用偏心异径管，目的是避免在高位管段形成气囊而影响水流畅通。针对二次供水设备，格兰富公司技术观点则不同，依据是因目前水泵吸水大都采用自灌式吸水方式，水池（水箱）水位高于水泵轴线标高，空气难以进入管道系统；叠压供水方式还将从市政供水管网直接吸水，有些工程在水箱或水池内设置有旋流防止器，可有效地防止漩涡的产生和空气的进入；由于水流的压力和水温变化不大，水中的溶解氧析出量也极为有限；即使有少量气体存在，也会被水流挟带流出。因此格兰富公司的二次供水设备的吸水管段一律采用管中心平接的连接方式，而非采用管顶平接方案。分流处采用变径三通来解决干管和支管的变径问题，从而摒弃了异径管，既简化系统又节省设备占地，使设备组合格外紧凑（见图1）。此外，当吸水管

图1　水泵吸水管与吸水总管
采用管中心平接连接

改为管中心连接后，水泵机组进水管管段和出水管管段规格尺寸完全相同，方便施工和安装。

1.2 关于隔振降噪

通常认为二次供水设备应考虑隔振降噪，因水泵、电机在运行过程中会有振动并产生噪声，而振动和噪声会影响环境，造成噪声污染。但实际上一旦产生振动和噪声，再采取隔振降噪措施补救，严格说来是一种治标不治本的方法。

格兰富公司致力于从振动源、噪声源抓起，寻求"治本"的方法。其采取的第一个有力措施是保证各组件间严密配合，如电机壳体与定子的配合就采取先将壳体加热，在壳体还处于热膨胀时段便将定子楔入，待壳体冷却后壳体就将定子紧紧箍住，其间不留空隙，达到密实配合的要求，则组件之间不致因撞击而产生振动和噪声。机械的振动和噪声又与转动部件的重量及加工精度有关，格兰富公司采取的第二个措施是改进电机转子材质，最大程度使转子轻质化，同时将水泵叶轮工序做到精准加工。第三个措施更重要，加工成型的产品最后须做动平衡测试，在动平衡测试的基础上再做动平衡调整。该项工艺在技术上有一定难度，一般企业较难完成因而省略，但格兰富公司既进行动平衡测试，也进而在此测试基础上完成动平衡调整。正是由于采取了以上技术措施，确保水泵转动部分的形心和重心在三维空间在同一位置达到重合，从而从根本上解决了振动与噪声的产生，因此，无需另设隔振降噪。

我国自从国家标准设计图集《卧式水泵隔振及其安装》98S102 和《立式水泵隔振及其安装》95SS103 被废止后，未有新国家标准设计图集替代。水泵机组基础隔振、管道隔振和支吊架隔振由工程设计人员按照国家建筑标准设计图集选用改变为由生产企业自行配置。根据当年在山东威海水泵厂做卧式水泵和立式水泵隔振测试的经验，隔振元件只有完全和水泵机组质量相匹配才能收到理想效果，偏大或是偏小都会直接影响隔振降噪效果。业内担心隔振降噪元件由企业配置有可能会出现配置过度倾向，造成的后果不仅是增加工程造价，更主要的是隔振降噪效果的不理想、不达标。因此，只有采取组件之间做到紧密配合，减轻转动部件重量，提高加工精度，作出科学完善的动平衡调整，才是治本之道。

1.3 关于分流管件

水泵机组的进水管、出水管通常采用90°正三通连接，若改为45°斜三通连接会是什么情况？一般认为45°斜三通连接，其局部水头损失会小于90°正三通连接。但情况并非如此，正三通连接，干管与支管的连接点加工采用弧形过渡；而斜三通连接，干管与支管的连接点采用锐角过渡，究竟哪种连接方式水头损失小不能武断而论，应通过测试证明。我们参观格兰富公司时，该项试验正在进行，试验结果如何容后叙。水泵进、出水管与总管斜三通连接见图2。

图2 水泵进出水管与总管斜三通连接

1.4 关于变频控制器的设置位置

数字集成全变频控制器是数字集成全变频控制技术的主要组件。目前在国内外，该变频控制器的安装位置有两种，一种是安置在电机上方，另一种安置在电机的侧面，究竟哪个位置更合理？格兰富公司曾对此作过对比，若设置在电机上方，电机排风扇的排风受到一定阻碍，且变频控制器的底部受热气流炙烤，不利于电器元件的散热和性能稳定。而设置在电机的侧面则可避免前述问题，因此，经过对比研究，格兰富公司最后将变频控制器的设置位置从电机上方改至电机侧向。

1.5 不锈钢正三通五步法成型工艺

在丹麦格兰富总部工厂，不锈钢管三通成型要经过五道工序，简称不锈钢三通五步法

成型工艺（见图3）。五步法成型工艺的第一步是钻孔，在不锈钢管子上钻个小孔；第二步是扩孔，将小圆孔扩大成一个稍大的椭圆孔；第三步是将椭圆孔冷拔加工成为凸出管外壁的一个圆孔；第四步是扩口再度向外延伸；第五步是焊接短管，三通成型。通过这种五步法成型工艺加工成型的90°正三通，支管与干管的连接点采用弧形过渡，水力条件好，水流阻力小，水流噪声低，效果远远超过以往支管插入式焊接连接成型方式的三通管件。

图3 不锈钢管五步法成型工艺加工正三通

2. 全变频控制技术的完整体系

全变频控制技术是现阶段二次供水的前沿技术，这点业内已达成共识，但二次供水数字集成全变频控制技术还有许多有待研讨的问题，如：单变频、双变频、全变频的区别和优缺点；全变频控制水泵机组的最多水泵台数；全变频控制的水泵机组是否要求必须是相同的型号和统一的规格参数，是否容许大、中、小型的泵组组合或是大、小型泵组组合；全变频控制等量同步尤疑可行，不等量同步全变频控制是否可行，不等量不同步全变频控制是否也容许；全变频控制的二次供水设备是否一定要配置小型气压水罐，小型气压水罐的容积和水泵机组的流量有何关系等。

这些问题在国内尚在研讨阶段，而格兰富公司已基本论证上述问题，如格兰富公司的专家认为双变频优于单变频，全变频优于双变频；全变频控制水泵机组的最多台数为8台；全变频控制的水泵机组须要求相同的型号和规格尺寸。当然，这些问题均有待于进一步深化研究和实践验证。

3. 建筑与小区生活给水变压变流量供水技术

变频调速供水方式和叠压供水方式各自都有恒压变量和变压变量两种模式。这两种模式，业内人士都认为变压变流量要比恒压变流量节能，原因是流量变化时，管道的沿程水头损失和局部水头损失也随流量的变化而相应变化，变压变流量自然是合理的。问题在于对于市政供水要做到变压变流量并不难，但对于建筑与小区生活给水要实施变压变流量供水则有一定难度，而我们的关注重点正是建筑与小区的变压变流量供水。

建筑与小区生活给水变压变流量供水在我国曾经先后采用过几种方式：第一种方式是在管网末端最不利点设置压力传感器，并将管网末端压力信息传递至控制柜，控制水泵流量变化。这种方式的缺点是压力信号传递线路过长，影响压力传感效果。第二种方式是设定建筑或小区的日用水量变化曲线，让水泵机组按照该日用水量变化曲线变流量供水，问题在于各幢建筑或是各个小区日用水量变化曲线是各不相同的，同一幢建筑或小区每天的

日用水量变化曲线也在变化，按一个模式并不一定能够达到节能的目的。第三种方式是按照用水流量来确定和改变供水压力，但基于对建筑或是小区影响供水压力的不仅仅是流量，还有不容忽视的因素是用水点的标高，仅按流量确定供水压力有时难免有失偏颇。格兰富公司的解决方案是在供水设备出口端和管网末端分别设置压力传感装置，通过数据模拟分析智能控制水泵机组运行，以达到供水设备变压变流量供水的目的。

4. 变频调速供水与设备配套组件

通常对变频调速供水和叠压供水的关注点往往局限在水泵机组，而不太关注设备配套组件。格兰富公司的智慧之处在于不仅关注水泵机组，也同时关注与水泵机组配套的设备组件——主要有管道和阀门。

4.1 多通道智能止回阀

与二次供水设备配套的阀门主要有控制阀和止回阀。控制阀问题不大，球阀或半球阀的启闭或是全开启，或是全关闭。关键在于止回阀，由于变频调速供水或叠压供水，水泵机组出水量是变化的，时而大流量，时而小流量，时而介于大流量和小流量之间的其他流量，这便给止回阀的启闭带来难题。小流量时有可能水流推不开止回阀的大阀板，大流量时推开了止回阀的阀板，但不能人为控制当流量变小时阀板的位移改变，时间长了阀板反复动作会出现卡阻现象，也会出现小流量通过大流道的振动和啸叫声。

格兰富公司的技术人员精心设计出一种多通道智能止回阀，它不同于单阀板止回阀的是有多个水流通道。它也不同于通常的多通道止回阀，一般的多通道阀板要么全开要么全闭，而多通道智能型止回阀可根据流量大小，开启一个至多个。多通道智能止回阀根据不同口径和不同流量，设计有 8 通道、7 通道或是 5 通道等，当小流量时会随机开启一个水流通道的止回装置，流量增加会按照流量的大小，逐一打开通道上的止回装置，最大流量时所有通道的止回装置全部打开，通道开启数与通过流量相匹配，但开启哪一个或哪几个水流通道则是随机的，止回装置由尼龙材料制作（见图 4）。匹配不同的流量开启相应的止回阀通道数，这是一个极富创意的技术思路，非常值得赞赏。

图 4　多通道智能止回阀

4.2 管道

二次供水设备的配管一般都采用不锈钢管。国内多数企业采用代号为 SUS304 的不锈钢管，格兰富公司采用的是代号为 SUS316 的不锈钢管。尽管 SUS316 不锈钢管要比 SUS304 不锈钢管贵 20%，但综合效益要高出许多，包括适用场所和氯化物含量指标的扩展、耐腐蚀性能的改善等。

4.3 管道连接

二次供水设备的进出水管管道连接一般采用法兰连接。格兰富公司采用的不是常用的平焊钢法兰、螺纹法兰而是松套法兰。松套法兰可以 360°任意旋转，既便于法兰螺栓孔对准以便于安装；同时拆卸也方便，不需为装卸管件设置橡胶软接头或伸缩接头，有利于提高安装效率和安装质量。

4.4　管道连接紧固件

管道连接紧固件在二次供水设备的所有组件、配件和附件中，似乎是最不起眼、最不值得一提的。不锈钢法兰盘用不锈钢螺栓、螺母紧固，似乎也是一成不变的。关键症结问题恰恰在于不锈钢螺栓、螺母等紧固件在紧固过程中会产生应力腐蚀，应力腐蚀的结果是

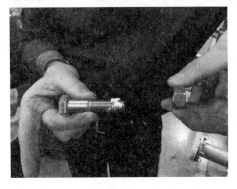

图 5　不同牌号的不锈钢紧固件连接

螺栓、螺母锈蚀在一起，将导致维修时无法拆卸。国内对此采用的措施通常是不锈钢法兰用碳钢螺栓紧固，而碳钢螺栓又不能与不锈钢法兰直接接触，直接接触又会产生电位差腐蚀。这就要求在碳钢螺栓、螺母外套用橡胶、塑料材质的套管和垫片以防腐蚀。格兰富公司的措施是螺栓采用 SUS304 不锈钢，螺母采用 SUS316 不锈钢，在螺纹上涂抹润滑剂，这样即可有效防止不锈钢螺栓应力腐蚀和维修时不便拆卸问题，且简单有效。不同牌号的不锈钢紧固件连接见图 5。

5.　永磁电机实施方案的三部曲

二次供水设备由水泵、电机和控制装置三部分构成，若试图提高二次供水设备的效率必然从水泵、电机和控制装置三个技术方面着手。对水泵效率的研究是最早、最全面且最深入的，水泵的效率趋近极限。第二个关注点是控制，变频调速技术、全变频控制技术都属于这个范畴。第三是电机，同步电机、永磁电机及矢量泵技术，都同归属这一范畴。

关于同步电机技术，我国不少大型、颇具技术实力并有新技术自主研发能力的二次供水设备生产企业都曾涉足其中，有的企业还曾有较大投入，叮惜未获成功。在研发之初都发现同步电机与异步电机相比，节能可高达 30%，却也都遇到以下困惑：

——价格偏高，影响到市场竞争优势的丧失；

——需增设补偿器，补偿器所消耗的功率会抵消相当一部分同步电机所节省的电耗；

——地球磁场磁力线分布不均匀，会影响到产品的标准化；

——磁力会衰减，运行三、五年后需要对设备充磁，小功率电机充磁相对简单，大功率电机充磁有一定难度；

——同步电机在运行时，水泵会出现瞬间倒转，对于某些结构的水泵是不允许的。

但在格兰富公司所见到的却是另一番景象，矽钢片、充磁、组装，一台台永磁电机驱动的水泵机组下自动流水线，装箱出厂。格兰富公司针对永磁电机制订了一个三阶段计划，姑且称之为"永磁电机实施方案的三部曲"。第一阶段从 0.75～2.2kW，已实现市场化；第二阶段到 11kW，计划 2017 年完成；第三阶段到 22kW。目前第二阶段已接近尾声，正着手第三阶段的部署。格兰富公司的技术成果提示我们，永磁电机虽具有大好发展前景，但对功率应该有所限制。一般认为永磁电机在小功率更具优势，功率大到一定程度优势逐渐减少。

此行另参观了一个丹麦自来水厂，水厂的原水取自地下水，原水就可以直接饮用；但原水铁、锰含量超标，需要除铁、除锰，本文第一作者在 1964 年设计北京首都机场候机楼扩建工程时，也曾遇到地下水铁、锰含量超标的问题，当时采用的是曝气处理除铁除

锰。丹麦水厂和我国处理方法不同，丹麦水厂采用纯氧曝气，且是在密闭系统中；接下来的水处理流程，过滤采用压力滤罐石英砂过滤；储水采用密闭压力式清水池；整个水厂水处理工艺采用的是全封闭系统，以确保水质不被污染，并对水厂反恐防范作周密部署来保障供水安全；最出人意料的是出厂水不作消毒，直接作为生活饮用水，并作为直饮水直接饮用。为全面确保水质安全，丹麦水厂在水厂出水总管上设置了一台格兰富公司研发生产的菌落总数在线监测器，可在线检测菌落总数。

6. 二次供水水质在线检测技术

我国生活饮用水水质标准水质检测项目已从较早时期的三十多项增加到目前的 106 项，水质检验取样地点从出厂水增加到用户水，这反映了国内供水工程从仅关注水量保证，逐步过渡到以水量、水压并重，最后发展到如今的水量、水压、水质并重。

2016 年我国行业标准《生活热水水质标准》（报批稿）通过审查，在该标准中提出了生活热水集中供应系统管网末梢水质在线检测的新课题。检测项目有浑浊度、游离余氯、pH 值、水温和菌落总数等几项，其中的难点在于菌落总数的在线检测。对菌落总数的监测要求其实并不限于生活热水，管道直饮水系统、家用净水器出水口等均有此需求。本次考察恰巧在格兰富公司见到菌落总数的在线检测装置——BACMON 细菌在线监测装置（见图 6）。该装置目前丹麦已有 50 台在实际应用，效果良好。

图 6　细菌总数在线检测装置

细菌在线监测装置的基本组成为：

1）光学流体单元——便于水样注入和分析；

2）摄像系统——以发光二极管（LED）为光源，一个显微镜，和一个互补金属氧化物半导体（CMOS）为基础组成；

3）图像分析系统——分析水样中的颗粒样本。

监测装置工作时，水样被密封滞留于光学流体单元中，以避免水样流动对样本内颗粒物造成扰动，摄像组件沿长度方向进行扫描。在检测完毕后，光学流体单元会进行冲洗，历时 1min。

细菌在线监测装置内置高速摄影和显微摄影装置，能在极短的时间内连续拍摄相当数量的照片。一般每个颗粒物会被拍摄 10～40 张图片，并组成一个图像栈，系统从每个栈内提取 59 个参数，例如颗粒面积、长度、周长、偏心率、凹凸性等。其他与图像成像相关的参数也被提取，例如对比度、光散射特性、吸收、粒度等。所有计数颗粒按大小被分为 20 个范围，范围从 $0.62\mu m$ 到 $9.5\mu m$。由此，置于云端的计算软件分析上述 59 项参数后，可给出细菌性颗粒总数和非细菌性颗粒总数的计算结果。

计算结果同时反映在显示屏上的三条曲线上（见图 7）：曲线中的下线是菌落总数，中线是泥沙总数，上线的是浊度，其中泥沙总数和浊度有相关性。细菌在线监测装置目前售价 15 万元人民币，在丹麦水厂已经实际应用，效果良好。不足的是检测水温限于 40℃ 及以下；目前暂不能分辨出菌种，如异养菌、大肠杆菌或是军团菌；此外，价格偏高。我们向格兰富公司提出三个建议：一是水温最好提高至 45℃，使其能用于热水供应系统；二是争取能分辨出主要菌种；三是价格最好能降至 1.5 万元～3.0 万元。

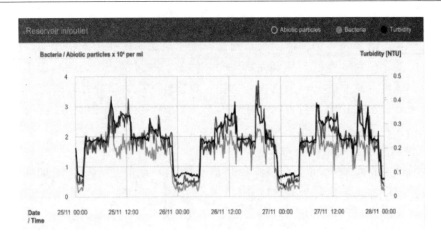

图 7　水质在线检测曲线图

7. 二次供水设备的选型

关于二次供水设备选型本非此行既定参观的内容，但在访问交流时曾经涉及这一话题。格兰富公司的有关技术人员对二次供水设备选型作了一个说明：生活给水设计秒流量是一个出现概率较低的流量数值，不能按此流量选用二次供水设备，否则绝大多数情况二次供水设备是低效运行，这必然得非所愿。对此解释我们表示认同，但需补充强调关于生活用水定额对选用二次供水设备的影响。

1988 年《建筑给水排水设计规范》GB 50015（以下简称《建水规》）批准、发布、实施，该版本《建水规》所规定的生活给水管道设计秒流量为最高日最大小时最大五分钟的平均秒流量，其给水保证率为 98.75％，该标准低于美国的 99％给水保证率。该流量出现的概率较低，即便出现其持续时间也很短，二次供水设备生产企业一般不按此流量选型，避免二次供水设备低效运行。但按照《建水规》的规定，该流量又必须保证。一般认为这个矛盾可通过设置稳流罐来解决。

在此需说明，问题的提出是基于生活用水定额，这是一个前提条件。《建水规》规定了不同类型住宅建筑、不同种类公共建筑的最高日生活用水定额，按说是可按此标准计算最高日用水量，再计算最大小时用水量和平均小时用水量。矛盾在于《建水规》规定的这个生活用水定额是 1958～1961 年的测试数据，当时的卫生器具设置标准、用水量标准和现在已有较大区别（如当时家用热水器尚未普及）。20 世纪 80 年代，给水排水三本母规范进行修订，《室外给水设计规范》GB 50013 将生活用水定额列为科研项目，进行了全国范围的用水量标准调研工作，并随后对规范作了相应的修订。但遗憾的是《建水规》未能同步作出相应的调整，20 世纪 50～60 年代测试的生活用水定额和当时实际情况已有很大出入。改革开放后，情况又有更大的变化，如节水型卫生器具的应用，局部热水供应系统的进一步普及，水压的提高及保证，但是规范规定的生活用水定额仍未有实质性的变化。因此，在二次供水设备选型时要特别留意这一情况。建议搜集当地近几年来的实际用水量数据，再综合考虑相关因素，使设备选型尽量接近客观实际情况。

8. 二次供水技术的趋势展望

二次供水技术曾先后经历了水泵-水箱联合供水、气压供水、变频调速供水和叠压供水等几个阶段，下一阶段供水方式的发展方向如何，是欧洲二次供水领域的专家和我们共同关注的问题之一。

 展望二次供水技术的发展趋势，方向之一可能是水泵串联供水方式，上区水泵直接从下区管网直接吸水，逐级提升；另一方向或是再回复到水泵-水箱联合供水方式，但建筑物上层供水压力不足的楼层用变频调速管道泵直接加压供水。对此我们或可无需过虑，二次供水技术持续发展，有其自身发展的规律，但确保生活用水、生产用水和消防用水的水量、水压、水质将是人类永远不变的课题。

9. 结束语

 格兰富欧洲之旅收获颇丰，篇幅和题材所限，随记仅记录了其中一小部分，收获的既在二次供水技术之内，也在二次供水技术之外。

无锡申海供水设备制造有限公司
Wuxi Shenhai Water Supply Equipment Manufacturing Co., Ltd.

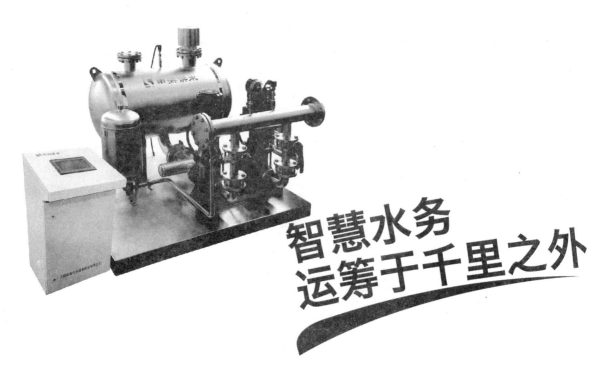

智慧水务
运筹于千里之外

无锡申海供水设备制造有限公司创立于2014年，是集研发设计、生产、安装为一体的专业化供水设备高新技术企业，公司坐落于风景秀丽的太湖之滨，占地三万多平方米。申海以"精益求精、不断创新"为指导方针，创立以来专注于无负压管网增压设备、智能变频恒压供水设备、二次供水远程监控管理平台的研发，在此基础上打造了智慧泵房系统。公司拥有各种专利数项，并通过了ISO9001/ISO14001/OHSAS18001、中国节能产品、节水产品、CCC、涉水产品安全许可等多种认证。

无锡申海供水设备制造有限公司树立严谨、执着、敬业的精神，对生产的产品精雕细琢、精益求精。以压力容器标准要求定制一流的双系统焊接工艺，结合高精度激光切割，采用高档电解、抛光工艺，联合运用智能化信息管理系统来实现产品的精湛设计与制造，严格的检测控制及高效的科学管理，铸就了"申海"产品的精工品质。

申海拥有雄厚的技术实力及精湛的工艺，是"工匠精神"集大成者，在行业内率先采用不锈钢单面焊接双面成型技术，并研发出全变频应急保障系统，有效地缩短了供水故障抢修时间，保障了供水安全。

"长风破浪会有时，直挂云帆济沧海"，供优质水，优质供水。

以上信息及数据均由无锡申海供水设备制造有限公司提供

无锡申海供水设备制造有限公司
无锡市滨湖区太湖街道大通路1号3号
电话/传真 0510-85062862
http://www.wxshgs.com

Wuxi Shenhai Water Supply Equipment Manufacturing Co., Ltd.
NO 1NO.3 of Datong Road,Taihu Street,Binhu District,Wuxi City
TEL/FAX 0510-85062862

格兰富

二次供水优化专家

格兰富在二次供水领域拥有专业的知识和丰富的经验储备，并始终致力于不断创新。自1986年研发了第一代成套供水机组，30余年间，格兰富已完成了数代产品的更新。2017年，格兰富推出全新一代永磁智能供水机组Hydro Dig Plus，旨在提升产品数字化水平，进一步满足智慧水务发展的需要。

凭借对城市供水的深入理解，全面的系统应用经验，以及强大的研发能力，格兰富不仅提供智能供水机组，还为客户提供具备优异适用性的系统解决方案，确保二次供水系统和城市市政供水系统的整体优化运行。

be
think
innovate

GRUNDFOS

格兰富

永磁智能供水机组
Hydro Dig Plus

Hydro Dig Plus 拥有全新的外观和基于 CFD 流体分析的整体流态优化设计，标配稀土永磁电机（Saver 电机）、CU352 专用控制器、多通道智能止回阀、对流式稳流罐以及双储能腔等，选配水泵防干转模块和水泵自动排气模块，在传统传感器保护的基础上，实现了机组干转保护和气蚀保护的双重保险。高标准配置和丰富的选配件，大大提高了机组的稳定性、可靠性、智能性和节能性。

be
think
innovate

GRUNDFOS

格兰富
智能泵房系统解决方案
EBS（E-Booster Station）

格兰富智能泵房系统解决方案 EBS 专注于二次供水，完全根据客户特定要求和格兰富制定的严格标准进行定制。泵房由增压机组系统、管阀系统、通讯控制系统、安全防护系统、水质保障系统、通风排水系统、降噪减震系统等部分组成。格兰富在二次供水领域拥有数十年的专注积累、严格的质控标准和高匹配的系统集成，确保 EBS 具有最佳的安全可靠度和技术经济性。

be
think
innovate

GRUNDFOS

格兰富
一体化预制泵站PPS
WS 供水系列

格兰富一体化预制泵站 PPS WS 供水系列专注市政及二次供水。泵站由筒体、增压机组系统、管阀系统、通讯控制系统、安全报警系统、通风散热系统，以及排水系统等部分组成，优异的产品品质和高匹配的系统集成确保泵站具有最佳的技术经济型和安全可靠度。无论在市政供水、二次供水，或再生水回用、灌溉增压领域，格兰富 PPS WS 在全球各地均有出色表现。

be
think
innovate

GRUNDFOS

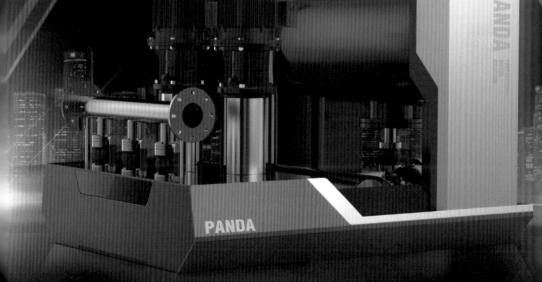

熊猫XMPS智能整体预制泵站

PANDA XMPS Intelligent Integral Prefabricated Pumping Station

采用高强度纤维玻璃钢筒体，标准部件整体安装在筒体内，完全密闭设计，掩埋于地下，不破坏整体环境规划。泵站实现智能自动控制，无需专人值班操作。

产品特点

占用面积小	建设资金少
施工周期短	安装成本低
使用寿命长	智能程度高
抗腐蚀能力强	设备故障率低
不影响周围环境	不破坏整体规划

上海凯泉

上海凯泉是集设计/生产/销售泵、给水设备及泵用控制设备于一体的大型综合性泵业集团，是中国泵行业的龙头企业。总资产达38亿元，在上海、浙江、河北、辽宁、安徽等省市拥有7家企业，5个工业园区，占地面积67万平方米，建筑面积35万平方米。

集团现有员工4500余人，其中工程技术人员500多名，主要由国内知名水泵专家教授、博士硕士、中高级工程师、高级工艺师组成，形成了具有创新思维的梯队型人才结构。

上海凯泉获得了"上海市质量金奖"、"上海市科技百强企业"、"上海市名牌产品"、"中国质量信用AAA级"、"全国合同信用等级AAA级"、"质量、信誉、服务三优企业"、"中国最具竞争力的商品商标"、"五星级

服务认证"等荣誉，连续多年入选全国机械500强，2016年上海凯泉入围"中国机械百强"第75名，至今名列泵行业之首。

上海凯泉注重服务与技术、业务的结合，实现增值服务。300名技术工程师为客户提供全方位的专业方案支持。运用先进的ERP系统和CRM系统全程控制订单流程。24个销售分公司、400多个办事处，服务网络覆盖全国，实施"蓝色舰队"服务和4小时快速反应机制，随时响应用户需求，打造性能可靠的业界精品。

面向未来，上海凯泉制定了"引领中国泵工业的崛起"的发展战略，致力于核电、大型火电、石油化工、军工、海水淡化等领域高端泵产品的国产化，全力塑造一个世界知名品牌，成为具有国际竞争力的跨国公司，进入世界泵业前十强！

上海工业园

浙江工业园　　合肥工业园　　石家庄工业园　　沈阳工业园

地址：上海市嘉定区曹安公路4255号
集团呼叫中心：400-002-6600
http://www.kaiquan.com.cn

上海凯泉智慧水务新标杆

- - 智慧·安全·标准

供水事业部

上海凯泉集团供水事业部起始于1995年，专注于二次供水，智慧水务领域，现有设计团队4个，技术人员40多人，实验室1个，下辖31个事业部业务总部，2016年在供水行业领域各类产品销售额达到近10亿元。

凯泉集团供水事业部参与编制了多项供水行业标准，提出了"凯泉-安全供水专家"的全新理念。研发生产的第四代叠压（无负压）供水设备，连续3届获得行业名牌和行业突出贡献奖，也连续3次获得住建部科技成果推广产品等奖项。

上海凯泉供水事业部依靠自身强大的科研实力，在供水行业及智慧水务领域，始终保持领先地位，成为同行业中的领跑者。

智慧安全标准泵房

部分产品展示

▲ WFY Ⅳ 罐式叠压（无负压）供水设备　　▲ KQF Ⅳ 箱式叠压（无负压)供水设备　　▲凯泉智慧云远程监控运维平台　　▲KQG Ⅴ 数字集成全变频供

上海凯泉泵业（集团）有限公司

公司地址
上海市嘉定区曹安公路4255、4287号

公司邮编
201804

公司网站
www.kaiquan.com.cn

企业邮箱
kqgssyb@kaiquan.com.cn

客服热线
400-002-6600